普通高等教育"十一五"系列教材

PUTONG GAODENG JIAOYU SHIYIWU XILIE JIAOCAI

DIANCHANG QILUNJI
YUANLI JI XITONG

电厂汽轮机
原理及系统

（第二版）

主　编　山西大学工程学院　靳智平

副主编　南京工程学院　王毅林

编　写　山西大学工程学院　张国庆

主　审　太原理工大学　夏同棠

中国电力出版社

CHINA ELECTRIC POWER PRESS

内 容 提 要

本书在加强基础理论的同时，结合我国汽轮机发展的现状，理论联系实际，力求体现先进性，应用性。

本书详细阐述了汽轮机级的工作原理，汽轮机本体结构和主要零件的振动，汽轮机的调节，汽轮机凝汽设备及系统，汽轮机运行等。

本书可作为本科和高职高专能源与动力工程及相近专业的教材，也可供从事相关专业的工程技术人员参考使用。

图书在版编目（CIP）数据

电厂汽轮机原理及系统/靳智平主编. —2 版. —北京：中国电力出版社，2006.9（2024.11 重印）

普通高等教育"十一五"规划教材

ISBN 978-7-5083-4271-9

Ⅰ.电…　Ⅱ.靳…　Ⅲ.火电厂－蒸汽透平－高等学校—教材　Ⅳ.TM621.4

中国版本图书馆 CIP 数据核字（2006）第 104143 号

中国电力出版社出版、发行

（北京市东城区北京站西街 19 号　100005　http://www.cepp.sgcc.com.cn）

北京天泽润科贸有限公司印刷

各地新华书店经售

*

2004 年 10 月第一版

2006 年 9 月第二版　2024 年 11 月北京第三十次印刷

787 毫米×1092 毫米　16 开本　19 印张　463 千字　1 插页

定价 46.00 元

前　言

　　为贯彻落实教育部《关于进一步加强高等学校本科教学工作的若干意见》和《教育部关于以就业为导向深化高等职业教育改革的若干意见》的精神，加强教材建设，确保教材质量，中国电力教育协会组织制订了普通高等教育"十一五"系列规划。该规划强调适应不同层次、不同类型院校，满足学科发展和人才培养的需求，坚持专业基础课教材与教学急需的专业教材并重、新编与修订相结合。本书为修订教材。

　　根据本书第一版在若干高校相关专业使用的反馈意见，本书第二版对部分章节进行了调整和删改。本书的主要内容有汽轮机级的工作原理，多级汽轮机，汽轮机的变工况，汽轮机的调节，供热式汽轮机，汽轮机主要零件结构与振动，汽轮机凝汽设备及系统和汽轮机运行。教材的编写在加强基础理论的同时，理论联系实际，注重实践与应用，力求体现先进性和应用性。

　　参加本书编写的有山西大学工程学院靳智平（绪论，第二、第六、第八章）；南京工程学院王毅林（第四、第五章，第七章第一节）；山西大学工程学院张国庆（第一、第三章，第七章第二节）。本书由靳智平担任主编，王毅林担任副主编。

　　本书在编写过程中，得到了很多有关院校老师和企业的支持和帮助，在此表示衷心的感谢。

　　由于编者水平有限，书中难免存在不妥之处，恳请读者批评指正。

编者

2006 年 6 月

第一版前言

本书为高等学校本科热能与动力工程专业"电厂汽轮机原理及系统"课程的教材。主要内容有汽轮机级的工作原理，多级汽轮机，汽轮机的变工况，汽轮机的调节，供热式汽轮机，汽轮机主要零件结构与振动，汽轮机热力系统及设备和汽轮机运行。教材的编写在加强基础理论的同时，理论联系实际，注重实践与应用，力求体现先进性和应用性。

本书由山西大学工程学院靳智平担任主编，南京工程学院王毅林担任副主编。

参加编写人员分工：山西大学工程学院靳智平编写绪论，第二章，第六章，第八章；南京工程学院王毅林编写第四章，第五章，第七章；山西大学工程学院张国庆编写第一章，第三章。全书由靳智平统稿。

本书由太原理工大学夏同棠教授担任主审。

在编写过程中，参考了有关兄弟院校和企业的诸多文献、资料，并得到有关院校老师和同事们的热情帮助，在此表示衷心的谢意。

由于水平所限，书中缺点和错误在所难免，恳请读者批评指正。

编者

2004 年 6 月

目　录

绪　　论

汽轮机是以蒸汽为工质的将热能转变为机械能的旋转式原动机。与其他热力原动机相比，它具有单机功率大、效率较高、运转平稳、单位功率制造成本低和使用寿命长等一系列优点，因而得到广泛应用。汽轮机不仅是现代火电厂和核电站中普遍采用的发动机，而且还广泛用于冶金、化工、船运等部门用来直接驱动各种从动机械，如各种泵、风机、压缩机和传动螺旋桨等。在使用化石燃料的现代常规火电厂、核电站以及地热发电站中，汽轮机是用来驱动发电机生产电能的，故汽轮机与发电机的组合称为汽轮发电机组。全世界发电总量的80%左右是由汽轮发电机组发出的，所以汽轮机是现代化国家中重要的动力机械设备。

汽轮机设备是火电厂的三大主要设备之一。在火力发电厂，锅炉将燃料的化学能转变为蒸汽的热能，汽轮机将蒸汽的热能转变为机械能，发电机将转轴的机械能转变为电能。

一、汽轮机的发展史

从 1883 年制造出第一台实用的单级冲动式汽轮机以来，汽轮机已有了一百多年的历史，近几十年汽轮机发展尤为迅速。

目前，在发电汽轮机中已有瑞士制造的双轴 1300MW 汽轮机、苏联制造的单轴 1200MW 汽轮机和法国制造的 1500MW 核电汽轮机等投入运行，2000MW 高参数全速汽轮机的开发研制工作也正在进行中。

汽轮机是在高温、高压、高转速下工作的大型精密动力机械，它的研发和制造涉及许多高科技领域和工业部门，汽轮机的制造水平是一个国家科学技术和工业装备技术发展的标志之一。

随着电力需求的迅速增长、电力工业的迅猛发展以及电网容量的不断扩大，汽轮机正向着高参数、大容量方向发展，提高汽轮机的经济性、安全性、负荷适应性和自动化水平始终是汽轮机发展的中心和重点。

随着汽轮机参数和容量的不断增大，汽轮机的热力系统、调节保护系统、监测控制系统等都进一步复杂化。

核电是一种安全、可靠、清洁的能源。近年来，核电站的发展很快，许多国家核电所占比重很大。核电汽轮机是在火电汽轮机的基础上发展起来的，其发展的主流是大型化，为多缸、单轴、中间再热凝汽式汽轮机。与火电汽轮机一样，供热汽轮机以及工业汽轮机也正向高参数、大功率、高转速、多品种的方向发展。

近几十年汽轮机发展的主要特点是：

（1）增大单机功率。增大单机功率不仅能迅速发展电力生产，而且可降低单位功率投资成本，可提高机组的热经济性，可加快电站建设速度。

（2）提高蒸汽参数。提高蒸汽初参数是提高热效率的重要途径，同时也可提高单机功率。

（3）普遍采用一次中间再热。采用中间再热后可降低低压缸末级排汽湿度，为提高蒸汽初压创造了条件，从而可提高机组内效率、热效率和运行可靠性。

（4）采用燃气—蒸汽联合循环发电装置。燃气轮机和蒸汽轮机联合工作的装置，大大提高了装置的热效率，还可解决燃煤发电存在的严重环境污染问题，节省大量冷却水，另投资相对降低，负荷适应性也较好。

（5）提高机组的运行水平。现代大型机组增设和改善了保护、报警和状态监测系统，有的还配置了智能化故障诊断系统，提高了机组运行、维护和检修水平，增强了机组运行的可靠性，并保证了规定的设备使用寿命。

目前世界上汽轮机的主要制造企业有：美国的通用电气公司（GE）、西屋电气公司（WH），日本的三菱、东芝和日立公司，欧洲的 ABB 公司，俄罗斯的列宁格勒金属工厂（ЛМЗ）、哈尔科夫透平发动机厂（ХТГЗ）和乌拉尔透平发动机厂（ТМЗ），英国的通用电气公司（GEC），法国的阿尔斯通—大西洋公司（AA），德国的电站设备联合制造公司（KWU）等等。

我国自 1955 年开始生产出第一台中压 6MW 汽轮机，此后陆续生产出 12MW、25MW、50MW、100MW、125MW、200MW 和 300MW 汽轮发电机组。80 年代初又从美国西屋电气公司引进了 300MW 和 600MW 机组的整套制造技术，经过消化吸收、不断优化，机组的各项技术性能均基本达到国外同类机组的先进水平，使我国电力工业得到进一步发展。我国生产汽轮机的主要工厂有上海汽轮机厂、哈尔滨汽轮机厂、东方汽轮机厂、北京重型电机厂，以及青岛汽轮机厂和武汉汽轮发电机厂等，南京汽轮发电机厂以生产燃气轮机为主，杭州汽轮机厂以生产工业汽轮机为主。

二、汽轮机的分类及型号

（一）汽轮机的分类

1. 按工作原理分

级是汽轮机中最基本的做功单元，它是由喷管叶栅和与它相配合的动叶栅组成的。蒸汽在汽轮机级中以不同方式进行能量转换，便形成不同工作原理的汽轮机，即冲动式汽轮机和反动式汽轮机。

（1）冲动式汽轮机：主要由冲动级组成，蒸汽主要在喷管叶栅（或静叶栅）中膨胀，在动叶栅中只有少量膨胀。

（2）反动式汽轮机：主要由反动级组成，蒸汽在喷管叶栅（或静叶栅）和动叶栅中都进行膨胀，且膨胀程度大致相同。

2. 按热力特性分

（1）凝汽式汽轮机：蒸汽在汽轮机中膨胀做功，做完功后的蒸汽在低于大气压力的真空状态下进入凝汽器凝结成水。若将蒸汽在汽轮机某级后引出再次加热，然后再返回汽轮机继续膨胀做功，这就是中间再热凝汽式汽轮机。

（2）背压式汽轮机：汽轮机的排汽压力大于大气压力，排汽直接供热用户使用，而不进入凝汽器。当排汽作为其他中、低压汽轮机的工作蒸汽时，又称前置式汽轮机。

（3）抽汽式汽轮机：从汽轮机中间某级后抽出一定的可以调整参数、流量的蒸汽对外供热，其余汽流排入凝汽器。可分为一次调整抽汽式汽轮机和两次调整抽汽式汽轮机。

（4）抽汽背压式汽轮机：具有调整抽汽的背压式汽轮机，调整抽汽和排汽都分别供热用户。

（5）多压式汽轮机：汽轮机的进汽不止一个参数，在汽轮机的某中间级前又引入其他来源的蒸汽，与原来的蒸汽混合共同膨胀做功。

3. 按主蒸汽压力分

按不同的压力等级可分为：

（1）低压汽轮机：主蒸汽压力为 0.12～1.5MPa。

（2）中压汽轮机：主蒸汽压力为 2～4MPa。

（3）高压汽轮机：主蒸汽压力为 6～10MPa。

（4）超高压汽轮机：主蒸汽压力为 12～14MPa。

（5）亚临界压力汽轮机：主蒸汽压力为 16～18MPa。

（6）超临界压力汽轮机：主蒸汽压力大于 22.1MPa。

（7）超超临界压力汽轮机：主蒸汽压力大于 32MPa。

此外，按汽流方向可分为轴流式、辐流式和周流（回流）式汽轮机；按汽缸数目可分为单缸、双缸和多缸汽轮机；按用途可分为电站汽轮机、工业汽轮机和船用汽轮机；按布置方式可分为单轴、双轴汽轮机；按工作状态可分为固定式和移动式（如列车电站）汽轮机等。

（二）汽轮机的型号

为了便于识别汽轮机的类别，每台汽轮机都有产品型号。我国生产的汽轮机所采用的系列标准及型号已经统一，汽轮机产品型号的表示方法是

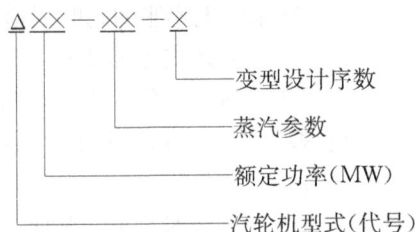

$$\triangle \times\times - \times\times - \times$$

- 变型设计序数
- 蒸汽参数
- 额定功率（MW）
- 汽轮机型式（代号）

汽轮机型式代号如表 0-1 所示。

表 0-1　　　　　　　　　　　　　汽轮机型式代号

代　号	型　　式	代　号	型　　式	代　号	型　　式
N	凝汽式	CC	两次调整抽汽式	Y	移动式
B	背压式	CB	抽汽背压式	HN	核电汽轮机
C	一次调整抽汽式	CY	船用		

汽轮机蒸汽参数表示方式见表 0-2，表内示例中功率的单位为 MW，蒸汽压力的单位为 MPa，蒸汽温度的单位为℃。

表 0-2　　　　　　　　　　　　　蒸汽参数表示方式

型　　式	参数表示方式	示　　例
凝汽式	蒸汽初压	N50-8.83
凝汽式（具有中间再热）	蒸汽初压/蒸汽初温/再热温度	N300-16.7/538/538
抽汽式	蒸汽初压/高压抽汽压力/低压抽汽压力	CC12-3.43/0.98/0.12
背压式	蒸汽初压/背压	B25-8.83/0.98
抽汽背压式	蒸汽初压/抽汽压力/背压	CB25-8.83/1.47/0.49

第一章 汽轮机级的工作原理

第一节 概　述

汽轮机是将蒸汽工质的热能转变成动能，再将动能转变成机械能的一种热机。多级汽轮机由若干个级构成，而每个级就是汽轮机做功的基本单元，级是由喷管叶栅和与之相配合的动叶栅所组成。喷管叶栅将蒸汽的热能转变成动能，动叶栅将蒸汽的动能转变成机械能。

一、蒸汽的冲动原理和反动原理

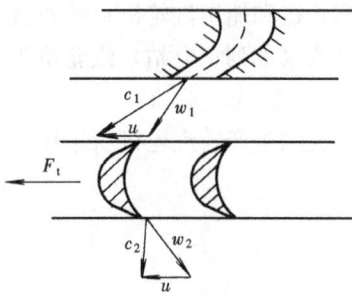

图 1-1　无膨胀动叶汽道内
蒸汽的流动情况

高速汽流通过动叶栅时，发生动量变化对动叶栅产生冲力，使动叶栅转动做功而获得机械能。由动量定理可知，机械能的大小决定于工作蒸汽的质量流量和速度变化量，质量流量越大，速度变化越大，作用力也越大。图1-1所示为无膨胀的动叶通道，汽流在动叶汽道内不膨胀加速，而只随汽道形状改变其流动方向，汽流改变流动方向对汽道所产生的离心力，叫作冲动力，这时蒸汽所做的机械功等于它在动叶栅中动能的变化量，这种级叫作冲动级。

蒸汽在动叶汽道内随汽道改变流动方向的同时仍继续膨胀、加速，加速的汽流流出汽道时，对动叶栅将施加一个与汽流流出方向相反的反作用力，此力类似于火箭发射时，高速气体从火箭尾部流出，给火箭一个与流动方向相反的反作用力，这个作用力叫作反动力。依靠反动力做功的级叫作反动级，如图1-2所示。

现代汽轮机级中，冲动力和反动力通常是同时作用的，在这两个力的合力作用下，使动叶栅旋转而产生机械功。这两个力的作用效果是不同的，冲动力的做功能力较大，而反动力的流动效率较高，这一点会在以后的讨论中说明。

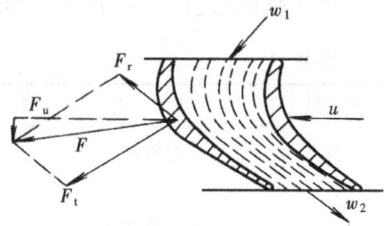

图 1-2　蒸汽在动叶汽道内
膨胀的流动情况

二、级的反动度

为了说明汽轮机级中反动力所占的比例，即蒸汽在动叶中膨胀程度的大小，常用级的反动度 Ω 表示，它等于蒸汽在动叶栅中膨胀时的理想比焓降 Δh_b 和整个级的滞止理想比焓降 Δh_t^* 之比，即

$$\Omega_m = \frac{\Delta h_b}{\Delta h_t^*} \approx \frac{\Delta h_b}{\Delta h_n^* + \Delta h_b} \tag{1-1}$$

式中　Ω_m——级的平均反动度，是指在级的平均直径截面上的反动度，它由平均直径截面上喷管和动叶中的理想比焓降所确定。平均直径是动叶顶部和根部处叶轮直径的平均值。

图 1-3 是级中蒸汽膨胀在焓熵图上的热力过程线。O
点是级前的蒸汽状态点，O^* 点是蒸汽等熵滞止到初速等于
零的状态点，p_1、p_2 分别为喷管出口压力和动叶出口压力。
蒸汽从滞止状态 O^* 点在级内等熵膨胀到 p_2 时的比焓降
Δh_t^* 为级的滞止理想比焓降 Δh_n^* 为蒸汽在喷管中的滞止理
想比焓降，Δh_b 为蒸汽在动叶中的理想比焓降。

实际上蒸汽参数沿叶高是变化的，在动叶不同直径截
面上的理想比焓降是不同的，因此，反动度沿动叶高度亦
不相同。对于较短的直叶片级，由于蒸汽参数沿叶高差别
不大，所以通常不计反动度沿叶高的变化，均用平均反动
度表示级的反动度。对于长叶片级，在计算不同截面时，
须用相应截面的反动度。

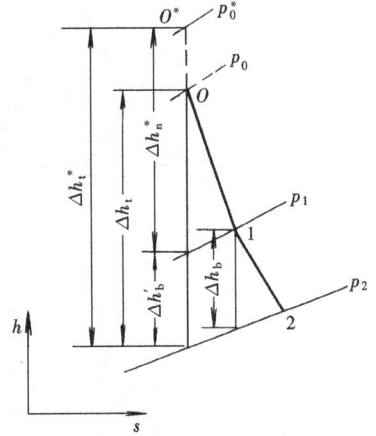

图 1-3 级的热力过程线

三、汽轮机级的类型

根据蒸汽在汽轮机级的通流部分中的流动方向，汽轮机级可分为轴流式与辐流式两种。
目前电站用汽轮机绝大多数采用轴流式级。轴流式级通常有下列几种分类方法。

（一）冲动级和反动级

冲动级有三种不同的形式。

1. 纯冲动级

反动度 $\Omega_m = 0$ 的级称为纯冲动级，它的特点是蒸汽只在喷管叶栅中膨胀，在动叶栅中
不膨胀而只改变其流动方向。其动叶片的形式为对称叶片。因此动叶栅进出口压力相等，即
$p_1 = p_2$、$\Delta h_b = 0$、$\Delta h_t^* = \Delta h_n^*$。纯冲动级做功能力大，流动效率较低，现代汽轮机中均不
采用。

2. 带反动度的冲动级

为了提高汽轮机级的效率，冲动级应具有一定的反动度（$\Omega_m = 0.05 \sim 0.20$），这时蒸汽
的膨胀大部分在喷管叶栅中进行，只有一小部分在动叶栅中继续膨胀。因此 $p_1 > p_2$、
$\Delta h_n > \Delta h_b$。由流体力学知识可知，加速汽流可改善汽流的流动状况，故冲动级具有做功能
力大和效率较高的特点，得到了广泛的应用。

3. 复速级（双列速度级）

复速级通常是一级内要求承担很大比焓降时才采用。它由喷管叶栅、装于同一叶轮上的
两列动叶栅和两列动叶之间固定不动的导向叶栅组成，故又称双列速度级。第 II 列动叶栅是
为了将第 I 列动叶栅的余速动能 $\dfrac{c_2^2}{2}$ 进一步转换成机械能，导向叶栅的作用是改变汽流方向，
使之与第 II 列动叶栅进汽方向相符。

复速级的做功能力比单列冲动级要大，但流动效率较低，为了改善复速级的效率，也采
用一定的反动度，使蒸汽在各列动叶栅和导向叶栅中也进行适当的膨胀。

图 1-4 表示蒸汽流经各种冲动级的通流部分时，其压力和速度的变化情况。

反动度 $\Omega_m \approx 0.5$ 的级叫作反动级。其特点是 $\Delta h_n^* = \Delta h_b = \dfrac{1}{2} \Delta h_t^*$，即蒸汽在喷管叶栅和

动叶栅中的膨胀各占一半左右，流动情况一样，故动静叶栅称为互为镜内映射状叶栅，如图

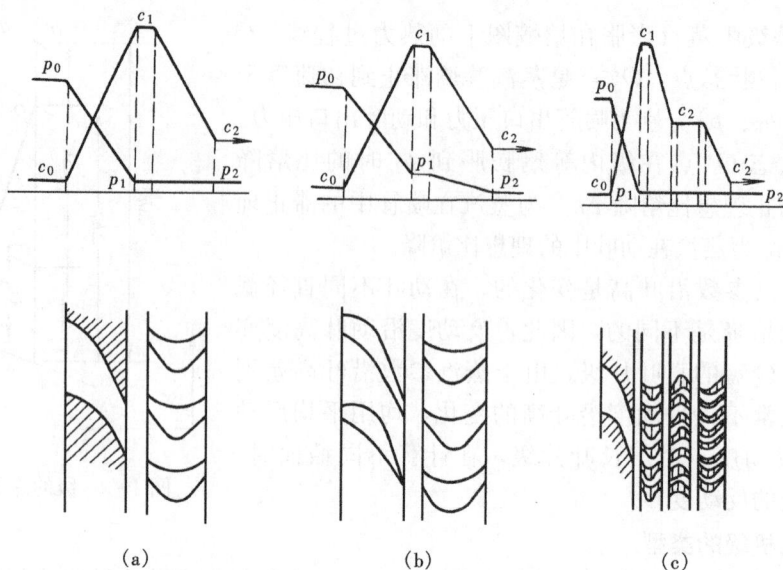

图1-4　冲动级中蒸汽压力和速度变化示意图

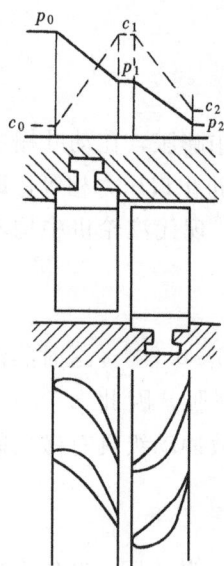

图1-5　反动级中蒸汽
压力速度变化示意图

1-5所示。由于蒸汽在动叶栅中膨胀加速，是在冲动力和反动力的合力下使叶轮转动做功的，所以，反动级的效率比冲动级高，但做功能力较小。

（二）压力级和速度级

按照蒸汽的动能转换为转子机械能的过程不同，汽轮机级可分为压力级和速度级。

速度级有双列和多列之分，如复速级，它是以利用蒸汽流速为主的级，级的比焓降较大。压力级是以利用级组中合理分配的压力降或比焓降为主的级，效率较高，又称单列级，压力级可以是冲动级，也可以是反动级。

（三）调节级和非调节级

按级通流面积是否随负荷大小而变，汽轮机级可分为调节级和非调节级。

在采用喷管调节的汽轮机中，第一级的通流面积是可以随负荷变化而改变的，这种改变另一个原因是部分进汽，我们称它为调节级，调节级可以是复速级，也可以是单列级。反之是非调节级。

四、级的工作过程的研究方法

（一）基本假设

蒸汽在汽轮机中的流动，实际上是有黏性、非连续和非定常的三元流动。利用三元流动理论对蒸汽的实际流动状态进行计算是准确的，尤其是目前计算机技术的高速发展，更完善了三元流场的计算，现阶段汽轮机制造厂已经在对低压缸进行三元流场计算了。

在设计计算相对高度较小的叶栅时，传统的一元流动计算方法是可以得到满意的结果的。即使是目前，汽轮机的研究中在许多方面仍有赖于简单明了的一元流动理论。为将复杂的流动简化为能反映蒸汽实际流动的主要规律的简单流动模型，特作如下假定：

（1）一元流动，也称轴对称流动。即叶栅汽道中的蒸汽参数只沿流动方向改变，而垂直截面上不变，在分析问题和计算时，各参数均用平均直径处的数值表示。

（2）定常流动，也称稳定流动。即叶栅汽道中任一点的参数不随时间变化。此项假设适用于汽轮机的稳定运行工况，即当汽轮机的负荷参数变化不大时，可以近似地认为是稳定流动。

（3）绝热流动。即蒸汽快速通过叶栅汽道时，与外界不产生热交换。

这样，蒸汽在级内的流动和能量转换就简化为可压缩流体的一元定常绝热流动。

（二）基本方程

根据自然界三大守恒定律，即质量守恒、动量守恒、能量守恒，和三个基本假设联系起来，导出计算级内蒸汽流动和能量转换所需要的基本方程。

1. 连续方程

连续方程式是以数学公式来表达流体流动时的质量守恒定律。对稳定流动来说，单位时间内流过流道各截面的蒸汽流量是相等的。

即
$$G = \rho c A = \rho_1 c_1 A_1 = \rho_2 c_2 A_2 = 常数 \tag{1-2}$$

式中　G——蒸汽质量流量，kg/s；

　　　A——汽道内任一横截面积，m^2；

　　　c——垂直于截面 A 的蒸汽流速，m/s；

　　　ρ——截面 A 上的蒸汽密度，kg/m^3。

连续方程式也可用微分形式表示为

$$\frac{dA}{A} + \frac{dc}{c} + \frac{d\rho}{\rho} = 0 \tag{1-3}$$

它们表明了稳定流动中，汽流的通流面积、汽流速度和蒸汽密度相互之间的变化关系。

2. 动量方程

所谓动量方程，也称运动方程，它是牛顿第二定律的数学表达式，是联系作用于流体上的力与流体速度变化的基本方程。

如图 1-6 所示，在汽流中沿流动方向上任意截取一个微元段，若不计该微元段的重力作用，则作用于微元段上的压力、阻力和汽流运动的加速度之间的关系，可写成

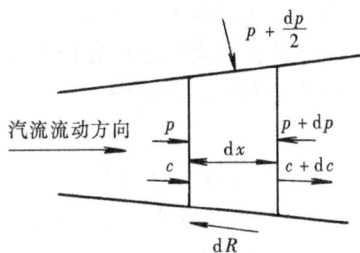

图 1-6　作用在汽流微元段上的力

$$Ap + \left(p + \frac{dp}{2}\right)dA - (p + dp)(A + dA) - dR = dG\frac{dc}{dt}$$

式中　A——微元段起始端的截面积，m^2；

　　　p——作用在截面 A 上的压力，Pa；

　　　dR——作用于微元段上的摩擦阻力，Pa；

　　　c——微元段的流动速度，m/s；

　　　dG——微元段蒸汽的质量，kg。

将上式展开，简化并略去二阶微量，整理后得

$$-\frac{\mathrm{d}p}{\rho}-R\mathrm{d}x=c\mathrm{d}c \tag{1-4}$$

式中　$\mathrm{d}x$——微元段长度，m；

　　　　ρ——微元段蒸汽密度，$\mathrm{kg/m^3}$。

其中 $R=\dfrac{\mathrm{d}R}{\mathrm{d}G}$ 为作用在单位质量蒸汽上的摩擦阻力，若流动是无损失的等熵流动，则 $R=0$，于是一元稳定无损失流动的运动方程为

$$-\frac{\mathrm{d}p}{\rho}=c\mathrm{d}c \tag{1-5}$$

式（1-4）与式（1-5）中负号说明流动过程中的压力和阻力是与流速量相反方向变化的。

（三）能量方程

根据能量守恒定律，对于稳定流动热力系统，输入系统的能量必须等于输出系统的能量。若略去势能的变化，则系统的能量方程式可写成

$$h_0+\frac{c_0^2}{2}+q=h_1+\frac{c_1^2}{2}+W \tag{1-6}$$

式中　h_0、h_1——蒸汽进入和流出系统的比焓值，$\mathrm{J/kg}$；

　　　　c_0、c_1——蒸汽进入和流出系统时的速度，$\mathrm{m/s}$；

　　　　q——1kg 蒸汽通过系统时，从外界吸收的热量，$\mathrm{J/kg}$；

　　　　W——1kg 蒸汽通过系统时，对外界所作的机械功，$\mathrm{J/kg}$。

式（1-6）对有损失的流动和无损失的流动都适用。

（四）状态方程

对于水蒸气，建立它的纯理论的状态方程是很困难的，即使是通过理论和实践相结合建立的过热蒸汽状态方程，其本身也是极为复杂的。所以在实际计算水蒸气的有关问题时，主要采用水蒸气图表来确定其状态。

在对水蒸气流动进行分析和计算时，可以近似地使用理想气体的状态方程。

理想气体的状态方程

$$p/\rho=RT \tag{1-7}$$

式中　p——气体绝对压力，Pa；

　　　　ρ——气体密度，$\mathrm{kg/m^3}$；

　　　　R——通用气体常数，$R=461.76\mathrm{J/（kg\cdot K）}$；

　　　　T——热力学温度，K。

需要指出的是，水蒸气的气体常数 R，即使在过热蒸汽区也不是常数，在湿蒸汽区 R 值的变化就更大了。

蒸汽等熵膨胀过程方程式可写成

$$p/\rho^{\kappa}=常数 \tag{1-8}$$

式中　κ——等熵指数，它随气体常数 R 值的变化而变。对于过热蒸汽，$\kappa=1.3$；对于湿蒸汽，$\kappa=1.035+0.1x$（其中 x 是膨胀过程初态的蒸汽干度）。

蒸汽的绝热过程可表示为

$$p/\rho^n=常数 \tag{1-9}$$

式中　n——多变过程指数。

第二节 汽轮机级的工作过程

一、蒸汽在喷管中的流动

（一）蒸汽在喷管中实现能量转换的条件

蒸汽在喷管中流动时，要实现热能向动能的转换，这是一个膨胀过程，能否实现这一过程取决于力学条件和几何条件是否满足。

1. 力学条件

式（1-5）的动量方程式给出了蒸汽在喷管中加速流动（$dc>0$）的力学条件，蒸汽通过喷管时要加速流动，压力必须降低（$dp<0$）。图 1-7 为蒸汽在喷管中膨胀的热力过程线，O 点是喷管前的蒸汽状态点，O^* 是喷管前蒸汽的滞止状态点。具有初速 c_0、初压 p_0、初比焓 h_0 的蒸汽在喷管中膨胀到背压 p_1，在无损失的情况下，等熵膨胀到 1t 点，在有损失的条件下，实际热力过程线为 0—1，喷管的实际出口状态点为 1。

在无损失的情况下，喷管流动的等熵膨胀过程，用式（1-5）的积分式可计算出喷管出口的理想速度。

由理想气体的等熵过程方程 $p/\rho^\kappa = p_0^*/(\rho_0^*)^\kappa$ 可解出 $\rho = \rho_0^* p_0^{*-\frac{1}{\kappa}} p^{\frac{1}{\kappa}}$，代入式（1-5）中积分，得

图 1-7 蒸汽在喷管中膨胀的热力过程线

$$\frac{c_{1t}^2}{2} = -\int_{p_0^*}^{p_1}\frac{dp}{\rho} = -\int_{p_0^*}^{p_1}\rho_0^{*-1}p_0^{*\frac{1}{\kappa}}p^{-\frac{1}{\kappa}}dp = \frac{\kappa}{\kappa-1}\left(\frac{p_0^*}{\rho_0^*}-\frac{p_1}{\rho_1}\right) = \frac{\kappa}{\kappa-1}\frac{p_0^*}{\rho_0^*}\left[1-\left(\frac{p_1}{p_0^*}\right)^{\frac{\kappa-1}{\kappa}}\right]$$

$$(1-10)$$

则

$$c_{1t} = \sqrt{\frac{2\kappa}{\kappa-1}\frac{p_0^*}{\rho_0^*}\left[1-\left(\frac{p_1}{p_0^*}\right)^{\frac{\kappa-1}{\kappa}}\right]} \tag{1-11}$$

式（1-11）是用动量方程表示的喷管出口理想速度公式，常用该式分析蒸汽在喷管中的流动情况。当蒸汽初参数一定时，随着汽流压力 p_1 的降低，比焓降 Δh_n^* 的增大，汽流速度不断增大，热能相应减小并转变成动能。

2. 几何条件

蒸汽在喷管中流动时，流速变化、状态变化和截面积变化的关系，可以从等熵流动的基本方程组中求得。

将等熵过程方程 $p/\rho^\kappa =$ 常数微分，得 $dp = \kappa p\frac{d\rho}{\rho}$，代入动量方程（1-5）中得

$$\frac{d\rho}{\rho} = \frac{-cdc}{\kappa\frac{p}{\rho}} = -Ma^2\frac{dc}{c} \tag{1-12}$$

再将式（1-12）代入连续方程（1-3）中，就得到了喷管截面变化与喷管汽流速度变化之间的关系：

$$\frac{dA}{A} = (Ma^2-1)\frac{dc}{c} \tag{1-13}$$

由式（1-13）可知，喷管截面的变化 dA 不仅决定于压力的变化 dp，而且决定于所要

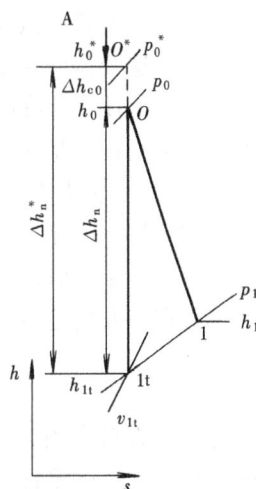

得到的速度 Ma，当蒸汽在喷管内膨胀时，须满足 $\mathrm{d}p<0$ 的力学条件和以下的几何条件：

（1）当喷管内汽流为亚声速流动时（马赫数 $Ma<1$），则 $\mathrm{d}A<0$，汽道的横截面积随着汽流加速而逐渐减小，这种喷管称为渐缩喷管。

（2）当喷管内汽流为超声速流动时（$Ma>1$），则 $\mathrm{d}A>0$，汽道的横截面积随着汽流的加速而增大，这种喷管称为渐扩喷管。

（3）当喷管内汽流速度等于当地声速时（$Ma=1$），则 $\mathrm{d}A=0$，即喷管的横截面积达到最小值，这个截面为临界截面或称喉部截面。

（4）欲使汽流在喷管中自亚声速增加至超声速，则汽道横截面积沿汽流方向的变化应由渐缩变为渐扩，呈缩放形。这种喷管称为缩放喷管或拉伐尔喷管。

（二）喷管中汽流速度的计算

式（1-11）作为喷管出口汽流速度计算公式，通常是用于喷管中蒸汽流动特性的理论讨论，实际中喷管内汽流速度的计算是借助于水蒸气图表进行的。

根据一元稳定流动的能量方程

$$h_0+\frac{c_0^2}{2}+q=h_1+\frac{c_1^2}{2}+W$$

因为蒸汽在喷管中的流动为绝热过程，蒸汽流经固定不动的喷管时不做功，故 $q=0$、$W=0$。蒸汽流过喷管的能量方程可简化为

$$h_0+\frac{c_0^2}{2}=h_1+\frac{c_1^2}{2} \tag{1-14}$$

式（1-14）对有损失的流动和无损失的流动都适用。

1. 喷管出口的理想流速

若不考虑损失，蒸汽在喷管中为等熵流动过程，式（1-14）可写成

$$h_0+\frac{c_0^2}{2}=h_{1t}+\frac{c_{1t}^2}{2} \tag{1-15}$$

喷管出口的理想流速为

$$c_{1t}=\sqrt{2(h_0-h_{1t})+c_0^2}=\sqrt{2\Delta h_n+c_0^2} \tag{1-16}$$

式中　h_{1t}——蒸汽等熵膨胀的终比焓，J/kg；

　　　Δh_n——喷管的理想比焓降。

计算时，蒸汽比焓值均可在水蒸气的焓熵图中查得，较为方便。

为了便于计算分析，将汽流等熵滞止到初速为零的滞止状态点 O^*，此时蒸汽参数称为滞止参数，即喷管进口状态由原来具有初速 c_0 的初参数 p_0、t_0 和 h_0 的"O"点，转变为初速为零的滞止参数 p_0^*、t_0^* 和 h_0^* 的 O^* 点，如图 1-7 所示。于是，由式（1-16）可得

$$c_{1t}=\sqrt{2\Delta h_n+c_0^2}=\sqrt{2\left(\Delta h_n+\frac{c_0^2}{2}\right)}=\sqrt{2\Delta h_n^*} \tag{1-17}$$

式中　Δh_n^*——蒸汽在喷管中的滞止理想比焓降，J/kg。

2. 喷嘴出口的实际流速

蒸汽在喷管中的流动是有损失的，其中包括黏性气体的摩擦损失，膨胀过程的不可逆损失等，这些损失造成喷管出口的实际速度 c_1 小于理想速度 c_{1t}，其比值称为喷管速度系数，用 φ 表示，即

$$\varphi = c_1/c_{1t} \tag{1-18}$$

则

$$c_1 = \varphi c_{1t} = \varphi\sqrt{2\Delta h_n^*} \tag{1-18a}$$

速度系数 φ 实质上表示了蒸汽在喷管流动过程中的损失，喷管出口实际速度小于理想速度所造成的能量损失称为喷管损失，可用下式求出

$$\Delta h_{n\xi} = \frac{1}{2}(c_{1t}^2 - c_1^2) = \frac{c_{1t}^2}{2}(1-\varphi^2) = \Delta h_n^*(1-\varphi^2) \tag{1-19}$$

式中 $\Delta h_{n\xi}$——喷管损失，J/kg。

式 (1-19) 也可写成

$$\xi_n = \frac{\Delta h_{n\xi}}{\Delta h_n^*} = 1 - \varphi^2 \tag{1-19a}$$

ξ_n 等于喷管损失与理想滞止比焓降之比，称为喷管的能量损失系数。

由于喷管流动过程是绝热过程，喷管中的能量损失重新转变为热能加热蒸汽本身，使喷管出口的实际比焓值增加为 h_1，喷管实际出口状态为 1 点，如图 1-7 所示。

影响速度系数 φ 的因素很多，φ 的大小与喷管高度 l_n、叶型、表面粗糙度和前后压差等因素有关，其中与喷管高度 l_n 关系最为密切。

图 1-8 是根据试验结果绘制的渐缩喷管速度系数 φ 与喷管高度 l_n 的关系曲线，由图可知，随着喷管高度 l_n 的增加，φ 值逐渐增加，当 $l_n > 100$mm 时，φ 值基本上不再随 l_n 而增加，达到最大值。而当喷管高度 $l_n < 15$mm 时，φ 值急剧下降，即喷管损失急剧增加，因此，为减小损失，在汽轮机设计时要求喷管 l_n 不小于 15~20mm。

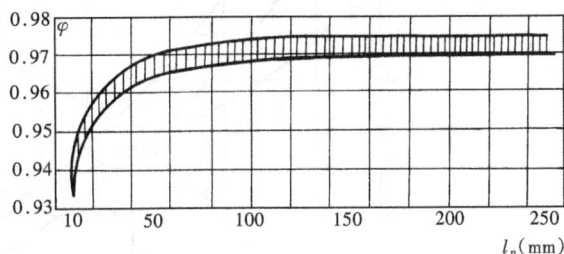

图 1-8 渐缩喷管速度系数 φ 随高度 l_n 的变化曲线

现代汽轮机的喷管速度系数常取 $\varphi = 0.92 \sim 0.98$。为了方便计算，一般取 $\varphi = 0.97$，而把其中与喷管高度有关的损失抽出来另用经验公式计算。

3. 喷管中汽流的临界状态

由当地声速的计算公式 $a = \sqrt{\kappa RT}$ 和式 (1-11) 可知，蒸汽在喷管中膨胀加速时，汽流速度逐渐增加，当地声速降低，在一定条件下在某一截面会出现汽流速度等于当地声速的临界状态，即 $Ma = 1$。与当地声速相等的汽流速度称为临界速度，用 c_{cr} 表示，这时汽流所处的状态参数称为临界参数，用 p_{cr}、ρ_{cr} 等表示。将临界参数代入式 (1-11)，得

$$c_{cr} = \sqrt{\frac{2\kappa}{\kappa-1}p_0^*/\rho_0^*\left[1 - \left(\frac{p_{cr}}{p_0^*}\right)^{\frac{\kappa-1}{\kappa}}\right]}$$

将式 $c_{cr} = \sqrt{\kappa p_{cr}/\rho_{cr}}$ 代入上式，即

$$\kappa p_{cr}/\rho_{cr} = \frac{2\kappa}{\kappa-1}\frac{p_0^*}{\rho_0^*}\left[1 - \left(\frac{p_{cr}}{p_0^*}\right)^{\frac{\kappa-1}{\kappa}}\right]$$

把 $p_{cr}/\rho_{cr}^{\kappa} = p_0^*/(\rho_0^*)^{\kappa}$ 代入并整理，得

$$(\kappa+1)\left(\frac{p_{cr}}{p_0^*}\right)^{\frac{\kappa-1}{\kappa}} = 2$$

则
$$\frac{p_{cr}}{p_0^*} = \left(\frac{2}{\kappa+1}\right)^{\frac{\kappa}{\kappa-1}} \tag{1-20}$$

临界压力 p_{cr} 与滞止压力 p_0^* 之比称为临界压力比 ε_{cr}，即

$$\varepsilon_{cr} = \frac{p_{cr}}{p_0^*} \tag{1-21}$$

则
$$\varepsilon_{cr} = \left(\frac{2}{\kappa+1}\right)^{\frac{\kappa}{\kappa-1}} \tag{1-22}$$

由式（1-22）可知，临界压力比 ε_{cr} 只与气体性质有关，对过热蒸汽，$\kappa=1.3$，$\varepsilon_{cr}=0.546$；对饱和蒸汽，$\kappa=1.135$，$\varepsilon_{cr}=0.577$。

图 1-9 表示蒸汽在喷管中膨胀时，蒸汽参数和喷管截面积沿流程的变化规律。由图可见，在亚声速区内，随着压力的降低，流速增加，密度 ρ 降低，截面积逐渐缩小；而在超声速区，随着压力降低，流速增加，截面积逐渐增大。图中流速 c_1 与声速 a 的交点即为临界点。

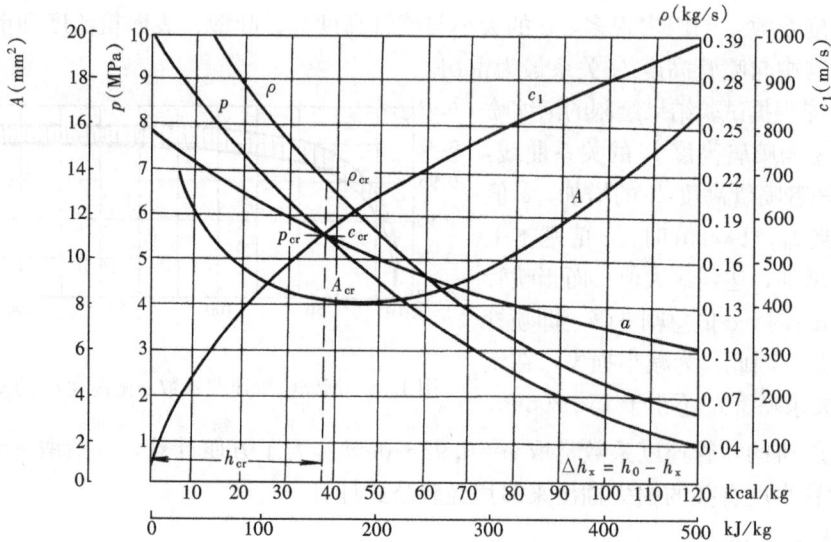

图 1-9　蒸汽在喷管中各项参数沿汽流通道的变化规律
h_0—喷管进口蒸汽焓；h_x—喷管汽道中某一截面处的焓

（三）喷管流量的计算

1. 通过喷管的理想流量

在稳定流动中，流经任一截面的流量相等，因此可选取任一截面来计算，通常取最小截面或出口截面。

流经喷管的蒸汽流量可根据连续方程求得。对于等熵流动，通过喷管的理想流量 G_t 为

$$G_t = A_n c_{1t} \rho_{1t} \tag{1-23}$$

式中　A_n——喷管出口面积，m^2；

　　　c_{1t}——喷管出口理想速度，m/s；

　　　ρ_{1t}——喷管出口理想密度，kg/m^3。

将式（1-11）表示的 c_{1t} 代入上式，得

$$G_t = A_n \rho_{1t} \sqrt{\frac{2\kappa}{\kappa-1} \frac{p_0^*}{\rho_0^*} \left[1 - \left(\frac{p_1}{p_0^*}\right)^{\frac{\kappa-1}{\kappa}}\right]} \tag{1-24}$$

再将等熵方程 $\rho_{1t} = \rho_0^* \left(\frac{p_1}{p_0^*}\right)^{\frac{1}{\kappa}}$ 代入式（1-24），得

$$G_t = A_n \sqrt{\frac{2\kappa}{\kappa-1} p_0^* \rho_0^* \left(\varepsilon_n^{\frac{2}{\kappa}} - \varepsilon_n^{\frac{\kappa+1}{\kappa}}\right)} \tag{1-25}$$

式中　ε_n——喷管后压力与喷管前滞止压力之比，$\varepsilon_n = \dfrac{p_1}{p_0^*}$。

令 $dG_t/d\varepsilon_n = 0$ 可求得流过喷管最大流量时的 ε_n 值，为

$$\varepsilon_n = \left(\frac{2}{\kappa+1}\right)^{\frac{\kappa}{\kappa-1}} = \varepsilon_{cr} \tag{1-26}$$

由此可知，当 ε_n 等于临界压力比 ε_{cr} 时，流过喷管的流量达到最大值，称为临界流量 G_{cr}，将 ε_{cr} 的表达式代入式（1-25）得

$$G_{tcr} = A_n \sqrt{\kappa \left(\frac{2}{\kappa+1}\right)^{\frac{\kappa+1}{\kappa-1}} p_0^* \rho_0^*} = \lambda A_n \sqrt{p_0^* \rho_0^*} = \lambda A_n \frac{p_0^*}{\sqrt{RT_0^*}} \tag{1-27}$$

式中：$\lambda = \sqrt{\kappa \left(\frac{2}{\kappa+1}\right)^{\frac{\kappa+1}{\kappa-1}}}$ 仅与蒸汽性质有关，对过热蒸汽 $\kappa = 1.3$，$\lambda = 0.667$；对饱和蒸汽 $\kappa = 1.135$，$\lambda = 0.635$。于是 $(G_t)_{cr}$ 可写成

过热蒸汽　　　　　$G_{tcr} = 0.667 A_n \sqrt{p_0^* \rho_0^*} \tag{1-28}$

饱和蒸汽　　　　　$G_{tcr} = 0.635 A_n \sqrt{p_0^* \rho_0^*} \tag{1-29}$

可见，在蒸汽性质和喷管出口面积确定后，临界流量只与蒸汽的滞止初参数有关。

将式（1-25）绘成 G_t—ε_n 关系曲线，可得图 1-10 中的 OBC 曲线。当 $\varepsilon_n = 1$，即喷管前后压力相等时，$G_t = 0$；随着 ε_n 的逐渐减小，流量 G_t 沿 CB 线逐渐增加；当 $\varepsilon_n = \varepsilon_{cr}$ 时，$G_t = G_{tcr}$；此后再减小 ε_n，流量 G_t 沿 BO 线逐渐减小，直到 $\varepsilon_n = 0$ 时，$G_t = 0$。但这不符合实际，只要喷管前后有压差，通过喷管的流量就不会等于 0，事实上，当 $\varepsilon_n < \varepsilon_{cr}$ 时，流量始终保持临界流量不变，即按 BA 线变化。因此喷管流量 G_t 与 ε_n 的真实关系为曲线 ABC。

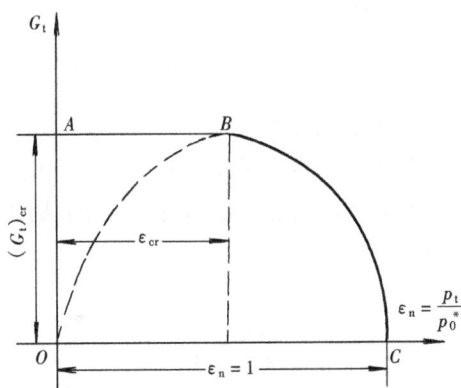

图 1-10　渐缩喷管的流量曲线

2. 通过喷管的实际流量

蒸汽在喷管中的实际流动过程，具有一定的流动损失，流过喷管的实际流量 G 的计算公式为

$$G = A_n c_1 \rho_1 = A_n c_{1t} \rho_{1t} \frac{c_1 \rho_1}{c_{1t} \rho_{1t}} = \varphi \frac{\rho_1}{\rho_{1t}} G_t = \mu_n G_t \tag{1-30}$$

式中　μ_n——喷管的流量系数，即喷管的实际流量与理想流量之比，它等于速度系数 φ 与比值 ρ_1/ρ_{1t} 的乘积。

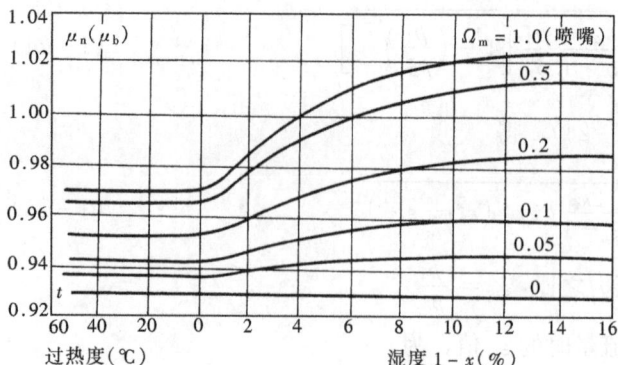

图 1-11　喷管和动叶的流量系数

就绝热过程而言，流动损失加热了蒸汽，使蒸汽的出口比焓值增加，使实际密度 ρ_1 小于理想密度 ρ_{1t}，即 $\rho_1/\rho_{1t}<1$，则 $\mu_n<\varphi$。但是实际流动过程中，影响比值 ρ_1/ρ_{1t} 的因素很多，蒸汽的过热度、湿度、喷管压比、反动度及速度系数等诸多因素都会影响 ρ_1/ρ_{1t} 的数值。因此，流量系数很难用理论方法准确计算，通常用实验方法求得，如图 1-11 所示，当喷管在过热蒸汽区域工作时，由于喷管损失所引起的密度变化较小，即 $\rho_1 \approx \rho_{1t}$，因而流量系数近似的等于速度系数，即 $\mu_n \approx \varphi = 0.97$。

在湿蒸汽区工作时，由于蒸汽通过喷管的时间很短，有一部分应凝结成水珠的饱和蒸汽来不及凝结，未能放出汽化潜热，产生了"过冷"现象，即蒸汽没有获得这部分蒸汽凝结时所应放出的汽化潜热，而使蒸汽温度较低，蒸汽的实际密度大于理想密度，即 $\rho_1/\rho_{1t}>1$，于是就可能出现实际流量大于理想流量的情况，一般计算时取 $\mu_n=1.02$。

考虑了流量系数后，计算实际流量的公式应为 $G_{cr}=\mu_n (G_t)_{cr}$，则

过热蒸汽（$\mu_n=0.97$）　　　$G_{cr} = 0.647A_n\sqrt{p_0^* \rho_0^*}$　　　　　　　(1-31)

饱和蒸汽（$\mu_n=1.02$）　　　$G_{cr} = 0.648A_n\sqrt{p_0^* \rho_0^*}$　　　　　　　(1-32)

由于以上两式求得的临界流量近似相等，所以实际使用时，无论是过热蒸汽还是饱和蒸汽都可采用下式计算：

$$G_{cr} = 0.648A_n\sqrt{p_0^* \rho_0^*} = 0.648A_n\frac{p_0^*}{\sqrt{RT_0^*}} \qquad (1-33)$$

3. 彭台门系数

在利用上述公式计算流量时，不论是渐缩喷管还是缩放喷管，都必须先判断是否在临界状况下工作，然后才能确定公式的选用。为了方便计算，引入流量比即彭台门系数 β，其值为

$$\beta=\frac{G}{G_{cr}}=\frac{G_t}{G_{tcr}}=\sqrt{\frac{\frac{2}{\kappa-1}(\varepsilon_n^{\frac{2}{\kappa}}-\varepsilon_n^{\frac{\kappa+1}{\kappa}})}{\left(\frac{2}{\kappa+1}\right)^{\frac{\kappa+1}{\kappa-1}}}} \qquad (1-34)$$

可见 β 只与 ε_n 和蒸汽性质 κ 有关。κ 确定后，亚临界时 β 值只与 ε_n 有关；临界状态时，$\beta=1$，与 ε_n 无关。

如图 1-12 所示，实际计算时，根据 ε_n 先在图中查出 β 值，然后利用下式计算 G：

$$G = \beta G_{cr} = 0.648\beta A_n\sqrt{p_0^* \rho_0^*} \qquad (1-35)$$

这样，计算喷管流量时，就不必事先判断流动状态了。

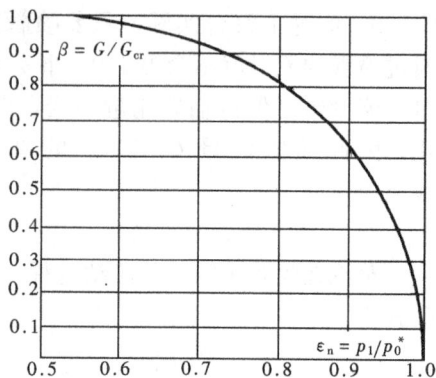

图 1-12　渐缩喷管的 β 曲线（$\kappa=1.3$）

（四）蒸汽在喷管斜切部分中的膨胀

在汽轮机中为了使蒸汽进入动叶流道时更好地将动能转换为机械功，在喷管出口背弧处均有一段斜切部分，如图1-13所示，其中 ABC 为斜切部分，斜切部分在某些流动状态下，对汽流速度的大小和方向都将产生一定的影响。

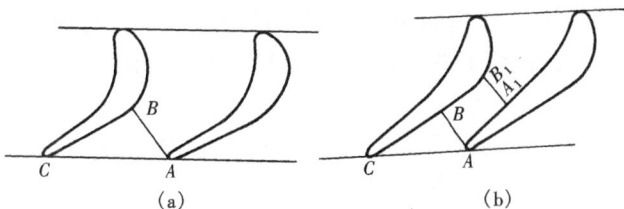

图1-13　喷管斜切部分

（a）渐缩喷管；（b）缩放喷管

1. 蒸汽在斜切喷管中的膨胀条件

（1） $\varepsilon_n \geq \varepsilon_{cr}$，当喷管出口截面上的压力比大于或等于临界压力比时，喷管喉部截面 AB 上的流速小于或等于声速。喉部截面上的压力与喷管的背压 p_1 相等，这时，蒸汽仅在喷管的收缩部分中膨胀，而在其斜切部分中不膨胀。在喷管出口截面 AC 上，蒸汽流速的大小及其方向基本上保持喉部截面处的流速的大小和方向，喷管斜切部分只起导向作用，汽流方向与轮周方向的夹角称为喷管的出汽角 α_1。

（2） $\varepsilon_n < \varepsilon_{cr}$，当喷管出口截面上的压力比小于临界压比时，喷管喉部截面 AB 上的流速等于临界速度，压力为临界压力。在喉部截面以后的斜切部分，汽流从喉部截面上的临界压力 p_{cr} 膨胀到喷管出口压力 p_1。如图1-14所示，A 点汽流的压力由临界压力突然降低到喷管出口压力 p_1，因此 A 点是个扰动源，自 A 点产生一组膨胀波，这组膨胀波在叶片背弧 BC 上反射成一组膨胀波，汽流经过 A 点附近的膨胀波组膨胀、加速，绕 A 点转折一个角度；在 BC 附近的汽流则经过两组膨胀波（一组入射波，一组反射波），在膨胀波组后汽流产生过渡膨胀，即在反射波组后汽流压力低于喷管背压 p_1，因此，在反射波组后将产生激波，汽流通过该激波时，将其压力提高到喷管背压 p_1，如此，蒸汽在喷管斜切部分的膨胀过程是很复杂的。

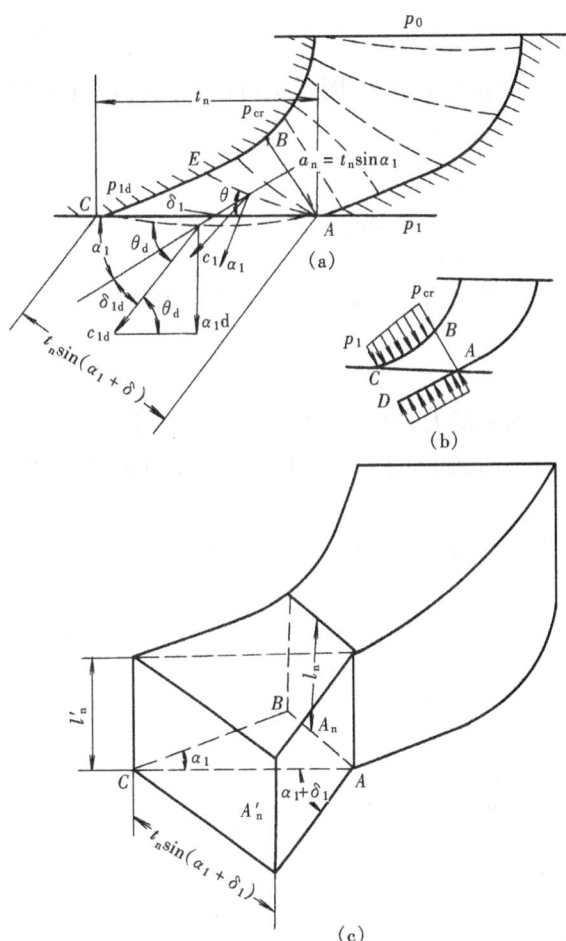

图1-14　蒸汽在喷管斜切部分的膨胀

（a）斜切部分内汽流的偏转；

（b）斜切部分两侧压力分部情况；

（c）喷管斜切部分的立体示意图

2. 汽流偏转角的计算

蒸汽在喷管斜切部分中的偏转角可利用连续方程近似地求出。如图1-14（b）所示，在一元流动的条件下，沿 BC 段上

汽流压力从 p_{cr} 下降至 p_1，而沿 AD 段汽流压力是均匀分布的，处处等于 p_1。这样，从 BC 面上作用到汽流上的合力大于从 AD 面上作用到汽流上的合力，因而汽流绕 A 点偏转一角度 δ_1。

在等熵流动过程条件下，通过喷管喉部截面 A_n 的临界流量和出口截面 A'_n [见图 1-14（c）] 的流量相等。

$$G = A_n c_{cr} \rho_{cr} = l_n t_n \sin\alpha_1 \cdot c_{cr}\rho_{cr}$$
$$G' = A'_n c_{1t} \rho_{1t} = l'_n t_n \sin(\alpha_1 + \delta_1) c_{1t}\rho_{1t}$$

式中　l_n——喷管喉部截面处的高度，m；

　　　l'_n——喷管出口截面处的高度，m；

　　c_{cr}、ρ_{cr}——喉部截面处的汽流速度和密度，m/s，kg/m³；

　　c_{1t}、ρ_{1t}——喷管出口截面处的汽流等熵速度和密度，m/s，kg/m³；

　　　t_n——喷管叶栅的节距，m。

在实际结构中，$l_n \approx l'_n$，于是

$$\sin(\alpha_1 + \delta_1) \approx \sin\alpha_1 \frac{c_{cr}\rho_{cr}}{c_{1t}\rho_{1t}} \tag{1-36}$$

称为贝尔公式，用于偏转角的近似计算，但使用时需要查 $h-s$ 图。也可用下式确定汽流偏转角的大小：

$$\sin(\alpha_1 + \delta_1) \approx \frac{\left(\frac{2}{\kappa+1}\right)^{\frac{1}{\kappa-1}}\sqrt{\frac{\kappa-1}{\kappa+1}}}{\varepsilon_n^{\frac{1}{\kappa}}\sqrt{1-\varepsilon_n^{\frac{\kappa-1}{\kappa}}}} \sin\alpha_1 \tag{1-37}$$

若已知喷管压力比 ε_n、蒸汽等熵指数 κ 及喷管出汽角 α_1，就可以算出蒸汽在喷管斜切部分的偏转角 δ_1。

3. 喷管斜切部分的膨胀极限与极限压力

随着喷管背压的降低，斜切部分的膨胀程度不断增大，当蒸汽的膨胀充满整个斜切部分时，即斜切部分的膨胀能力用完时，则喷管的膨胀达到了极限，此时的工况称为喷管的膨胀极限工况，此时喷管的压比称为极限压比 ε_{1d}。

在极限膨胀时，汽流的方向角 $(\alpha_1 + \delta_{1d})$ 为马赫角 θ_d，见图 1-14（a），而马赫角与马赫数 Ma_d 有如下的关系：$\sin\theta_d = \frac{1}{Ma_d} = \frac{a_d}{c_d}$，于是

$$\sin(\alpha_1 + \delta_{1d}) = \frac{c_{cr}\rho_{cr}}{c_{1d}\rho_{1d}}\sin\alpha_1 = \frac{1}{Ma_d} = \frac{a_{1d}}{c_{1d}} \tag{1-38}$$

或

$$\sin\alpha_1 = \frac{a_d\rho_{1d}}{c_{cr}\rho_{cr}} \tag{1-39}$$

式中　Ma_d——对应喷管极限工况下的出口处马赫数；

　　　a_{1d}——蒸汽在极限压力下的音速，m/s；

　　　c_{1d}——极限压力下喷管出口的汽流速度，m/s；

　　　ρ_{1d}——极限压力下蒸汽的密度，kg/m³。

对于等熵过程，

$$\frac{\rho_{1d}}{\rho_{cr}} = \left(\frac{p_{1d}}{p_{cr}}\right)^{\frac{1}{\kappa}} = \varepsilon_{1d}^{\frac{1}{\kappa}} \cdot \varepsilon_{cr}^{\frac{1}{\kappa}}$$

$$\frac{a_{1d}}{c_{cr}} = \frac{\sqrt{\kappa p_{1d}/\rho_{1d}}}{\sqrt{\frac{2\kappa}{\kappa+1}p_0^*/\rho_0^*}} = \sqrt{\frac{\kappa+1}{2}\varepsilon_{1d}^{\frac{\kappa-1}{\kappa+1}}}$$

代入式（1-39），整理得

$$\varepsilon_{1d} = \frac{p_{1d}}{p_0^*} = \left(\frac{2}{\kappa+1}\right)^{\frac{1}{\kappa-1}}(\sin\alpha_1)^{\frac{2\kappa}{\kappa+1}} \qquad (1-40)$$

$$p_{1d} = \varepsilon_{cr}(\sin\alpha_1)^{\frac{2\kappa}{\kappa+1}} \cdot p_0^* \qquad (1-41)$$

式（1-40）说明，对一定的蒸汽，ε_{1d} 只与 α_1 角有关，随着 α_1 角的增大而增大。若将 $\varepsilon_n=\varepsilon_{1d}$ 代入式（1-37）中，可求得相应的极限偏转角 δ_{1d}。

达到极限膨胀后，若继续降低喷管背压，汽流一部分膨胀将发生在斜切部分之外（即口外膨胀），称为膨胀不足。因为口外膨胀是紊乱的膨胀，会带来较大的能量损失，所以应避免发生这种现象。

以上讨论的蒸汽在喷管斜切部分的膨胀及计算，对动叶栅的斜切部分同样适用。

二、蒸汽在动叶栅中的流动和能量转换过程

根据前面一元定常绝热流动理论对喷管流动的讨论，其间建立的一些概念及相应的公式都同样适合于蒸汽在动叶栅中的流动。不同的是蒸汽在运动的动叶栅中将动能转换为机械功，而为了计算蒸汽的作用力和所做的功，就必须确定蒸汽在动叶汽道进出口截面上汽流速度和动量的变比。

（一）动叶栅进出口速度三角形

动叶片以转速 n（r/min）旋转，用 u 表示动叶进出口平均直径 d_m 处的圆周速度

$$u = \frac{\pi d_m n}{60} \qquad (m/s) \qquad (1-42)$$

其方向为动叶运动的圆周方向。速度 $\vec{c_1}$ 是汽流在喷管出口的速度，由于动叶片以圆周速度 $\vec{u}$ 作周向运动，所以，蒸汽进入动叶的速度是相对速度 $\vec{w_1}$，它等于

$$\vec{w_1} = \vec{c_1} - \vec{u}$$

或者

$$\vec{c_1} = \vec{w_1} + \vec{u} \qquad (1-43)$$

由此三个速度组成的三角形叫作动叶进口速度三角形。同理，在动叶出口的绝对速度 $\vec{c_2}$、相对速度 $\vec{w_2}$ 和圆周速度 $\vec{u}$ 也可组成动叶出口速度三角形

$$\vec{c_2} = \vec{w_2} + \vec{u} \qquad (1-44)$$

如图 1-15 所示，绝对速度 $\vec{c_1}$ 和 $\vec{c_2}$ 的方向角分别用 α_1 和 α_2 表示，相对速度 $\vec{w_1}$ 和 $\vec{w_2}$ 的方向角分别用 β_1 和 β_2 表示，圆周速度 $\vec{u}$ 的方向为转子旋转的轮周方向。我们可用

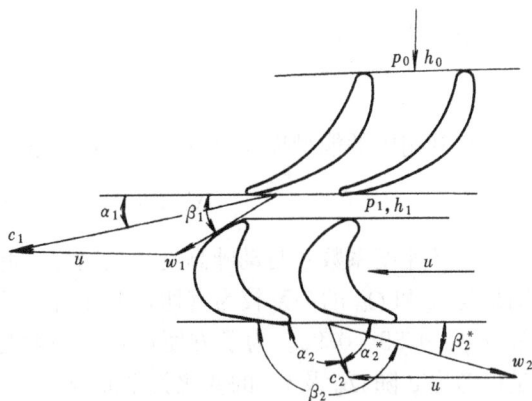

图 1-15　动叶栅进出口速度三角形

几何解析法求这些速度的关系。其值分别为

$$w_1 = \sqrt{c_1^2 + u^2 - 2uc_1\cos\alpha_1} \tag{1-45}$$

$$\beta_1 = \sin^{-1}\frac{c_1\sin\alpha_1}{w_1} = \mathrm{tg}^{-1}\frac{c_1\sin\alpha_1}{c_1\cos\alpha_1 - u} \tag{1-46}$$

$$c_2 = \sqrt{w_2^2 + u^2 - 2uw_2\cos(180° - \beta_2)} \tag{1-47}$$

$$\alpha_2^* = \sin^{-1}\frac{w_2\sin(180° - \beta_2)}{c_2} = \sin^{-1}\frac{w_2\sin\beta_2}{c_2} \tag{1-48}$$

或

$$\alpha_2^* = \mathrm{tg}^{-1}\frac{w_2\sin(180° - \beta_2)}{c_2\cos(180° - \beta_2)} = \mathrm{tg}^{-1}\frac{w_2\sin\beta_2}{w_2\cos(180° - \beta_2) - u} \tag{1-49}$$

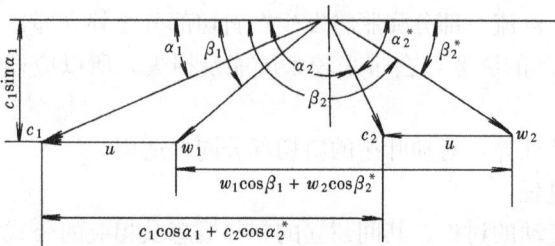

图 1-16　动叶栅进出口速度三角形

式（1-45）～式（1-49）中，c_1、α_1 为喷管计算结果，u 用式（1-42）计算所得。为了方便计算，常将动叶栅进出口速度三角形绘在一起，如图 1-16 所示，并令 $\beta_2^* = 180° - \beta_2$ 及 $\alpha_2^* = 180° - \alpha_2$。

对于纯冲动级 $\beta_2^* = \beta_1$，对于一般冲动级，$\beta_2^* = \beta_1 - (3° \sim 10°)$，对于反动级，$\beta_2^* = \alpha_1$。

动叶出口速度三角形中的 w_2 是通过能量方程求得的。若蒸汽在动叶栅中流动为等熵过程，则动叶出口理想流速的计算可在以轮周速度 u 旋转的相对坐标系中求解能量方程

$$h_1 + \frac{w_1^2}{2} = h_{2t} + \frac{w_{2t}^2}{2} \tag{1-50}$$

式（1-50）的物理意义为滞止比焓相等，如图 1-17 所示。

由式（1-50）解得动叶出口的理想流速

$$w_{2t} = \sqrt{2(h_1 - h_{2t}) + w_1^2} = \sqrt{2\Omega_m\Delta h_t^* + w_1^2} = \sqrt{2\Delta h_b^*} \tag{1-51}$$

由于实际流动过程存在流动损失，造成动叶出口汽流的实际相对速度低于理想流速，与喷管流动相似，可以用动叶速度系数 ψ 表示降低的程度，即

$$\psi = \frac{w_2}{w_{2t}} \tag{1-52}$$

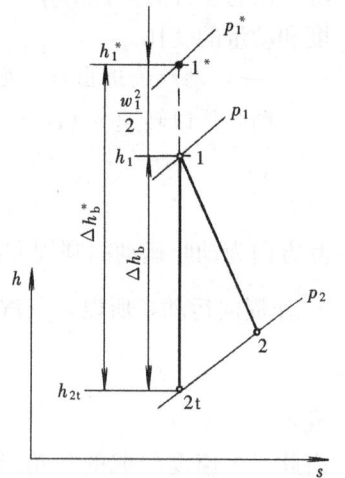

图 1-17　蒸汽在动叶栅中的热力过程线

动叶栅中的能量损失也可用动能损失表示：

$$\Delta h_{b\xi} = \frac{1}{2}(w_{2t}^2 - w_2^2) = (1 - \psi^2)\Delta h_b^* \tag{1-53}$$

动叶速度系数 ψ 与动叶高度、反动度、叶型、动叶片的表面粗糙度等因素有关，其中特别是与 l_b 和 Ω_m 的关系较为密切，并随 l_b 及 Ω_m 增大而增大。其值可以通过试验得到，通常取 $\psi = 0.85 \sim 0.95$。为了方便计算，一般是单独计算动叶高度变化引起的损失。图1-18 是仅考虑 ψ 随 Ω_m 及 w_{2t} 的变化关系曲线。

在纯冲动级中，$\Omega_m = 0$，即 $\Delta h_b = 0$，有 $w_2 = \psi w_1$，动叶进出口速度三角形不对称。在反动级中，$\Omega_m \approx 0.50$，$\Delta h_b = \Delta h_n^*$，即动静叶工作条件相似，动静叶片形状对称，所以动叶进

出口速度三角形完全对称，有 $c_1=w_2$，$w_1=c_2$，$\alpha_1=\beta_2^*$，$\beta_1=\alpha_2^*$。对一般的冲动级则不具备特殊关系的进出口速度三角形。

（二）蒸汽对动叶片的轮周功率

1. 蒸汽对动叶的作用力

从喷管流出的高速汽流进入动叶通道，对动叶片产生冲动力和反动力，二者之和为蒸汽对动叶片的作用力 F_b。通常将这一合力 F_b 分解为沿圆周速度方向的周向力 F_u 和沿汽轮机轴线方向的轴向力 F_z，如图 1-19 所示。在控制体 $abcd$ 内，根据动量定理求出质量为 δm 的蒸汽受到动叶片的作用力 $-F_b$，它与蒸汽对动叶片的作用力是一对大小相等、方向相反的作用力与反作用力。

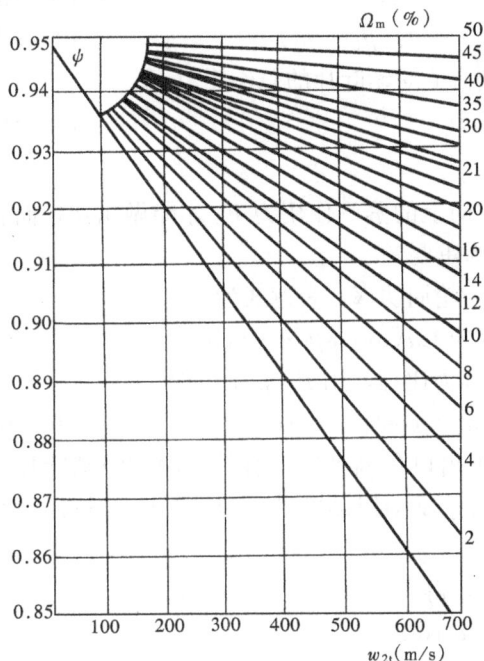

图 1-18 速度系数 ψ 与 Ω_m 和 w_{2t} 的关系曲线

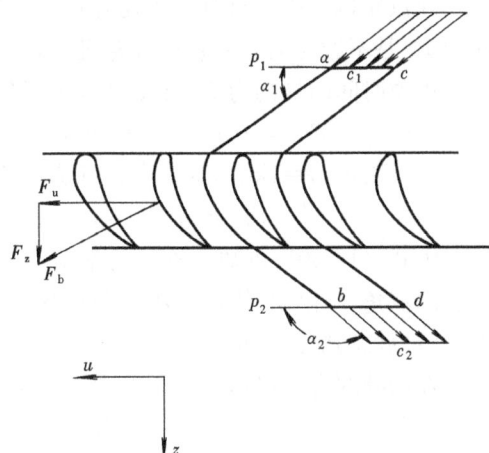

图 1-19 蒸汽流过动叶栅的汽流

根据动量定理，控制体 $abcd$ 内，质量为 δm 的蒸汽受到的合力 $\sum\vec{F}$，在 δt 时间内的累积效应，使该蒸汽产生了动量的改变 $\delta m(\vec{c}_2-\vec{c}_1)$，即

$$\sum\vec{F}\delta t=\delta m(\vec{c}_2-\vec{c}_1)$$

式中 $\sum\vec{F}$ 为控制体 $abcd$ 中各种力的合力，在忽略质量力和黏性力的条件下，作用在蒸汽上的力有动叶的反作用力和汽道两侧的压力差，而在圆周方向上的力仅有动叶的反作用力。

设 $-F_u$ 表示动叶片作用于蒸汽汽流上的反作用力，而 F_u 表示蒸汽对动叶片的作用力，汽流在圆周方向上的动量方程为

$$-F_u\delta t=\delta m(c_{2u}-c_{1u})$$
$$=\delta m(c_2\cos\alpha_2-c_1\cos\alpha_1)$$
$$=\delta m(-c_2\cos\alpha_2^*-c_1\cos\alpha_1)$$

则蒸汽对动叶片的周向力 F_u 为

$$F_u = \frac{\delta m}{\delta t}(c_1 \cos\alpha_1 + c_2 \cos\alpha_2^*)$$

令 $G = \delta m / \delta t$ 为单位时间内所通过的蒸汽质量,即通过级的蒸汽流量,则

$$F_u = G(c_1 \cos\alpha_1 + c_2 \cos\alpha_2^*) \tag{1-54}$$

或

$$F_u = G(w_1 \cos\beta_1 + w_2 \cos\beta_2^*) \tag{1-55}$$

同理,可根据汽轮机轴线方向上蒸汽的动量定理求得蒸汽作用于动叶片的轴向力 F_z。

$$[-F_z + A_b(p_1 - p_2)]\delta t = \delta m(c_{2z} - c_{1z})$$

式中 $A_b(p_1 - p_2)$ 为动叶栅两侧受到的压力差作用,A_b 表示动叶汽道的轴向投影面积,整理得

$$F_z = G(c_1 \sin\alpha_1 - c_2 \sin\alpha_2) + A_b(p_1 - p_2) \tag{1-56}$$

或

$$F_z = G(w_1 \sin\beta_1 - w_2 \sin\beta_2) + A_b(p_1 - p_2) \tag{1-57}$$

在汽轮机级中,若要计算动叶片的强度,则要用到汽流对动叶片的总作用力 F_b。

$$F_b = \sqrt{F_u^2 + F_z^2} \tag{1-58}$$

2. 轮周功率

在汽轮机级中,只有作用在叶片旋转的轮周方向上的蒸汽作用力 F_u 才能做出功,而轴向力 F_z 是不做功的,但它对汽轮机的安全运行极为重要。

单位时间内周向力 F_u 在动叶片上所做的功称为轮周功率,表达式为

$$P_u = F_u u = Gu(c_1 \cos\alpha_1 + c_2 \cos\alpha_2^*) = Gu(w_1 \cos\beta_1 + w_2 \cos\beta_2^*) \tag{1-59}$$

上式表示 $G = 1\text{kg/s}$ 时,蒸汽所做的有效功,称为比功,用 P_{u1} 表示,即

$$P_{u1} = u(c_1 \cos\alpha_1 + c_2 \cos\alpha_2^*) = u(w_1 \cos\beta_1 + w_2 \cos\beta_2^*) \tag{1-60}$$

由式 (1-60) 可知,轮周功率 P_{u1} 与动叶的进出口角 β_1 和 β_2^* 有关。冲动级动叶片的进、出汽角 β_1 和 β_2^* 值均较小,所以做功能力较大;反动级动叶片的 β_1 和 β_2^* 值较冲动级大,所以做功能力较小。

在动叶的进出口速度三角形中,应用余弦定理,得

$$w_1^2 = c_1^2 + u^2 - 2uc_1\cos\alpha_1$$
$$w_2^2 = c_2^2 + u^2 + 2uc_1\cos\alpha_2^*$$

将 $uc_1\cos\alpha_1$ 和 $uc_1\cos\alpha_2^*$ 代入式 (1-60),得出轮周功的另一种表达形式

$$P_{u1} = \frac{1}{2}[(c_1^2 - c_2^2) + (w_2^2 - w_1^2)] \tag{1-61}$$

蒸汽在动叶栅中做功后,以 $\frac{c_2^2}{2}$ 的余速动能离开动叶栅,它是未能在动叶栅中转换为机械功的一部分动能,称它为这一级的余速损失 Δh_{c2},即

$$\Delta h_{c2} = \frac{c_2^2}{2} \tag{1-62}$$

在多级汽轮机中,由于结构上的原因,余速动能可能被下一级部分或全部利用。通常用余速利用系数 μ 来表示余速动能被下级所利用的程度,$\mu = 0 \sim 1$。μ_0 表示本级利用上一级余速动能的程度,μ_1 表示本级动能被下一级利用的程度。

3. 级的热力过程线

蒸汽在级内的流动过程可以在水蒸气焓熵图中表示出来。图 1-20 为冲动级和纯冲动级在 $h—s$ 图上的热力过程线。图中各参数之间的关系为

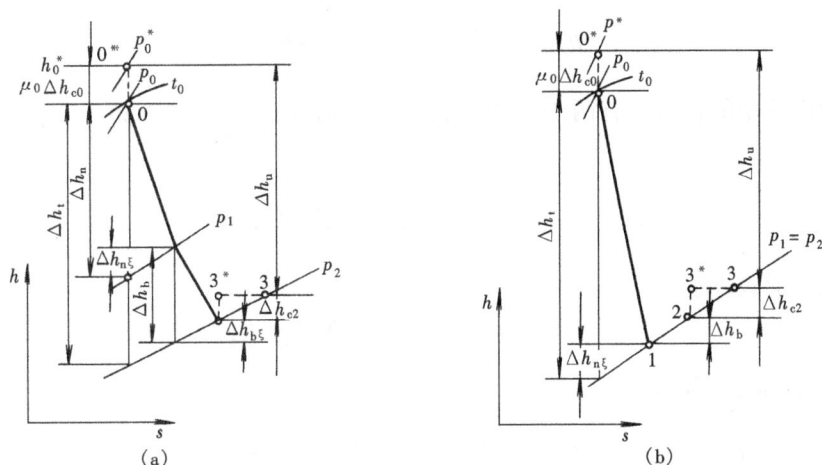

图 1-20　级的热力过程线

(a) 带反动度的冲动级；(b) 纯冲动级

$$\Delta h_t^* = \Delta h_t + \mu_0 \frac{c_0^2}{2}$$

$$\Delta h_n^* = (1 - \Omega_m)\Delta h_t^*$$

$$\Delta h_{n\xi} = (1 - \varphi^2)\Delta h_n^*$$

$$\Delta h_b = \Omega_m \Delta h_t^*$$

$$\Delta h_{b\xi} = (1 - \psi^2)\Delta h_b^* \qquad \left(\Delta h_b = \Delta h_b + \frac{w_1^2}{2}\right)$$

$$\Delta h_{c2} = \frac{c_2^2}{2}$$

图中 Δh_u 为级的轮周有效比焓降，它是转换为轮周功的能量，它与比功是等效的，数值上与式（1-60）的结果相等，其表达式为

$$\Delta h_u = \mu_0 \frac{c_0^2}{2} + \Delta h_t - \Delta h_{n\xi} - \Delta h_{b\xi} - \Delta h_{c2} \tag{1-63}$$

第三节　级的轮周效率与最佳速度比

一、级的轮周效率

汽轮机级的轮周效率是指 1kg/s 蒸汽在级内所做的轮周功 P_{ul} 与蒸汽在该级中所具有的理想能量 E_0 之比，即

$$\eta_u = \frac{P_{ul}}{E_0} = \frac{\Delta h_u}{E_0} \tag{1-64}$$

它是衡量汽轮机级的工作经济性的一个重要指标，但不是最终的经济指标，对它的讨论，有助于找出级的经济运行的最佳工况。

通常级的理想能量为级的理想比焓降 Δh_t。对于多级汽轮机而言，某些级的余速动能可被下一级部分地或全部的利用。因此，计算一级的理想能量 E_0 时，应考虑到该级对上一级的余速动能的利用 $\mu_0 \Delta h_{c0}$ 以及被下一级的利用 $\mu_1 \Delta h_{c2}$，为了不重复计算，则有

$$E_0 = \mu_0 \frac{c_0^2}{2} + \Delta h_t - \mu_1 \frac{c_2^2}{2} = \Delta h_t^* - \mu_1 \frac{c_2^2}{2} \tag{1-65}$$

级的轮周效率的表示式有两种形式，其一是以速度形式表示（$\Delta h_t^* = \dfrac{c_a^2}{2}$，$c_a$ 称假想速度）

$$\eta_u = \frac{2u(c_1\cos\alpha_1 + c_2\cos\alpha_2^*)}{c_a^2 - \mu_1 c_2^2} \tag{1-66}$$

其二是以能量形式表示

$$\eta_u = \frac{\Delta h_t^* - \Delta h_{n\xi} - \Delta h_{b\xi} - \Delta h_{c2}}{E_0} \tag{1-67}$$

将式（1-65）代入，得

$$\eta_u = 1 - \zeta_n - \zeta_b - (1-\mu_1)\zeta_{c2} \tag{1-68}$$

式中：ζ_n、ζ_b、ζ_{c2} 分别表示喷管损失，动叶损失和余速损失与理想能量 E_0 之比，称为喷管、动叶和余速能量损失系数。

由式（1-68）可知，欲提高轮周效率，应从减小 ζ_n、ζ_b、ζ_{c2} 三项损失系数入手。在选定喷管和动叶后，φ 和 ψ 值就基本上确定了，即 ζ_n 和 ζ_b 值基本确定，影响轮周效率的主要因素就只有余速损失系数 ζ_{c2} 了。由速度三角形可知，动叶出口绝对速度 c_2 在轴向排汽时，余速损失最小，有一特定的速度关系（u/c_1）可使最小余速损失得以实现，这个速度比称为最佳速度比。

速度比 $x_1 = u/c_1$ 或 $x_a = u/c_a$ 是级的一个重要特性，它直接影响级的轮周效率和做功能力。以下将根据不同类型汽轮机级的不同特点，来分析速度比与轮周效率的关系，从而找出最高轮周效率和最佳速比。

二、级的轮周效率与最佳速度比

（一）纯冲动级的轮周效率与最佳速度比

1. 不考虑余速利用

孤立级的余速动能是不被下一级利用的，即 $\mu_0 = \mu_1 = 0$，对于纯冲动级，$\Omega_m = 0$，则 $\Delta h_b = 0$，$w_2 = \varphi w_{2t} = \varphi w_1$，又 $\Delta h_n^* = \Delta h_t^*$，$c_a = c_{1t}$，式（1-66）可写为

$$\eta_u = \frac{2u(c_1\cos\alpha_1 + c_2\cos\alpha_2^*)}{c_{1t}^2} = \frac{2u(w_1\cos\beta_1 + w_2\cos\beta_2^*)}{c_{1t}^2} = \frac{2u}{c_{1t}^2}w_1\cos\beta_1\left(1 + \psi\frac{\cos\beta_2^*}{\cos\beta_1^*}\right)$$

$$= \frac{2\varphi^2 u}{c_1^2}(c_1\cos\alpha_1 - u)\left(1 + \psi\frac{\cos\beta_2^*}{\cos\beta_1}\right) = 2\varphi^2 x_1(\cos\alpha_1 - x_1)\left(1 + \psi\frac{\cos\beta_2^*}{\cos\beta_1}\right) \tag{1-69}$$

由上式可知，速度系数 φ 和 ψ 对 η_u 有较大的影响，要提高轮周效率，首先应改善喷管和动叶的气动特性，以提高 φ 和 ψ 值，同时，适当减小 α_1 和 β_2^* 也可以提高轮周效率，但不可过分减小 α_1 和 β_2^*，过小的 α_1 和 β_2^*，可使流动恶化，φ 和 ψ 值下降，反而使轮周效率降低。当动静叶型确定后，φ、ψ、α_1、β_2^* 也随之确定，将 $x_1 - \eta_u$ 关系绘制曲线，得到图 1-21，称为轮周效率曲线。绘制曲线所需用的 ζ_n、ζ_b、ζ_{c2} 值，可按前述公式计算求得。分析图1-21可知：

（1）当 $x_1 = 0$ 时，$\eta_u = 0$。表明 $u = 0$，叶轮不动，不做功，故 $\eta_u = 0$。

（2）当 $x_1 = \cos\alpha_1$ 时，$\eta_u = 0$。此时，$u = c_1\cos\alpha_1$，由速度三角形知，$\beta_1 = 90°$，且纯冲动级 $\beta_1 = \beta_2^*$，对于这样的动叶片，蒸汽不作曲率运动，不会产生周向力，故不做功，则轮周效

率为零。

（3）在 $x_1 = 0 \sim \cos\alpha_1$ 之间，必然存在一个使 η_u 达最大值的速度比，即最佳速度比 $(x_1)_{op}$，可用对函数求极值的方法求得。

$$\frac{\partial \eta_u}{\partial x_1} = 2\varphi^2 \left(1 + \psi \frac{\cos\beta_2^*}{\cos\beta_1}\right)(\cos\alpha_1 - 2x_1) = 0$$

由于 $2\varphi^2 \left(1 + \psi \frac{\cos\beta_2^*}{\cos\beta_1}\right) \neq 0$，所以 $\cos\alpha_1 - 2x_1 = 0$，于是

$$(x_1)_{op} = \cos\alpha_1/2 \qquad (1\text{-}70)$$

汽轮机中一般 $\alpha_1 = 12° \sim 20°$，因此纯冲动级的最佳速度比 $(x_1)_{op} = 0.46 \sim 0.49$。

$(x_1)_{op}$ 的物理意义可由图 1-22 分析得到。在纯冲动级中，$\beta_1 = \beta_2^*$，若不考虑动叶损失，则 $w_1 = \varphi w_{2t} = \varphi w_1$，由图 1-22

图 1-21　纯冲动级 $\eta_u - x_1$ 关系曲线

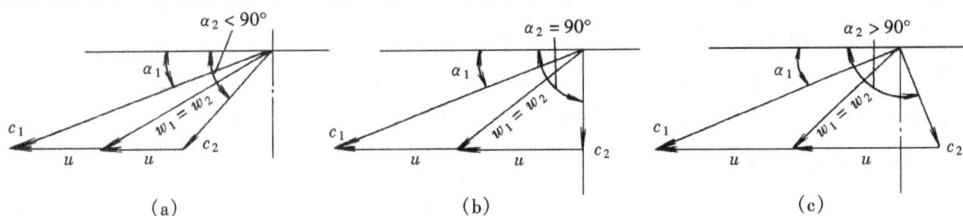

（b）可见，当 $u/c_1 = \cos\alpha_1/2$ 时，$\alpha_2 = 90°$，c_2 达到最小值，即动叶出口汽流为轴向排汽时，余速损失最小，轮周效率最大，这一点对于其他类型的级也是一样的。

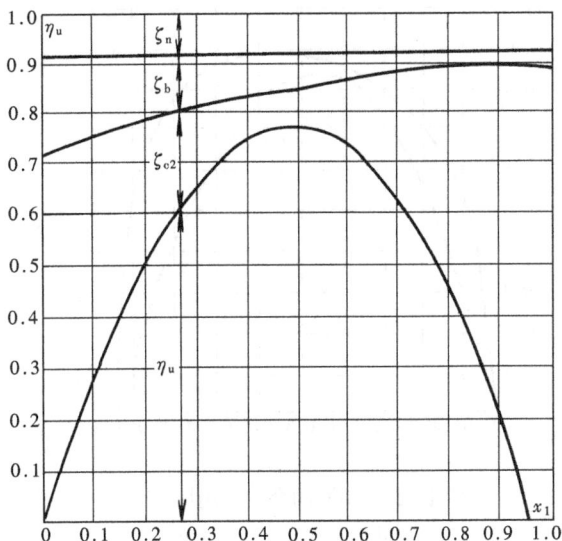

图 1-22　不同速度比下，纯冲动级的速度三角形

由于在设计和实验研究中，c_1 为未知量，且喷管和动叶之间的间隙很小，c_1 不易测得，因此，为了实用上的方便，常用 $x_a = u/c_a$ 来代替 x_1，x_a 称为假想速度比。X_1 与 x_a 的关系为

$$x_a = \frac{u}{c_a} = \frac{u}{\sqrt{2\Delta h_t^*}} = \frac{u\varphi\sqrt{1-\Omega_m}}{\varphi\sqrt{1-\Omega_m}\sqrt{2\Delta h_t^*}} = \frac{u\varphi\sqrt{1-\Omega_m}}{c_1} = x_1\varphi\sqrt{1-\Omega_m} \qquad (1\text{-}71)$$

对于纯冲动级 $\Omega_m = 0$，则 $x_a = \varphi x_1$，

$$(x_a)_{op} = \frac{\varphi\cos\alpha_1}{2} \qquad (1\text{-}72)$$

若 $\varphi = 0.97$，$\alpha_1 = 11° \sim 20°$，则 $(x_1)_{op} = 0.45 \sim 0.48$。

2. 考虑余速利用

对于多级汽轮机的各中间级，级后余速动能均可被下一级部分或全部地利用，即 μ_0、μ_1 均不等于 0。则纯冲动级的轮周效率为

$$\eta_u = \frac{2u(c_1\cos\alpha_1 + c_2\cos\alpha_2^*)}{c_a^2 - \mu_1 c_2^2} \qquad (1\text{-}73)$$

由式（1-73）导出最佳速度比 $(x_a)_{op}$ 是一个很烦琐的过程，有关具体的推导过程可查阅相关的专业书籍，这里不做赘述，只对一定级的 $\eta_u - x_a$ 关系绘制成曲线。如图 1-23 所

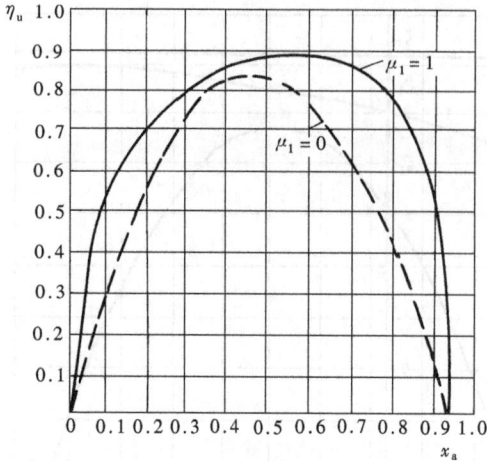

图 1-23　不同的余速利用情况
下纯冲动级的 η_u—x_a 曲线

示，当 $\varphi=0.96$、$\psi=0.90$、$\alpha_1=14°$时，对于 $\mu_1=1$ 的纯冲动级，$(x_a)_{op}=0.585$；对于 $\mu_0=0$ 的纯冲动级，$(x_a)_{op}=0.47$。通过图 1-23 中间级与孤立级 η_a 曲线的比较可得如下结论：

（1）中间级的最大轮周效率大于孤立级的最大轮周效率，这是由于余速利用的缘故；

（2）由于上述的原因，中间级的最佳速度比 $(x_a)_{op}$ 大大提高了；

（3）中间级的 η_u 曲线顶部有较大的平坦区，也就是说，在较大的工况变动范围内，中间级可保持较高的轮周效率，这是因为余速的利用，使余速损失对轮周效率的影响变得很小。

以上结论对其他类型的级也是适用的。

（二）反动级的轮周效率与最佳速度比

对于典型的反动级，$\Omega_m=0.50$，$\Delta h_n^*=\Delta h_b=\Delta h_t^*/2$，喷管叶栅和动叶栅的流动情况相同，有 $\alpha_1=\beta_2^*$、$\varphi=\psi$、$c_1=w_2$、$w_1=c_2=c_0$。由于反动级的结构特点，余速基本上可全部地利用，所以 $\mu_0=\mu_1=1$。其动叶进出口速度三角形完全对称。

如图 1-24 所示，为 $\alpha_2=90°$时的反动级的速度三角形，由此可知，$u/c_1=\cos\alpha_1$，即反动级中与最大轮周效率相对应的最佳速度比为

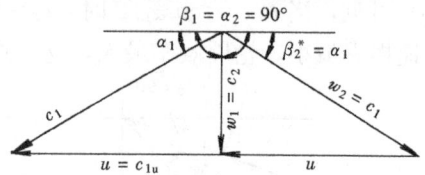

图 1-24　反动级最佳速比下的速度三角形

$$(x_1)_{op}=\cos\alpha_1 \tag{1-74}$$

根据反动级速度三角形的特点，利用式（1-66），也可按求极值的解析法求得式（1-74），这里不再赘述。

利用式（1-71）c_a 与 c_1 的关系，可以求得反动级 x_a 与 x_1 的关系式：

$$x_a=x_1\varphi\sqrt{1-\Omega_m}=x_1\varphi\sqrt{1-\frac{1}{2}}=\frac{x_1\varphi}{\sqrt{2}} \tag{1-75}$$

及

$$(x_a)_{op}=\frac{\varphi\cos\alpha_1}{\sqrt{2}}$$

图 1-25 给出了反动级 η_u—x_a 及 η_u—x_1 关系曲线（绘制时取 $\alpha_1=20°$，$\varphi=\psi=0.93$）。由图可见，反动级的轮周效率的变化在轮周效率最大值附近也是平坦的。所以速度比在一定范围偏离最佳值不致引起效率明显的下降。因此反动级的变工况适应能力是很强的。但是，反动级的最佳速度比比冲动级的大，所以在轮周速度相同时，反动级的做功能力较冲动级的小。

（三）带有一定反动度的冲动级的轮周效率与最佳速度比

上面讨论了纯冲动级和反动级 η_u—x_a 的关系。对于不同反动度 Ω_m 的级，其最佳速度比 $(x_1)_{op}$ 在不同的余速利用系数 μ 下随 Ω_m 的变化规律，如图 1-26 所示。该图曲线是在 $\varphi=0.96$、$\psi=0.86$ 和 $\alpha=14°$时做出的。当 α_1 及速度系数 φ、ψ 为其他数值时，图中曲线的规律仍然是一样的。由图可见最佳速度比随反动度的增大而增大的，而余速不利用的级（$\mu=0$）比余速利用的级（$\mu>0$）增大幅度快得多。

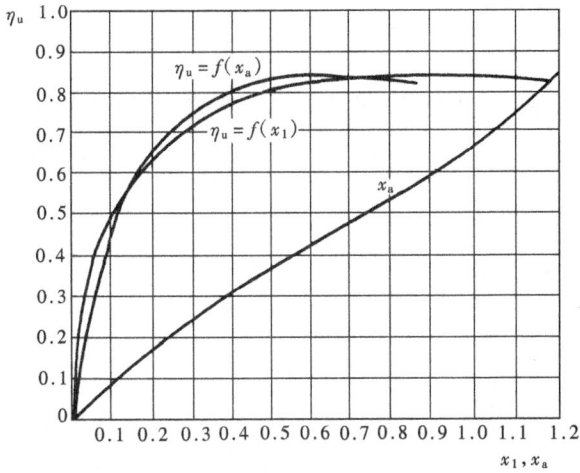

图 1-25　反动级轮周效率与速度比 x_1 和 x_a 的关系

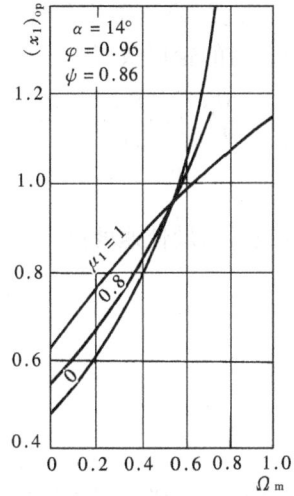

图 1-26　最佳速比与反动度和余速
利用系数之间的关系

（四）复速级的轮周效率及最佳速度比

动叶栅的圆周速度 u 受到叶片和叶轮材料强度的限制，不能太大，一般允许的最大圆周速度 u_{max} 约为 $180\sim300\text{m/s}$。为保证级的最佳速度比，以获得最大的轮周效率，级的理想比焓降 Δh_t^* 也就不能选得过大。与上述最大圆周速度相对应的最佳速度比的理想比焓降 $\Delta h_t^* = 80\sim170\text{kJ/kg}$。在设计汽轮机时，为使整机的级数减小，从而简化结构，减少金属耗量和制造成本，就必须使一级内能利用的比焓降增大。但是，随着级的比焓降增大，在一定的圆周速度 u 的限制下，速度比将减小，使级的轮周效率降低，这主要是余速损失增大的缘故，因此，要采用复速级。在复速级中，从第一列动叶栅流出的汽流，经过导向叶栅转向后，流入第二列动叶栅中做功。由于汽流经过两列动叶栅将其动能转变为机械能，使第二列动叶出口绝对速度 c_2 大为减小，从而减小了级的余速损失，保证了复速级的轮周效率不致过低。

1. 复速级的速度三角形及轮周功率

由于复速级有两列动叶栅，所以有两对进出口速度三角形，与单列级表示方法一样，第二列动叶的速度三角形中各量均在相应的符号上加一上标"′"以示区别，如图 1-27 所示。

为了便于讨论，设复速级反动度均为零（两列动叶、导向叶栅中的理想比焓降均为零），且不考虑导向叶栅和两列动叶栅中的损失，则

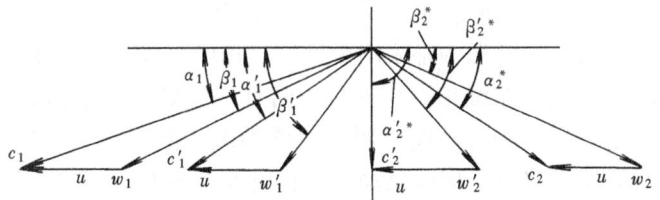

图 1-27　复速级的速度三角形

与纯冲动级的速度三角形相似，有 $\beta_1 = \beta_2^*$、$\beta_1' = \beta_2'^*$、$\alpha_2^* = \alpha_1'$、$w_1 = w_2$、$w_1' = w_2'$、$c_2 = c_1'$。

复速级的轮周功 P_{u1} 等于两列动叶栅上所产生的有效功之和，即

$$P_{u1} = P_{u1}^{\text{I}} + P_{u1}^{\text{II}} = u[(c_1\cos\alpha_1 + c_2\cos\alpha_2^*) + (c_1'\cos\alpha_1' + c_2'\cos\alpha_2'^*)] \qquad (1-76)$$

由速度三角形可得

$$P_{u1} = 4u(c_1\cos\alpha_1 - 2u) \qquad (1-77)$$

2. 复速级的轮周效率和最佳速度比

复速级的轮周效率为

$$\eta_u = \frac{P_{u1}}{E_0} = \frac{P_{u1}}{\Delta h_t^*} = \frac{8u(c_1\cos\alpha_1 - 2u)}{c_{1t}^2} = 8\varphi^2 x_1(\cos\alpha_1 - 2x_1) = 8x_a(\varphi\cos\alpha_1 - 2x_a)$$

$$(1 - 78)$$

复速级的最佳速度比为

$$\frac{\partial\eta_u}{\partial x_1} = 8\varphi^2(\cos\alpha_1 - 4x_1) = 0$$

于是

$$(x_1)_{op} = \frac{\cos\alpha_1}{4}$$ $$(1 - 79)$$

或

$$(x_a)_{op} = \frac{\varphi\cos\alpha_1}{4}$$ $$(1 - 80)$$

同单列级一样，复速级最佳速度比的物理意义也可从图 1 - 27 中看出，当第二列动叶栅出口绝对速度 c'_2 的方向角 α'_2 等于 $90°$，即轴向排汽时，复速级的余速损失最小，这时 $c_1\cos\alpha_1 = 4u$，$(x_1)_{op} = \cos\alpha_1/4$。

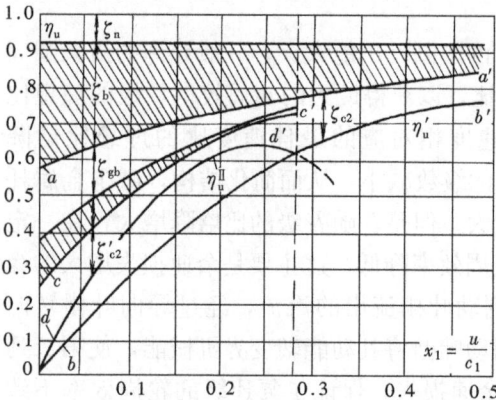

图 1 - 28 为纯冲动式复速级的轮周效率与速度比的关系曲线，为了便于比较，图中还作出了单列纯冲动级轮周效率与速度比的关系曲线。

由图看出，速度比 x_1 在 $0\sim0.28$ 的范围内变化时，复速级的轮周效率 η_u^{II} 高于单列级的 η_u^{I}，在 $x_1 = 0.2\sim0.28$ 范围内复速级的 η_u 达到最大值。这是因为在 $x_1 < 0.28$ 的范围内，复速级的三项损失 ζ_{gb}、ζ'_b 和 ζ'_{c2} 之和小于单列级的 ζ_{c2}，只有在这种情况下，采用复速级才是有利的。但是在各自的最佳速度比下，单列冲动级的 $(\eta_u^{I})_{max}$ 比复速级的 $(\eta_u^{II})_{max}$ 大。所以只有在

图 1 - 28　单列级与复速级的 η_u—x_1 关系曲线

要求调节级承担很大的比焓降时，才采用复速级。

3. 复速级的热力过程线

为了改善叶栅通道中的流动状况，在复速级的动叶栅和导向叶栅中都采用少量的反动度，以提高效率。但复速级多在级组高压部分，而且一般处于部分进汽状态，过大的反动度会明显地增加级的漏汽损失，反而使效率降低，因此反动度不宜过大。图 1 - 29 给出了反动度对导叶和两列动叶的复速级效率的影响，由图可见，适当地采用反动度后，不仅提高了效率，而且还使最佳速度比值增大了。

图 1 - 30 给出了具有反动度的复速级的热力过程线，第 I 列动叶、导叶和第 II 列动叶内的反动度分别为 Ω_b、Ω_{gb} 和 Ω'_b，各列动静叶栅中的理想比焓降可分别表示为

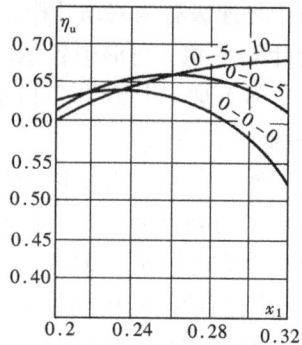

图 1 - 29　反动度对复速级效率的影响

喷管理想比焓降

$$\Delta h_n = (1 - \Omega_b - \Omega_{gb} - \Omega'_b)\,\Delta h_t$$

第 I 列动叶理想比焓降

$$\Delta h_b = \Omega_b \Delta h_t$$

导叶理想比焓降

$$\Delta h_{gb} = \Omega_{gb} \Delta h_t$$

第 II 列动叶理想比焓降

$$\Delta h'_b = \Omega'_b \Delta h_t$$

根据各列叶栅内的理想比焓降，可求出各列叶栅出口的汽流速度：

喷管出口汽流速度

$$c_1 = \varphi\sqrt{2\Delta h_n}$$

第 I 列动叶出口汽流速度

$$w_2 = \psi\sqrt{2\Delta h_b + w_1^2}$$

导叶出口汽流速度

$$c'_1 = \varphi_{gb}\sqrt{2\Delta h_{gb} + c_2^2}$$

第 II 列动叶出口汽流速度

$$w'_2 = \psi'\sqrt{2\Delta h'_b + w_1'^2}$$

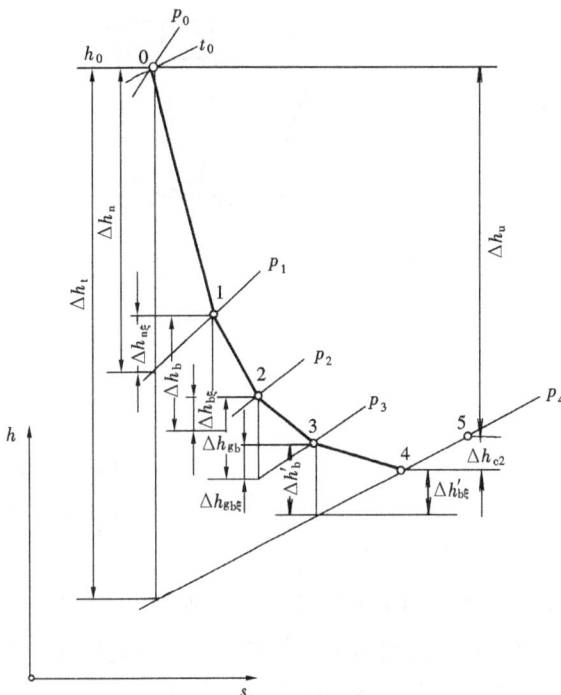

图 1 - 30　具有反动度复速级的热力过程

各列叶栅中的能量损失也可仿照单列级的计算方法求出。

复速级的轮周有效比焓降 Δh_u 和轮周效率分别为

$$\Delta h_u = \Delta h_t - \Delta h_{n\xi} - \Delta h_{b\xi} - \Delta h_{gb\xi} - \Delta h'_{b\xi} - \Delta h'_{c2} \tag{1-81}$$

$$\eta_u = \frac{\Delta h_u}{\Delta h_t} = 1 - \xi_n - \xi_b - \xi_{gb} - \xi'_b - \xi'_{c2} \tag{1-82}$$

第四节　级通流部分主要尺寸的确定

一、叶栅的型式及几何参数

（一）叶栅的型式

无论是静叶片还是动叶片，都是按照一定的规律等距离地分别安装在汽轮机隔板和叶轮上。由相同叶片构成的汽流通道的组合体称为叶栅。静叶片组成的叶栅称为静叶栅，动叶片组成的叶栅称为动叶栅。根据叶栅中叶片排列的形式，叶栅又可分为环形叶栅和直列叶栅，如图 1 - 31 所示。汽轮机的级中采用的叶栅都是环形叶栅，只是当级的径高比（d_m/l）较大，且除叶片上下两端面外，汽流参数沿叶片高度变化不大时，才将这种叶栅当作直列叶栅研究。在直列叶栅中，除端部外，沿任何叶片高度上的流面内，汽流的运动情况基本相同，因此，只需研究某一高度上的流面内（通常为平均直径处的流面）的流动，并以之描述其他流面内的流动状况。展开在一个平面内的叶栅叫作平面叶栅，在平面叶栅上流体流动的讨论是研究叶栅流动的基础。对于径高比较小的级，是不能用在一特定流面上的流动来描述其他流面上的流动状况的，这一点将在本章第七节进行专门的讨论。

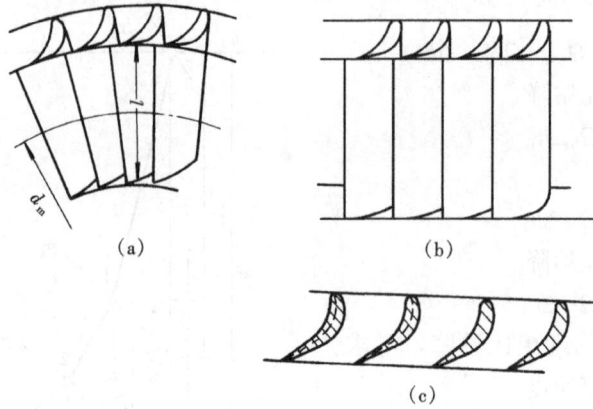

图 1-31　叶栅示意图

(a) 环形叶栅；(b) 直列叶栅；(c) 平面叶栅

叶栅通道又分为渐缩和缩放两种型式，具体型式的采用，应根据叶栅前后压力比 $\varepsilon_n = p_1 / p_0^*$ 的大小来定。当 ε_n 大于或等于临界压比（$\varepsilon_n \geqslant \varepsilon_{cr}$）时，应采用渐缩型式；当 $\varepsilon_{1d} < \varepsilon_n < \varepsilon_{cr}$ 时，仍采用渐缩型，此时可利用其斜切部分来满足汽流膨胀的要求；当 $\varepsilon_n \leqslant \varepsilon_{1d}$ 时，才采用缩放型。喷管叶栅根据上述的分析判断，可采用渐缩喷管，也可采用缩放喷管，而动叶栅一般都采用渐缩型。缩放叶栅不但加工比较困难，而且在工况变动时效率降低，所以在汽轮机中尽量避免采用。

（二）叶栅的几何参数

反映叶栅几何特性的主要参数有：平径直径 d_m、叶片高度 l、叶栅节距 t、叶型宽度 B、叶型弦长 b、出口边厚度 Δ、进口边宽度 a 和出口边宽度 a_1 与 a_2 等。另外还有一些与叶栅通道形状和汽流方向有关的汽流角和叶型角；α_s 和 β_s 称为叶栅的安装角，对一定的叶型，安装角直接影响叶栅通道的形状、出口汽流角 α_1 和 β_2^* 的大小；α_{0g} 和 β_{1g} 为叶型进口几何角；α_{1g} 和 β_{2g} 为叶型出口几何角，如图 1-32 所示。这些参数都是由制造厂家设计时确定的。有些参数可根据标准叶型的有关参数来选取，有些参数要通过对级进行热力计算来确定，正确地选取这些参数，将会提高汽轮机通流部分的效率。

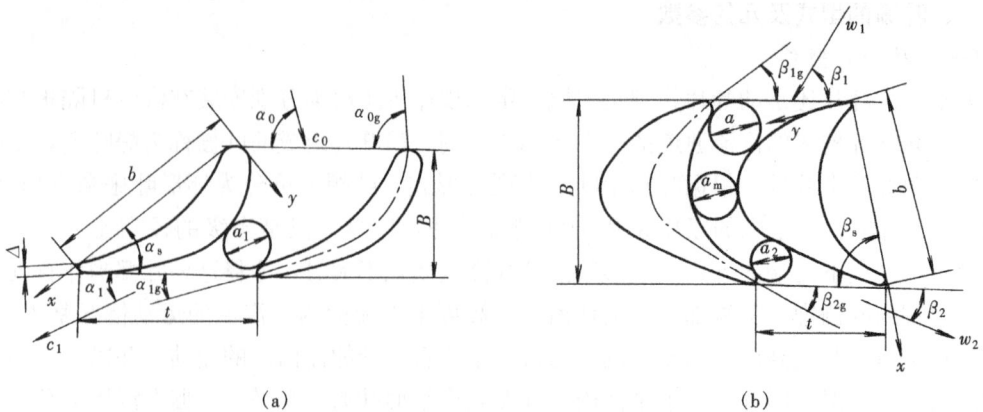

图 1-32　叶栅参数

(a) 喷管叶栅；(b) 动叶栅

（三）喷管和动叶栅的几个主要参数的选择

1. 叶栅出口汽流角 α_1 和 β_2^* 的选择

喷管出汽角应由选用的喷管叶栅型线来确定，一般 $\alpha_1=11°\sim14°$。对于复速级喷管叶栅出汽角选得比较大一些，一般 $\alpha_1=13°\sim18°$，这是因为复速级的喷管出口速度 c_1 比圆周速度 u 大得多，而且往往是超声速的，如果 α_1 选得太小，β_1 与 β_2^* 也会很小，将使动叶损失增加。对于复速级的通流部分，光滑地变化是一个很重要的要求，为了保证叶栅高度逐渐增大，各列叶栅应选择适当的反动度和出汽角。通常选择的汽流角为：$\beta_2^*=\beta_1-(3°\sim5°)$，$\alpha'_1=\alpha_2^*-(5°\sim10°)$ 和 $\beta_2^{*'}=\beta'_1-(7°\sim8°)$。

2. 部分进汽度的选择

工作喷管所占的弧段长度 $Z_n t_n$ 与整个圆周长 πd_n 的比值表示部分进汽的程度：

$$e=\frac{Z_n t_n}{\pi d_n} \tag{1-83}$$

一般压力级中都采用全周进汽，即 $e=1$，而调节级毫无例外地采用部分进汽，即 $e<1$，由于调节级喷管组之间存在着隔离壁，即使所有调节阀全开也不可能做到全周进汽。

选择部分进汽度时，应考虑叶栅的高度不能小于 $12\sim$ 15mm，以保证较高的流动效率。在某些高压级中，由于蒸汽容积流量过小，同时期望在保持最佳速比的条件下，获得足够高的圆周速度，则需增大叶轮直径，正是这样的原因，使 $e\leqslant0.8$。但是采用部分进汽后也会引起部分进汽损失（见后述），为使不致产生过大的损失，应 $e\geqslant0.15$。

3. 盖度的选择

为了使蒸汽从喷管叶栅流出时不致与动叶栅顶部和根部发生碰撞，从而顺利地流进动叶栅，动叶栅的进口高度 l'_b 须稍大于喷管叶栅的出口高度 l_n，如图 1-33 所示。两者之差称为盖度，即

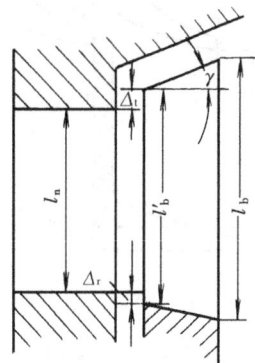

图 1-33　级通流部分示意图

$$\Delta=l'_b-l_n=\Delta_t+\Delta_r$$

Δ_t 和 Δ_r 分别表示动叶栅的顶部盖度和根部盖度，一般顶部盖度要比根部盖度大。

盖度过小时，由于不可避免的制造和安装误差以及运行时动静部分变形的不一致或汽流径向扩散等原因，仍然会使汽流撞击动叶栅而造成损失；盖度过大时，会使停滞的蒸汽被吸到动叶汽道中扰乱主流，造成损失。因此应合理选择盖度，可按表 1-1 所列范围选择。

表 1-1　　　　　　　　　　　叶高与盖度之间的关系　　　　　　　　　　　（mm）

喷管高度 l_n	$\leqslant50$	$51\sim90$	$91\sim150$	>150
顶部盖度 Δ_t	1.5	2	$2\sim2.5$	$2.5\sim3.5$
根部盖度 Δ_r	0.5	1	$1\sim1.5$	1.5
直径之差 d_b-d_n	1	1	1	$1\sim2$

当动叶栅进出口密度相差不大时，为了制造方便，可使动叶进出口高度相等，即 $l'_b=l_b$。在凝汽式汽轮机最后几级中反动度较大，动叶进出口蒸汽密度变化较大，常使 $l_b>l'_b$，这时动叶顶部倾角 γ 一般取为不大于 $12°\sim15°$，否则汽流无法充满整个汽道，在叶顶形成停

滞区,产生旋涡,引起附加损失。

二、喷管和动叶主要尺寸的确定

喷管和动叶的尺寸计算主要是确定各出口面积和叶片高度。计算时,一般级的蒸汽流量 G、级前压力 p_0、温度 t_0、级后压力 p_2、汽轮机的转速 n 以及级的平均直径 d_m 为已知。

（一）渐缩喷管

对于渐缩喷管,出口截面就是指最小截面,出口高度亦是指最小截面处高度,而斜切口外的高度一般可认为和最小截面处相同。

1. 喷管中为亚声速流动

此时, $\varepsilon_n > \varepsilon_{cr}$,斜切部分无膨胀,汽流方向垂直于最小截面,故喷管出口截面可由连续方程求出:

$$A_n = \frac{G_n}{\mu_n \rho_{1t} c_{1t}} \tag{1-84}$$

实际喷管的总出口面积是由 Z_n 个喷管喉部面积 $a_n l_n$ 所组成,如图 1-34 所示。而 $a_n = t_n \sin \alpha_1$,则喷管出口面积 A_n 为

$$A_n = Z_n t_n l_n \sin \alpha_1 \tag{1-85}$$

式中　　Z_n——喷管个数;

　　　　t_n——喷管节距;

　　　　l_n——喷管高度。

由式（1-83）和式（1-85）可得喷管出口高度

$$l_n = \frac{A_n}{e \pi d_n \sin \alpha_1} \tag{1-86}$$

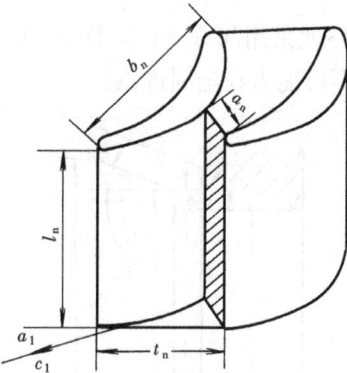

图 1-34　喷管汽道示意图

2. 喷管中为超声速流动

此时, $\varepsilon_n < \varepsilon_{cr}$,喷管喉部为临界流动状态,超声速发生在斜切部分,汽流在斜切部分发生偏转,应计算偏转角。

喷管喉部截面积 A_n 和喷管高度 l_n 分别用下式计算:

$$A_n = \frac{G_n}{0.648 \sqrt{p_0^* \rho_0^*}} \tag{1-87}$$

$$l_n = \frac{A_n}{e \pi d_n \sin \alpha_1} \tag{1-88}$$

（二）缩放喷管

缩放喷管如图 1-35 所示,需要确定喉部截面和出口截面尺寸。出口截面积 A_n 和出口高度 l_n 仍应用式（1-84）和式（1-86）进行计算。由于 $A_n = Z_n l_n a_n$,故喷管出口处宽度为

$$a_n = \frac{A_n}{Z_n l_n}$$

缩放喷管喉部为临界状态,可按下式计算:

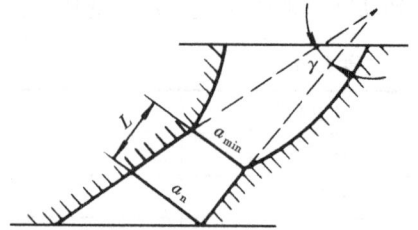

图 1-35　缩放喷管示意图

$$(A_n)_{cr} = \frac{G_n}{0.648 \sqrt{p_0^* \rho_0^*}} = Z_n (l_n)_{cr} a_{min} \tag{1-89}$$

如果 $(l_n)_{cr} \approx l_n$，则从上式很容易确定喉部宽度 a_{min}。

在缩放喷管中，为了防止汽流从汽道壁面脱离而引起涡流损失，要求扩张角 γ 不要过大，通常采用 $\gamma = 6° \sim 12°$。扩张部分的长度 L 为

$$L = \frac{a_n - a_{min}}{2 \text{tg} \dfrac{\gamma}{2}} \tag{1-90}$$

或

$$\gamma = 2\text{arctg} \frac{a_n - a_{min}}{2L} \tag{1-91}$$

（三）动叶栅

动叶栅汽流通道一般都是渐缩形的。在斜切部分是否有补充膨胀，要通过动叶压力比 $\varepsilon_b = p_2/p_1^*$ 来判别，当 $\varepsilon_b < \varepsilon_{cr}$ 时，则斜切部分中有汽流膨胀，需要计算出口汽流偏转角。由于汽流在动叶栅通道内多半是亚临界流动，因此可用下列公式分别计算动叶栅出口面积和出口高度：

$$A_b = \frac{G_b}{\mu_b \rho_{2t} w_{2t}} = e\pi d_b l_b \sin\beta_2^* \tag{1-92}$$

$$l_b = \frac{A_b}{e\pi d_b \sin\beta_2^*} \tag{1-93}$$

式中　d_b——动叶栅的平均直径，m；

　　　e——喷管部分进汽度。

三、冲动级内反动度的选择

反动度是汽轮机级的一个重要参数，它对汽轮机的级效率有很大的影响。同存在最佳速度比一样，对一个汽轮机级也存在一个使效率最高的反动度。一般先选定一个合理的根部反动度 Ω_r，然后根据等截面直叶片中反动度沿叶高的变化规律，计算出平均反动度 Ω_m 和叶顶反动度 Ω_t。

$$\Omega_m = 1 - \left[(1-\Omega_r)\left(\frac{d_b - l_b}{d_b}\right)\right] \tag{1-94}$$

$$\Omega_t = 1 - \left[(1-\Omega_r)\left(\frac{d_b - l_b}{d_b + l_b}\right)\right] \tag{1-95}$$

式中　d_b、l_b——动叶的叶栅平均直径、叶高。

试验及实践表明，对于一般的压力级，级效率最高时根部反动度 Ω_r 约为 $0.03 \sim 0.05$。为了说明问题，下面分析在不同的根部反动度 Ω_r 下，蒸汽在级的根部及顶部可能产生的流动情况。图 1-36 为不同根部反动度时蒸汽在级内的流动情况。

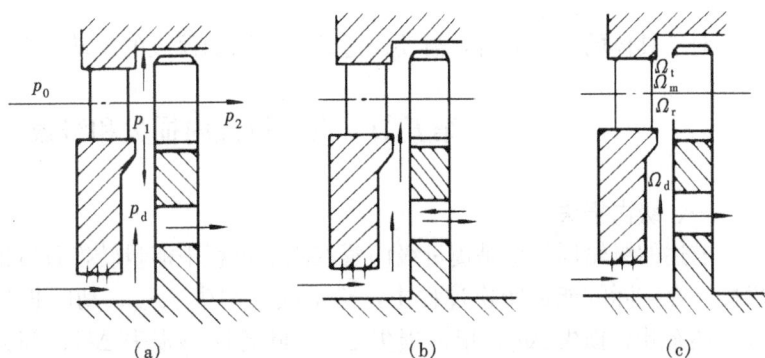

图 1-36　根部反动度不同时蒸汽在级内的流动情况

(a) 根部漏汽；(b) 根部吸汽；(c) 根部不吸不漏

1. 根部反动度较大时

根部反动度较大时，在动叶通道根部进出口有较大的压力差，从喷管流出的部分汽流交替进入动叶进口侧的轴向间隙处漏到级后，如图 1-36（a）所示。由于叶根漏汽量 ΔG_r 不能做功，造成漏汽损失。对等截面直叶片，由于反动度随着叶片高度逐渐增大，当叶根反动度较大时，将会使叶顶反动度更大，使顶部漏汽损失较大。因此采用较大的叶根反动度是不合适的。

2. 当根部反动度很小或为负值时

根部反动度很小或为负值时，动叶根部进口压力略大于或低于出口压力，这样，隔板汽封漏汽的一部分或全部就可能不经过平衡孔流到级后，而是通过动叶进口侧的轴向间隙流入汽道。当根部反动度为负值时，一部分级后蒸汽会通过平衡孔流到叶轮前，然后经轴向间隙被吸入主流汽道，如图 1-36（b）所示。被吸入汽道的这部分蒸汽由于流动方向与主流方向不一致，不仅不能做功，反而干扰了主流，造成损失。这种吸汽损失比漏汽损失更严重。降低根部反动度，虽然能减少顶部漏汽损失，但不能抵消由于吸汽产生的损失，因此，根部反动度也不应取得太小。

3. 根部反动度 $\Omega_r = 0.03 \sim 0.05$ 时

试验证明，当根部反动度 $\Omega_r = 0.03 \sim 0.05$ 时，能使叶根处不吸不漏，而隔板汽封处过来的蒸汽通过平衡孔漏至级后，根部不产生漏汽和吸汽的附加损失，提高了级效率。

上述结论，基本上也适用于复速级及扭叶片级。对于部分进汽级，反动度可取得低一些，因为部分进汽级存在进汽段的蒸汽向两旁（不进汽段）漏逸的可能，反动度大，这种损失也相应增大。

四、汽轮机动静叶栅面积比的确定

合理的叶根反动度，可获得较高的级效率，根据反动度沿叶高的变化规律，可得到平均直径处的反动度 Ω_m。级反动度的实现，需要合理地选择动静叶型和动静面积比 A_b/A_n。一般汽轮机常用的动静叶栅面积比 $f = A_b/A_n$ 的范围如下：

对于直叶片压力级：$\Omega_m = 0.05 \sim 0.20$，$f = 1.85 \sim 1.65$（径高比 $\theta = d_m/l_n$ 越大，Ω_m 越大，f 取偏小值）。

对于扭叶片级：$\Omega_m = 0.20 \sim 0.40$，$f = 1.7 \sim 1.4$。

对于复速级：$\Omega_m = 0.03 \sim 0.08$，$f_n : f_b : f_{gb} : f'_b = 1 : (1.6 \sim 1.45) : (2.6 \sim 2.35) : (4 \sim 3.2)$。

对于具体的一级而言，需要通过计算，以确保级的反动度在合适的范围内。

第五节　汽轮机级内损失和级效率

一、级内损失

前述的级轮周效率是衡量级内蒸汽流动过程中能量转换程度的重要指标，但不是最终的指标。在实际的能量转换过程中，除了喷管损失 $\Delta h_{n\xi}$、动叶损失 $\Delta h_{b\xi}$ 及余速损失 Δh_{c2} 外，级内还有叶高损失 Δh_l、扇形损失 Δh_θ、叶轮摩擦损失 Δh_f、部分进汽损失 Δh_e、漏汽损失 Δh_δ 和湿汽损失 Δh_x 等，这些损失的存在，使得汽轮机级的有效功减少，效率降低。应该指出，并不是每一级都同时存在所有这些损失的。如在全周进汽的级中就没有部分进汽损失，在采用扭叶片的级中没有扇形损失，不在湿汽区工作的级没有湿汽损失。因此，在进行级的损失计算之前，首先应根据级的结构、级的工作条件等分析级中存在什么样的损失，然后再选用适当的公式进行计算。

必须指出，这里所述的各项级内损失在描述级内蒸汽流动时，并不是包罗万象的，我们只能做到根据流动的机理，尽可能接近实际流动。损失的大部分计算是根据试验研究的结果，即根据在一定试验条件下所获得的试验系数和半经验公式进行的。不同的试验条件，得到的经验公式和计算结果是不同的，这里只是力求宏观上的一致。

下面分别就这些损失的产生原因、计算公式和减小损失的措施进行讨论。

（一）叶高损失 Δh_l

蒸汽在叶栅通道内做曲线运动时，受到两个力的作用，其一是离心力，其二是由于汽道内弧指向背弧的压力差产生的作用力，在大部分的汽道内，这两个力是平衡的，但是在叶栅汽道上下两个端面蒸汽的离心力较小，从而产生横向流动，这种流动称为二次流，如图1-37所示。在靠近端面的背弧上，二次流与主流的附面层相互作用，其结果使两端面上的附面层剧烈增厚，在大多数情况下，形成了局部脱离，加上因端

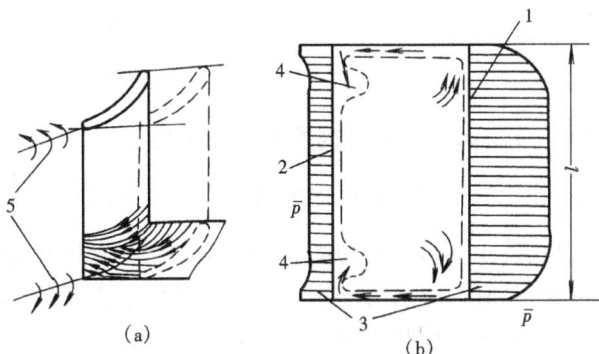

图 1-37 叶栅汽道内二次流示意图
(a) 双旋涡示意图；(b) 附面层和压力分布示意图
1—内弧；2—背弧；3—压力图；4—附面层增厚区；5—双旋涡

面附近二次流使得主汽流产生横向的补偿流动，在叶片背面与壁面的交界处形成了两个方向相反的旋涡区，从而引起了较大的能量损失，这种损失称为二次流损失。

二次流损失与叶片高度密切相关，当叶片较长时，二次流在上下两端面产生的旋涡对主流的影响较弱；反之，当叶片较短时，尤其是 $l_b < 12mm$ 时，上下两端面的旋涡汇合并充满整个汽道，二次流损失剧增。因此，二次流损失又称为叶高损失。例如，调节级采用部分进汽，增加叶片高度，就是为了减小叶高损失。另外还可采用减小叶栅的平均直径 d_m 的办法，以增加叶片高度，减小叶高损失。

叶高损失 Δh_l 常用下示半经验公式计算：

$$\Delta h_l = \frac{a}{l} \Delta h_u \tag{1-96}$$

式中 a——经验系数，对单列级 $a=1.2$（未包括扇形损失），或 $a=1.6$（包括扇形损失），对双列级，$a=2$；

Δh_u——不包括叶高损失的轮周有效比焓降，kJ/kg；

l——叶栅高度，对单列级为喷管高度；双列级为各列叶栅的平均高度，mm。

叶高损失亦可用下列经验公式计算：

$$\Delta h_l = \zeta_e E_0 \tag{1-97}$$

$$\zeta_e = \frac{a_1}{l_n} x_a^2 \tag{1-98}$$

式中 a_1——经验系数，单列级 $a_1=9.9$，双列级 $a_1=27.6$；

l_n——喷管高度，mm；

E_0——级的理想能量，kJ/kg；

x_a——速度比。

（二）扇形损失

汽轮机级的设计计算都是以平均直径 d_m 处的截面为基础的，在这个截面上选择最佳的叶栅节距及汽流角，其计算结果在较短的等截面叶片级上是较准确的，在较长的等截面叶片级中，环形叶栅的汽流参数和几何参数沿叶片高度变化较大，会产生偏离设计值的附加损失。这些附加损失统称为扇形损失 Δh_θ，计算扇形损失的半经验公式为

$$\Delta h_\theta = E_0 \zeta_\theta \tag{1-99}$$

$$\zeta_\theta = 0.7 \left(\frac{l_b}{d_b}\right)^2 \tag{1-100}$$

式中　l_b、d_b——动叶高度和动叶平均直径。

由上式可知，扇形损失的大小与径高比 $\theta = \dfrac{d_b}{l_b}$ 的平方成反比，θ 越小，扇形损失越大。当 $\theta > 8 \sim 12$ 时，可采用等截面直叶片，设计和加工都比较方便，但存在着扇形损失；当 $\theta < 8 \sim 12$ 时，应采用扭叶片，因为扭叶片是采用了径向平衡法而具有一定的扭曲规律，可避免扇形损失，但加工困难、制造成本较高。

（三）叶轮摩擦损失 Δh_f

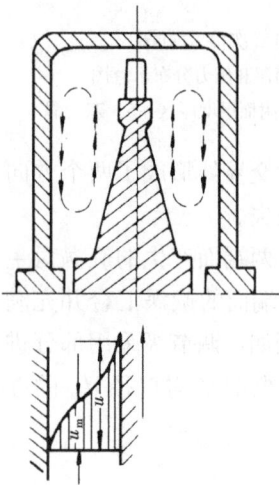

叶轮摩擦损失的根本原因，是由于具有黏性的蒸汽造成的。如图 1-38 所示，叶轮两侧充满了停滞的蒸汽，当叶轮旋转时，紧贴在叶轮表面的蒸汽以与叶轮相同的速度一起旋转，而紧贴在隔板和汽缸壁的蒸汽速度为零。因此在叶轮两侧到隔板的轴向间隙中，蒸汽形成了层与层之间的速度差，从而产生了摩擦损失，这种摩擦损失包括两方面内容：

（1）由于蒸汽间的速度差，造成蒸汽分子间的相互牵制和蒸汽与金属壁面的摩擦，要消耗掉叶轮的部分有用功。

（2）靠近叶轮两侧的蒸汽随叶轮一起旋转，产生离心力，做向外的径向流动；靠近隔板壁面的蒸汽自然向下流动以填补叶轮附近的空隙，这样，在叶轮的子午面上就产生了蒸汽涡流，也要消耗一部分有用功。

图 1-38　级汽室内的
汽流速度分布

从结构上看，可以采取减小叶轮与隔板间的轴向间隙和降低叶轮表面粗糙度的方法减小叶轮摩擦损失。

叶轮摩擦的耗功，通常用下列经验公式计算：

$$\Delta p_f = k_1 \left(\frac{u}{100}\right)^3 d^2 \frac{1}{v} \tag{1-101}$$

式中　Δp_f——摩擦损失所消耗的功率，kW；

　　　k_1——经验系数，一般 $k_1 = 1.0 \sim 1.3$；

　　　u——圆周速度，m/s；

　　　d——级的平均直径，m；

　　　v——汽室中蒸汽的平均比容，m^3/kg。

叶轮摩擦损失 Δh_f 为

$$\Delta h_f = \frac{3600\Delta P_f}{D_1} \qquad (1\text{-}102)$$

式中　D_1——级的蒸汽流量，kg/h。

用能量损失系数 ζ_f 表示损失：

$$\zeta_f = \frac{\Delta h_f}{P_t} \qquad (1\text{-}103)$$

式中　P_t 为级的理想功率，可近似表达为

$$P_t = \frac{D_1\Delta h_t^*}{3600} = \frac{\mu_s\pi d_n l_n \sin\alpha_1 c_a \Delta h_t^*}{3600 v} = 0.436\times10^3\mu_s d_n l_n \sin\alpha_1 \frac{1}{v}\left(\frac{c_a}{100}\right)^3 \qquad (1\text{-}104)$$

若 $d_n \approx d$，$l_n \approx l$，则由式 (1-103)、式 (1-104) 得

$$\zeta_f = 2.3\times10^3 \frac{k_1 d x_a^3}{\sin\alpha_1 l\mu_s} \qquad (1\text{-}105)$$

式中　μ_s——级的流量系数，由实验求得，一般取 $\mu_s=0.94$。

由式 (1-101) 可知，影响摩擦损失的主要因素有轮周速度 u、级的平均直径 d、蒸汽比容 v。从汽轮机高压级到低压级，u、d 和 v 都呈增大趋势，尤其 v 增大明显，因此它对摩擦损失影响最大。在汽轮机的高压级中，由于比容较小，摩擦损失 ΔP_f 较大，而在低压级中，比容很大，ΔP_f 很小，通常可以忽略不计。由式 (1-105) 可知，摩擦损失系数 ζ_f 与速度比 x_a^3 成正比，当 x_a 增大时，摩擦损失系数 ζ_f 急剧增大。

对于反动式汽轮机，由于动叶片直接装在轮毂上，因此，是不考虑叶轮摩擦损失的。

（四）部分进汽损失 Δh_e

在部分进汽度 $e<1$ 的级中存在着由于部分进汽造成的能量损失，它是由鼓风损失和斥汽损失组成的。

1. 鼓风损失

在部分进汽的级中，喷管分组布置，可分为"工作弧段"和"非工作弧段"，鼓风损失发生在非工作弧段。旋转的动叶片每一瞬间都会处于喷管工作弧段或非工作弧段，在非工作弧段，动静轴向间隙中充满了停滞的蒸汽，当动叶片转动到非工作弧段时，会像鼓风机一样，将这些停滞的蒸汽从叶轮的一侧鼓到另一侧，这要消耗掉部分有用功，这部分能量损失称为鼓风损失。由于动叶片是全周布置的，所以，鼓风损失是连续存在的。鼓风损失可用下列经验公式计算：

$$\zeta_w = B_e \frac{1}{e}\left(1-e-\frac{e_c}{2}\right)x_a^3 \qquad (1\text{-}106)$$

式中　e_c——装有护套的弧段长度与整个圆周之比；

e——部分进汽度；

B_e——与汽轮机级型有关的系数，对单列级 $B_e=0.1\sim0.2$，一般计算时取 $B_e=0.15$；

对复速级 $B_e=0.4\sim0.7$，一般计算时取 $B_e=0.55$。

用能量形式表示，则为

$$\Delta h_w = \zeta_w E_0 \qquad (1\text{-}107)$$

由式 (1-106) 可见，部分进汽度越小，鼓风损失越大。为了减小鼓风损失，除合理选择部分进汽度外，还可采用护罩装置，如图1-39所示。在非工作弧段内把动叶栅罩住，以

减小鼓风损失。

2. 斥汽损失

与鼓风损失相反，斥汽损失发生在喷管工作弧段内。刚从非工作弧段转到工作弧段的动叶栅内充满了停滞的蒸汽，喷管中流出的蒸汽须首先排斥并加速这些停滞蒸汽，要消耗掉工作蒸汽的部分动能。此外，由于叶轮高速旋转的作用，在喷管组出口端与叶轮的间隙 A 中发生漏汽，而在喷管组进口端的间隙 B 中，将一部分停滞蒸汽吸入汽道，也形成了损失。这些损失统称为斥汽损失，如图 1-40 所示。

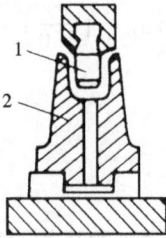

图 1-39　部分进汽时采用护罩的示意图
1—叶片；2—护罩

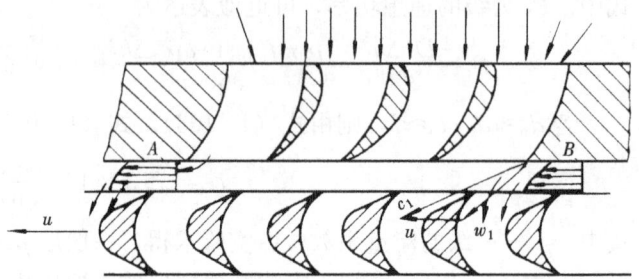

图 1-40　部分进汽时产生斥汽损失的示意图

斥汽损失可用下列经验公式计算：

$$\zeta_s = c_e \frac{1}{e} \frac{Z_n}{d_n} x_a \qquad (1-108)$$

式中　Z_n——喷管组数；

　　　d_n——喷管的平均直径，m；

　　　c_e——与汽轮机级型有关的系数，对单列级 $c_e = 0.01 \sim 0.015$，一般计算时取 $c_e = 0.012$，而对复速级 $c_e = 0.012 \sim 0.018$，一般计算时取 $c_e = 0.016$。

$$\Delta h_s = \zeta_s E_0 \qquad (1-109)$$

动叶栅每经过一组喷管弧段时就要产生一次斥汽现象，所以在一定部分进汽度时，喷管组数越多，斥汽损失就越大。为减小斥汽损失，应尽量减少喷管组数。

部分进汽损失为

$$\Delta h_e = \Delta h_w + \Delta h_s \qquad (1-110)$$

（五）漏汽损失 Δh_δ

无论是冲动级和反动级的通流部分，动静部分都存在径向间隙，且间隙前后都存在压力差，这使得工作蒸汽的一部分不通过主流通道，而是经过径向间隙流过，造成漏汽，称为漏汽损失。对于冲动级有隔板汽封漏汽和叶顶漏汽，对于反动级有静叶根部漏汽和动叶顶部漏汽。

1. 隔板漏汽损失

蒸汽在隔板汽封中的流动情况大致与喷管流动相似，如图 1-41。漏汽量的计算公

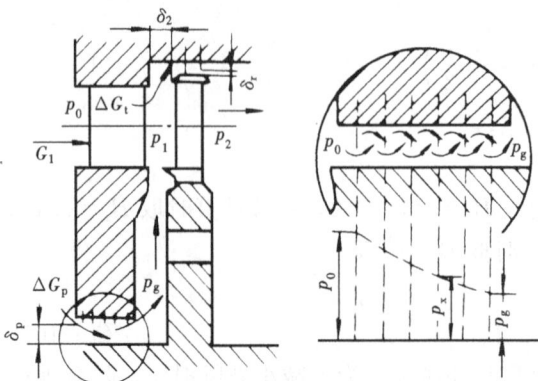

图 1-41　隔板汽封装置

式基本上也与喷管流量计算公式类似，为

$$\Delta G_{\mathrm{p}} = \frac{\mu_{\mathrm{p}} A_{\mathrm{p}} c_{1\mathrm{p}}}{v_{1\mathrm{t}}} = \mu_{\mathrm{p}} A_{\mathrm{p}} \frac{\sqrt{2\Delta h_{\mathrm{n}}^{*}}}{v_{1\mathrm{t}}\sqrt{Z_{\mathrm{p}}}} \qquad (1\text{-}111)$$

式中　$v_{1\mathrm{t}}$——汽封齿出口蒸汽理想比容，$\mathrm{m^3/kg}$；

　　　Z_{p}——汽封齿齿数；

　　　μ_{p}——汽封流量系数，一般 $\mu_{\mathrm{p}}=0.7\sim0.8$；

　　　A_{p}——汽封间隙面积，$\mathrm{m^2}$，$A_{\mathrm{p}}=\pi d_{\mathrm{p}}\delta_{\mathrm{p}}$，其中 δ_{p} 为汽封间隙，m，d_{p} 为汽封高低齿两
　　　　齿隙处直径的平均值，m；

　　　$c_{1\mathrm{p}}$——汽封齿出口流速。

隔板漏汽损失 Δh_{δ} 为

$$\Delta h_{\delta} = \frac{\Delta G_{\mathrm{p}}}{G}\Delta h'_{\mathrm{u}} \qquad (1\text{-}112)$$

式中　G——级流量，$\mathrm{kg/s}$；

　　　$\Delta h'_{\mathrm{u}}$——级的有效比焓降，$\mathrm{kJ/kg}$，$\Delta h'_{\mathrm{u}}=\Delta h_{\mathrm{t}}^{*}-\Delta h_{\mathrm{n\xi}}-\Delta h_{\mathrm{b\xi}}-\Delta h_{l}-\Delta h_{\theta}-\Delta h_{\mathrm{c2}}$。

减小隔板漏汽损失的措施如下：

（1）隔板汽封的设置是减小损失的最有效的办法，且齿数越多，漏汽量越小；

（2）在喷管和动叶根部处设置轴向汽封，减少进入动叶的漏汽量；

（3）在叶轮上开平衡孔，并在动叶根部处采用适当的反动度，使隔板漏汽全部通过平衡孔流到级后，避免漏汽进入动叶汽道，扰乱主汽流。

2. 动叶顶部漏汽损失

动叶顶部漏汽量的大小取决于级的反动度，对于纯冲动级，$\Omega=0$，动叶前后没有压差，动叶顶部漏汽甚小，常可忽略不计。随着级反动度的增大，动叶顶部的漏汽量增大。

为了减小这项损失，可在围带上安装径向汽封和轴向汽封；对于无围带的动叶片，可将动叶顶部削薄以达到汽封的作用，应尽量设法减小扭叶片顶部反动度。

动叶顶部漏汽量可用下列公式进行计算：

$$\Delta G_{\mathrm{t}} = \frac{\mu_{\mathrm{t}} A_{\mathrm{t}} c_{\mathrm{t}}}{v_{2\mathrm{t}}} = \frac{e\mu_{\mathrm{t}}\pi(d_{\mathrm{b}}+l_{\mathrm{b}})\,\overline{\delta}_{\mathrm{t}}\sqrt{2\Omega_{\mathrm{t}}\Delta h_{\mathrm{t}}^{*}}}{v_{2\mathrm{t}}} \qquad (1\text{-}113)$$

式中　μ_{t}——动叶顶部间隙的流量系数，一般 $\mu_{\mathrm{t}}\mu_{\mathrm{n}}\approx0.6$，其中 μ_{m} 为喷管流量系数；

　　　e——部分进汽度；

　　　$\overline{\delta}_{\mathrm{t}}$——动叶顶部当量间隙；

　　　Ω_{t}——动叶顶部反动度。

对于叶顶围带上同时装有轴向汽径向汽封，$\overline{\delta}_{\mathrm{t}}$ 按下式确定：

$$\overline{\delta}_{\mathrm{t}} = \frac{\delta_{\mathrm{z}}}{\sqrt{1+Z_{\mathrm{r}}\left(\frac{\delta_{\mathrm{z}}}{\delta_{\mathrm{r}}}\right)^{2}}} \qquad (1\text{-}114)$$

式中　δ_{z}——动叶顶部的轴向间隙；

　　　δ_{r}——动叶顶部的径向间隙；

　　　Z_{r}——动叶顶部径向汽封齿数。

动叶顶部漏汽损失为

$$\Delta h_t = \frac{\Delta G_t}{G} \cdot \Delta h'_u \qquad (1-115)$$

反动级常用转毂结构，如图 1-42 所示，$\delta_1 = \delta_2 = \delta_r$。对于 $\Delta h_n = \Delta h_b$ 的反动级，动叶顶部的漏汽损失常用下列经验公式计算：

$$\Delta h_t = 1.72 \frac{\delta_r^{1.4}}{l_b} E_0 \qquad (1-116)$$

（六）湿汽损失

凝汽式多级汽轮机的末几级常在湿蒸汽区工作，要产生湿汽损失。产生湿汽损失的原因有：

（1）湿蒸汽在喷管中膨胀时，一部分蒸汽凝结成水滴，使做功的蒸汽量减少。每 kg 湿蒸汽中，大约减少（$1-x$）kg 的蒸汽量。

（2）不做功的水珠，其流速低于蒸汽流速，这样，高速蒸汽被低速水珠牵制，消耗了部分动能，造成损失。

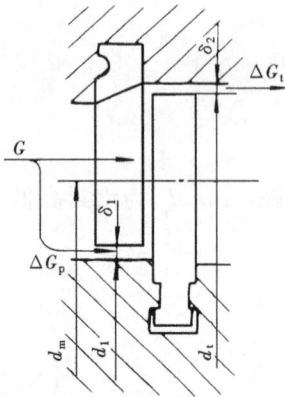

图 1-42 反动级中漏汽示意图

（3）湿蒸汽流动中，水珠的流速一般只能达到蒸汽流速的 $10\% \sim 13\%$ 左右，由速度三角形看出，在相同的圆周速度下，水珠在进入喷管和动叶时，流动方向将撞击在喷管和动叶的背弧上，如图 1-43 所示。若撞击在喷管背弧上，则扰乱了主流造成损失，若撞击在动叶背弧上，则阻碍了动叶的旋转，消耗了叶轮的有用功。

（4）湿蒸汽的"过冷现象"也是造成湿汽损失的原因之一。在高速流动的蒸汽中，湿蒸汽的凝结往往出现滞后，不能及时释放出汽化潜热，形成了过饱和蒸汽或称过冷蒸汽，造成蒸汽不能有效地利用这部分热量，从而产生过冷损失。

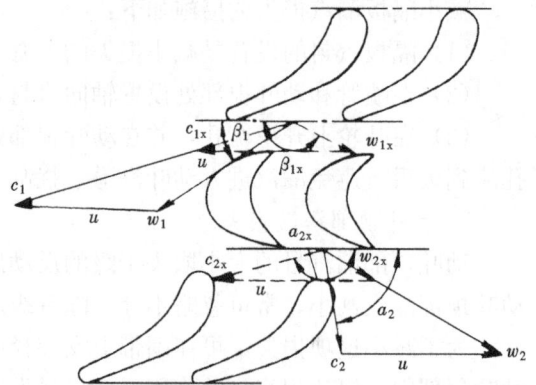

图 1-43 水珠撞击动、静叶示意图

湿汽损失通常用下列经验公式计算：

$$\Delta h_x = (1 - x_m)\Delta h'_u \qquad (1-117)$$

式中 x_m——级的平均干度，$x_m = \frac{x_0 + x_2}{2}$；

$\Delta h'_u$——级内不包括湿汽损失的轮周有效比焓降，kJ/kg。

需要指出，湿蒸汽的流动是一个很复杂的过程，比如，流动中湿蒸汽的"雾化""珠化"等现象，对其作用机理的研究，目前尚没有成熟的结果。因此，对湿汽损失的计算尚不准确。

对湿蒸汽的讨论，更主要的是它对叶片的浸蚀，大量实践证明，湿蒸汽的浸蚀是造成叶片损坏的主要原因之一。采用去湿装置，可大大减少湿蒸汽中的水分，是提高动叶抗浸蚀能力的办法之一；此外，还应对叶片背弧表面进行处理，方法有：镶焊硬质合金、镀铬、局部淬硬、电火花硬化、氮化等。

图 1-44 为一常见的去湿装置，它是利用水珠的离心力使水珠经过捕水槽道 1 进入捕水室 2，然后沿捕水室 2 流至汽缸下部的疏水槽中，最后流到低压加热器或凝汽器。另外，还可以采用具有吸水缝的空心叶片，如图 1-45 所示，将喷管叶栅做成空心叶型，并使其空心部分与压力较低的低压加热器或凝汽器相连，形成负压，将喷管表面的凝结水膜自叶栅上的吸水缝吸走。

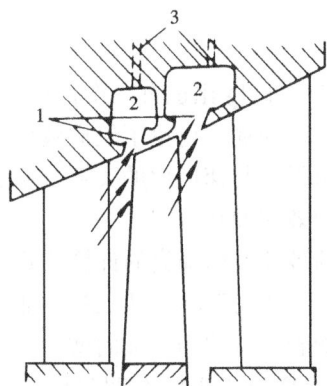

图 1-44　去湿装置示意图

1—捕水口槽道；2—捕水室；3—疏水通道

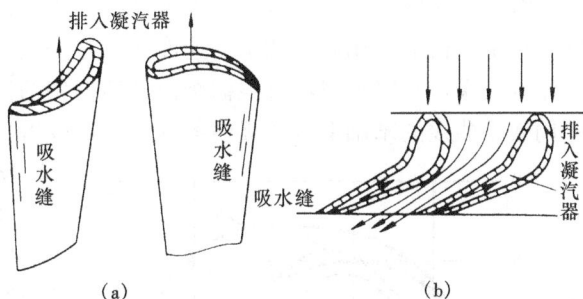

图 1-45　喷管叶栅的吸水缝

(a) 吸水缝在静叶片弧面；(b) 吸水缝在出汽边

除上述办法外，还有很多有效的措施可提高叶片的抗侵蚀能力。但最根本的措施是运行中限制蒸汽的湿度，一般规定汽轮机末级叶片后排汽的最大可见湿度（指在 $h-s$ 图上查到的湿度）不得超过 $12\%\sim15\%$。

二、级的相对内效率和内功率

上述的各项级内损失，使级的理想能量不能全部转换为转轴的有效功，在蒸汽的绝热流动过程中，级内所有的损失将重新转变为热能，加热了蒸汽本身，使级内的排汽比焓值升高。如图 1-46 所示，为考虑了级内各项损失后的级的热力过程线。

图中 $\sum\Delta h$ 表示除喷管损失 $\Delta h_{n\xi}$、动叶损失 $\Delta h_{b\xi}$、余速损失 Δh_{c2} 之外的级内各项损失之和；考虑到余速利用 μ，4^* 点为下级进口的滞止状态点；Δh_i 称为级的有效比焓降，它表示 1kg 蒸汽所具有的理想能量在转轴上转变为有效功的能量。

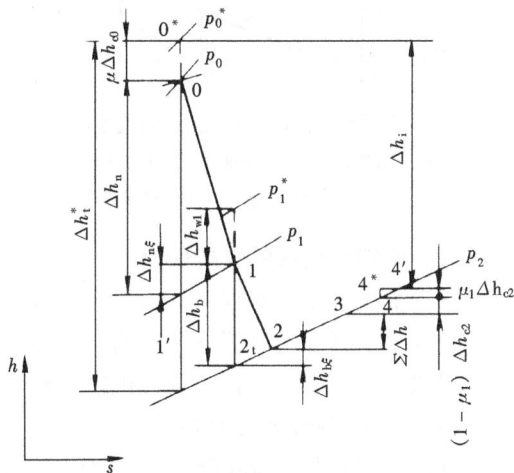

图 1-46　冲动级的热力过程线

（一）级的相对内效率

级的有效比焓降 Δh_i 与理想能量 E_0 之比称为级的相对内效率，即

$$\eta_{ri}=\frac{\Delta h_i}{E_0}=\frac{\Delta h_t^*-\Delta h_{n\xi}-\Delta h_{b\xi}-\Delta h_l-\Delta h_\theta-\Delta h_f-\Delta h_e-\Delta h_\delta-\Delta h_x-\Delta h_{c2}}{\Delta h_t^*-\mu_1\Delta h_{c2}}$$

$$(1-118)$$

级的相对内效率是衡量级内能量转换完善程度的最终指标，它的大小与所选用的叶型、速比、反动度、叶栅高度等有密切的关系，也与蒸汽的性质、级的结构有关。

（二）级的内功率

也称级的有效功率，由级的有效比焓降和蒸汽流量来确定，即

$$P_i = \frac{D\Delta h_i}{3600} \tag{1-119}$$

式中　D——级的进汽量，kg/h；

　　　Δh_i——级的有效比焓降，kJ/kg。

三、级内损失对最佳速比的影响

级的相对内效率作为级内蒸汽流动完善程度的最终指标，与速度比也有一个最佳关系，即能保证获得最大相对内效率的速度比，才是级的最佳速度比。前述，讨论了轮周效率与速度比的关系，与之类似，可根据级内各项损失的计算公式，求得它与速度比的关系，从而在轮周效率曲线的基础上减去级内各项损失，以得到级的相对内效率曲线。

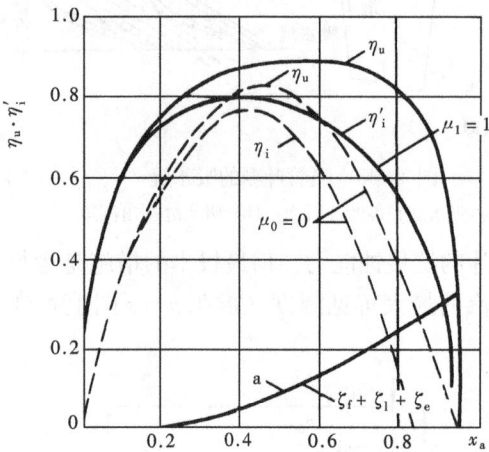

图 1-47　级效率 η_1 与速比 x_a 的关系曲线
a—损失系数 $\zeta_f + \zeta_l + \zeta_e$ 与速比 x_a 的关系曲线；
η'_i—级效率曲线；η_u—轮周效率曲线

从前面介绍的各项级内损失的计算公式中看出，叶高损失 Δh_l、叶轮摩擦损失 Δh_f、部分进汽损失 Δh_e 等都随着速度比的增加而增大，即使其他级内损失的计算公式中没有明显的对应关系，但根据这些损失的机理可分析出这种变化规律同样存在，只是在数值上因具体条件而异，其方向是一致的。掌握了这一规律，在设计中就能正确地选用最佳速度比。

如图 1-47 所示，为级的相对内效率与速度比 x_a 的关系曲线。图中曲线 a 表示（$\zeta_l + \zeta_f + \zeta_e$）随速度比 x_a 变化的曲线，为了便于比较，图中同时给出了轮周效率曲线。由图可以看出，级内损失不仅使级的轮周效率降低，而且还会使最佳速度比值减小，即相对内效率最高时的最佳速度比小于轮周效率最高时的最佳速度比。

四、影响级效率的结构因素

级内最大效率的实现，一方面需要某些热力参数达到最佳值，另一方面也依赖于通流部分结构的合理性。通流部分的结构不仅影响汽轮机的级效率，而且影响着机组的安全。

（一）动、静叶之间的轴向间隙

如图 1-48 为动静叶栅之间的轴向间隙示意图，其中 δ_1 和 δ_2 为闭式轴向间隙，ζ_z 为开式轴向间隙，动静叶栅之间的总间隙 $\delta = \delta_1 + \delta_2 + \delta_z$。

从减少漏汽角度看，开式轴向间隙 δ_z 越小越好，但由于机组运行中动静间的相对膨胀差的原因，为避免动静摩碰，δ_z 又不能太小，一般 $\delta_z = 1.5 \sim 2.0$mm。

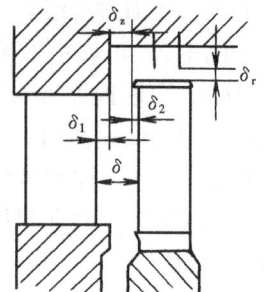

图 1-48　动叶顶部轴向
　　　和径向间隙示意图

闭式轴向间隙 δ_1 和 δ_2 的影响也是两方面的，较大时，可减少喷管出口尾迹的影响，使动叶进口汽流均匀，可提高效率，但却使汽流与汽道上下壁面之间的摩擦增大，级效率降

低。这种影响随着叶片高度的变化而不同。当叶高较小时，因增大闭式轴向间隙而带来的摩擦损失与汽流均匀化带来的好处是互相补偿的。而在叶高较大时，效率的提高则是显著的。较大的闭式间隙还可以改善动叶的振动条件，并有利于分离低压级叶片中的水滴。所以这项措施对长叶片级是很有利的。一般采用的 δ_1 和 δ_2 值示于表 1 - 2 中。

表 1 - 2　　　　　　　　　　级的轴向间隙与叶高关系（mm）

喷管高度/n	<50	50～90	90～150	>150	
喷管闭式间隙 δ_1	1～2	2～3	3～4	4～6	$\delta_z=1.5$
动叶闭式间隙 δ_2	2.5	2.5	2.5	2.5	
总轴向间隙 δ	5～6	6～7	7～8	8～10	

（二）径向间隙

为了减少漏汽，隔板内缘与轴之间装有汽封装置，特别是在高压级中隔板较厚时，汽封齿数可以增多并可采用高低齿的型式，效果很好，如图 1 - 49 所示。图中，汽封凹槽的开挡 Δ 和径向间隙 δ_p 都要取得恰当，既要考虑封汽效果，也要考虑防止动静摩擦，一般 $\Delta=11\sim12$mm，$\delta_p=0.5\sim1.5$mm。

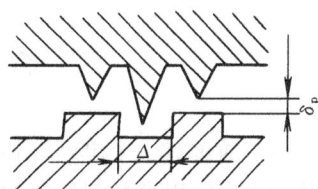

图 1 - 49　隔板汽封凹槽示意图

对于反动度较大的级，动叶顶部围带加设径向汽封是减小漏汽损失提高级效率的一项有效措施。尤其是反动式汽轮机高中压缸各级动叶顶部均有径向汽封。装设径向汽封后，大约可提高级效率 2%。

（三）盖度

见本章第四节。

（四）叶片宽度

叶片宽度增大，将增加端部二次流损失，对较短叶片级的影响更大，所以采用窄叶片是有利的，但是在汽道表面粗糙度相同情况下，叶片宽度减小，雷诺数也随之减小，导致叶型能量损失显著增加，因此有一个最佳宽度。

在汽轮机的高压级，喷管高度较小，为减少损失，采用窄喷管，由于喷管减窄，强度不足，高压隔板常加设加强筋来弥补，但加强筋的使用也带来了一定的附加损失，因此，在选择导叶宽度时，要求对具体条件进行仔细的分析。一般对 $l_n<60$mm 的喷管采用 $B_n=25$mm。

（五）拉金

为了改善叶片的振动特性，在长叶片级中，通常采用拉金把叶片连接起来，以提高叶片的刚性。但是加设拉金却使动叶中蒸汽流场异常，造成级内损失增加，级效率降低。一般装一根拉金降低效率 1%～2%，装两根拉金降低效率 2%～3%，因此，设计时尽量不采用拉金结构，目前在长叶片级上常用叶冠结构来取代拉金。非用拉金不可，则用椭圆拉金代替圆拉金，以改善动叶流场。

（六）平衡孔

叶轮上开设平衡孔是为了减小轴向推力，但在客观上它对级效率起着不可忽视的影响。假如没有平衡孔，则不管反动度多大，通过隔板汽封的漏汽将全部流入主流的区域中去，扰乱主流。有了平衡孔后，则平衡孔对级效率的影响取决于叶根反动度的大小和隔板漏汽量的

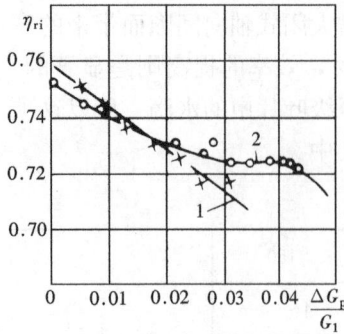

图 1-50　隔板漏汽变化时，
平衡孔对级效率的影响
1—无平衡孔；2—有平衡孔

多少。当叶根反动度过大或为负值时，平衡孔会助长叶根的漏汽或吸汽，使级效率降低。如图 1-50 所示，当隔板漏汽量 ΔG_p 较小时，无平衡孔的级效率（曲线 1）高于有平衡孔的级效率（曲线 2）；而当隔板漏汽量 ΔG_p 较大时，有平衡孔的级效率就高于无平衡孔的。这是因为当 ΔG_p 较小时，平衡孔起到了叶轮前后漏汽通道作用，使叶根漏汽相对增多；而当 ΔG_p 较大时平衡孔可以减少吸汽损失的缘故。可见平衡孔只有在动叶根部反动度适当或隔板漏汽量较大时，才有利于级效率的提高。平衡孔的通流面积应能使隔板漏汽全部通过流到级后，在动叶根部不发生漏汽和吸汽，这样才能使级具有较高的效率。

第六节　汽轮机级的热力计算示例

本节通过对一个单列级和复速级的热力计算来阐明级的热力计算程序和对计算中的一些问题的考虑，以及数据选取的方法。

一、单列级的热力计算

（一）已知条件

某汽轮机的一个中间级。级的平均直径 $d_m = 1.44$ m，流入该级的蒸汽初速 $c_0 = 91.5$ m/s，流量 $D = 60$ t/h，级前蒸汽压力 $p_0 = 0.098$ MPa，干度 $x_0 = 0.99$，级的理想比焓降 $\Delta h_t = 125.6$ kJ/kg，级的平均反动度 $\Omega_m = 0.2$，顶部反动度 $\Omega_t = 0.24$，喷管出汽角 $\alpha_1 = 19°$，隔板汽封采用平齿结构，汽封齿的平均直径 $d_p = 200$ mm，汽封间隙 $\delta_p = 0.5$ mm，齿数 $z_p = 2$，动叶顶当量间隙 $\overline{\delta_t} = 2$ mm，余速利用系数 $\mu_1 = 0.85$。

（二）要求

（1）确定级的主要尺寸；

（2）计算级的内效率与内功率。

（三）计算

1. 级内比焓降分配计算

（1）喷管的理想滞止比焓降

初速能量 Δh_{c0}：
$$\Delta h_{c0} = \frac{c_0^2}{2} = \frac{91.5^2}{2} \approx 4.19 \text{（kJ/kg）}$$

喷管的理想滞止比焓降 Δh_n^*：
$$\Delta h_n^* = (1 - \Omega_m) \Delta h_n^* = (1 - \Omega_m)(\Delta h_t + \Delta h_{c0})$$
$$= (1 - 0.2)(125.6 + 4.19) = 103.8 \text{（kJ/kg）}$$

（2）蒸汽在动叶中的理想比焓降
$$\Delta h_b = \Omega_m \Delta h_t^* = 0.2 \times 129.8 = 26 \text{（kJ/kg）}$$

2. 喷管热力计算

（1）喷管前后的蒸汽参数

根据 p_0、x_0、Δh_{c2} 以及 Δh_n^* 由 $h-s$ 图可查得：

喷管前滞止压力 $p_0^* = 0.10\text{MPa}$，滞止比焓 $h_0^* = 2656\text{kJ/kg}$，滞止密度 $\rho_0^* = 0.592\text{kg/m}^3$；喷管前比焓 $h_0 = 2651.81\text{kJ/kg}$；喷管后压力 $p_1 = 0.054\text{MPa}$，理想密度 $\rho_{1t} = 0.333\text{kg/m}^3$，理想比焓 $h_{1t} = 2552.2\text{kJ/kg}$。

（2）喷管截面形状的确定

等熵指数 κ：$\kappa = 1.035 + 0.1x_0 = 1.035 + 0.1 \times 0.99 = 1.134$

临界压比 ε_{cr}：

$$\varepsilon_{cr} = \left(\frac{2}{\kappa+1}\right)^{\frac{\kappa}{\kappa-1}} = \left(\frac{2}{1.134+1}\right)^{\frac{1.134}{1.134-1}} = 0.577$$

喷管前后压力比 ε_n：$\varepsilon_n = \dfrac{p_1}{p_0^*} = \dfrac{0.054}{0.1} = 0.54$

因为 $\varepsilon_n \geqslant \varepsilon_{cr}$，所以汽流在喷管中为超声速流动。但是 $\varepsilon_n > 0.3 \sim 0.4$，故喷管应该是渐缩型，超声速在斜切部分达到。

（3）临界参数计算

临界压力 p_{cr}：$p_{cr} = p_0^* \varepsilon_{cr} = 0.1 \times 0.577 = 0.0577$（MPa）

临界焓 h_{cr}：$h_{cr} = 2562$（kJ/kg）（由 h—s 图查得）

临界密度 ρ_{cr}：$\rho_{cr} = 0.364$（kg/m³）（由 h—s 图查得）

临界速度 c_{cr}：$c_{cr} = \sqrt{2\,(h_0^* - h_{cr})} = \sqrt{2 \times (2656-2562) \times 10^3} = 434$（m/s）

（4）喷管出口汽流速度

喷管出口汽流理想速度 c_{1t}：

$$c_{1t} = \sqrt{2\Delta h_n^*} = \sqrt{2 \times 103.8 \times 10^3} = 455.6 \text{（m/s）}$$

喷管出口汽流实际速度 c_1：

$$c_1 = \varphi c_{1t} = 0.97 \times 455.6 = 442 \text{（m/s）}$$

喷管出口汽流出口角 $(\alpha_1 + \delta_1)$：

因为喷管出口压力 $p_1 < p_{cr}$，斜切部分中汽流产生膨胀，发生偏转，所以喷管汽流出口角应为喷管出汽角 α_1 加上汽流偏转角 δ_1，而

$$\sin\,(\alpha_1 + \delta_1) = \sin\alpha_1 \frac{c_{cr} v_{1t}}{c_{1t} v_{cr}} = \sin 19° \times \frac{434 \times 3}{455.6 \times 2.75} = 0.338$$

$$\alpha_1 + \delta_1 = \sin^{-1}\,(\alpha_1 + \delta_1) = 19.76° = 19°46'$$

（5）隔板的漏汽量计算：

$$\Delta G_p = \mu_p A_p \frac{\sqrt{2\Delta h_n^*}}{v_{1t}\sqrt{z_p}} = \mu_p \pi d_p \delta_p \frac{\sqrt{2\Delta h_n^*}}{v_{1t}\sqrt{z_p}}$$

$$= 0.75 \times 3.14 \times 0.2 \times 0.0005 \times \frac{\sqrt{2 \times 103.8 \times 10^3}}{3\sqrt{\frac{2+1}{2}}}$$

$$= 2.92 \times 10^{-2} \text{（kg/s）}$$

（μ_p 在 $0.7 \sim 0.8$ 间选取）

（6）流经喷管的流量 G_n：

$$G_n = G - \Delta G_p = \frac{60 \times 1000}{3600} - 2.53 \times 10^{-2}$$

$$=16.67-0.0292=16.64 \ (kg/s)$$

(7) 喷管叶栅出口面积 A_n:

$$A_n = \frac{G_n}{0.648\sqrt{p_0^* \rho_0^*}} = \frac{16.64}{0.648 \times \sqrt{0.1 \times 10^6 \times 0.592}} = 0.106 \ (m^2)$$

(8) 喷管出口高度 l_n:

$$l_n = \frac{A_n}{e\pi d_m \sin\alpha_1} = \frac{0.106}{1 \times 3.14 \times 1.44 \times \sin 19} = 72 \ (mm)$$

(9) 喷管损失 $\Delta h_{n\xi}$:

$$\Delta h_{n\xi} = (1-\varphi^2)\Delta h_n^* = (1-0.97^2) \times 103.8 = 6.14 \ (kJ/kg)$$

(10) 喷管出口蒸汽参数

喷管出口实际比焓值 h_1:

$$h_1 = h_{1t} + \Delta h_{n\xi} = 2552.2 + 6.14 = 2558.34 \ (kJ/kg)$$

喷管出口实际密度 ρ_1:

$$\rho_1 = 0.328 \ (kg/m^3) \ (由 h—s 图查得)$$

3. 动叶栅热力计算

(1) 动叶栅进口速度三角形

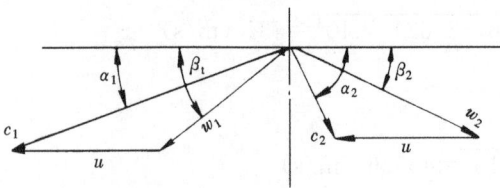

图 1-51 动叶进出口速度三角形

圆周速度 u: $u = \dfrac{\pi d_m n}{60}$

$$= \frac{\pi \times 1.44 \times 3000}{60}$$

$$= 226 \ (m/s)$$

根据 $\vec{c_1}$, $\vec{u}$ 可作出动叶进口速度三角形, 如图 1-51 所示。由动叶栅进口速度三角形可求得:

动叶进口相对速度 w_1:

$$w_1 = \sqrt{c_1^2 + u^2 - 2c_1 u\cos(\alpha_1 + \delta_1)}$$

$$= \sqrt{442^2 + 226^2 - 2 \times 442 \times 226 \times \cos 19.76°}$$

$$= 241.7 \ (m/s)$$

w_1 的方向角 β_1:

$$\beta_1 = tg^{-1}\frac{c_1\sin(\alpha_1+\delta_1)}{c_1\cos(\alpha_1+\delta_1)-u} = tg^{-1}\frac{442\sin 19.76°}{442\cos 19.76°-226} = 38.17° = 38°10'$$

(2) 动叶出口速度三角形

动叶进口汽流能量 Δh_{w1}:

$$\Delta h_{w1} = \frac{w_1^2}{2} = \frac{241.7^2}{2000} = 29.2(kJ/kg)$$

动叶出口汽流理想相对速度 w_{2t}:

$$w_{2t} = \sqrt{2(\Delta h_b + \Delta h_{w1})} = \sqrt{2(26 + 29.2) \times 10^3} = 332.3(m/s)$$

动叶出口汽流实际相对速度 w_2:

$$w_2 = \psi w_{2t} = 0.937 \times 332.3 = 311.4(m/s)$$

(速度系数 ψ 由图 1-18 查得)

动叶出口相对速度汽流角 β_2:

一般 $\beta_2=\beta_1-$（3°～10°），选取时应使动叶出口高度 l_b 不低于进口高度 l'_b。现取 $\beta_2=\beta_1-5°=38.17°-5°=33.17°$

根据 $\vec{w_2}$，$\vec{u}$ 可作出动叶出口速度三角形，如图 1 - 51 所示。

动叶出口汽流绝对速度 c_2：

$$
\begin{aligned}
c_2 &=\sqrt{w_2^2+u^2-2w_2u\cos\beta_2}\\
&=\sqrt{311.4^2+226^2-2\times311.4\times226\times\cos33.17°}\\
&=173.9\ (\text{m/s})
\end{aligned}
$$

动叶出口汽流绝对速度方向角 α_2：

$$\alpha_2=\sin^{-1}\frac{w_2\sin\beta_2}{c_2}=\sin^{-1}\frac{311.4\times\sin33.17°}{173.9}=78.44°$$

（3）动叶栅损失 $\Delta h_{b\xi}$：

$$\Delta h_{b\xi}=\frac{w_{2t}^2}{2}\ (1-\psi^2)=\frac{332.3^2}{2000}\ (1-0.937^2)=6.74\ (\text{kJ/kg})$$

（4）动叶出口蒸汽参数

动叶出口理想比焓 $h_{2t}=h_1-\Delta h_b=2558.34-26=2532.4$（kJ/kg）

动叶出口理想密度 $\rho_{2t}=0.287$（kg/m^3）（由 $h-s$ 图查得）

动叶出口压力 $p_2=0.045$（MPa）

动叶进出口压比 $\varepsilon_b=\dfrac{p_2}{p_1}=\dfrac{0.045}{0.054}=0.83>\varepsilon_{cr}$（动叶中为亚声速流动）

动叶出口实际比焓 $h_2=h_{2t}+\Delta h_{b\xi}=2532.4+6.74=2539.14$（kJ/kg）

动叶出口实际密度 $\rho_2=0.286$（kg/m^3）（由 $h-s$ 图查得）

动叶出口实际干度 $x_2=0.956$

（5）动叶栅进口高度 l'_b

$$l'_b=l_n+\Delta_r+\Delta_t=72+1+2=75\ (\text{mm})$$

（6）动叶栅出口截面积计算

动叶顶部漏汽量计算：

$$
\begin{aligned}
\Delta G_t &= e\mu_1\pi(\delta_b+e_b)\ \overline{\delta_t}\rho_{2t}\sqrt{\Omega_t\Delta h_t^*}\\
&= 1\times0.6\times3.14\times(1.442+0.075)\times0.002\times0.294\times\sqrt{0.24\times129.8\times10^3}\\
&= 0.27(\text{kg/s})
\end{aligned}
$$

（7）动叶出口截面积 A_b：

$$A_b=\frac{G_b}{\mu_b w_{2t}\rho_{2t}}=\frac{G_n-\Delta G_t}{\mu_b w_{2t}\rho_{2t}}=\frac{16.64-0.27}{0.935\times332.3\times0.286}=0.184\ (\text{m}^2)$$

（μ_b 由图 1 - 11 查得）

（8）动叶出口高度 l_b：

$$l_b=\frac{A_b}{\pi d_b\sin\beta_2}=\frac{0.184}{3.14\times1.442\times\sin33.17°}=74.3\ (\text{mm})$$

$l_b>l'_b$，β_2 选取符合要求。

（9）余速动能 Δh_{c2}：

$$\Delta h_{c2}=\frac{c_2^2}{2}=\frac{173.9^{2\times10^{-3}}}{2}=15.12\ (\text{kJ/kg})$$

4. 轮周功及轮周效率

通过轮周有效焓降计算轮周功：

$$p_u = \Delta h_t^* - \Delta h_{n\xi} - \Delta h_{b\xi} - \Delta h_{c2}$$
$$= 129.8 - 6.14 - 6.74 - 15.12 = 101.8 \ (\text{kJ/kg})$$

通过速度三角形计算轮周功：

$$p'_u = u \left[c_1 \cos (\alpha_1 + \delta_1) + c_2 \cos \alpha_2 \right]$$
$$= 226 (442\cos19.76° + 173.9\cos78.44°) = 101.85 \ (\text{kJ/kg})$$

p_u 与 p'_u 基本相符，计算准确性符合要求。

轮周效率 η_u：

$$\eta_u = \frac{\Delta h_u}{E_o} = \frac{\Delta h_u}{\Delta h_t^* - \mu_1 \Delta h_{c2}} = \frac{101.8}{129.8 - 0.85 \times 15.12} = 87\%$$

5. 级内各项损失计算

(1) 叶高损失 Δh_l：

$$\Delta h_l = \frac{a}{l_n} \Delta h_u = \frac{1.6}{72} \times 101.8 = 2.27 \ (\text{kJ/kg})$$

(单列级，包括扇形损失，故取 $a = 1.6$)

(2) 叶轮摩擦损失 Δh_f：

摩擦耗功 $\Delta p_f = k_1 \left(\dfrac{u}{100} \right)^3 d^2 \dfrac{1}{v}$

$$= 1.2 \times \left(\frac{226}{100} \right)^3 \times 1.441^2 \times \frac{1}{3.273} = 8.79 \ (\text{kW})$$

用能量表示的摩擦损失 Δh_f：

$$\Delta h_f = \frac{\Delta p_f}{G} = \frac{8.79}{16.67} = 0.53 \ (\text{kJ/kg})$$

(3) 隔板漏汽损失 Δh_p

$$\Delta h_p = \frac{\Delta G_p}{G} \Delta h'_u = \frac{\Delta G_p}{G} (\Delta h_t^* - \Delta h_{n\xi} - \Delta h_{b\xi} - \Delta h_{c2} - \Delta h_e)$$
$$= \frac{0.0253}{16.67} (129.8 - 6.14 - 6.74 - 15.12 - 2.27)$$
$$= 0.151 \ (\text{kJ/kg})$$

(4) 叶顶漏汽损失 Δh_t：

$$\Delta h_t = \frac{\Delta G_t}{G} \Delta h'_u = \frac{0.27}{16.67} \times 99.53 = 1.61 \ (\text{kJ/kg})$$

(5) 湿汽损失 Δh_x：

$$\Delta h_x = (1 - x_m) \Delta h'_i$$
$$= \left(1 - \frac{x_0 + x_2}{2}\right) (\Delta h_t^* - \Delta h_{n\xi} - \Delta h_{b\xi} - \Delta h_{c2} - \Delta h_l - \Delta h_p - \Delta h_t - \Delta h_f)$$
$$= \left(1 - \frac{0.99 + 0.956}{2}\right) (129.8 - 6.14 - 6.74 - 15.12 - 2.27 - 0.151 - 1.61 - 0.53)$$
$$= 2.63 \ (\text{kJ/kg})$$

6. 级的内功率 P_i

$$P_i = G\Delta h_i = G\ (\Delta h_t^* - \Delta h_{n\xi} - \Delta h_{b\xi} - \Delta h_1 - \Delta h_p - \Delta h_t - \Delta h_f - \Delta h_x)$$
$$= 16.67 \times (129.8 - 6.14 - 6.74 - 15.12 - 2.27 - 0.151 - 1.61 - 0.53 - 2.63)$$
$$= 1577.15\ (kW)$$

7. 级的内效率 η_{ri}

$$\eta_{ri} = \frac{\Delta h_i}{E_0} = \frac{\Delta h_i}{\Delta h_t^* - \mu_1 \Delta h_{c2}} = \frac{94.61}{129.8 - 0.85 \times 15.12} = 81\%$$

8. 汽态曲线

级的汽态曲线见图 1-52。

二、双列速度级热力计算

（一）已知条件

汽轮机的转速 $n = 3000 r/min$，级的蒸汽流量 $D = 36 t/h$。级前蒸汽参数：压力 $p_0 = 3.28 MPa$，温度 $t_0 = 435℃$，级的理想焓降 $\Delta h_t = 254.22\ kJ/kg$，速度比 $x_1 = 0.25$，喷管出口汽流角 $\alpha_1 = 16°$。级的平均反动度：第一列动叶 $\Omega_b = 0$，导叶 $\Omega_{gb} = 0.05$，第二列动叶 $\Omega'_b = 0.10$。

动叶导叶顶部间隙 $\delta_t = 1 mm$，流量系数 $\mu_t = 0.6$，护套的弧段长度与整个圆周之比 $e_c = 0.4$。

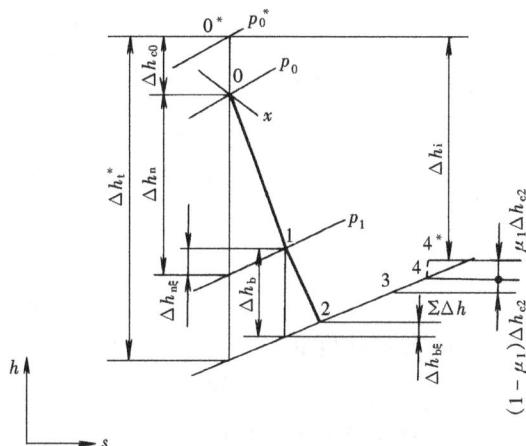

图 1-52　级的热力过程线

（二）要求

（1）确定级的主要尺寸。

（2）计算级内功率和内效率。

（三）计算

1. 喷管热力计算

（1）喷管理想比焓降

$$\Delta h_n = \Delta h_t^* [1 - (\Omega_b + \Omega_{gb} + \Omega'_b)] = 251.22 \times [1 - (0 + 0.05 + 0.10)]$$
$$= 213.54\ (kJ/kg)$$

（$\because c_0 = 0$，$\therefore h_t = \Delta h_t^*$）

（2）喷管进口状态参数

根据 $p_0 = 3.28$（MPa），$t_0 = 435$（℃），由 $h-s$ 图查得：

比焓 $h_0 = 3307.73$（kJ/kg），密度 $\rho_0 = 10.42$（kg/m³）。

（3）喷管出口理想状态参数

根据喷管进口状态和 Δh_n 从 $h-s$ 图上查得理想出口状态参数：出口压力 $p_1 = 1.568$（MPa），密度 $\rho_{1t} = 5.848$（kg/m³），比焓 $h_{1t} = 3094.2$（kJ/kg）。

（4）喷管形状的确定

喷管前后压力比：$\varepsilon_n = \dfrac{p_1}{p_0} = \dfrac{1.568}{3.28} = 0.48 < \varepsilon_{cr} = 0.546$ 但 $\varepsilon_n > 0.3 \sim 0.4$，所以选用渐缩型喷管。

（5）喷管出口速度

喷管出口汽流理想速度 c_{1t}：

$$c_{1t}=\sqrt{2\Delta h_n^*}=\sqrt{2\times213.54\times10^3}=653.51 \quad (m/s)$$

喷管出口汽流实际速度 c_1：

速度系数 $\varphi=0.97$，则

$$c_1=\varphi c_{1t}=0.97\times653.51=633.91 \quad (m/s)$$

喷管出口汽流偏转角 δ_1：

$$\sin(\alpha_1+\delta_1)=\frac{\left(\dfrac{2}{\kappa+1}\right)^{\frac{1}{\kappa-1}}\sqrt{\dfrac{\kappa-1}{\kappa+1}}}{\varepsilon_n^{\frac{1}{\kappa}}\sqrt{1-\varepsilon_n\dfrac{\kappa-1}{\kappa}}}\sin\alpha_1$$

$$=\frac{\left(\dfrac{2}{1.3+1}\right)^{\frac{1}{1.3-1}}\sqrt{\dfrac{1.3-1}{1.3+1}}}{0.48^{\frac{1}{1.3}}\sqrt{1-0.48^{\frac{1.3-1}{1.3}}}}\sin16°=0.2950$$

$$\delta=0.17°$$

（6）轮周速度 u：

$$u=x_1c_1=0.25\times633.91=158.48 \quad (m/s)$$

（7）速度级的平均直径 d_m：

$$d_m=\frac{60u}{\pi n}=\frac{60\times158.48}{3.14\times3000}=1.009 \quad (m)$$

（8）喷管出口面积 A_n：

$$A_n=\frac{G}{0.648\sqrt{p_0^*\rho_0^*}}=\frac{36000/3600}{0.648\sqrt{3.28\times10^6\times10.42}}=26.39 \quad (cm^2)$$

（9）喷管出口高度 l_n：

$$l_n=\frac{A_n}{\pi d_m\sin\alpha_1}=\frac{26.39}{3.14\times100.9\sin16°}=0.302 \quad (cm)$$

选取部分进汽度 $e=0.2$（使叶高损失和部分进汽损失之和最小），则

叶高 $l_n=15mm$（$l_n\geqslant15mm$）

（10）喷管损失 $\Delta h_{n\xi}$：

$$\Delta h_{n\xi}=(1-\varphi^2)\Delta h_n^*=(1-0.97^2)\times213.54=12.62 \quad (kJ/kg)$$

2. 第一列动叶热力计算

（1）动叶进口汽流的相对速度 $\vec{w}_1$：

根据 $\vec{c}_1$、$\vec{u}$ 作动叶进口速度三角形，如图 1-53 所示。由动叶进口速度三角形，利用余弦定理可求得

$$w_1=\sqrt{c_1^2+u^2-2c_1u\cos(\alpha_1+\delta_1)}$$

$$=\sqrt{633.91^2+158.48^2-2\times633.91\times158.48\cos16.17°}$$

$$=483.72(m/s)$$

$$\beta_1=\sin^{-1}\frac{c_1\sin(\alpha_1+\delta_1)}{w_1}=\sin^{-1}\frac{633.91\sin16.17°}{483.72}=21.41°$$

（2）动叶出口汽流相对速度 $\vec{w}_2$

因为 $\Omega_b=0$，所以动叶出口汽流理想相对速度 $w_{2t}=w_1=483.72$（m/s）

由图 1-18 查得动叶速度系数 φ_b $=0.878$，则动叶出口汽流相对速度 w_2 为

$w_2=\varphi_b w_{2t}=0.878\times483.72=$ 424.7（m/s）

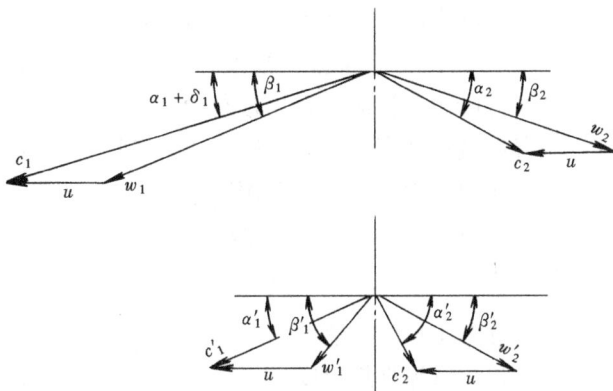

图 1-53 复速级速度三角形

复速级动叶出口汽流角 $\beta_2=\beta_1-$ $(3°\sim5°)$，选取 $\beta_2=21.41°-3.41°=18°$

（3）动叶出口绝对速度 $\vec{c}_2$

根据 $\vec{w}_2$、$\vec{u}$ 作动叶出口速度三角形，如图 1-53 所示，利用余弦定理可求得

$$c_2=\sqrt{w_2^2+u^2-2w_2u\cos\beta_2}$$
$$=\sqrt{424.7^2+158.48^2-2\times424.7\times158.48\cos18°}$$
$$=277.8\text{（m/s）}$$

$$\alpha_2=\sin^{-1}\frac{w_2\sin\beta_2}{c_2}=\sin^{-1}\frac{424.7\sin18°}{277.8}=28.2°$$

（4）动叶进口状态参数

动叶进口状态参数即是喷管出口实际状态点参数。动叶进口比焓为
$$h_1=h_{1t}+\Delta h_{n\xi}=3094.2+12.62=3106.82\text{（kJ/kg）}$$
由 $h-s$ 图查得动叶进口密度 $\rho_1=5.81\text{kg/m}^3$。

（5）动叶进口高度 l'_{bl}：
$$l'_{bl}=l_n+\Delta=l_n+\Delta_r+\Delta_t=15+0.5+15=17\text{（mm）}$$
（盖度 Δ_r、Δ_t 由表 1-1 查得）

（6）动叶出口面积 A_b：
$$A_b=\frac{G_b}{\mu_b w_{2t}\rho_{2t}}=\frac{10}{0.93\times483.72\times5.81}=38.26\text{（cm}^2\text{）}$$
（动叶流量系数 μ_b 由图 1-11 查得）

（7）动叶出口高度 l_{bl}：
$$l_{bl}=\frac{A_b}{e\pi d_m\sin\beta_2}=\frac{38.26}{0.2\times3.14\times100.9\sin18°}=19.5\text{（mm）}$$
$$b_1-l'_{bl}=19.5-17=2.5\text{（mm）}$$

（8）动叶损失 $\Delta h_{b\xi}$：
$$\Delta h_{b\psi}=\frac{w_{2t}^2}{2}(1-\varphi_b)=\frac{483.72^2}{2000}(1-0.878^2)=26.8\text{（kJ/kg）}$$

（9）动叶出口汽流状态参数：

动叶出口比焓 $h_2=h_1+\Delta h_{b\xi}=3106.82+26.8=3133.62$（kJ/kg）

由 $h-s$ 图查得动口出口密度 $\rho_2=5.62\text{kg/m}^3$。

因为 $\Omega_b=0$，所以 $p_1=p_2$。

3. 导叶热力计算

(1) 导叶中汽流的理想比焓降 Δh_{gb}：

$$\Delta h_{gb}=\Omega_{gb}\Delta h_t^*=0.05\times251.22=12.561 \text{ (kJ/kg)}$$

(2) 导叶出口汽流理想状态参数

由导叶进口状态（即第一列动叶出口状态）参数和 Δh_{gb} 从 $h-s$ 图查得：

导叶出口压力　$p'_1=1.5\text{MPa}$

导叶出口比焓　$h'_{1t}=h_2-\Delta h_{gb}=3133.21-12.561=3120.65 \text{ (kJ/kg)}$

导叶出口密度　$\rho'_1=5.46\text{kg/m}^3$

(3) 导叶出口汽流速度 $\vec{c}'_1$

导叶出口汽流理想速度 c'_{1t}：

$$c'_{1t}=\sqrt{2\Delta h_{gb}+c_2^2}=\sqrt{2\times12.561\times10^3+277.8^2}=319.84 \text{ (m/s)}$$

导叶出口汽流实际事实 c'_1：

$$c'_1=\psi_{gb}c'_{1t}=0.918\times319.84=293.61 \text{ (m/s)}$$

（ψ_{gb} 由图 1-18 查取）

导叶出口汽流角 α'_1：

$$\alpha'_1=\alpha_2-(5°\sim10°)=28.1°-4.1°=24°$$

(4) 导叶进口高度 l'_{gb}：

$$l'_{gb}=l_b+\Delta=l_b+\Delta_r+\Delta_t=19.5+0.5+1.5=21.5 \text{ (mm)}$$

(5) 导叶顶部漏汽量 ΔG_{gbt}：

$$\Delta G_{gbt}=e_{\mu t}\pi(d_{gb}+e_{gb})\delta_t\sqrt{2\Omega_{gbt}\Delta h_t^*}\rho_{1t}$$

因为　$d_{gb}\approx d_m$，$l_{gb}\approx l'_{gb}$

所以　$\Delta G_{gbt}=0.2\times0.6\times3.14(1.009+0.021)\times10^{-3}\sqrt{2\times0.05\times251.22\times10^3\times5.46}$
$=0.322 \text{ (kg/s)}$

(6) 导叶出口面积 A_{gb}：

$$A_{gb}=\frac{G_{gb}}{\mu_{gb}c'_{1t}}=\frac{10-0.322}{0.938\times319.84\times5.46}=59.11 \text{ (cm}^2)$$

（μ_{gb} 由图 1-11 查得）

(7) 导叶出口高度 l_{gb}：

$$l_{gb}=\frac{A_{gb}}{e\pi d_m\sin\alpha'_1}=\frac{59.11}{0.2\times3.14\times100.9\times\sin24°}=22.9 \text{ (mm)}$$

$$l_{gb}-l'_{gb}=22.9-21.5=1.4 \text{ (mm)}$$

(8) 导叶损失 Δh_{gb}：

$$\Delta h_{gb}=\frac{c_{1t}^{'2}}{2}(1-\psi_{gb}^2)=\frac{319.84^2}{2000}(1-0.918^2)=8.1 \text{ (kJ/kg)}$$

(9) 导叶出口汽流实际状态参数

导叶出口焓 $h'_1=h'_{1t}+\Delta h_{gb}=3120.65+8.1=3128.75 \text{ (kJ/kg)}$

由 $h-s$ 图查得，导叶出口密度 $\rho'_1=5.41\text{kg/m}^3$。

4. 第二列动叶热力计算

(1) 动叶中汽流的理想比焓降 $\Delta h'_b$：

$$\Delta h'_b = \Omega'_b \Delta h^*_b = 0.10 \times 251.22 = 25.122 \text{ (kJ/kg)}$$

(2) 动叶出口汽流理想状态参数

$$h'_{2t} = h'_1 - \Delta h'_b = 3128.75 - 25.122 = 3103.63 \text{ (kJ/kg)}$$

由 $h-s$ 图查得，动叶出口压力 $p'_2 = 1.35\text{MPa}$，动叶出口密度 $\rho'_{2t} = 4.93\text{kg/m}^3$

(3) 动叶进口相对速度 $\vec{w'_1}$

根据 $\vec{c'_1}$、$\vec{u}$ 作动叶进口速度三角形。如图 1-53 所示。利用余弦定理可求得：

$$w'_1 = \sqrt{c'^2_1 + u^2 - 2c'_1 u \cos\alpha'_1}$$
$$= \sqrt{293.61^2 + 158.48^2 - 2 \times 293.61 \times 158.48 \times \cos 24°}$$
$$= 162.19 \text{ (m/s)}$$

$$\beta'_1 = \sin^{-1}\frac{c'_1 \sin\alpha_1}{w'_1} = \sin^{-1}\frac{293.61\sin 24°}{162.19} = 47.42°$$

(4) 动叶出口汽流相对速度 $\vec{w'_2}$

动叶出口汽流相对理想速度 w'_{2t}

$$w'_{2t} = \sqrt{2\Delta h'_b + w'^2_1} = \sqrt{2 \times 25.122 \times 10^3 + 162.19^2}$$
$$= 276.68 \text{ (m/s)}$$

动叶出口汽流相对实际速度 w'_2：

$$w'_2 = \psi'_b w'_{2t} = 0.928 \times 276.68 = 256.76 \text{ (m/s)}$$

（ζ'_b 由图 1-18 查得）

动叶出口汽流相对速度角 β'_2：

$$\beta'_2 = \beta'_1 - (7°\sim18°) = 45.5° - 17.5° = 28°$$

(5) 动叶出口汽流绝对速度 $\vec{c'_2}$

根据 $\vec{w'_2}$、$\vec{u}$ 作动叶出口速度三角形，如图 1-53 所示。利用余弦定理可求得：

$$c'_2 = \sqrt{w'^2_2 + u^2 - 2w'_2 u\cos\beta'_2}$$
$$= \sqrt{256.76^2 + 158.48^2 - 2 \times 256.76 \times 158.48\cos 28°}$$
$$= 138.51\text{(m/s)}$$

$$\alpha'_2 = \sin^{-1}\frac{w'_2\sin\beta'_2}{c'_2} = \sin^{-1}\frac{256.76\sin 28°}{138.51} = 60.49°$$

(6) 动叶损失 $\Delta h'_{b\xi}$

$$\Delta h'_b = \frac{w'^2_{2t}}{2}(1-\zeta^2_b) = \frac{256.76^2}{2000}(1-0.928^2) = 4.58\text{(kJ/kg)}$$

(7) 余速损失 $\Delta h'_{c2}$

$$\Delta h'_{c2} = \frac{c'^2_2}{2} = \frac{138.51^2}{2000}9.6 \text{ (kJ/kg)}$$

(8) 动叶出口汽流实际状态参数

动叶出口实际比焓

$$h'_2 = h'_{2t} + h'_{b\xi} = 3103.63 + 9.6 = 3113.23 \ (kJ/kg)$$

动叶出口密度

$$\rho'_2 = 4.87 \ (kg/m^3)$$

(9) 动叶进口高度 l'_{b2}

$$l'_{b2} = l'_{gb} + \Delta = l'_{gb} + \Delta_t + \Delta_r = 22.9 + 1.5 + 0.5 = 24.9 \ (mm)$$

(10) 动叶顶部漏汽量 $\Delta G'_{bt}$

$$\Delta G'_{bt} = e\mu_1\pi \ (d'_b + l'_b) \ \overline{\delta_t}\sqrt{2\Omega'_{bt}\Delta h_t^*} \cdot \rho'_{2t}$$

由于 $d'_b = d_m$, $l'_{b2} = l_{b2}$

根部反动度 $\Omega'_{br} = 1 - (1 - \Omega'_m)\dfrac{d'_o}{d'_b - l'_b} = 1 - (1 - 0.1)\dfrac{1.009}{1.009 - 0.0249} = 0.077$

顶部反动度 $\Omega'_{bt} = 1 - (1 - \Omega_r)\dfrac{d'_b - l'_b}{d'_b + l'_b} = 1 - (1 - 0.077)\dfrac{1.009 - 0.0249}{1.009 + 0.0249} = 0.12$

所以 $\Delta G'_{bt} = 0.2 \times 0.6 \times 3.14 (1.009 + 0.0249) \times 1 \times 10^{-3} \times \sqrt{2 \times 0.12 \times 251.22 \times 10^3} \times 4.93$
$$= 0.47 \ (kg/s)$$

(11) 动叶出口面积 A'_b

$$A'_b = \frac{G'_b}{\mu'_b w'_{2t}\rho'_{2t}} = \frac{G - \Delta G'_{bt}}{\mu'_b w'_{2t}\rho'_{2t}} = \frac{10 - 0.47}{0.943 \times 276.68 \times 4.93} = 74 \ (cm^2)$$

(μ'_b 由图 1-11 查得)

(12) 动叶出口高度 l_{b2}

$$l_{b2} = \frac{A'_b}{e\pi d_m\sin\beta'_2} = \frac{74}{0.2 \times 3.14 \times 100.9\sin28°} = 25 \ (mm)$$
$$l_{b2} - l'_{b2} = 25 - 24.9 = 0.1 \ (mm)$$

5. 轮周功校核

1kg 蒸汽所做的轮周功

$$P_{ul}^I = u[c_1\cos(\alpha_1 + \delta_1) + c'_1\cos\alpha'_1 + c_2\cos\alpha_2 + c'_2\cos\alpha'_2]$$
$$= 158.48(633.91\cos16.17° + 293.61\cos24° + 277.8\cos28.2°)$$
$$+ 138.51\cos60.49° = 188.6(kJ/kg)$$

$$P_{ul}^{II} = \Delta h_t - (h_{n\xi} + \Delta h_{b\xi} + \Delta h_{gb\xi} + \Delta h'_{b\xi} + \Delta h'_{c2})$$
$$= 251.22 - (12.62 + 26.8 + 8.1 + 4.58 + 9.6)$$
$$= 189.52(kJ/kg)$$

$$\Delta\eta = \frac{P_{ul}^{II} - P_{ul}^I}{P_{ul}^{II}} = \frac{189.52 - 188.6}{189.52} = 0.5\% < 1\%$$

计算基本符合要求。

6. 轮周效率 η_u

$$\eta_u = \frac{\Delta h_u}{E_0} = \frac{\Delta h_t - (\Delta h_{n\xi} + \Delta h_{b\xi} + \Delta h_{gb\xi} + \Delta h'_{b\xi} + \Delta h_{c2})}{\Delta h_t}$$
$$= \frac{251.22 - (12.62 + 26.8 + 8.1 + 4.58 + 9.6)}{251.22}$$
$$= 75.4\%$$

7. 级内损失计算

(1) 叶轮摩擦损失 Δh_f

$$\Delta P_{\mathrm{f}} = k_1 \left(\frac{u}{100}\right)^3 d^2 \frac{1}{v} = k_1 \left(\frac{u}{100}\right)^3 d^2 \frac{p_1 + p'_2}{2}$$

$$= 1.2 \left(\frac{158.48}{100}\right)^3 \times 1.009^2 \times \frac{1}{2}(5.81 + 4.87)$$

$$= 25.97(\mathrm{kW})$$

$$\Delta h_{\mathrm{f}} = \frac{3600\Delta p_{\mathrm{f}}}{D_1} = \frac{3600 \times 25.97}{36000} = 2.597(\mathrm{kJ/kg})$$

（2）叶高损失 Δh_e

$$l = (l_{\mathrm{n}} + l'_{\mathrm{gb}} + l_{\mathrm{gb}} + l'_{\mathrm{b1}} + l_{\mathrm{b1}} + l'_{\mathrm{b2}} + l_{\mathrm{b2}})/7$$

$$= (15 + 21.5 + 22.9 + 17 + 19.5 + 24.9 + 25)/7$$

$$= 20.8(\mathrm{mm})$$

$$\Delta h_e = \frac{a}{l}\Delta h_{\mathrm{u}} = \frac{2}{20.8} \times 189.52 = 18.22(\mathrm{kJ/kg})$$

（3）部分进汽损失 Δh_e

鼓风损失 Δh_{w}：

$$\xi_{\mathrm{w}} = B_e \frac{1}{e}\left(1 - e - \frac{e_{\mathrm{c}}}{2}\right)x_{\mathrm{a}}$$

$$= 0.55 \times \frac{1}{0.2}\left(1 - 0.2 - \frac{0.4}{2}\right)\left(\frac{158.48}{\sqrt{2 \times 251.22 \times 10^3}}\right) = 0.0184$$

$$\Delta h_{\mathrm{w}} = \xi_{\mathrm{w}}E_0 = 0.0184 \times 251.22 = 4.62(\mathrm{kJ/kg})$$

斥汽损失 Δh_{s}：

$$\xi_{\mathrm{s}} = c_e \frac{1}{e}\frac{2_{\mathrm{n}}}{d_{\mathrm{n}}}x_a = 0.016 \times \frac{1}{0.2} \times \frac{2}{1.010} \times 0.224 = 0.0355$$

$$\Delta h_{\mathrm{s}} = \xi_{\mathrm{s}}E_0 = 0.0355 \times 251.22 = 8.92(\mathrm{kJ/kg})$$

$$\Delta h_e = \Delta h_{\mathrm{w}} + \Delta h_{\mathrm{s}} = 4.62 + 8.92 = 13.54(\mathrm{kJ/kg})$$

（4）导叶及动叶顶部漏汽损失

$$\Delta h_{\mathrm{t}} = \frac{\Delta G_{\mathrm{gbt}} + \Delta G'_{\mathrm{bt}}}{G}h'_{\mathrm{u}}$$

$$= \frac{\Delta G_{\mathrm{gbt}} + \Delta G'_{\mathrm{bt}}}{G}(\Delta h_{\mathrm{t}}^* - \Delta h_{\mathrm{n}\xi} - \Delta h_{\mathrm{b}\xi} - \Delta h_{\mathrm{gb}} - \Delta h'_{\mathrm{b}\xi} - \Delta h_l - \Delta h_{\mathrm{c2}})$$

$$= \frac{0.322 + 0.47}{10}(251.22 - 12.62 - 26.8 - 8.1 - 4.58 - 18.22 - 9.6)$$

$$= 0.0792 \times 171.3 = 13.57(\mathrm{kJ/kg})$$

8. 级的内功率 p_{i}

$$P_{\mathrm{i}} = G\Delta h_{\mathrm{i}} = G(\Delta h_{\mathrm{t}}^* - \Delta h_{\mathrm{n}\xi} - \Delta h_{\mathrm{b}\xi} - \Delta h_{\mathrm{gb}\xi} - \Delta h'_{\mathrm{b}\xi} - \Delta h'_{\mathrm{c2}} - \Delta h_e - \Delta h_l - \Delta h_{\mathrm{f}} - \Delta h_{\mathrm{t}})$$

$$= 10 \times (251.22 - 12.62 - 26.8 - 8.1 - 4.58 - 9.6 - 13.54 - 18.22 - 2.593 - 13.57)$$

$$= 1416(\mathrm{kW})$$

9. 级的内效率 η_{i}

$$\eta_{\mathrm{i}} = \frac{\Delta h_{\mathrm{i}}}{E_0} = \frac{141.6}{251.22} = 56.36\%$$

10. 汽态曲线

级的汽态曲线见图 1-54。

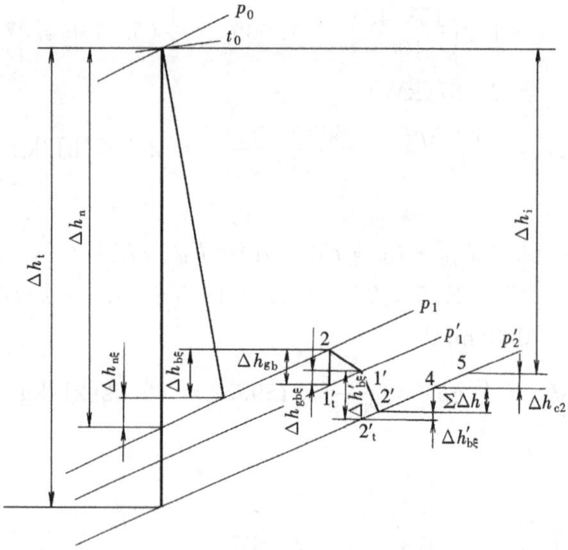

图 1-54　级的热力过程线

第七节　长　叶　片　级

一、长叶片级概述

所谓长叶片级是相对短叶片级而言的。实际上，从叶片的长短而言，这两种级并没有严格的分界线。所谓短叶片级，是指它的顶部和根部的汽流参数变化不大，可以用级的平均直径处的汽流参数值代替。因此，当进行级的热力计算时，只需对级的平均直径处的截面进行热力计算，而不必考虑沿叶片高度的汽流参数的变化。这样从叶片的根部至顶部可以采用同一种叶型。但是，当叶片比较高时，级平均直径处的汽流参数与顶部和根部的汽流参数比较相差很大，此时就不能用平均直径处的汽流参数值代替顶部和根部的汽流参数值了，而必须考虑汽流参数沿叶高的变化，这样的级称为长叶片级。

在汽轮机级内，汽流参数沿叶片高度的变化是客观存在的，并且要遵循气体流动方程。当进行级的气动力计算时，是否略去汽流参数沿叶片高度的变化，要根据汽轮机提高效率的收益和制造成本等各方面的因素决定。一般地讲，当级的平均直径 d_m 和动叶片高度 l_b 之比 d_m/l_b（称级的径高比）小于 $8 \sim 10$ 时，应考虑汽流参数沿叶片高度的变化，否则级效率将显著下降。

1. 沿叶高圆周速度不同引起的损失

在长叶片级中，从叶根到叶顶，由于半径变化很大，故其圆周速度相差也较大。这时，如果动叶仍按平均直径处的速度三角形进行设计，并采用等截面叶片，则除了平均直径处外，其他各直径处的汽流在流进动叶片时，都将产生不同程度的撞击现象。如图 1-55 所示，在 $d > d_m$ 处，汽流撞击动叶背弧；在 $d < d_m$ 处，汽流撞击动叶内弧，无论撞击背弧还是内弧，都将造成能量损失。同理在动叶出口处汽流绝对速度 c_2 及其方向角 x_2 也将沿叶高

发生很大的变化，造成级后汽流扭曲，使下一级汽流进口条件恶化，产生附加能量损失。

2. 沿叶高节距不同引起的损失

由于汽轮机叶栅是环形叶栅，当 $\theta = \dfrac{d_b}{l_b}$ 较小时，从叶根到叶顶，叶栅节距 t 相差较大，即 $t_t > t_m > t_r$。试验证明，各个叶栅有一个由风洞实验确定的最佳相对节距，大于或小于这个最佳值，都会使叶栅损失增加，效率降低。

3. 轴向间隙中汽流径向流动所引起的损失

当蒸汽从喷管叶栅和动叶栅流出时，由于有圆周方向的分速 c_{1u} 和 c_{2u} 存在，使蒸汽在动静叶栅进出口的轴向间隙中受到离心力的作用。因为没有采取径向平衡措施，使汽流在轴向间隙中发生径向流动。这种径向流动是不会推动叶轮旋转做功的，构成了汽轮机级的损失，而这种损失在长叶片中尤为显著。

综上所述，为了避免在长叶片级中由于按照平均直径上的汽流参数进行设计所带来的附加损失，以获得较高的级效率，就必须把长叶片设计成进、出口角以及截面积沿叶片高度变化的变截面叶片，以适应圆周速度和汽流参数沿叶高变化的规律，如图 1-56 所示。通常，当 $\theta = 8$ 时，较好的扭叶片比直叶片提高效率约 $1.5\% \sim 2.5\%$；当 $\theta = 6$ 时，提高效率 $3\% \sim 4\%$；当 $\theta = 4$ 时，提高效率 $7\% \sim 8\%$。可见 θ 值越小，采用扭叶片对级效率的提高越显著。但扭叶片加工比较困难，成本较高，所以长叶片级中是否采用扭叶片，需要进行技术经济比较才能确定。目前由于扭叶片加工工艺水平的提高，成本下降，使扭叶片的应用范围逐渐扩大。如哈汽厂生产的 300MW 和 600MW 反动式汽轮机全部静叶和动叶均采用了扭叶片，东汽厂生产的 300MW 冲动式汽轮机高中压缸动叶也全部采用扭叶片。

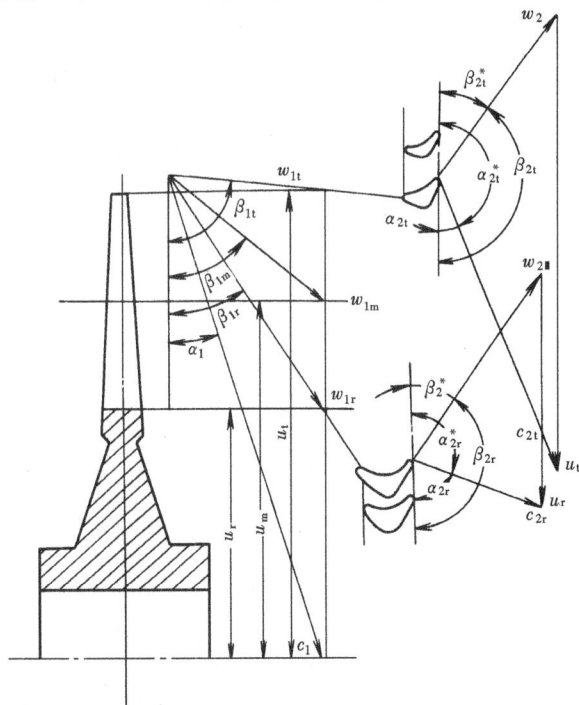

图 1-55　长叶级的速度三角形　　　　　图 1-56　扭转的自由叶片

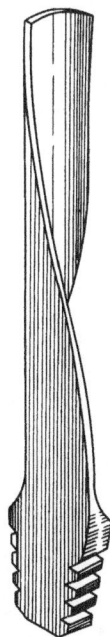

二、扭曲叶片设计方法简介

目前扭曲叶片（长叶片）级设计普遍采用径向平衡法，即在级的轴向间隙中确定汽流的平衡条件，使之不产生径向流动，由此建立汽体流动的模型，从而得出不同轴向间隙中汽流参数沿叶高的变化规律。径向平衡法又分为简单径向平衡法和完全径向平衡法。简单径向平衡法是假定汽流在级的轴向间隙中作与轴对称的圆柱面流动，这是按二元流建立的气体流动模型，此计算方法较好的克服了一元流理论中的缺陷，使级效率显著的提高，在长叶片设计中得到了广泛的应用。随着单机功率不断增大，末级叶片高度也越来越大，有的叶片高度可达 1320mm（3000r/min），其 $\theta < 2.42$，使轴向间隙中的汽流流动不再保持与轴对称的圆柱面流动。因此再用简单径向平衡法来确定这种长叶片的扭曲规律，就难以符合汽流的实际情况，而使级放率降低。对于 $\theta < 3$ 的长叶片，应采用完全径向平衡流型的特性方程，即三元流动的方程式进行设计。

根据径向平衡理论，在某些特定条件下，可求得长叶片不同的扭曲规律或流型，常用的几种流型有：①等环量流型；②等 α_1 角流型；③等密流流型；④可控涡流型等。其中前三种扭曲规律，基于简单径向平衡理论，它们有一个共同缺点，就是反动度或动静叶片轴向间隙内的汽流压力沿叶高增大，而且变化较剧烈。另外，为了减小叶顶反动度，必须减小叶根反动度，当叶片的 $\theta < 3$ 时，根部可能会出现负反动度，有时甚至达到 $\Omega_r = -0.20$，因而使汽流在根部汽道中形成扩压段，产生较大的附加损失；如涡流、倒流，局部超声速以及吸汽等现象；若使 $\Omega_r > 0$，又会造成顶部反动度过大，有的甚至达到 $\Omega_r = 0.80$ 以上，使漏汽损失增大。因此，必须采用三元流或完全径向平衡法来设计 $\theta < 3$ 的长叶片，可控涡流型就是由此求得的。

第二章 多 级 汽 轮 机

第一节 多级汽轮机的特点与损失

随着社会经济对电力需求的日益增长,对汽轮机的要求也越来越高,不仅要求汽轮机有更大的单机功率,而且要有更高的效率。为提高汽轮机的效率,除应努力减小汽轮机内的各种损失外,还应努力提高蒸汽的初参数和降低背压,以提高循环热效率;为提高汽轮机的单机功率,除应增大进入汽轮机的蒸汽量之外,还应增大蒸汽在汽轮机内的比焓降。可以看出,这两方面都要求蒸汽在汽轮机中应具有较大的比焓降。

如果仍然制成单级汽轮机,那么比焓降增大后,喷管出口汽流速度必将增大。为使汽轮机级在最佳速比附近工作,以获得较高的级效率,圆周速度和级的直径也必须相应增大。但是级的直径和圆周速度的增大是有限度的,它受到叶轮和叶片材料强度的限制,因为级的直径和圆周速度增大后,转动着的叶轮和叶片的离心力将增大,因此,为保证汽轮机有较高的效率和较大的单机功率,就必须把汽轮机设计成多级汽轮机,使很大的蒸汽比焓降由多级汽轮机的各级分别利用,即逐级有效利用,每个级只承担部分比焓降,这样,各级均可在最佳速比附近工作,各级的汽流速度 c_1 和 w_2 都较小,且在最佳速比附近工作时圆周速度和级的直径也都较小,从而使叶轮和叶片在其离心力小于材料强度所允许的离心力的情况下工作。

一、多级汽轮机的工作过程

多级汽轮机是由按工作压力高低顺序排列的若干级组成的,常见的多级汽轮机有两种:一种是多级冲动式汽轮机,另一种是多级反动式汽轮机。

图 2-1 是一台国产三缸三排汽的 200MW 凝汽式多级汽轮机的纵剖面图(见全文末插页)。该机组高压缸内有 12 级(由单列冲动级作为调节级,另有 11 个压力级);中压缸的中压部分有 10 级,低压部分有 5 级;低压缸内对称布置着 10 级。全机共有 27 个热力级,37 个结构级。新蒸汽先经过高压外缸进入高压内缸的喷管室,然后逐级作功,第 12 级后的蒸汽从高压缸排出又回到锅炉再热。再热后的蒸汽在中压缸的中压部分逐级作功后,有 1/3 的流量在中压缸的低压部分继续作功,另外的 2/3 通过导汽管进入低压缸。蒸汽在低压缸内分流作功后排入凝汽器,此机组有三个排汽口分别将作完功的乏汽排入凝汽器中。

图 2-2 是国产双缸双排汽的 300MW 凝汽式汽轮机纵剖面图(见全文末插页)。全机有两个汽缸:高中压部分采用高中压合缸反流结构,对头布置,为双层缸;低压缸为分流结构,进汽部分为三层,通流部分为双层缸。高压缸内有一级冲动级(调节级)和 12 反动式压力级,中压缸内有 9 列反动式压力级,低压缸内分流布置着 14 列反动式压力级。全机共有 29 个热力级,36 个结构级。新蒸汽从汽轮机下部由主蒸汽管道进入 2 个高压主汽调节联合阀,由 6 个调节汽阀经导汽管按一定的顺序从高压外缸的上半和下半分别进入高压缸的 6 个喷管室,通过各自的喷管组流向顺向布置的调节级,然后返流经过高压通流部分反向布置的 12 级反动级,经由高中压外缸下半排出后进入再热器。经过再热的蒸汽从汽轮机前部

由再热主汽管进入 2 个中压再热调节联合阀，再经过 2 根中压导汽管将蒸汽从下部导入高中压外缸的中压内缸，再经过中压通流部分后，经过一根连通管进入低压缸，蒸汽从中央流入，再从 2 个排汽口排入凝汽器。

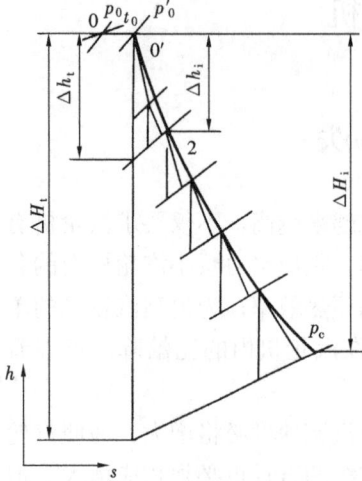

图 2-3　多级汽轮机的热力过程线

蒸汽在多级汽轮机中膨胀作功过程与在级中的作功过程一样，可以用 $h-s$ 图上的热力过程线表示，如图 2-3 所示。$0'$ 点是第一级喷管前的蒸汽状态点，根据第一级的各项级内损失，可定出第一级的排汽状态点 2 点，将 $0'$ 点与 2 点之间用一条光滑曲线连起，则得出了第一级的热力过程线。而第一级的排汽状态点又是第二级的进汽状态点，同样可绘出第二级的热力过程线；以此类推，可绘出以后各级的热力过程线。把各级的热力过程线顺次连接起来就是整个汽轮机的热力过程线。图中 P_c 为汽轮机的排汽压力，也称为汽轮机的背压，ΔH_t 为汽轮机的理想比焓降，ΔH_i 为汽轮机的有效比焓降，从图中可看出，汽轮机的有效比焓降 ΔH_i 等于各级有效比焓降 Δh_i 之和，即 $\Delta H_i = \sum \Delta h_i$。整个汽轮机的内功率等于各级内功率之和。

二、多级汽轮机的优点

多级汽轮机由于具有效率高、功率大、投资小等突出优点，无论是在发电、供热或是驱动等各种用途中均得到了广泛应用。

多级汽轮机有下列优点：

（一）多级汽轮机的效率大大提高

1. 多级汽轮机的循环热效率大大提高

与单级汽轮机相比，多级汽轮机的比焓降增大很多，因而多级汽轮机的进汽参数可大大提高，排汽压力也可显著降低；同时，由于是多级，还可采用回热循环和中间再热循环，这些都使多级汽轮机的循环热效率大大提高。

2. 多级汽轮机的相对内效率明显提高

（1）在全机总比焓降一定时，每个级的比焓降较小，每级都可在材料强度允许的条件下，设计在最佳速比附近工作，使级的相对内效率较高；

（2）除级后有抽汽口，或进汽度改变较大等特殊情况外，多级汽轮机各级的余速动能可以全部或部分地被下一级所利用，提高了级的相对内效率；

（3）多级汽轮机的大多数级可在不超临界的条件下工作，使喷管和动叶在工况变动条件下仍保持一定的效率。同时，由于各级的比焓降较小，速度比一定时级的圆周速度和平均直径也较小，根据连续性方程可知，在容积流量相同的条件下，使得喷管和动叶的出口高度增大，叶高损失减小，或使得部分进汽度增大，部分进汽损失减小，这都有利于级效率的提高；

（4）由于重热现象的存在，多级汽轮机前面级的损失可以部分地被后面各级利用，使全机相对内效率提高。

（二）多级汽轮机单位功率的投资大大减小

多级汽轮机的单机功率可远远大于单级汽轮机，因而使单位功率汽轮机组的造价、材料消耗和占地面积都比单级汽轮机大大减小，容量越大的机组减小得越多，这就使多级汽轮机单位功率的投资大大减小。

将汽轮机制成多级汽轮机，也存在一些问题：

（1）增加了一些附加损失，如隔板漏汽损失等。多级汽轮机内各级是由静止的隔板和旋转的工作叶轮构成的，隔板和转子之间的间隙是客观存在的，虽然间隙处安装有隔板轴封，但仍存在蒸汽泄漏，增加了损失。然而，与单级汽轮机必有的前后端轴封漏汽损失相比，这项损失是较小的。此外，多级凝汽式汽轮机的整机比焓降很大，它的最后几级总是在湿蒸汽区内工作，湿汽损失较大，故级的效率降低。但多级汽轮机的循环热效率将因排汽温度降低而大大提高。

（2）由于级数多，相应地增加了机组的长度和质量。例如，国产 125MW 凝汽式汽轮机有 31 个级，总长度为 13.5m，本体总质量为 310t。但与同样功率的各单级汽轮机的总长度和总质量相比，多级汽轮机要小得多。

（3）由于新蒸汽与再热蒸汽温度的提高，多级汽轮机高中压缸前面若干级的工作温度较高，故对零部件的金属材料要求提高了。

（4）级数增加，零部件增多，使多级汽轮机的结构更为复杂，全机制造成本相应提高。但从单位功率的制造成本来看，多级汽轮机远低于单级汽轮机。

三、多级汽轮机各级段的工作特点

一般情况下，沿着蒸汽流动的方向总可以将多级汽轮机分为高压段、中压段和低压段三个部分。对于分缸的大型汽轮机则可分为高压缸、中压缸和低压缸。由于各部分所处的条件不同，各级段的工作特点也不一样，下面分别予以说明。

1. 高压段

在多级汽轮机的高压段，蒸汽的压力、温度很高，比容较小，因此通过该级段的蒸汽容积流量较小，所需的通流面积也较小。由连续性方程可知，为减小叶高损失，提高喷管效率，在高压段应保证喷管有足够的出口高度，因此喷管出口汽流角 α_1 较小。一般情况下，冲动式汽轮机的 $\alpha_1 = 11° \sim 14°$，反动式汽轮机的 $\alpha_1 = 14° \sim 20°$。

在冲动式汽轮机的高压段，级的反动度一般不大。当动静叶根部间隙不吸汽也不漏汽时，根部反动度 Ω_r 较小，这样，虽然沿叶片高度从根部到顶部的反动度不断增大，但由于高压段各级的叶片高度总是较小的，因此，平均直径处的反动度仍较小。

在高压段的各级中，各级比焓降不大，比焓降的变化也不大。根据连续性方程，由于通过高压各级的容积流量较小，为增大叶片高度，以减小叶高损失，叶轮的平均直径就较小，相应的圆周速度也就较小。同时，为保证各级在最佳速比附近工作，以提高效率，喷管出口汽流速度也必然较小，则各级比焓降不大。由于高压段各级的比容变化较小，因而各级的平均直径变化也不大，所以各级比焓降的变化也不大。

在高压段各级中，可能存在的级内损失有：喷管损失、动叶损失、余速损失、叶高损失、扇形损失、漏汽损失、叶轮摩擦损失、部分进汽损失等。由于高压级段蒸汽的比容较小，而漏汽间隙又不可能按比例减小，故漏汽量相对较大，漏汽损失较大。对于部分进汽的级，由于不进汽的动叶弧段成为漏汽的通道，使漏汽损失更有所增大。同样，由于高压级段蒸汽的比容较小，叶轮摩擦损失也相对较大。此外，因为高压级段叶片高度相对较小，所以叶高损失也较大。综上所述可以看出，高压段各级的效率相对较低。

2. 低压段

低压级段的特点是蒸汽的容积流量很大，要求低压各级具有很大的通流面积，因而叶片高度势必很大。为避免叶高过大，有时不得不将低压各级的喷管出口汽流角 α_1 取得很大。

级的反动度在低压段明显增大的原因有二：一是因为低压级叶片高度很大，为保证叶片根部不出现负反动度，平均直径处的反动度就必然较大；二是因为低压级的比焓降较大，为避免喷管出口汽流速度超过临界速度过多，尽可能利用渐缩喷管斜切部分的膨胀，这就要求蒸汽在喷管中的比焓降不能太大，而只有增大级的反动度，才能保证动叶内有足够大的比焓降。

由于低压级段的容积流量很大，因此叶轮直径较大，级的圆周速度也比较大。为了保证有较高的级效率，各级均应在最佳速比附近工作，这样各级的理想比焓降明显增大。

从低压级段的损失看，由于蒸汽容积流量很大，而通流面积受到一定限制，因此低压级的余速损失较大；低压级段一般都处于湿蒸汽区，级内存在湿汽损失，而且越往后该项损失越大；由于低压级的叶片高度很大，漏汽间隙所占比例很小，同时低压级段的蒸汽比容很大，因此漏汽损失很小；低压级的蒸汽比容很大，所以叶轮摩擦损失很小；由于低压级均采用全周进汽，所以没有部分进汽损失。总之，对于低压级，由于湿汽损失很大，使效率较低，特别是最后几级，效率降低更多。

3. 中压段

中压级段处于高压级段和低压级段之间，其特点是蒸汽比容既不像高压级段那样很小，也不像低压级段那样很大。因此，中压级有足够的叶片高度，叶高损失较小；一般为全周进汽，没有部分进汽损失。此外，中压级漏汽损失较小，叶轮摩擦损失也较小，也没有湿汽损失；级的余速动能一般可被下一级利用。所以，中压段各级的级内损失较小，效率要比高压段和低压段都高。

为了保证汽轮机通流部分的通畅，各级喷管和动叶的高度沿蒸汽流动方向是逐渐增大的，所以中压段各级的反动度一般介于高压段和低压段各级之间，且逐渐增大。

表 2-1 为国产 300MW 汽轮机各级在设计工况下的主要数据，从中可以看出沿蒸汽流程各级的主要参数的变化规律。

四、重热现象和重热系数

在水蒸气的 $h-s$ 图上等压线是沿着比熵增大的方向逐渐扩张的，也就是说，等压线之间的理想比焓降随着比熵的增大而增大。这样上一级的损失（客观存在）造成比熵的增大将使后面级的理想比焓降增大，即上一级损失中的一小部分可以在以后各级中得到利用，这种现象称为多级汽轮机的重热现象。

图 2-4 所示为具有四个级的多级汽轮机的简化热力过程线。

为了讨论方便，假设汽轮机各级的相对内效率 η^{lev} 都相等，则有

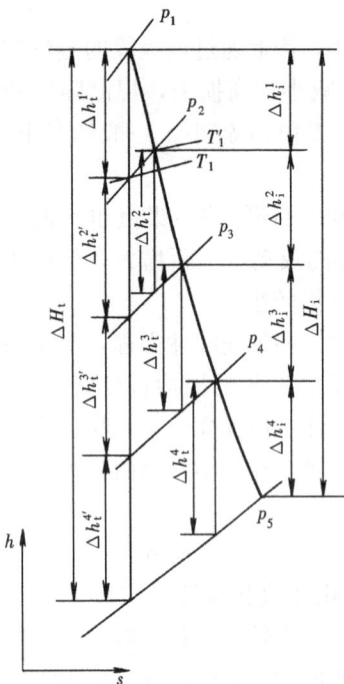

图 2-4 四级汽轮机的
简化热力过程线

$$\eta_i^{\mathrm{lev}} = \frac{\Delta h_i^1}{\Delta h_t^1} = \frac{\Delta h_i^2}{\Delta h_t^2} = \cdots \tag{2-1}$$

也就是　$\Delta h_i^1 = \eta_i^{\mathrm{lev}} \Delta h_t^1$　　$\Delta h_i^2 = \eta_i^{\mathrm{lev}} \Delta h_t^2$，$\cdots$

用 ΔH_i 表示全机的有效比焓降，由图 2-4 可知

$$\Delta H_i = \Delta h_i^1 + \Delta h_i^2 + \cdots$$
$$= \eta_i^{\mathrm{lev}}(\Delta h_t^1 + \Delta h_t^2 + \cdots)$$
$$= \eta_i^{\mathrm{lev}} \sum \Delta h_t$$

故有

$$\eta_i^{\mathrm{lev}} = \frac{\Delta H_i}{\sum \Delta h_t} \tag{2-2}$$

式中：$\sum \Delta h_t = \Delta h_t^1 + \Delta h_t^2 + \cdots$ 为各级的累计理想比焓降。

从图 2-4 中可以看出，若各级没有损失，全机总的理想比焓降 ΔH_t 为

$$\Delta H_t = \Delta h_t^{1'} + \Delta h_t^{2'} + \cdots$$

由于在各级中存在损失，多级汽轮机有重热现象，使各级的累计理想比焓降 $\sum \Delta h_t$ 大于没有损失时全机总的理想比焓降 ΔH_t。

由图可知，此时全机的相对内效率为

$$\eta_i^{\mathrm{mac}} = \frac{\Delta H_i}{\Delta H_t} \tag{2-3}$$

将式（2-2）与式（2-3）相除，可得

$$\frac{\eta_i^{\mathrm{mac}}}{\eta_i^{\mathrm{lev}}} = \frac{\Delta H_i \sum \Delta h_t}{\Delta H_t \Delta H_i} = \frac{\sum \Delta h_t}{\Delta H_t} = 1 + \frac{\sum \Delta h_t - \Delta H_t}{\Delta H_t} = 1 + \alpha \tag{2-4}$$

则有

$$\eta_i^{\mathrm{mac}} = \eta_i^{\mathrm{lev}}(1 + \alpha) \tag{2-5}$$

式中：$\alpha = \dfrac{\sum \Delta h_t - \Delta H_t}{\Delta H_t}$ 称为重热系数，它永远是一个正值。

从上式可以看出，由于重热现象的存在，使全机的相对内效率高于各级平均的相对内效率。这里需特别指出，这一结论只表明当各级有损失时，全机的效率要比各级平均的效率好一些，而不是说有损失时全机的效率比没有损失时全机的效率高。更不应从上式中简单地得出 α 越大，全机效率越高的结论，这是因为 α 的提高是在各级存在损失，各级效率降低较多的前提下实现的，重热现象的存在仅仅是使多级汽轮机能回收其损失的一部分而已。因此，拟通过提高重热系数 α 来提高整机效率的想法是错误的，是行不通的。对于凝汽式汽轮机，α 在 $0.04 \sim 0.08$ 之间。

重热系数 α 的大小与下列因素有关：

（1）多级汽轮机各级的效率。若级效率为 1，即各级没有损失，后面的级也就无损失可利用，则重热系数 $\alpha = 0$。级效率越低，则损失越大，后面级利用的部分也越多，α 值也就越大。

（2）多级汽轮机的级数。当级数越多，则上一级的损失被后面级利用的可能性越大，利用的份额也越大，α 值将增大。

（3）各级的初参数。当初温越高，初压越低时，初态的比熵值较大，使膨胀过程接近等压线间扩张较大的部分，α 值较大。此外，由于在过热蒸汽区等压线扩张程度较大，而在湿蒸汽区较小，因此在过热区 α 值较大，湿汽区 α 值较小。

表 2-1　　　　　　　　　　　　　　　　　　　　　　　　　　　　　　国产引进型 300MW

缸别	级号	最大工况					额定工况					喷			
		级前温度	级前压力	静叶压差	全级压差	内功率	级前温度	级前压力	静叶压差	全级压差	内功率	平均直径	出口高度	型线	$\sin\alpha_1$
		℃	MPa	MPa	MPa	kW	℃	MPa	MPa	MPa	kW	mm	mm	/	/
高压缸	调节级	537.0	16.80		3.570	16930	537.0	16.00		4.250	18555	1061.3	22.90	2195	0.2767
	1	492.7	13.10	0.503	0.998	6087	483.8	11.60	0.445	0.883	5365	844.2	68.40	S—1587	0.2515
	2	479.7	12.10	0.495	0.971	6365	471.1	10.70	0.437	0.859	5608	864.2	69.20	S—1589	0.2516
	3	466.2	11.10	0.495	0.970	6805	457.9	9.87	0.437	0.857	5992	884.2	70.00	S—1589	0.2519
	4	451.8	10.10	0.479	0.949	7191	443.8	9.01	0.424	0.838	6325	904.4	70.90	S—1589	0.2561
	5	436.6	9.18	0.458	0.902	7456	428.9	8.17	0.404	0.797	6551	926.0	73.40	S—1589	0.2566
	6	420.9	8.28	0.439	0.867	7815	413.5	7.38	0.387	0.765	6855	948.0	76.20	S—1589	0.2571
	7	404.5	7.41	0.415	0.828	8219	397.6	6.61	0.366	0.730	7194	970.8	79.60	S—1589	0.2578
	8	387.5	6.59	0.347	0.704	7163	381.0	5.89	0.309	0.626	6345	991.4	81.00	S—1589	0.2544
	9	371.5	5.88	0.337	0.675	7521	365.2	5.26	0.299	0.599	6653	1014.0	84.50	S—1589	0.2550
	10	354.7	5.21	0.316	0.634	7849	348.8	4.66	0.280	0.563	6930	1039.0	90.30	S—1589	0.2526
	11	337.3	4.58	0.296	0.592	8180	331.8	4.10	0.263	0.525	7203	1063.6	95.10	S—1589	0.2536
中压缸	1	533.6	3.47	0.196	0.375	8723	533.6	3.12	0.175	0.336	7818	1078.87	101.40	S7640—2	0.3514
	2	515.3	3.10	0.178	0.350	8987	515.3	2.18	0.159	0.314	8052	1100.46	106.12	S7640—2	0.3566
	3	496.3	2.75	0.171	0.337	9514	496.4	2.47	0.153	0.302	8520	1122.04	110.85	S7640—2	0.3589
	4	476.1	2.41	0.16	0.314	9869	476.4	2.16	0.144	0.281	8831	1145.60	115.57	S7640—2	0.3672
	5	455.1	2.10	0.148	0.287	10245	455.5	1.88	0.133	0.257	9158	1172.97	124.08	S7640—2	0.3676
	6	433.2	1.81	0.135	0.262	10093	433.7	1.63	0.121	0.236	9062	1204.86	137.08	S7640—2	0.3469
	7	410.5	1.55	0.128	0.245	10758	411.1	1.39	0.115	0.220	9651	1233.42	146.80	S7640—2	0.3474
	8	386.2	1.30	0.118	0.227	11469	386.9	1.17	0.106	0.203	10276	1255.32	159.85	S7640—2	0.3487
	9	360.2	1.08	0.105	0.200	11927	361.1	0.97	0.0942	0.179	10666	1302.43	176.08	S7640—2	0.3522
低压缸	1	330.3	0.852	0.1520	0.2690	9545	331.4	0.7690	0.1370	0.2420	8610	1915.16	86.36	S1587	0.2230
	2	286.2	0.599	0.1160	0.2130	10227	287.2	0.5410	0.1040	0.1910	9197	1928.24	98.80	S1587/1.25	0.2525
	3	242.7	0.412	0.0928	0.1550	9501	243.7	0.3720	0.0839	0.1400	8585	1952.04	122.01	S7620A—2	0.2924
	4	193.6	0.257	0.0658	0.1110	10241	194.5	0.2320	0.0594	0.1010	9262	1992.71	162.82	S7620A—1	0.2994
	5	140.0	0.147	0.0373	0.0673	9152	140.8	0.1330	0.0339	0.0608	8297	2046.94	217.47	S7660A—1	0.3193
	6	94.6	0.0817	0.0325	0.0587	14691	91.8	0.0736	0.0292	0.0527	13222	2241.47	412.67	右旋 TS—1354 左旋 TS—1355	0.2450
	7	65.6	0.0213	0.0108	0.191	12782	63.4	0.0228	0.0099	0.0168	11308	2579.74	813.90	845 扭转动叶	0.3203

汽轮机组各级主要数据

嘴					动 叶									部分进汽度	动静面积比
片数	轴向宽度(根/顶)	节距	相对节距	出口面积	平均直径	出口高度	型线	$\sin\beta_1$	片数	轴向宽度(根/顶)	节距	相对节距	出口面积	部分进汽度	动静面积比
/	mm	mm	/	mm²	mm	mm	/	/	/	mm	mm	/	mm²	/	/
126	50.8	25.26	0.49	20169	1064.30	27.94	2197	0.3490	80	63.5	41.79	0.6580	31120	0.95	1.543
72	31.7	36.84	1.16	45624	854.19	68.82	8500	0.2490	92	25.4	29.17	1.1480	45985	1	1.008
92	25.4	29.51	1.16	47269	874.24	69.56	8500	0.2533	92	25.4	29.85	1.1750	48392	1	1.024
94	25.4	29.55	1.16	48981	894.39	70.52	8500	0.2535	94	25.4	29.89	1.1770	50230	1	1.025
94	25.4	30.23	1.19	51590	915.04	71.96	8500	0.2539	96	25.4	29.94	1.1790	52522	1	1.018
96	25.4	30.30	1.19	54792	937.14	74.86	8500	0.2545	98	25.4	30.04	1.1813	56091	1	1.024
98	25.4	30.39	1.19	58347	959.14	77.66	8500	0.2551	100	25.4	30.13	1.1860	59695	1	1.023
100	25.4	30.50	1.20	62586	983.44	82.66	8500	0.2488	106	25.4	29.15	1.1480	63539	1	1.015
104	25.4	29.95	1.18	64180	1002.39	82.42	8500	0.2589	108	25.4	29.16	1.1480	64602	1	1.007
106	25.4	30.05	1.18	68641	1026.69	87.50	8500	0.2467	112	25.4	28.80	1.1340	69625	1	1.014
110	25.4	29.67	1.17	74454	1051.74	93.36	8500	0.2448	116	25.4	28.48	1.1210	75515	1	1.014
112	25.4	29.83	1.17	81094	1077.04	99.56	8500	0.2459	118	25.4	28.67	1.1290	82671	1	1.019
100	38.1	33.89		120770	1089.66	103.76	7640	0.3546	102	38.19	33.55	0.8788	125953	1	1.043
98	38.1	35.28		130829	1111.25	108.48	7640	0.3573	103	38.19	34.23	0.8963	135315	1	1.034
98	38.1	35.97		140239	1134.82	113.20	7660	0.3607	76	50.8	46.91	0.9234	145569	1	1.038
94	38.1	38.29		152732	1159.76	119.28	7660	0.3672	74	50.8	49.24	0.9693	159584	1	1.045
96	38.1	38.39		168079	1190.66	131.30	7660	0.3601	80	50.8	46.76	0.9205	176858	1	1.052
116	38.1	32.63		179997	1220.22	142.00	7660	0.3482	90	50.8	42.59	0.8384	189542	1	1.053
118	38.1	32.84		197614	1251.10	154.02	7660	0.3485	92	50.8	42.72	0.8409	210971	1	1.068
120	38.1	33.13		221512	1282.98	167.06	7660	0.3517	92	50.8	43.81	0.8624	236818	1	1.069
90	38.1	45.46		253749	1327.36	188.60	7660	0.3481	78	50.8	53.45	0.8414	274245	1	1.081
196	31.75	30.70	0.96	115870	1919.78		8500	0.2535	202	25.40	29.86	1.1760	138014	1	1.191
206	25.4	29.41	1.15	151122	1935.77		8520	0.2825	142	31.75	42.83	1.3490	182743	1	1.209
226	30.13/24.17	27.14		218782	1970.18		7640A	0.2970	196	36.37	31.58	0.8683	257838	1	1.178
220	28.74/23.88	28.46		305778	2016.20		7660A	0.3220	126	48.36	50.27	1.0395	380095	1	1.243
138	47.27/38.19	46.62		446533	2087.50		右旋 TS—1350 左旋 TS—1351	0.3310	124	47.2/66.96	52.89		565647	1	1.267
80	127.22/86.28	88.02		711954	2299.77		右旋 TS—1352 左旋 TS—1353	0.3330	120	45.19/102.9	60.21		1141891	1	1.604
66.0	221.49/141.2	122.80		2112830	2642.87	65.60	905 扭转动叶	0.4839	96		86.49		3638022	1	1.722

五、进汽阻力损失和排汽阻力损失

(一)进汽阻力损失

新蒸汽进入汽轮机的第一级之前，必须先经过主汽阀、调节阀和蒸汽室。蒸汽通过这些部件时就会产生压力降，其中主汽阀和调节阀最为严重。由于通过这些部件时蒸汽的散热损失可忽略不计，因此蒸汽通过进汽机构时的热力过程是一个节流过程，即蒸汽通过进汽机构后虽有压力降落，但比焓值不变，如图2-5所示。从图中也可看出，如果没有进汽机构的节流，则全机的理想比焓降为 ΔH_t，由于节流的存在，实际的理想比焓降为 $\Delta H'_t$，其差值 $\delta h^{mac} = \Delta H_t - \Delta H'_t$ 即为节流引起的比焓降损失，称为汽轮机进汽阻力损失。

蒸汽进入汽轮机工作级前通过进汽机构时的节流损失与汽流速度、阀门类型、汽阀型线以及汽室形状等因素有关。在设计时一般总让蒸汽流过主汽阀、蒸汽管道等的速度小于 $40\sim60\text{m/s}$，使其压力损失控制在 $\Delta p_0 = p_0 - p'_0 = (0.03\sim0.05)p_0$。对于设计良好的机组，此值可小于0.03。

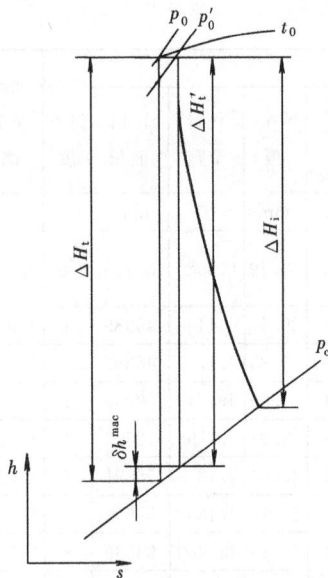

图2-5　进汽阻力损失

为了减小进汽阻力损失，限制蒸汽流速是一个办法，但并不能从根本上解决问题。根据连续性方程，流速减小势必增大通流面积，这将使汽门的尺寸加大，体积庞大，给制造、安装、运行都带来一定困难。因此，减小进汽阻力损失的主要方法是改进蒸汽在通过汽阀时的流动特性。改进阀门的结构类型对改善阀门流动特性有很大作用。近代汽轮机普遍应用的是带扩压管的单座阀，这种阀门的关闭严密性较好，同时因有扩压管存在，虽阀内蒸汽的最大流速较高，但在扩压管中可把部分蒸汽动能重新变为压力能，因而即使在阀门尺寸较小的条件下，仍有较小的节流损失和较高的效率。

(二)排汽阻力损失

进入汽轮机的蒸汽在各级作功后，从末级动叶流出来经排汽管排出。排汽在排汽管中流动时，由于摩擦、涡流、转向等阻力作用而有压力降落，这部分蒸汽压降没有作功，形成损失，称为汽轮机的排汽阻力损失。图2-6中 p'_c 表示凝汽式汽轮机末级动叶出口的静压，p_c 表示凝汽器喉部静压，其差值 $\Delta p_c = p'_c - p_c$ 为排汽阻力损失。由于这项损失的存在，汽轮机理想比焓降由 $\Delta H'_t$ 变为 $\Delta H''_t$，损失了 $(\delta h^{mac})''$。

在排汽管中，由于汽流速度高，汽流与环境的温差小，蒸汽的散热与所流过的总热量相比很微小，可忽略不计，因此可把蒸汽在排汽管中的流动过程视为一节流过程。

排汽阻力损失 Δp_c 的大小取决于蒸汽在排汽管中的流速、排汽部分的结构形式以及型线的好坏等，一般可用下列公式估算：

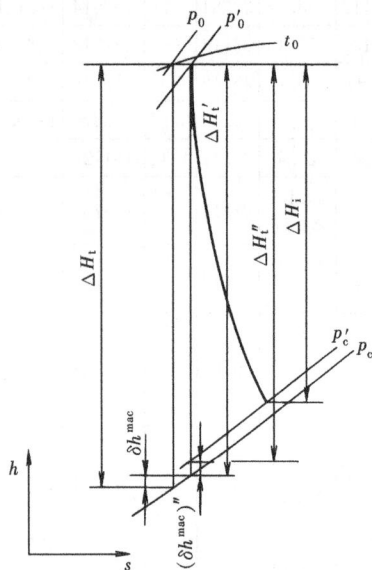

图2-6　排汽阻力损失

$$\Delta p_{\mathrm{c}} = \lambda \left(\frac{c_{\mathrm{ex}}}{100} \right)^2 p_{\mathrm{c}} \quad \text{(kPa)} \tag{2-6}$$

式中 λ——排汽管的阻力系数；

c_{ex}——排汽管中汽流速度，m/s；

p_{c}——排汽管出口压力，对于凝汽式机组为凝汽器喉部压力，kPa。

对于凝汽式机组 $c_{\mathrm{ex}} \leqslant 100 \sim 120 \text{m/s}$，对于背压式机组 $c_{\mathrm{ex}} \leqslant 40 \sim 60 \text{m/s}$。

阻力系数 λ 的变化范围较大，对于凝汽式机组，凝汽器一般布置在汽轮机的下面，汽流在排汽管中的方向要改变 $90°$，损失较大，这时阻力系数 $\lambda = 0.05 \sim 0.1$。对于设计良好的排汽管，可有效利用末级出口的余速动能，则 λ 值较小，有时可小于 0.05，甚至为 0，或是负值。

一般情况下，汽轮机排汽阻力损失 $\Delta p_{\mathrm{c}} = (0.02 \sim 0.06) p_{\mathrm{c}}$。

对于大功率凝汽式汽轮机，由于排汽余速 c_2 较大，为提高机组的经济性，可通过扩压的办法把排汽动能转换为静压，以补偿排汽管中的压力损失，这样，排汽管既是排汽的通

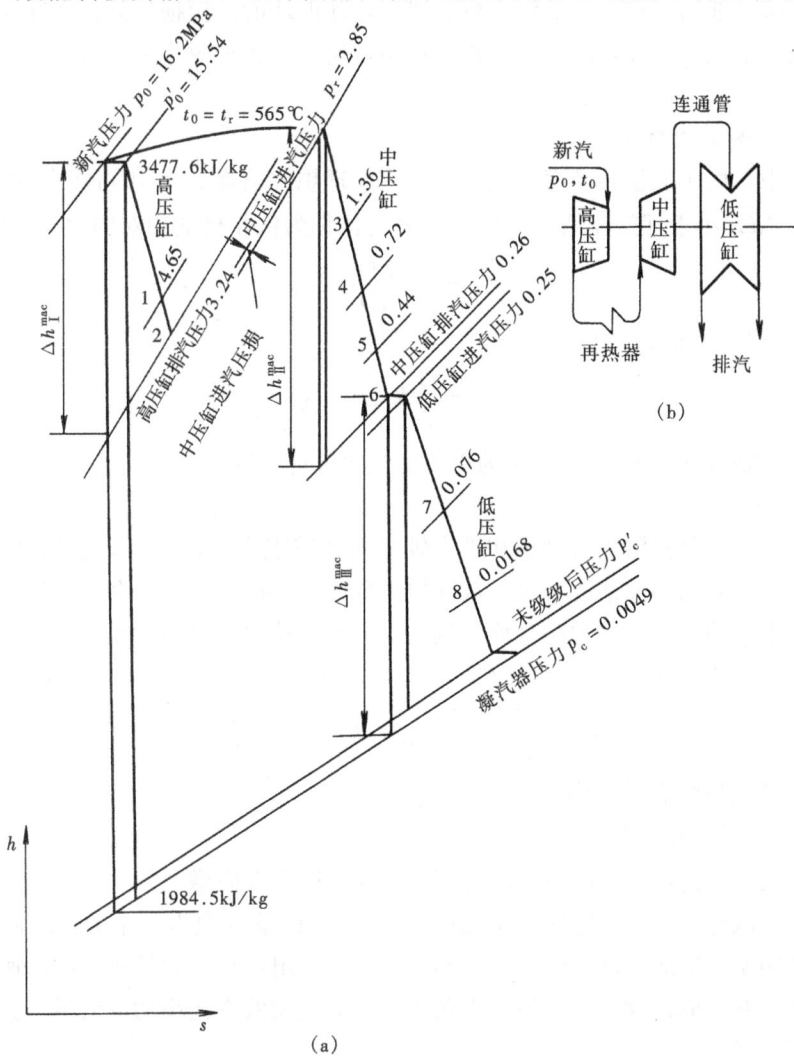

图 2-7 国产亚临界压力中间再热 300MW 汽轮机的热力过程线示意图

(a) 热力过程线；(b) 示意图

道，又是一个具有较好扩压效果的扩压器。

图 2-7（a）为国产亚临界压力中间再热 300MW 汽轮机的热力过程线，它是由高压缸、中压缸和低压缸三部分的热力过程线组成。$\Delta h_{\text{I}}^{\text{mac}}$、$\Delta h_{\text{II}}^{\text{mac}}$ 和 $\Delta h_{\text{III}}^{\text{mac}}$ 分别是高中低压缸的理想比焓降。新汽压力 p_0 与第一级前压力 p_0' 之差为进汽机构的节流损失；高压缸排汽压力与中压缸进汽压力之差为再热器及其进出管道的流动阻力；中压缸排汽压力与低压缸进汽压力之差为中低压缸蒸汽连通管的流动阻力；p_c 与 p_c' 之差为排汽管进出口静压之差。图 2-7 中 t_0 是新汽温度，t_r 是再热蒸汽温度，1～8 是回热抽汽级数。图 2-7（b）是该汽轮机示意图。

第二节　汽轮机及其装置的评价指标

热力发电厂的生产过程实际上是一系列的能量转换过程，从热力学可知，热能是不可能被全部转换成机械能的。在实际的汽轮机装置中，除循环的冷源损失外，还存在有各种热力损失以及机械、电机等损失，故在汽轮机装置中，通常用各种效率来评价整个能量转换过程的完善程度。

1. 汽轮机的相对内效率

在汽轮机中，由于能量转换存在损失，蒸汽的理想比焓降 ΔH_t 不可能全部变为有用功，而有效比焓降 ΔH_i 小于理想比焓降 ΔH_t，两者之比称为汽轮机的相对内效率，以 η_i 表示：

$$\eta_i = \frac{\Delta H_i}{\Delta H_t} \tag{2-7}$$

相应地，汽轮机的内功率 P_i 为

$$P_i = \frac{D_0 \Delta H_t \eta_i}{3.6} = G_0 \Delta H_t \eta_i \tag{2-8}$$

式中：D_0 和 G_0 是分别以 t/h 和 kg/s 为单位的汽轮机进汽流量。

2. 机械效率

汽轮机运行时，要克服支持轴承和推力轴承的摩擦阻力，还要带动主油泵、调速器等，这都将消耗一部分有用功而造成损失，这种损失称为机械损失。由于存在机械损失，汽轮机联轴器上可用来带动发电机的功率（称为汽轮机的轴端功率或有效功率）将小于汽轮机内部实际发出的功率（内功率）。因此汽轮机的机械效率为

$$\eta_m = \frac{P_e}{P_i} = \frac{P_i - \Delta P_m}{P_i} = 1 - \frac{\Delta P_m}{P_i} \tag{2-9}$$

式中　P_e——汽轮机的有效功率；

P_i——汽轮机的内功率；

ΔP_m——机械损失，其大小与转速有关，并随转速增大而增大。

对于同一台汽轮机，在一定转速下 ΔP_m 在不同负荷下近似为一常数，因此汽轮机的机械效率是随内功率的增加而增大的。对于不同功率的机组，功率大的机组的调速器、主油泵等所消耗的功率并不成正比增大，所以大功率机组的机械效率比小功率机组高。

3. 发电机效率

考虑了发电机的机械损失和电气损失后，发电机出线端的功率 P_{el} 要小于汽轮机的轴端功率 P_e，两者之比即为发电机效率 η_g，可表示为

$$\eta_g = \frac{P_{el}}{P_e} = \frac{3.6 P_{el}}{D_0 \Delta H_t \eta_i \eta_m} = \frac{P_{el}}{G_0 \Delta H_t \eta_i \eta_m} \qquad (2-10)$$

或

$$\eta_g = 1 - \frac{\Delta P_g}{P_e}$$

式中：ΔP_g 为发电机损失，包括发电机的机械损失（机械摩擦和鼓风等）和电气损失（电气方面的励磁、铁心损失和线圈发热等）。

4. 汽轮发电机组的相对电效率

由以上各式可得

$$P_{el} = \frac{D_0 \Delta H_t \eta_i \eta_m \eta_g}{3.6} = G_0 \Delta H_t \eta_i \eta_m \eta_g \qquad (2-11)$$

令

$$\eta_{el} = \eta_i \eta_m \eta_g \qquad (2-12)$$

则式（2-11）可写成

$$P_{el} = \frac{D_0 \Delta H_t \eta_{el}}{3.6} = G_0 \Delta H_t \eta_{el}$$

由上式可知，η_{el} 表示在 1kg 蒸汽所具有的理想比焓降中有多少能量最终被转换成电能，称为汽轮发电机组的相对电效率，它是评价汽轮发电机组工作完善程度的一个重要指标。

5. 汽轮发电机组的绝对电效率

评价汽轮发电机组工作完善程度的另一个重要指标是汽轮发电机组绝对电效率，它是 1kg 蒸汽理想比焓降中转换成电能的部分与整个热力循环中加给 1kg 蒸汽的热量之比，用 $\eta_{a,el}$ 表示，即

$$\eta_{a,el} = \frac{\Delta H_t \eta_{el}}{h_0 - h'_c} = \eta_t \eta_{el} = \eta_t \eta_i \eta_m \eta_g \qquad (2-13)$$

式中：h_0 为新蒸汽比焓；h'_c 为凝结水比焓，有回热抽汽时，则为给水比焓 h_{fw}。

对于汽轮发电机组，除用绝对电效率和相对电效率表示其经济性外，还常用每生产 1kW·h 电能所消耗的蒸汽量和热量来表示其经济性。

6. 汽耗率

机组每生产 1kW·h 电能所消耗的蒸汽量称为汽耗率，用 d 来表示：

$$d = \frac{1000 D_0}{P_{el}} = \frac{3600}{\Delta H_t \eta_{el}} \qquad [kg/(kW \cdot h)] \qquad (2-14)$$

对于初终参数不同的汽轮机，即使功率相同，但它们消耗的蒸汽量却不同，所以就不能用汽耗率来比较其经济性，对于供热式汽轮机更是如此。也就是说，汽耗率不适宜来比较不同类型机组的经济性，而只能对同类型同参数汽轮机评价其运行管理水平。

7. 热耗率

对于不同参数的汽轮机可用热耗率来评价机组的经济性。每生产 1kW·h 电能所消耗的热量称为热耗率，以 q 来表示：

$$q = d(h_0 - h'_c) = \frac{3600(h_0 - h'_c)}{\Delta H_t \eta_{el}} = \frac{3600}{\eta_{a,el}} \qquad [kJ/(kW \cdot h)] \qquad (2-15)$$

对于中间再热机组，热耗率 q 为

$$q = d\left[(h_0 - h'_c) + \frac{D_r}{D_0}(h'_r - h_r)\right] \qquad [kJ/(kW \cdot h)] \qquad (2-16)$$

式中 D_0——汽轮机组的新蒸汽流量，t/h；

D_r——再热蒸汽流量，t/h；

h_r'——再热蒸汽初比焓，kJ/kg；

h_r——高压缸排汽比焓，kJ/kg。

从上述可知，热耗率 q 和绝对电效率 $\eta_{a,el}$ 都是衡量汽轮发电机组经济性的主要指标，不同的是，一个以热量形式表示，另一个以效率形式表示，但它们均未考虑锅炉效率、管道效率以及厂用电等。汽轮发电机组的各种效率及热经济指标的大致范围如表 2-2 所示。

表 2-2　　　　　　　　　　　　　汽轮发电机组的效率及热经济性指标

额定功率（MW）	η_i	η_m	η_g	$\eta_{a,el}$	d [kg/ (kW·h)]	q [kJ/ (kW·h)]
0.75～6	0.76～0.82	0.965～0.985	0.93～0.96	<0.28	>4.9	>12980
12～25	0.82～0.85	0.985～0.99	0.965～0.975	0.30～0.33	4.7～4.1	12140～10880
50～100	0.85～0.87	≈0.99	0.98～0.985	0.37～0.39	3.7～3.5	9630～9210
125～200	0.87～0.88	>0.99	0.985～0.99	0.42～0.43	3.2～3.0	8500～8370
300～600	0.885～0.90	>0.99	0.985～0.99	0.44～0.46	3.2～2.9	8100～7810
>600	≥0.90	>0.99	0.985～0.99	>0.46	<3.2	<7800

第三节　多级汽轮机的轴向推力及其平衡

在轴流式汽轮机中，通常是高压蒸汽由一端进入，低压蒸汽由另一端流出，从整体来看，蒸汽对汽轮机转子施加了一个由高压端指向低压端的轴向力，使汽轮机转子存在一个向低压端移动的趋势，这个力就称为转子的轴向推力。

一、冲动式汽轮机的轴向推力

汽轮机整个转子上的轴向推力主要是各级轴向推力的总和。作用在冲动级上的轴向推力是由作用在动叶上的轴向推力和作用在叶轮轮面上的轴向推力以及作用在轴的凸肩处的轴向推力三部分组成。下面分别予以说明：

1. 作用在动叶上的轴向推力 F_z^I

图 2-8 所示为冲动式汽轮机的一个中间级，p_0、p_1、p_2 分别为级前、喷管后和级后的蒸汽压力，p_d 为隔板和轮盘间汽室中的蒸汽压力，级的平均直径为 d_m，动叶高度为 l_d，轮毂直径分别为 d_1、d_2。

作用在动叶上的轴向推力 F_z^I 是由动叶前后的静压差和汽流在动叶中轴向分速度的改变所产生的，可写成

$$F_z^I = G(c_1 \sin\alpha_1 - c_2 \sin\alpha_2) + \pi d_m l_b (p_1 - p_2) \quad (2-17)$$

在冲动级中，一般轴向分速度都不大，加之动叶进出口的轴向通流面积和蒸汽比容的改变也都不大，因此汽流流经动叶时的轴向分速度的改变一般都很小，由此所产生的轴向推力一般都可忽略不计。

引入压力反动度的概念，压力反动度 Ω_p 定义为

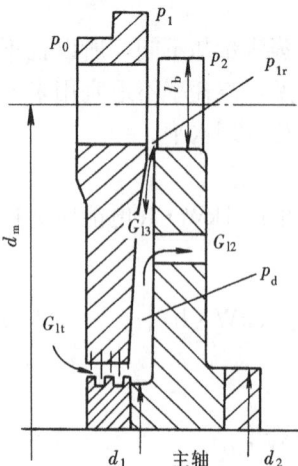

图 2-8　冲动级结构简图

$$\Omega_p = \frac{p_1 - p_2}{p_0 - p_2} \qquad (2-18)$$

于是 $\qquad \Delta p = p_1 - p_2 = \Omega_p(p_0 - p_2)$

则作用在动叶上的轴向推力 F_z^{I} 为

$$F_z^{\text{I}} = \pi d_m l_b \Omega_p (p_0 - p_2) \qquad (2-19)$$

对于速度级，应计算在两列动叶上所受静压差产生的推力之和；若是部分进汽的级，则应乘以该级的部分进汽度 e。

由于 $h-s$ 图上同一压差的等压线距离越向下越大，因此各级压力反动度 Ω_p 都小于该级比焓降反动度 Ω_m，用 Ω_m 代替 Ω_p 所计算得的轴向推力偏大，偏于安全，故可认为作用在动叶上的轴向推力 F_z^{I} 正比于 Ω_m（$p_0 - p_2$）。

2. 作用在叶轮轮面上的轴向推力 F_z^{II}

如图 2-8 所示，作用在叶轮轮面上的轴向推力 F_z^{II} 可写成

$$F_z^{\text{II}} = \frac{\pi}{4}\left[(d_m - l_b)^2 - d_1^2\right]p_d - \frac{\pi}{4}\left[(d_m - l_b)^2 - d_2^2\right]p_2 \qquad (2-20)$$

如果叶轮两侧的轮毂直径相同，即 $d_1 = d_2 = d$，则上式可简化为

$$F_z^{\text{II}} = \frac{\pi}{4}\left[(d_m - l_b)^2 - d^2\right](p_d - p_2) \qquad (2-20a)$$

定义叶轮反动度 $\qquad \Omega_d = \dfrac{p_d - p_2}{p_0 - p_2}$

则式（2-20a）可写成

$$F_z^{\text{II}} = \frac{\pi}{4}\left[(d_m - l_b)^2 - d^2\right]\Omega_d(p_0 - p_2) \qquad (2-20b)$$

由式（2-20b）可知，叶轮轮面上的轴向推力 F_z^{II} 正比于 Ω_d（$p_0 - p_2$）。分析表明，如果动叶根部稍有漏汽，那么动叶的压力反动度 $\Omega_p > \Omega_d$；又由于动叶的比焓降反动度 $\Omega_m > \Omega_p$，故用 Ω_m 代替 Ω_d 计算 F_z^{II} 所得结果将偏大，偏于安全。因此，可近似地认为叶轮上的轴向推力 F_z^{II} 也正比于 Ω_m（$p_0 - p_2$）。

由于轮盘面积很大，故轮面上的轴向推力也很大。为减小此项推力，常在轮盘面上开设平衡孔，以减小轮盘两侧的压差。对于部分进汽的级，由于不进汽动叶上也受到压差 $p_d - p_2$ 的作用，因此，式（2-20b）中应加上（$1-e$）$\pi d_m l_b$（$p_d - p_2$）这一项。

3. 作用在轴的凸肩上的轴向推力 F_z^{III}

在汽轮机轴的轴封套和隔板轴封内轴上的凸肩等处，都会承受一定的轴向推力。一般情况下，可先算出凸肩上的受压面积和各面积上所受的压力，再算出总的向前与向后的推力之差值，可得净轴向推力 F_z^{III}，一般 F_z^{III} 的数值很小。

作用在凸肩某受压面上的轴向推力 F_z^{III}

$$F_z^{\text{III}} = \frac{\pi}{4}(d_2^2 - d_1^2)p_x \qquad (2-21)$$

式中 $\quad d_1$、d_2——对应计算面上的内径和外径；

$\qquad p_x$——对应计算面上的静压力。

作用在一个级上的轴向推力即为上述三部分推力之和，可写成

$$F_z = F_z^{\mathrm{I}} + F_z^{\mathrm{II}} + F_z^{\mathrm{III}} \tag{2-22}$$

对于有 n 个级的转子，其总的轴向推力为

$$\sum_1^n F_z = \sum_1^n F_z^{\mathrm{I}} + \sum_1^n F_z^{\mathrm{II}} + \sum_1^n F_z^{\mathrm{III}} \tag{2-23}$$

二、反动式汽轮机的轴向推力

在反动式汽轮机中，作用在通流部分转子上的轴向推力由下列三部分组成：①作用在叶片上的轴向推力；②作用在轮鼓锥形面上的轴向推力；③作用在转子阶梯上的轴向推力。其计算的原理和方法与冲动式汽轮机转子轴向推力的计算相同，不再叙述。需特别指出的是，若蒸汽压力沿轴向是变化的，如轮鼓上各级压力不同，则应仔细分别求出转子各承压面上的压力，或近似认为此级前后压差由静子和转子平均分摊。

三、轴向推力的平衡

多级汽轮机的轴向推力与机组容量、参数和结构有关，数值较大，反动式汽轮机的轴向推力更大。在现代汽轮机中为了减小止推轴承所承受的推力，都应尽可能地设法使轴向推力得到平衡。主要采用的方法有：

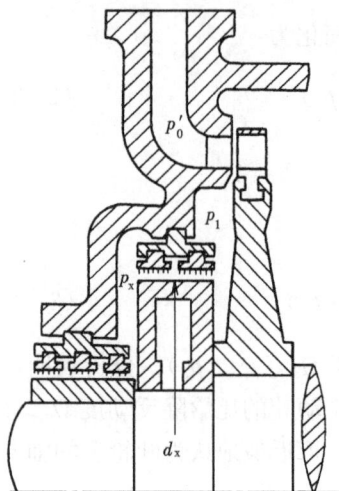

图 2-9　平衡活塞示意图

1. 平衡活塞法

在转子通流部分的对侧，加大高压外轴封的直径，加大了直径的鼓形部分称为平衡活塞。在活塞的两端作用着不同的蒸汽压力，以产生相反方向的轴向推力，这就是平衡活塞法。如图 2-9 所示为平衡活塞示意图，轴向平衡推力的大小为

$$F'_z = \frac{\pi}{4}(d_2^2 - d_1^2)\Delta p \tag{2-24}$$

式中　d_2、d_1——平衡活塞作用面的外径、内径；

Δp——平衡活塞两侧的压力差。

若平衡活塞的大小和两侧的压力选择得当，则可使转子上的轴向推力合理地得到平衡。

随着机组容量的增大，轴向推力也愈来愈大，这样，平衡活塞的外径将增加得很大。但平衡活塞是加大了外径尺寸的高压外轴封，因此，轴封漏汽面积也随之增大，漏汽量增加，使机组效率降低。正是由于这一缺点，高参数、大容量汽轮机必须采用其他方法来平衡轴向推力。

2. 叶轮上开平衡孔

叶轮上开平衡孔后，叶轮前后的压差自然就小了，特别是对前后压差较大的高中压级叶轮一般都采用这种方法。

3. 相反流动布置法

如果汽轮机是多缸的，则可适当布置汽缸，使不同汽缸中的汽流作相反方向流动，这样不同方向的汽流所引起的轴向推力方向相反，可相互抵消一部分，图 2-7（b）中采用了高、中压对头布置和低压缸分流的布置，使高、中压缸和低压缸中汽流所引起的轴向推力方向相反，从而使轴向推力可相互抵消一部分。但中间再热机组的高、中压缸不能简单地采用这种相对布置方法，因为在工况变动时，由于再热系统中蒸汽容积的惯性很大，中压缸前压力与

高压缸前压力不能同步改变，因此在变工况瞬间无法得到平衡，可能会给推力轴承造成很大的推力。

对于反动式汽轮机，由于其动叶前后压差比冲动式汽轮机大，所以它的轴向推力也比同类型冲动式汽轮机要大得多，为减小其轴向推力，反动式汽轮机毫无例外地采用转鼓和平衡活塞，活塞直径和前轴封漏汽量也比冲动式汽轮机大。此外，在反动式汽轮机中也应充分利用汽缸或级组对置排列来减少轴向推力。

4. 采用推力轴承

轴向推力经上述方法平衡后，剩余的部分由推力轴承来承担。一般要求推力轴承应承受适当的推力，以保证在各种工况下，推力方向不变，使机组能稳定地工作而不发生窜轴现象。

第四节　轴封及其系统

汽轮机运转时，转子高速旋转，而汽缸、隔板等静止部分固定不动，为避免转子与静子间碰磨，它们之间应留有适当的间隙。有间隙的存在，就会导致漏汽。在汽轮机级内，主要是在隔板和主轴的间隙处，以及动叶顶部与汽缸（或隔板套）的间隙处存在漏汽。在汽轮机的高压端或高中压缸的两端，在主轴穿出汽缸处，蒸汽也会向外泄漏，这些都将使汽轮机的效率降低，并增大凝结水损失。在汽轮机的低压端或低压缸的两端，因汽缸内的压力低于大气压力，在主轴穿出汽缸处，会有空气漏入汽缸，使机组真空恶化，并增大抽气器的负荷。漏汽不仅会降低机组的效率，还会影响机组安全运行。为减小蒸汽的泄漏和防止空气漏入，在这些间隙处设置有密封装置，通常称之为汽封。

一、汽封的结构与种类

汽封按其安装位置的不同，可分为通流部分汽封、隔板（或静叶环）汽封、轴端汽封。反动式汽轮机还装有高、中压平衡活塞汽封和低压平衡活塞汽封。①轴端汽封：主轴穿出汽缸处的汽封，该汽封用于减少蒸汽自缸内向缸外泄漏或防止空气漏入汽缸；②隔板汽封：隔板（或静叶环）内孔与主轴间隙处的汽封，用于减少隔板（或静叶环）前后的漏汽；③通流部分汽封：动叶栅与隔板及汽缸之间间隙处的汽封，用于减少动叶根部和顶部的径向和轴向漏汽。

汽封的结构型式有曲径式、碳精式和水封式等。在现代汽轮机中广泛采用齿形曲径汽封。在汽轮机的高压段（或高中压缸）常采用高低齿曲径轴封；在汽轮机的低压段（或低压缸）常采用平齿光轴轴封。

1. 汽封的结构

曲径式汽封也称作迷宫式汽封，常用的结构形式有以下几种：梳齿形、J形和枞树形。

曲径式汽封一般由汽封体（或汽封套）、汽封环及轴套（或带凸肩的轴颈）三部分组成，如图2-10所示。汽封体固定在汽缸上，内圈有T形槽道（隔板汽封一般不用汽封体，在隔板上直接车有T形槽）。汽封环一般由6~8块汽封块组成，装在汽封体T形槽道内，并用弹簧片压住。在汽封环的内圈和轴套（或轴颈）上，有相互配合的汽封齿及凹凸肩（如汽封齿为平齿，轴上没有凸肩），形成许多环形孔口和环形汽室。蒸汽通过这些汽封齿和相应的

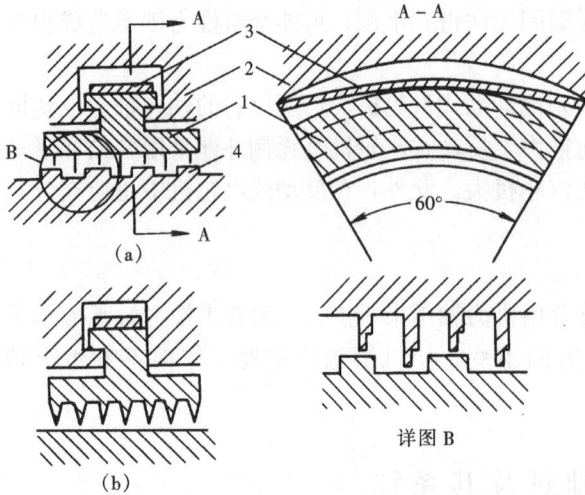

图 2-10 曲径式汽封的结构组成

(a) 装配式；(b) 对轮与主轴成整体结构

1—汽封环；2—汽封体；3—弹簧片；4—轴套

汽封凸肩时，在依次连接的狭窄通道中反复节流，逐步降压和膨胀。在汽封前后参数及漏汽截面一定的条件下，随着汽封齿数的增加，每个孔口前后的压差也相应减小，因而流过孔口的蒸汽量也必然会减小，从而达到减少漏汽量的目的。

2. 通流部分汽封

在汽轮机的通流部分，由于动叶顶部与汽缸壁面（或静叶持环）之间存在着间隙，动叶根部和隔板（或静叶环）壁面之间也存在着间隙，而动叶两侧又具有一定的压差，因此在动叶顶部和根部必然会有蒸汽的泄漏，为减少蒸汽的泄漏，装有通流部分汽封。

通流部分汽封包括动叶围带处的径向、轴向汽封和动叶根部处的轴向汽封。

为了减少叶片上部和下部的漏汽，应尽量减小动静叶间的轴向间隙和叶顶围带处的径向间隙，但间隙过小，不能适应较大的相对膨胀，甚至会发生动静部分碰磨而造成事故，因此汽封间隙也不能太小，一般围带汽封径向间隙较小，约为1mm左右，轴向间隙考虑到动静部分的相对膨胀设计的较大，为6~10mm。

3. 隔板（或静叶环）汽封

无论冲动式或反动式汽轮机，由于隔板或静叶环前后存在压差，而它们与主轴间又存在着间隙，就不可避免要发生蒸汽从前向后的泄漏，造成损失。为了减少该损失，在汽轮机中设有隔板（或静叶环）汽封。

对于冲动式汽轮机来说，由于隔板前后的压差较大，故设置的汽封片一般较多，汽封间隙也较小，约为0.6mm左右。对于反动式汽轮机，由于静叶环前后压差较小，汽封片一般较小，汽封间隙也取得较大，约1.0mm。现代大型汽轮机中，隔板（或静叶环）汽封一般多为梳齿形。

4. 平衡活塞汽封

为减小汽轮机的轴向推力，反动式汽轮机往往设置平衡活塞，为在平衡活塞两侧形成压差并减少蒸汽的泄漏，在平衡活塞处都装有汽封。平衡活塞的汽封体（或称平衡持环）均制成两半，支承在高、中压内缸上。

平衡活塞汽封采用高低齿汽封，由于前后压差较大，故做成若干个汽封环，它们分别嵌装在平衡活塞汽封持环的环形槽道内，采用弹性支承。

5. 轴端汽封

由于汽轮机主轴必须从汽缸内穿出，因此主轴与汽缸之间必须留有一定的径向间隙，且汽缸内蒸汽压力与外界大气压力不等，就必然会使汽轮机内的高压蒸汽通过间隙向外漏出，或者使外界空气漏入。为了提高汽轮机的效率，应尽量防止或减少这种漏汽（气）现象。为此，在转子穿过汽缸两端处都装有汽封，这种汽封称轴端汽封，简称轴封。正压轴封是用来防止蒸汽漏出汽缸，而负压轴封是用来防止空气漏入汽缸。

大型汽轮机的轴封比较长，通常分成若干段，相邻两段之间有一环形腔室，可以布置引出或导入蒸汽的管道。

二、曲径轴封

（一）曲径轴封的工作原理

图 2-11 （a）为常见的曲径轴封示意图。可把轴封看成是由许多狭小通道及相间的小室串联而成，从侧面看上去，即为许多环形孔口和环状汽室。

在轴封内蒸汽从高压侧流向低压侧，当蒸汽通过环形孔口时，由于通流面积变小，蒸汽流速增大，压力降低。例如，流过图 2-11 （a）中的第一孔口时，压力由 p_0 降到 p_1，比焓值由 $h_a=h_0$ 降为 h_b。当蒸汽进入环状汽室 E 时，通流面积突然变大，流速降低，汽流转向，产生涡流，蒸汽流速近似降到零，但压力 p_1 不变，蒸汽原来具有的动能变成热能，热量重新加到蒸汽中去。轴封内蒸汽的散热量与汽流的总热量相比很小，可以忽略，故蒸汽的比焓值应由 h_b 恢复到 h_c，即恢复到原来的数值 h_0，比熵值由 s_b 增大为 s_c，如图 2-11 （b）所示。蒸汽依次通过各轴封片时都发生这样的过程。由此可见：

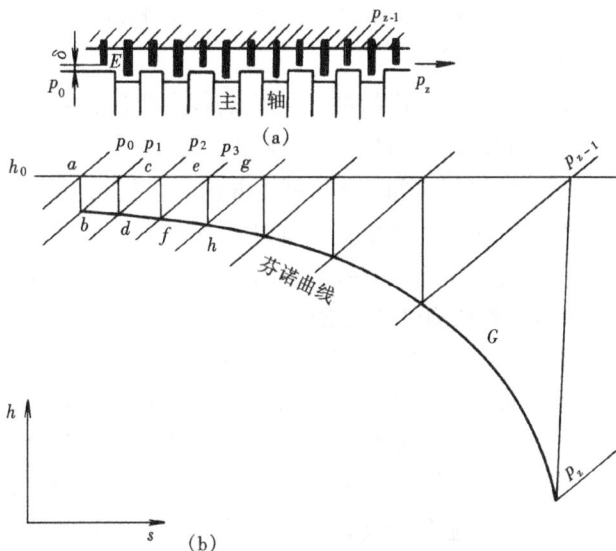

图 2-11 曲径轴封及其热力过程
（a）曲径轴封示意图；（b）曲径轴封的热力过程线

$$p_0 > p_1 > p_2 > \cdots > p_z \qquad (2-25)$$
$$h_0 = h_a = h_c = h_e = \cdots = h_{z-1} = h_z \qquad (2-26)$$

如果近似认为各轴封孔口的环状漏汽面积 A_1 都相等，而且通过各孔口的蒸汽流量 ΔG_1 相同，则各孔口均有

$$\Delta G_1 = \mu A_1 c_x \rho_x \qquad (2-27)$$

或

$$\frac{\Delta G_1}{\mu A_1} = c_x \rho_x = 常数 \qquad (2-27a)$$

蒸汽依次流过各轴封片时不断膨胀，蒸汽密度 ρ_x 不断减小，在 ΔG_1 和 A_1 不变的条件下，由上式可知蒸汽流速 c_x 必然逐渐增大。也就是说，任何一片轴封孔口的汽流速度必然比前一片孔口的流速大，而比下一片孔口的流速小。由于蒸汽流速大时比焓降也大，故任何一片轴封孔口的比焓降必然比前一片孔口的比焓降大，而比下一片孔口的比焓降小，也就是图 2-11 （b）中所示的：$ab < cd < ef < \cdots$。曲线 $bdfh\cdots$ 称为等流量曲线，或称芬诺曲线。

当轴封最后一片孔口的压差足够大时，汽流速度可以达到与当地音速相等的临界速度，此时该轴封的漏汽量达到最大值。若把轴封的环形孔口看成是没有斜切部分的渐缩喷管，那么最后一片轴封孔口的汽流速度在任何情况下都不可能超过临界速度，而在其前面的各轴封孔口处的汽流速度都只能小于临界速度。也就是说，对轴封而言，临界速度只能发生在最后一片轴封孔口处，这是因为等流量曲线上逆汽流方向各点对应的蒸汽绝对温度越来越高，而汽流速度越来越低。因此当最后一片轴封孔口处为临界速度时，前面各片轴封孔口处的汽流速度必然都小于临界速度。

等流量曲线是轴封各环形孔口出口截面上蒸汽状态点的轨迹，不同的流量对应有不同的等流量曲线。轴封前后的压力改变或轴封间隙的改变都将使漏汽量改变，等流量曲线也将变成另外一条曲线。

这里应着重指出的是，h_0 线上各点为轴封环状汽室中蒸汽的状态点，而等流量曲线上各点为轴封环形孔口处蒸汽的状态点。

减小轴封漏汽间隙 δ 可减小漏汽量，提高机组效率。但轴封间隙 δ 又不能太小，以免转子和静子受热或振动引起径向变形不一致时，轴封片与主轴发生碰磨，造成局部发热和变形。δ 一般取 $0.3 \sim 0.6$mm，精密度高的机组可取 $0.25 \sim 0.45$mm。

（二）曲径轴封漏汽量计算

1. 曲径轴封漏汽量的基本计算公式

当一段轴封前的蒸汽状态、轴封后压力以及主要几何参数（如漏汽面积、轴封齿数等）给定时，轴封漏汽量将有一个确定的值。由前分析可知，蒸汽在轴封中流动时可能出现两种情况：一种是所有轴封孔口处的蒸汽流速均小于临界速度；另一种是在最后一片轴封孔口处汽流速度达到临界速度，其余轴封孔口处汽流速度均小于临界速度，两种情况下漏汽量计算方法不同。

当最后一片轴封孔口处流速未达到临界速度时：

$$\Delta G_1 = \mu_1 A_1 \sqrt{\frac{\rho_0 (p_0^2 - p_z^2)}{z p_0}} \tag{2-28}$$

式中　ΔG_1——漏汽量，kg/s；

　　　A_1——轴封孔口漏汽面积，m^2；

p_0、p_z——分别为轴封前蒸汽压力和背压，Pa；

　　　ρ_0——轴封前蒸汽密度，kg/m^3；

　　　z——轴封齿数。

当最后一片轴封孔口处流速达到临界速度时

$$\Delta G_1 = \mu_1 A_1 \sqrt{\frac{p_0 \rho_0}{Z + 1.25}} \tag{2-29}$$

在计算时，首先要判断所计算工况是属于上述哪种情况，然后按具体公式计算。

判断汽流在最后一片轴封孔口中是否达到临界速度，可用下面的判别式：

$$\frac{p_z}{p_0} \leqslant \frac{0.82}{\sqrt{Z + 1.25}} \tag{2-30}$$

当轴封片数 Z 已知时，若压力比 $\dfrac{p_z}{p_0} \leqslant \dfrac{0.82}{\sqrt{Z+1.25}}$，则说明在最后一片轴封孔口处流速达

到临界速度，轴封漏汽量按式（2-29）计算；反之，若压力比 $\dfrac{p_z}{p_0} > \dfrac{0.82}{\sqrt{Z+1.25}}$，则说明

在最后一片轴封孔口处流速未达到临界速度，此时，按式（2-28）计算轴封漏汽量。

2. 轴封孔口流量系数

在曲径轴封漏汽量计算的讨论中，蒸汽通过轴封孔口的流速是用渐缩喷管的流速公式来计算的，但实际上轴封孔口和渐缩喷管有一定差异，因此，应通过试验求取轴封孔口漏汽的流量系数 μ_1，以便对上述计算进行修正。

试验所得的轴封孔口流量系数 μ_1 与轴封齿的形状及几何参数有关，μ_1 可由图 2-12 查得。由图可以看出，轴封齿在进汽侧不应做成圆弧状或斜面状，应该保持轴封齿的尖锐边缘，此时流量系数较小，$\mu_1 = 0.7 \sim 0.8$。然而，轴封齿的尖锐边缘在汽轮机运行中会因摩擦而钝化，此时流动情况接近于喷管，流量系数会增大到趋近于 1。

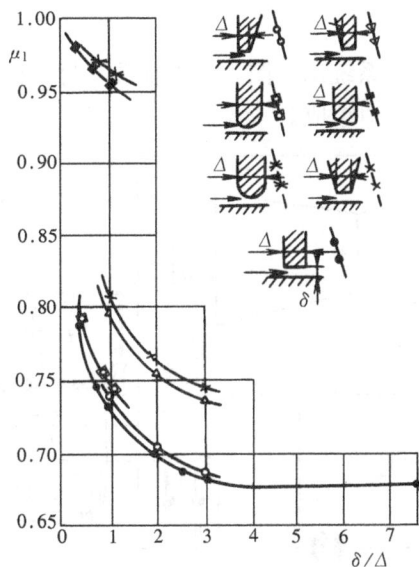

图 2-12 不同轴封齿形对应的流量系数

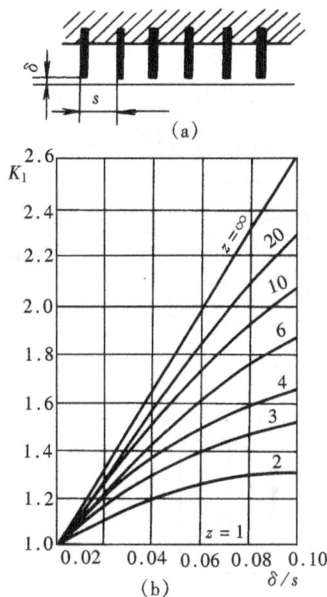

图 2-13 光轴轴封及修正系数
（a）光轴轴封示意图；（b）光轴轴封校正系数

3. 光轴轴封漏汽量修正系数

在前面推导曲径轴封漏汽量计算公式的过程中，假设通过每片轴封孔口的蒸汽速度将在其后的小室中全部消失，即进入下一片孔口的汽流初速近于零。对于轴封直径不断变化而且小室空间较大的高低齿式曲径轴封来说，这一假设比较接近实际情况，计算结果是足够准确的。现在，平齿式光轴轴封（如图 2-13 所示）在低压缸中得到了广泛应用，因为它允许汽轮机的主轴在受热后有较大的轴向位移。但由于流过前一片孔口的蒸汽流速在小室中不能全部消失，蒸汽进入下一片孔口前仍具有一定的初速，故漏汽量增大，因此平齿式光轴轴封的封汽效果不及高低齿曲径轴封。图 2-14 表示了曲径轴封和光轴轴封流量系数的一组试验

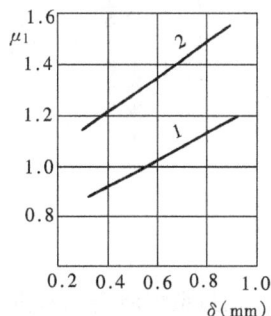

图 2-14 高低齿及平齿轴
封流量系数试验值
1—曲径轴封；2—光轴轴封

值。可以看出，在通常采用的轴封孔口间隙的范围（0.4～0.6 mm）内，曲径轴封流量系数接近于1，而光轴轴封流量系数比曲径轴封流量系数高出20％～35％。因此，在平齿式光轴轴封漏汽量计算中，要在前述曲径轴封漏汽量计算结果的基础上，乘上一修正系数K_1，K_1之值可根据光轴轴封尺寸δ/s和轴封片数Z由图2-13查得。

三、轴封系统

在汽轮机的高压端和低压端虽然都装有轴端汽封，能减少蒸汽漏出或空气漏入，但漏汽（气）现象仍不可能完全消除。如前所述，一般汽轮机的每个轴端汽封都是由几段组成的，相邻两段之间设有环形腔室，并有管道与之相连。通常把轴封和与之相连的管道、阀门及附属设备组成的系统称之为轴封系统。

不同型式的汽轮机组其轴封系统也不尽相同，它主要由汽轮机的进汽参数、回热系统的连接方式和轴封结构等因素决定。大中型汽轮机都采用具有自动调节装置（调整轴封蒸汽压力）的闭式轴封系统。

1. 轴封系统实例

图2-15所示为国产300 MW凝汽式汽轮机轴封系统示意图，它由轴端汽封、轴封供汽母管压力调整机构、轴封冷却器、减温器以及有关管道组成。

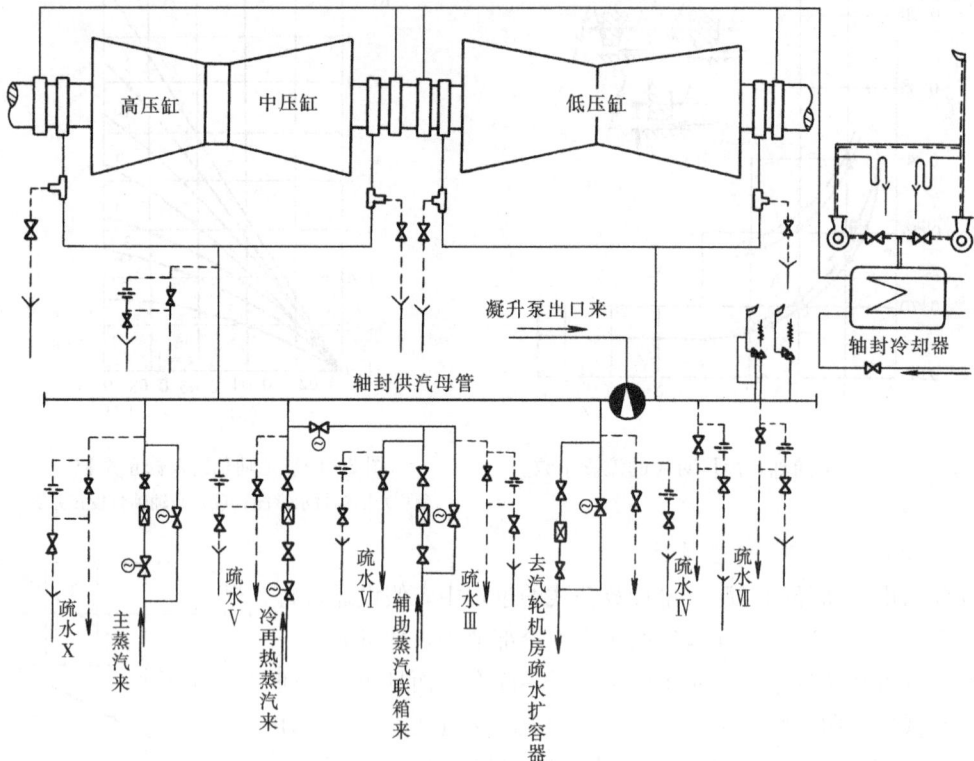

图2-15　轴封系统示意图

轴封系统所需的蒸汽与汽轮机的负荷有关。在机组启动、空载和低负荷时，缸内为真空状态，为防止空气漏入，需向各轴封供应低温低压蒸汽，以及在高负荷时防止高、中压缸轴端漏汽，设有定压轴封供汽母管，母管内蒸汽来自冷再热蒸汽或主蒸汽或辅助蒸汽。机组冷态启动时，用辅助蒸汽向轴封供汽。机组正常运行时，主蒸汽、冷再热蒸汽、辅助蒸汽作为轴封备用汽源，这时低压缸两端轴封用汽靠高、中压缸两端轴封漏汽供给，即采用了自密封系统。

机组运行过程中，轴封供汽母管的压力维持在 0.02～0.027MPa（g）。

通往轴封装置的轴封供汽母管的压力可通过 3 个气动控制的膜片阀—高压供汽阀（主蒸汽供应阀）、冷再热蒸汽供汽阀、溢流阀进行调节。每个阀上都装有气动压力调节器的控制阀和一个带有内置式滤网的空气减压阀。减压阀供给控制阀的压力稳定在 0.133～0.147MPa（a），控制器则利用这个压力，根据轴封供汽母管上的传压管传来的蒸汽压力信号产生出一个相应的空气压力输出。这样，在机组的所有运行工况下，调节汽阀都能使通向轴封装置的密封蒸汽维持在控制器整定值所给定的压力范围内。

每个阀门的控制阀都能检测出轴封供汽母管的压力。根据汽轮机蒸汽参数和负荷变化的需要，在蒸汽来源许可的情况下，可通过控制器整定压力最高的调节汽阀供汽。通常，在启动、跳闸甩负荷、低负荷下无冷再热蒸汽时，用主蒸汽作为轴封的汽源，因此高压进汽控制阀的整定压力最低，而再热冷段蒸汽控制阀的整定压力比高压供汽阀高 0.0033MPa（a），而溢流阀的控制阀压力又比再热冷段蒸汽控制阀高出 0.0033MPa（a）。

如图 2-16 所示为机组启动或低负荷时轴封系统的气流流向。

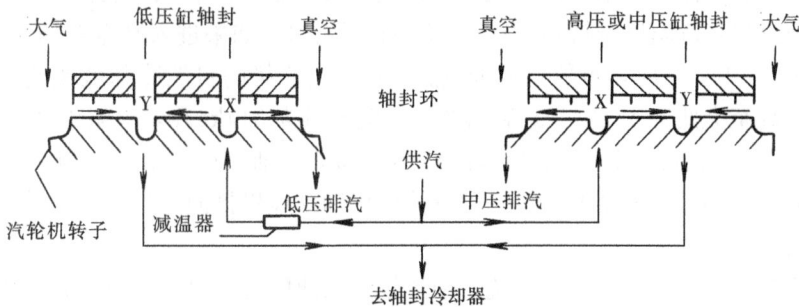

图 2-16　机组启动或低负荷时轴封系统的气流流向

在汽轮机启动和低负荷时，汽轮机两汽缸中的压力都低于大气压力，密封蒸汽由轴封供汽母管进入"X"腔室后，分成两路，一路流向汽缸内部；另一路则流向"Y"腔室，"Y"腔室与轴封冷却器相连，并通过轴封抽风机进行抽吸，从而控制该室的压力保持在 0.097MPa（a），略低于大气压力，从而避免轴封供汽漏向外界。外界空气通过外汽封漏入"Y"腔室后，与从"X"腔室来的密封蒸汽混合，再流向轴封冷却器。"X"腔室的压力控制在 0.114～0.126MPa（a）。

随着机组负荷的增加，调节汽阀开大，进汽量增大，汽缸内压力相应增大。当高、中压缸两端的排汽压力高于"X"腔室压力时，缸内蒸汽经过第 1 段汽封流向"X"腔室。随着排汽压力的增加，蒸汽流量也增加。此时轴封中的汽流流向如图 2-17 所示。

在 15％额定负荷时，高、中压缸调速器端的高压排汽压力已达到密封蒸汽压力，成为自密封。在 25％额定负荷时，中压排汽压力也达到密封压力，中压排汽端也成为自密封。这时，蒸汽从"X"腔室排出流入轴封母管，再由母管流向低压缸两端的"X"腔室。若通过"X"腔室流向汽封母管的漏汽量超过低压缸轴端汽封所需的蒸汽量，轴封供汽压力会升高，这时控制阀将供汽阀全关，而打开溢流阀，将过量的蒸汽排入疏水扩容器。溢流阀起着调整轴封供汽母管压力的作用，其控制阀的压力整定值为最高。

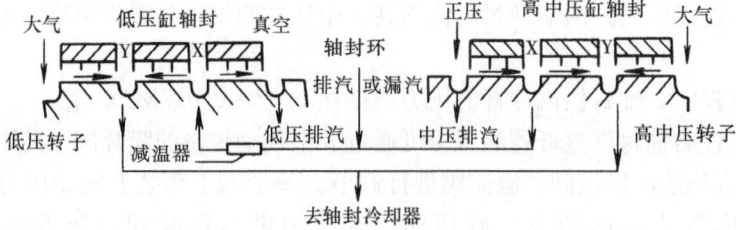

图 2-17　25％负荷以上时轴封系统的汽封流向图

为了预防轴封系统的供汽压力可能超过系统设计的允许压力，系统中装设有一只安全阀，安全阀的动作压力为 0.275～0.79MPa（a）。

为防止高温蒸汽进入低压缸两端汽封而造成汽封体和轴承座受热变形，影响机组安全运行，供向低压缸轴端汽封"X"腔室的密封蒸汽的温度要求控制在 121～177℃之间。而从高、中压缸轴端汽封"X"腔室漏出的蒸汽，其温度要高。因此，蒸汽在从轴封供汽母管进入低压缸轴封"X"腔室前，要进行减温。可以通过两个途径对其进行减温，一方面是利用裸露的进汽管进行自然冷却，另一方面是用低压缸轴端汽封的温度传感器控制的喷水减温装置来强制喷水减温。使用喷水减温系统后，即使进入减温器的蒸汽温度高达 260℃，甚至更高时，仍可使汽封蒸汽温度维持在 121～177℃范围之内。如果进入减温器的蒸汽温度较低，特别是接近 121～177℃时，可停止喷水减温，依靠进汽管的自然冷却就能使蒸汽温度降到允许的范围，甚至会低于 121℃。减温器的最大喷水量为 314kg/h，减温水来自凝升泵。

"Y"腔室漏汽与主汽阀、调节汽阀阀杆漏汽都进入轴封冷却器被冷凝。冷凝后的凝结水疏通走，而空气和没有凝结的很少一部分蒸汽用轴封风机排向大气。

2. 轴封系统的特点

不同的汽轮机组有不同的轴封系统。根据轴封系统的功能要求，可以归纳出轴封系统的几个基本特点。

（1）轴封汽的利用。在汽轮机的高压部分，高压端轴封两端的压差很大，为保证机组安全运行，轴封间隙不能调整得过小，而轴的直径是根据主轴强度确定的，不可能任意缩小，因此漏汽量可能较大。若较多地增加轴封齿数，将增大机组的轴向长度。在这样的条件下，为减小轴封漏汽损失，往往将轴封分成数段，各段间形成中间腔室，将漏汽从中间腔室引出加以利用，以减小漏汽损失。引出的轴封漏汽可与回热抽汽合并，流到回热加热器中加热给水。这时因为漏汽量很小，不可能改变该级回热抽汽压力，所以轴封漏汽引出处的压力将由回热抽汽压力决定。此外，从轴封中抽吸出来的漏汽和空气混合物均引至轴封加热器加热凝结水。

（2）低压低温汽源的应用。高压汽轮机高压缸两端的轴封与主轴承靠近。为了防止运行中高压缸两端轴封处传出过多的热量至主轴承造成轴承温度过高，影响轴承安全，在大容量机组的轴封系统中，常向高压轴封供给低压低温蒸汽，以降低轴封处的温度。考虑到机组在启动及低负荷运行时，即使在高压缸内也可能出现真空，此时高压缸端轴封不可能有蒸汽向外泄漏，相反必须具有备用汽源向轴封供汽，以防空气漏入。

（3）防止蒸汽由端轴封漏入大气。对于大型汽轮机，为了避免端轴封漏汽漏入轴承，致使油中带水恶化油质，同时为了减小车间内的湿度，使仪表及运行人员的工作条件不致恶化，也为了减小汽水损失，常在高低压端轴封出口处人为地造成一个比大气压力稍低的压力，将漏出的蒸汽和漏入的空气一起抽出，送到轴封加热器，蒸汽冷凝后被回收，空气由抽气器或轴封风机抽出后排入大气。

（4）防止空气漏入真空部分。为了防止空气漏入低压缸的真空部分，影响机组真空，常在低压端轴封中间通入压力比大气压力稍高的蒸汽，这股蒸汽漏入汽缸内，沿着主轴向背离汽缸的方向流动，以阻止外界空气漏入汽缸。

第三章　汽轮机的变工况

　　汽轮机的设计工况是指在一定的热力参数、转速和功率等设计条件下的运行工况。在此工况下运行，汽轮机具有最高的效率，故又称经济工况。汽轮机的额定功率等于或大于经济功率。偏离设计工况的运行工况称为变动工况，它包括汽轮机负荷的变动、蒸汽参数的变化、汽轮机转速的变化、汽轮机的启动和停机以及汽轮机甩负荷等运行工况。

　　研究变工况的目的在于分析汽轮机在不同工况下的效率，各项热经济指标以及主要零部件的受力情况，以保证汽轮机在这些工况下安全、经济运行。因此，研究汽轮机变工况是极其重要的。

　　影响变工况的因素很多，且这些因素又相互制约，本章主要讨论电站汽轮机变工况的最基本的规律——负荷变化与蒸汽参数变化的关系以及不同调节方式下汽轮机运行的经济性。

第一节　喷管的变工况

　　同研究设计工况下的特性一样，对汽轮机变工况特性的讨论也从喷管和动叶开始。喷管和动叶虽然作用不同，但是如果用相对运动对动叶进行分析，则喷管的变工况特性完全适用于动叶。研究喷管变工况，主要是分析喷管前后压力与流量之间的变化关系。喷管的这种关系是以后研究汽轮机级和整个汽轮机变工况特性的基础。电站汽轮机级中通常不采用缩放喷管，故这里只对渐缩喷管进行讨论。

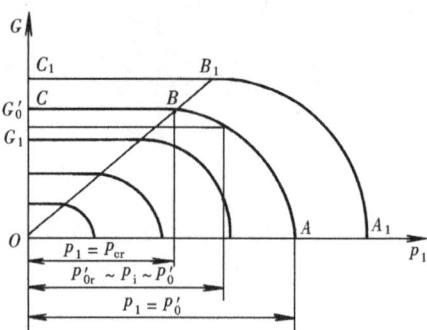

图 3-1　渐缩喷管变工况曲线

一、渐缩喷管压力与流量的关系

　　根据一元定常流动的假设，这里对喷管进出口截面的参数进行讨论，且各项蒸汽参数在各自的流动截面上都是相同的，都可以用流道中心线各点参数来代表喷管内各截面的参数，如图 3-1 所示。

　　(一)喷管初压 p_0^* 不变而背压 p_1 变化时

　　本书第一章指出，对渐缩喷管，当其初参数 p_0^*、ρ_0^* 及出口面积 A_n 不变时，通过喷管的蒸汽流量 G 与喷管前、后压力的关系可用图 3-1 曲线

表示。当喷管初压 p_0^* 不变而背压 p_1 变化时的流量可按图中 ABC 曲线讨论。

　　(1) 当 $p_1 > p_{cr}$（$\varepsilon_n > \varepsilon_{cr}$）时，随着背压 p_1 的减小，流量 G 沿 AB 线逐渐增加，可按下式计算：

$$G_n = \mu_n A_n \sqrt{p_0^* \rho_0^*} \sqrt{\frac{2\kappa}{\kappa-1}\left[\left(\frac{p_1}{p_0^*}\right)^{\frac{2}{\kappa}} - \left(\frac{p_1}{p_0^*}\right)^{\frac{\kappa+1}{\kappa}}\right]} \tag{3-1}$$

　　(2) 当 $p_1 \leqslant p_{cr}$（$\varepsilon_n \leqslant \varepsilon_{cr}$）时，流量达到临界值并保持不变，如图中 BC 线所示即

$$G = G_{cr} = 0.648 A_n \sqrt{p_0^* \rho_0^*} \tag{3-2}$$

上述亚临界流量的计算公式（3-1）很烦琐，不利于实际计算。实践证明式（3-1）可用椭圆方程来代替，其计算结果足够精确。正如所知，椭圆的一般方程式为

$$\frac{y^2}{a^2}+\frac{x^2}{b^2}=1$$

式中 a 为椭圆的半长轴；b 为半短轴。现以横坐标上 $p_1=p_{cr}$ 点为椭圆的中心，有 $x=p_1-p_{cr}$，$y=G$，$a=G_{cr}$，$b=p_0^*-p_{cr}$。将这些数值代入上式可得

$$\left(\frac{G}{G_{cr}}\right)^2+\left(\frac{p_1-p_{cr}}{p_0^*-p_{cr}}\right)^2=1$$

令 $\beta=\dfrac{G}{G_{cr}}$，则

$$\beta=\frac{G}{G_{cr}}=\sqrt{1-\left(\frac{p_1-p_{cr}}{p_0^*-p_{cr}}\right)^2} \tag{3-3}$$

或

$$\beta=\frac{G}{G_{cr}}=\sqrt{1-\left(\frac{\varepsilon_n-\varepsilon_{cr}}{1-\varepsilon_{cr}}\right)^2} \tag{3-4}$$

（二）喷管初压 p_0^*，喷管背压 p_1 同时改变

当喷管初终参数同时改变时，其流量为

$$G=\beta G_{cr}=0.648\beta A_n\sqrt{p_0^*\rho_0^*} \tag{3-5}$$

及

$$G_1=\beta_1 G_{cr1}=0.648\beta_1 A_n\sqrt{p_{01}^*\rho_{01}^*} \tag{3-6}$$

式中，下标"1"为工况变动后的参数（以下均同）。变工况前后喷管流量的变化关系为

$$\frac{G_1}{G}=\frac{\beta_1\sqrt{p_{01}^*\rho_{01}^*}}{\beta\sqrt{p_0^*\rho_0^*}}$$

若视蒸汽为理想气体，利用状态方程 $p/\rho=RT$，则上式可写成

$$\frac{G_1}{G}=\frac{\beta_1 p_{01}^*}{\beta p_0^*}\sqrt{\frac{T_0^*}{T_{01}^*}} \tag{3-7}$$

在大多数情况下，工况变动不太大时，可近似认为喷管前蒸汽温度不变。于是式（3-7）可简化为

$$\frac{G_1}{G}=\frac{\beta_1}{\beta}\frac{p_{01}^*}{p_0^*} \tag{3-8}$$

如果设计工况和变工况均为临界工况，则 $\beta_1=\beta=1$，有

$$\frac{G_{cr1}}{G_{cr}}=\frac{p_{01}^*}{p_0^*}\sqrt{\frac{T_0^*}{T_{01}^*}} \tag{3-9}$$

若略去温度变化，则

$$\frac{G_{cr1}}{G_{cr}}=\frac{p_{01}^*}{p_0^*} \tag{3-10}$$

上式表明，不同工况下的临界流量与初压成正比。

运用以上各式，便可进行喷管的变工况计算，即可由已知工况确定任意工况下的流量或压力。

二、渐缩喷管的流量网图

在喷管流量的实际计算中利用流量网图采用图解法比较简捷。通常把图 3-1 中的压力和流量用相对坐标表示。假定最大初压力为 p_{0m}^*，与之对应的临界流量为 G_{0m}。以此为基准，

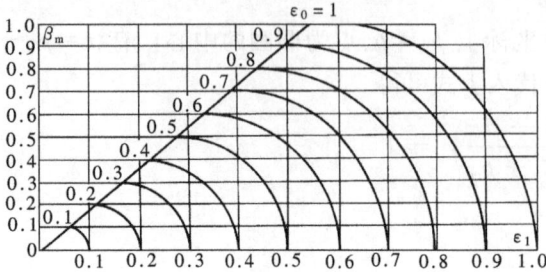

令相对初压 $\varepsilon_0 = p_0^*/p_{0m}^*$，相对背压 $\varepsilon_1 = p_1/p_{0m}^*$。当喷管前后的蒸汽参数分别为 p_0^*、T_0^* 和 p_1 时，通过喷管的任意流量 G 与最大临界流量 G_{0m} 之比为 β_m。如图 3-2 所示，为渐缩喷管的流量网图，图上每一条曲线表示任意工况的初压 p_0^* 与最大初压 p_{0m}^* 之比 $\varepsilon_0 = p_0^*/p_{0m}^*$ 为常数时的流量曲线，利用流量网图可以方便地根据三个比值 ε_0、ε_1 和 β_m 中的任意两个求出第三个比值。

图 3-2 渐缩喷管流量网图

必须指出，流量网图是在假定喷管前的蒸汽温度保持不变的条件下得到的，如果变工况时初温 T_0^* 的变化不能忽略，则计算时可先假定 T_0^* 不变，按流量网图求得变工况的流量，然后再至乘以温度修正系数 $\sqrt{\dfrac{T_0^*}{T_{01}^*}}$，即得实际的蒸汽流量。

在使用流量网图时，选择最大初压力 p_{0m}^* 是关键，原则上，务必使各个压力相对值 ε_0、ε_1 都小于或等于 1，否则无法利用喷管流量网图来进行计算。p_{0m}^* 是一个中间参数，对计算结果没有影响。

【例 3-1】 设渐缩喷管前的压力从 $p_0 = 1\text{MPa}$ 降到 $p_{01} = 0.9\,\text{MPa}$（略去初速 c_0），而喷管后压力 $p_1 = 0.7\text{MPa}$ 升高到 $p_{11} = 0.8\text{MPa}$，喷管前的温度从 $t_0 = 320℃$ 降低到 $t_{01} = 305℃$。试分别利用流量网图和解析法求通过喷管的流量变化。

解 1. 利用流量网求得

首先假定温度不变，并取最大初压 $p_{0m} = 1\text{MPa}$。

对于原工况：$\varepsilon_0 = \dfrac{p_0}{p_{0m}} = 1$，$\varepsilon_1 = \dfrac{p_1}{p_{0m}} = \dfrac{0.7}{1.0} = 0.7$，在流量网图中，对应 $\varepsilon_0 = 1$ 的曲线，按 $\varepsilon_1 = 0.7$ 查得 $\beta_m = \dfrac{G}{G_{0m}} = 0.94$。

对于新工况：$\varepsilon_{01} = \dfrac{p_{01}}{p_{0m}} = \dfrac{0.9}{1.0} = 0.9$，$\varepsilon_{11} = \dfrac{p_{11}}{p_{0m}} = \dfrac{0.8}{1.0} = 0.8$，由流量网图中对应 $\varepsilon_{01} = 0.9$，$\varepsilon_{11} = 0.8$，$\beta_{m1} = \dfrac{G_1}{G_{0m}} = 0.589$。

因此，在不考虑温度变化时可得

$$\frac{G_1}{G} = \frac{G_1}{G_{0m}} \frac{G_{0m}}{G} = \frac{\beta_{m1}}{\beta} = \frac{0.589}{0.94} = 0.624$$

考虑温度变化后，则

$$\frac{G_1}{G} = 0.624\sqrt{\frac{T_0}{T_{01}}} = 0.624\sqrt{\frac{320+273}{305+273}} = 0.635$$

即在新工况下，通过喷管的流量为原来流量的 0.635 倍。

解 2. 利用解析法求得

对于原工况：$p_{cr} = \varepsilon_{cr} p_0 = 0.546 \times 1.0 = 0.546\text{MPa}$

$$\beta = \sqrt{1 - \left(\frac{p_1 - p_{cr}}{p_0 - p_{cr}}\right)^2} = \sqrt{1 - \left(\frac{0.7 - 0.546}{1 - 0.546}\right)^2} = 0.94$$

对于新工况：$p_{cr1} = \varepsilon_{cr} p_{01} = 0.546 \times 0.9 = 0.491 \text{MPa}$

$$\beta_1 = \sqrt{1 - \left(\frac{p_{11} - p_{cr1}}{p_{01} - p_{cr1}}\right)^2} = \sqrt{1 - \left(\frac{0.8 - 0.491}{0.9 - 0.491}\right)^2} = 0.655$$

$$\frac{G_1}{G} = \frac{\beta_1}{\beta} \frac{p_{01}}{p_0} = \frac{0.655}{0.94} \times \frac{0.9}{1.0} = 0.627$$

考虑温度变化的影响，则

$$\frac{G_1}{G} = 0.627 \sqrt{\frac{T_0}{T_{01}}} = 0.638$$

即变工况后，通过喷管的流量为原来流量的 0.638 倍。

【**例 3 - 2**】　设某级喷管，当初压 $p_0 = 2\text{MPa}$，背压 $p_1 = 1.64\text{MPa}$ 时，通过喷管的流量 $G = 4\text{kg/s}$，若喷管初压保持不变，问背压至少降到何值时，能使通过喷管的流量达到 5kg/s？（初温不变，初速为 0）。

解　首先判断原工况的流动状态

$$\varepsilon_n = \frac{p_1}{p_0} = \frac{1.64}{2} = 0.82 > \varepsilon_{cr} = 0.546$$

即，原工况为亚临界工况，则

$$\beta = \frac{G}{G_{cr}} = \sqrt{1 - \left(\frac{\varepsilon_n - \varepsilon_{cr}}{1 - \varepsilon_{cr}}\right)^2} = \sqrt{1 - \left(\frac{0.82 - 0.546}{1 - 0.546}\right)^2} = 0.799 \approx 0.8$$

将 $G = 4\text{kg/s}$ 代入上式，得

$$G_{cr} = 5\text{kg/s}$$

变工况后，由于喷管初压保持不变，根据公式 $G_{cr1}/G_{cr} = p_{01}/p_0$，故可得 $G_{cr1} = 5\text{kg/s}$。即变工况后的蒸汽流动状态为临界流动，喷管背压为临界压力，则

$$p_{11} = p_{cr} = \varepsilon_{cr} p_{01} = 0.546 \times 2 = 1.092 \ (\text{MPa})$$

即，喷管背压至少降至 1.092MPa 时，可使通过喷管的流量达到 5kg/s。

第二节　级组压力与流量的关系

级组是由若干相邻的、流量相同的且通流面积不变的级组合而成的。

实验证明，工况变化时，级组前后的压力 p_0、p_z 与流量 G 的关系，可用斯托多拉流量锥表示，如图 3 - 3 所示。图中横坐标为级组后压力 p_z；OA 坐标为级组前压力 p_0；纵坐标为流量 G。由图可知，如初压 p_0 保持不变，则流量与背压的关系如曲线 BFD_1C 所示，其中 FD_1C 段近似为一椭圆曲线，表示级组背压 p_z 增加时，流量 G 减小。BF 段为一水平线，表示级组在此区域处于临界状态，故流量不变。可见，级组的流量与背压的关系与喷管流量曲线相似，可用类似的方法来讨论级组的变工况。但与喷管不同的是级组的临界压比 $\varepsilon_{crg} = p_{zcr}/p_0$ 不是定值，它取决于组成级组的级数，基于这个原因，斯托多拉流量锥不具通用性，故对级组变工况的计算常采用解析法。

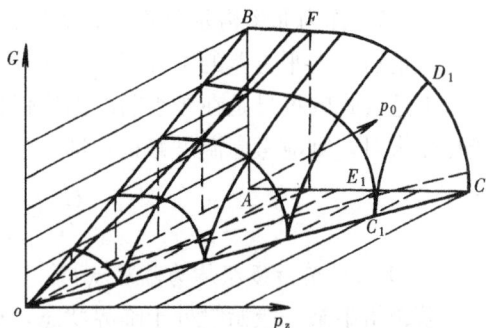

图 3 - 3　斯道多拉流量锥

对于级组的临界压力比 $\varepsilon_{crg} = p_{zcr}/p_0$，需要做以下说明：

（1）级组的临界压力 p_{zcr} 是指当级组中任一级处于临界状态时级组的最高背压，级组包含的级数越多，其数值越小，也即临界压力比 ε_{crg} 的数值越小。

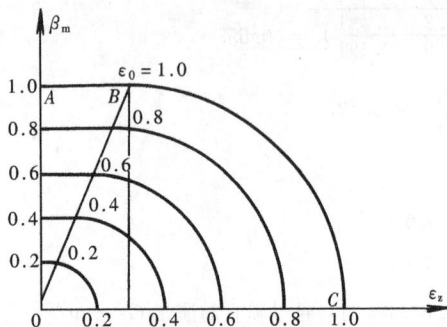

图 3-4　级组流量网图

（2）图 3-3 的流量锥是一定级数时绘制的曲线图，对不同级数的级组，曲线也不同。

下面是根据不同的流动状态对级组进行讨论。

一、级组前、后压力与流量的关系

1. 变工况前后级组均未达临界状态

如图 3-4 所示为斯托多拉流量锥投影到平面上的级组流量网图，图中的椭圆曲线即为级组在亚临界状态流动的流量曲线，利用椭圆方程可写出解析式（类似于喷管流量网）。

$$\left(\frac{\beta_m}{\varepsilon_0}\right)^2 + \left(\frac{\varepsilon_z - \varepsilon_0 \varepsilon_{crg}}{\varepsilon_0 - \varepsilon_0 \varepsilon_{crg}}\right) = 1$$

或

$$\beta_m = \sqrt{\varepsilon_0^2 - \left(\frac{\varepsilon_z - \varepsilon_0 \varepsilon_{crg}}{1 - \varepsilon_{crg}}\right)^2} = \frac{1}{1 - \varepsilon_{crg}} \sqrt{\varepsilon_0^2 (1 - \varepsilon_{crg})^2 - (\varepsilon_z - \varepsilon_0 \varepsilon_{crg})^2}$$

同理，在变工况下有

$$\beta_{m1} = \frac{1}{1 - \varepsilon_{crg}} \sqrt{\varepsilon_{01}^2 (1 - \varepsilon_{crg})^2 - (\varepsilon_{z1} - \varepsilon_{01} \varepsilon_{crg})^2}$$

变工况前后，级组流量的变化

$$\frac{G_1}{G} = \frac{G_1}{G_{m1}} \cdot \frac{G_m}{G} \cdot \frac{G_{m1}}{G_m} = \frac{\beta_{m1}}{\beta_m} \cdot \frac{G_{m1}}{G_m} = \sqrt{\frac{\varepsilon_{01}^2 (1 - \varepsilon_{crg})^2 - (\varepsilon_{z1} - \varepsilon_{01} \varepsilon_{crg})^2}{\varepsilon_0^2 (1 - \varepsilon_{crg})^2 - (\varepsilon_z - \varepsilon_0 \varepsilon_{crg})^2}} \cdot \frac{G_{m1}}{G_m} \quad (3-11)$$

或

$$\frac{G_1}{G} = \sqrt{\frac{(p_{01} - p_{crg1})^2 - (p_{z1} - p_{crg1})^2}{(p_0 - p_{crg1})^2 - (p_z - p_{crg1})^2}} \quad (3-12)$$

若级组中级数无限大，ε_{crg} 趋于零，且同一级组内，级数不变，通流面积不变，则 $\varepsilon_{crg} = \varepsilon_{crg1}$，故式（3-11）或式（3-12）可简化为

$$\frac{G_1}{G} = \sqrt{\frac{p_{01}^2 - p_{z1}^2}{p_0^2 - p_z^2}} \quad (3-13)$$

式（3-13）称为弗留格尔公式，它表明：当变工况前后级组未达临界状态时，级组的流量与级组前后压力平方差的平方根成正比。

上述公式的推导是在级组前的温度保持不变的条件下求得的。若变工况前后级组前温度变化较大时，则应考虑温度修正，即

$$\frac{G_1}{G} = \sqrt{\frac{p_{01}^2 - p_{z1}^2}{p_0^2 - p_z^2}} \sqrt{\frac{T_0}{T_{01}}} \quad (3-14)$$

2. 变工况前后级组均为临界状态

若级组中某一级始终处于临界状态，这种情况一般是末级首先达到临界状态。因为末级的设计比焓降是各级中最大的。如图 3-5 所示级中的第三级变工况前后处于临界状态，根

据前述中对流量锥的分析可知，此时，蒸汽流量与级组前的蒸汽压力成正比，即

$$\frac{G_1}{G} = \frac{p_{01}}{p_0}$$

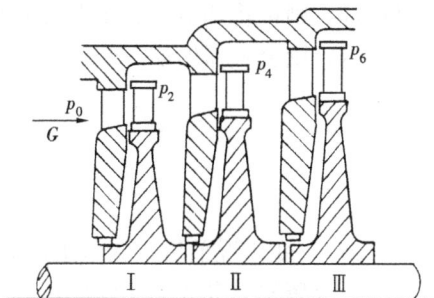

图 3-5　汽轮机级组示意图

若将该级组中的第一级去掉，将剩下的级作为一个新级组，仍包含已达到临界状态的第三级，故蒸汽流量仍与级组前蒸汽压力成正比，亦即与第二级级前压力成正比

$$\frac{G_1}{G} = \frac{p_{21}}{p_2}$$

若讨论的级组由若干级组成，则有

$$\frac{G_1}{G} = \frac{p_{01}}{p_0} = \frac{p_{21}}{p_2} = \frac{p_{41}}{p_4} = \cdots \tag{3-15}$$

即，若级组中某一级变工况前后均处于临界状态下工作，则通过级组的流量与该级组中所有各级级前压力成正比。

二、弗留格尔公式的应用条件

（1）级组中的级数应不小于 3～4 级。严格地讲，弗留格尔公式只适用于无穷多级数的级组。但在一定的负荷变化范围内，级组中的级数不小于 3～4 级时，亦可得到较满意的结果。若是只作粗略的计算，甚至可以用于一级。总之，级组中的级数 Z 愈多，用弗留格尔公式计算的结果就愈精确。

（2）同一工况下，通过级组各级的流量相同。因此对于调整抽汽的汽轮机（如供热抽汽汽轮机），只能将两抽汽点之间的各级取为一个级组。对于回热抽汽式汽轮机即非调整抽汽式汽轮机，只要回热系统正常运行，且抽汽仅用来加热本机凝结水，则负荷变化时，各段回热抽汽量与新汽流量成正比，故仍可把所有级（除调节级外）取为一个级组。这一点已被许多试验所证实。

对一个纯凝汽式汽轮机，在应用弗留格尔公式时，可将全部压力级取成一个级组，即

$$\frac{G_1}{G} = \sqrt{\frac{p_{01}^2 - p_{c1}^2}{p_0^2 - p_c^2}} \sqrt{\frac{T_0}{T_{01}}}$$

由于最末级是真空排汽，即 p_c 及 p_{c1} 很小，其平方数则更小，对计算结果几乎没有影响，故可忽略。则上式可简化为

$$\frac{G_1}{G} = \frac{p_{01}}{p_0} \sqrt{\frac{T_0}{T_{01}}} \tag{3-16}$$

若忽略温度变化，则上式可写成

$$\frac{G_1}{G} = \frac{p_{01}}{p_0} = \frac{p_{21}}{p_2} = \frac{p_{41}}{p_4} = \cdots \tag{3-17}$$

上式与式（3-15）相同，但式（3-17）是亚临界工况下，凝汽式汽轮机的一个简化公式。

（3）在不同工况下，级组中各级的通流面积应保持不变。对于喷管调节汽轮机，其调节级的通流面积随调节阀的开启数目变化，故不能取在一个级组内。但变工况前后，阀门开启

数目相同，则可将调节级和压力级取在一个级组内。若不得已必须将调节级和压力级取在一个级组内，则公式需做如下修正：

$$\frac{G_1}{G} = a\sqrt{\frac{p_{01}^2 - p_{z1}^2}{p_0^2 - p_z^2}}$$

$$\frac{G_1}{G} = a\,\frac{p_{01}}{p_0}$$

式中　a——变工况前后，调节级通流面积之比，$a = A_1/A$。

三、弗留格尔公式的实际应用

弗留格尔公式是个很重要的公式，在汽轮机运行中常可用来计算确定其内部工况以及判断其内部缺陷，从而判断运行的经济性和安全性。实际中的应用主要在两个方面：

（1）可用来推算出不同流量下各级级前压力求得各级的压差、比焓降，从而确定相应的功率、效率及零部件的受力情况。当然也可以由压力推算出通过级组的流量。

（2）监视汽轮机通流部分是否正常，即在已知流量（或功率）的条件下，根据运行时各级组前压力是否符合弗留格尔公式，从而判断通流部分面积是否改变。故在运行中常对某些级（称监视段）前的压力加以监视，用以判断通流部分是否有损坏或是否结垢。

第三节　工况变动时各级比焓降及反动度的变化

一、工况变动时各级比焓降的变化

汽轮机任一级的理想比焓降可近似地用下式表示：

$$\Delta h_{\mathrm{t}} = \frac{\kappa}{\kappa - 1} p_0 v_0 \left[1 - \left(\frac{p_2}{p_0}\right)^{\frac{\kappa-1}{\kappa}} \right] = \frac{\kappa}{\kappa - 1} RT_0 \left[1 - \left(\frac{p_2}{p_0}\right)^{\frac{\kappa-1}{\kappa}} \right] \tag{3-18}$$

式（3-18）是借用了第一章喷管理想比焓降的计算公式相类似的形式，只能作为近似计算或理论讨论，若要进行级的详细计算，则应对喷管和动叶分别计算。

式（3-18）说明，级的理想比焓降为级前温度及级前后压力比的函数。如果级前温度在工况变动时不变，则级的理想比焓降只取决于级前后的压力比。一般情况下，工况变动时汽轮机各级级前温度变化不大，可略去不计（若有调节级，则调节级应除外）。下面将对凝汽式汽轮机和背压式汽轮机分别进行讨论。

（一）凝汽式汽轮机

1. 凝汽式汽轮机各中间级

由上一节讨论已知，对于凝汽式汽轮机除调节级和最末一、二级外，无论级组是否处于临界状态，其各级级前压力均与级组的流量成正比，即

$$\frac{G_1}{G} = \frac{p_{01}}{p_0} = \frac{p_{21}}{p_2} = \frac{p_{41}}{p_4} = \cdots$$

由此可得

$$\frac{p_{21}}{p_{01}} = \frac{p_2}{p_0}$$

或

$$\frac{p_{41}}{p_{21}} = \frac{p_4}{p_2} \cdots$$

上述表明，在工况变动时，各中间级的压力比不变，再由式（3-18）看，各中间级的理想比焓降亦不变。对于电站汽轮机，在定转速下，各级圆周速度不变，速度比也不变，因而其级内效率也不变。所以各中间级的内功率与流量成正比，即

$$P_i = G\Delta h_t \eta_{ri} = BG$$

2. 凝汽式汽轮机的最末级和调节级

对于凝汽式汽轮机的最末级，由于其背压 p_z 取决于凝汽器工况和排汽管的压损，不与流量成正比，故其压比 p_z/p_{z-1} 随流量的变化而变化，流量增加时，压比减小，末级比焓增加，反之，流量减小时比焓降亦减小。因此，末级的级内效率等不能保持不变。

就调节级而言，其初压 p_0 与背压 p_2 的变化较为复杂，取决于调节阀在一定工况下的开启状态，这一点将在本章第四节加以详述，简而言之，在第一阀全开以上的工况，流量增加时，压比增大，调节级比焓降减小，反之，流量减小时比焓降增大，而在第一阀全开，第二阀未开时，调节级比焓降达到最大。

综上所述，对凝汽式汽轮机进行变工况核算时，只需对调节级和最末级进行详细的变工况核算（将在本章第七节讨论），而各中间级只要按公式（3-15）确定各级的级前压力，然后根据设计工况热力过程线用逐级推平行线的方法即可求得变工况后的热力过程线。

应当指出，以上讨论是在工况变动不大时的近似结果，在负荷变化较大时，各中间级的比焓降也要发生变化。

（二）背压式汽轮机

背压式汽轮机，由于其背压较大（至少大于大气压力），故在使用弗留格尔公式计算时，不能像凝汽式汽轮机一样进行公式的简化。只有在工况变动前后处于临界工况时，各级的级前压力才与流量成正比。但在一般情况下，即使是最末级也不会达到临界状态，故级前压力与流量的关系为

$$\frac{G_1}{G} = \sqrt{\frac{p_{01}^2 - p_{z1}^2}{p_0^2 - p_z^2}}$$

或

$$p_{01}^2 = \left(\frac{G_1}{G}\right)^2 (p_0^2 - p_z^2) + p_{z1}^2$$

同时对于级后即下一级的级前有

$$p_{21}^2 = \left(\frac{G_1}{G}\right)^2 (p_2^2 - p_z^2) + p_{z1}^2$$

将以上二式相除得到

$$\left(\frac{p_{21}}{p_{01}}\right)^2 = \frac{p_2^2 - p_z^2 + p_{z1}^2 \left(\frac{G}{G_1}\right)^2}{p_0^2 - p_z^2 + p_{z1}^2 \left(\frac{G}{G_1}\right)^2}$$

整理后得

$$\left(\frac{p_{21}}{p_{01}}\right)^2 = 1 - \frac{p_0^2 - p_2^2}{(p_0^2 - p_z^2) + \left(\frac{G}{G_1}\right)^2 p_{z1}^2} \tag{3-19}$$

分析上式可知：当流量 G_1 减小时，G/G_1 值增大，比值 p_{21}/p_{01} 增大，即级的压比增大，级内比焓降减小，反之，当流量增大时，级内比焓降增大。

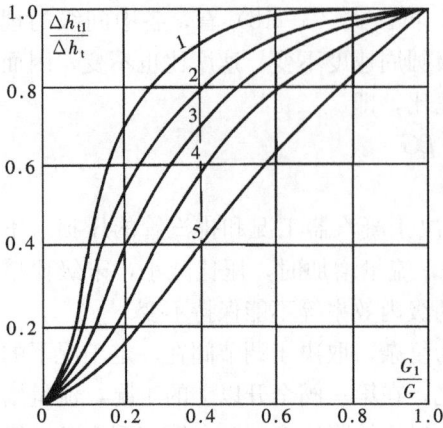

图 3-6　背压式汽轮机在变工况时各级
熔降与流量的关系曲线

图 3-6 表示背压式汽轮机在变工况时各级比焓降与流量的关系曲线，它是由式(3-19)推导而来。

由图看出，如果变工况发生在较高负荷时，则越靠近级组前的级，其比焓降可近似认为不变，后几级的比焓降变化也不大；但在低负荷时，后几级的比焓降则发生较大变化，且流量变比越大受影响的级数越多。

汽轮机在变工况下运行效率要降低，效率的降低主要发生在比焓降偏离设计值较大的那些级。

二、工况变动时，级内反动度的变化

(一)比焓降变化时，级内反动度的变化

前述，利用弗留格尔公式可求出变工况后汽轮机各级的压力变化，进而导出各级比焓降的变化，为了了解级在变工况后的全部热力过程，同时，为了核算汽轮机通流部分的零件的强度以及轴向推力等的变化，也必须知道级内反动度的变化规律。

汽轮机工况变动时引起级内比焓降的变化，级内反动度也将随之变化，级反动度变化的物理本质，可以根据连续流动方程来加以说明。

在设计工况，喷管出口的蒸汽流量为

$$G = A_n c_1 \rho_1$$

如果忽略喷管与动叶间轴向间隙中的密度变化及径向间隙中的漏气，则进入动叶的蒸汽流量可写为

$$G = A'_b w_1 \cdot \rho_1$$

式中　A_n、A'_b——喷管出口及动叶进口的垂直截面积。

将两式联立，可得　　　　　　　　　　　$A_n c_1 = A'_b w_1$

即　　　　　　　　　　　　　　　$\dfrac{w_1}{c_1} = \dfrac{A_n}{A'_b} =$ 常数　　　　　　　　　　(3-20)

上式说明，对于一定的级，当工况变动时，若要符合连续流动，动叶入口速度与喷管出口速度之比须满足上述条件。

假设工况变动时级内比焓降减小，亦即喷管出口速度 c_1 相应减小，则由图 3-7 (b) 可知

$$\frac{w_{11}\cos\theta}{c_{11}} < \frac{w_1}{c_1}$$

也就是说，工况变动后由喷管流出的蒸汽速度相对较大，而流入动叶的速度相对较小，不能使喷管中流出的汽流全部进入动叶内，形成流动阻塞。当然，这是不符合流动连续性的，将导致级内热力参数的自发调整，其结果使动叶前的压力升高，动叶比焓降增大而喷管比焓降减小，使动叶汽流得到额外加速，同时，喷管汽流得到一定的抑制，这种自发调整一直到符合级内连续流动的要求为止，在此过程中，动叶比焓降增大而喷管比焓降减小，即级内反动度增加了。

同理，当级内比焓降增大时，根据图 3 - 7（a）可知，级内反动度将减小，此时级内自发调整所要克服的是出少进多的压缩流动，使之符合连续流动。

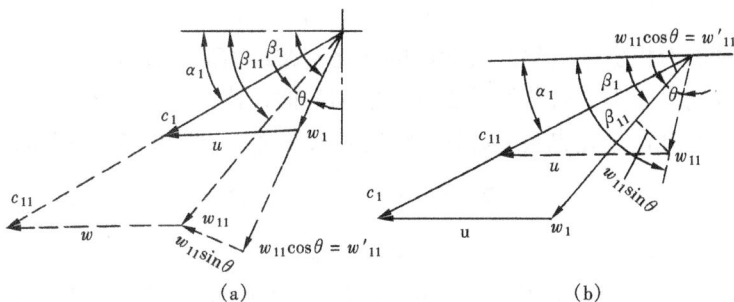

图 3 - 7　变工况下的速度三角形
（a）喷管出口速度增大时动叶进口速度三角形；
（b）喷管出口速度减小时动叶进口速度三角形

实际计算表明，比焓降变化所引起反动度变化的大小与反动度设计值的大小有关，反动度设计值越大（例如反动级），则比焓降变化时引起反动度的变化越小；反之，反动度设计值越小（例如冲动级），则比焓降变化时引起反动度的变化越大，即在工况变动时级内比焓降改变引起反动度的变化，主要发生在冲动级内。当设计反动度过小时，比焓降变化后有可能使反动度成为负值，这时蒸汽在动叶中不但没有加速，反而减速，产生压缩流动，将引起较大的附加损失。对于反动级，可以认为比焓降变化时其反动度近似不变。

（二）通流面积变化时，级内反动度的变化

第一章讲到，级内反动度的实现是通过一定的动、静叶栅出口面积比来保证的，在有些情况下，使面积比 $f = A_b / A_n$ 发生了变化，将引起级内反动度的改变。实践中引起动静面积比改变的原因有：

（1）制造加工方面的偏差。通流部分的高度或出汽角有可能与图纸不符；

（2）通流部分结垢，或是动叶遭水分浸蚀磨损引起动静面积比改变；

（3）检修时对通流部分进行了变动。

上述中任何一种原因造成的动静面积的改变，其对级内反动度的影响，都可用连续流动理论来解释。

当面积比 $f = A_b / A_n$ 减小时，从喷管流出的汽流在动叶汽道中引起阻塞流动使动叶前压力升高，级内反动度增大；反之，当面积比 $f = A_b / A_n$ 增大时，级内反动度减小。

（三）工况变动时，级内反动度变化的估算

在实用的变工况范围内，因比焓降变化所引起的反动度的变化 $\Delta\Omega_x$，在比焓降变化不大即速度比 x_a 变化不大时（$-0.1 < \Delta x_a / x_a < 0.2$），一般用下列近似公式来计算：

$$\frac{\Delta\Omega_x}{1 - \Omega_m} = 0.4 \frac{\Delta x_a}{x_a} \tag{3 - 21}$$

式中　$\Delta\Omega_x$——因速度比变化引起的反动度变化，$\Delta\Omega_x = \Omega_{m1} - \Omega_m$，$\Omega_{m1}$ 为变工况后的反动度，Ω_m 为设计工况下的反动度；

　　　　Δx_a——速度比的变化，$\Delta x_a = x_{a1} - x_a$，$x_{a1}$ 为变工况后的速度比，x_a 为设计工况下的速度比。

由于动静叶栅出口面积比 $f = A_b / A_n$ 变化而引起的反动度变化可以用下式计算：

$$\Delta\Omega_f = -0.7\frac{\Delta f}{f} \tag{3-22}$$

其中
$$\Delta f = f_1 - f$$

式中 $\Delta\Omega_f$——动静面积变化引起的反动度的变化，$\Delta\Omega_f = \Omega_{m1} - \Omega_m$；

f_1、f——分别为变工况后和设计工况下的动静面积比。

某些情况下，压比的变化也会引起反动度的较大变化，此时可用下列近似公式加以修正：

$$\Delta\Omega_\varepsilon = -0.2\frac{\Delta\varepsilon}{\varepsilon}(1+\Omega_m) \tag{3-23}$$

其中
$$\Delta\varepsilon = \varepsilon_1 - \varepsilon$$

式中 $\Delta\Omega_\varepsilon$ 为由于压比变化引起的反动度变化；ε_1 为变工况后级的压比；ε 为设计工况下的压比。

在运行中，如果级内速度比、面积比及压比都发生了变化，则级内反动度的变化可以认为是各自引起的变化量的总和，即

$$\Delta\Omega_m = \Delta\Omega_x + \Delta\Omega_f + \Delta\Omega_\varepsilon \tag{3-24}$$

应当注意，在电厂等转速汽轮机中，除调节级外的大多数高、中压级的理想比焓降和反动度在实用工况范围内，基本上能保持设计值近似不变，而最末一、二个低压级的理想比焓降变化相对较大，但由于这些级在设计工况下一般总是采用较大的反动度，因此它们的反动度在实用的工况变动范围内变化并不大。

此外，必须指出，上述公式只适用于亚临界工况，若动叶出口流速大于临界速度，因为这时动叶后压力降低，级内比焓降增大，同时由于动叶后压力降低，反动度反而增大，故上述公式就不适用了。

第四节 汽轮机调节方式和调节级的变工况

电网中运行的汽轮机，其出力必须与电网负荷相适应，当外界负荷改变时，或是根据电网调度的要求，汽轮机通过调节机构，改变机组出力，使之与电网负荷相适应。由汽轮机功率方程

$$P_{el} = \frac{D\Delta H_t\eta_{ri}\eta_{ax}\eta_g}{3600}$$

可以看出，为了调节汽轮机的功率，可以调节进入汽轮机的蒸汽量或改变汽轮机中蒸汽的比焓降 ΔH_t（事实上，对一个量的调节，另一个量也会跟着调节，只是改变的程度不同）。从结构上，汽轮机的调节方式可分为节流调节和喷管调节，过去还有一种旁通调节汽轮机，现在大型机组已不再采用；从运行方式上可分为定压调节和滑压调节，滑压调节运行方式在20 世纪 60 年代以后已得到普遍的推广和应用。

一、节流调节

节流调节的特点是：所有进入汽轮机的蒸汽都经过一个阀门或几个同时启闭的阀门，然后进入汽轮机的第一级，如图 3-8 所示。汽轮机发出额定功率时，调节阀完全开启；汽轮机在低于额定功率下工作时，调节阀部分开启，汽轮机的蒸汽流量减小，同时进汽受到节流，使阀门后的压力低于新汽压力，汽轮机通流部分的理想比焓降由 $\Delta H'_t$ 减小到 $\Delta H''_t$，如图 3-9 所示。图中 p'_0、p''_0 分别为调节阀全开时及部分开启时阀门后压力。

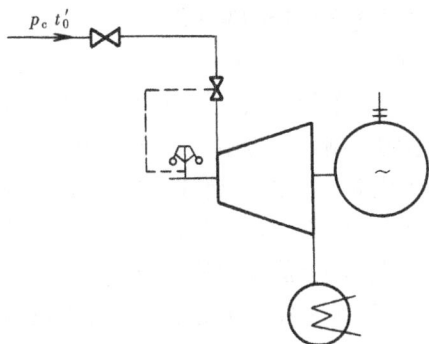

图 3-8　节流调节汽轮机示意图

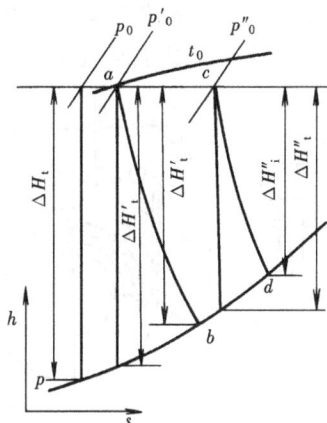

图 3-9　节流调节汽轮机的热力过程线

工况变化时，调节阀的开度改变，但包括第一级在内，所有各级的通流面积均不变化，因此，节流调节汽轮机第一级的变工况特性与各中间级完全相同，若是凝汽式汽轮机的第一级，其级前压力（即调节阀后压力）、级后压力均与流量成正比，其比焓降几乎不变，相应的反动度、速比和级效率都近似不变。但由于蒸汽受到节流引起全机比焓降减小，将使整机的内效率有较大的改变。

蒸汽的节流过程可近似的认为是等焓过程。因此，若不考虑全开阀门中的压力损失，节流后汽轮机的相对内效率为

$$\eta_{ri} = \frac{\Delta H''_i}{\Delta H_t} = \frac{\Delta H''_i}{\Delta H''_t} \cdot \frac{\Delta H''_t}{\Delta H_t} = \eta'_{ri} \cdot \eta_{th} \tag{3-25}$$

式中　　η'_{ri}——汽轮机通流部分的相对内效率，表示通流部分工作的完善程度，$\eta'_{ri} = \frac{\Delta H''_i}{\Delta H''_t}$；

　　　　η_{th}——调节阀的节流效率，$\eta'_{ri} = \frac{\Delta H''_t}{\Delta H_t}$。

节流效率的大小与通流部分的结构无关，而与蒸汽初终参数和进汽量的大小有关。如图3-10所示为某机组在不同流量与背压下调节阀的节流效率。由图可见，同一背压下，汽轮机负荷愈低，节流效率就愈低。汽轮机的背压愈高，同一负荷下汽轮机的节流效率愈低。故高真空的凝汽式汽轮机采用节流调节时，即使负荷在很大范围内变化，节流效率也下降不多；而背压式汽轮机则因其背压较大，不宜采用节流调节。

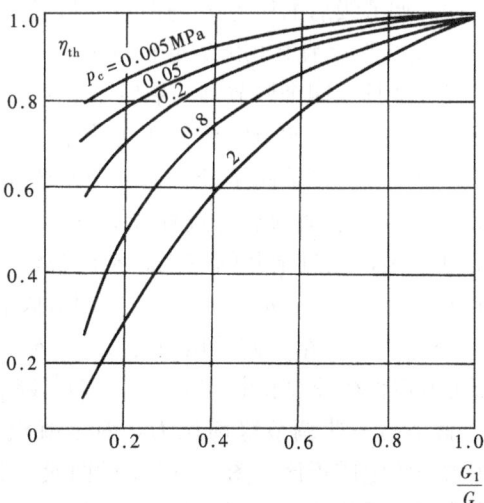

图 3-10　节流效率曲线

节流调节凝汽式汽轮机由于没有调节级、结构简单、制造成本低，在工况变动时，各级比焓降（除末级外）变化不大，其过程线可在$h-s$图上水平移动，故级前温度变化较小，从而减小了热变形及热应力，提高了机组运行的可靠性和对负荷变化的适应性。但因其部分负

荷下经济性较差，故节流调节只适用于辅助性的小功率汽轮机以及担负基本负荷且设计功率等于额定功率的大型电站汽轮机。

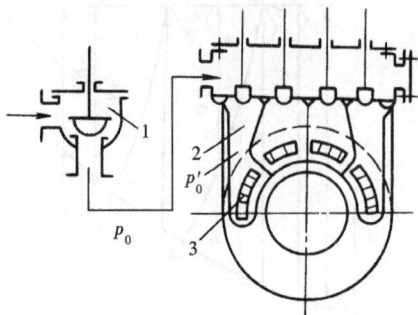

图 3-11　喷管调节结构示意图
1—主汽阀；2—进汽室；3—喷管组

二、喷管调节与调节级的变工况

(一) 喷管调节的工作特点

喷管调节汽轮机的第一级喷管分为若干组，每一组各由一个调节阀控制，运行中，调节阀前的主汽阀全开。当负荷变化时，依次开启或关闭若干个调节阀，改变调节级的通流面积，以控制进入汽轮机的蒸汽量，这种调节进汽的方法称为喷管调节法，其结构示意图如图 3-11 所示，任一工况下，只有通过尚未完全开启调节阀的那部分蒸汽才受到节流作用，故在部分负荷下，喷管调节汽轮机的经济性高于节流调节汽轮机。

喷管调节调节汽阀的个数视汽轮机的具体结构而定，一般 3~10 个之间。首先开启的调节阀的通流量比其余的大些，最后开启的调节阀通常作为过负荷阀门使用。喷管调节汽轮机的第一级称为调节级，不同负荷下，由于开启调节阀的个数不同，故其通流面积随负荷的改变而改变，控制各喷管组的调节阀门是分别独立的，因此，调节级总是部分进汽的。

采用喷管调节汽轮机的中间级和最末级的变工况特性如前所述。下面分析调节级的变工况特性。

(二) 调节级的变工况

为了便于分析，首先对调节级做如下假设：

(1) 级的反动度 $\Omega_m = 0$，而且在各种工况下保持不变；

(2) 全开阀后的压力 p'_0 不随流量的增加而降低；

(3) 各调节阀的开启和关闭无重叠度，即前一个阀完全开启后，后一个阀才开启；

(4) 调节级后的压力 p_2 与蒸汽流量成正比，而不受调节级后温度变化的影响。

1. 调节级后的混合比焓值和内效率

设一个具有四个调节阀（最后一个为过负荷阀）的喷管调节汽轮机，在设计工况下三阀全开，流量为 G，调节级汽室压力为 $p_2 = p_1$。在变工况下，第一、二调节阀全开，第三个调节阀部分开启，流量为 G_1。调节级的热力过程线如图 3-11 所示。新汽压力为 p_0，经过全开的主汽阀和调节汽阀后，压力降至 p'_0（$p'_0 = 0.95 p_0$）。第一、二调节阀后的压力为 $p_{0I} = p_{0II} = p'_0$，第三阀后压力为 $p_{0III} = p''_0$，由于第三阀部分开启存在较大节流，所以 $p_{0III} < p'_0$ 调节级后压力 p_2 也就是第一非调节级前压力，对于凝汽式汽轮机，该压力与流量成正比。图 3-12 中的两股汽流在调节级中膨胀到级后压力 p_2，它们的比焓降不同，所做的功也不相同。为了使这两股汽流混合均匀，调节级后的汽室容积较大，混合后的比焓值 h_2 可由热平衡方程

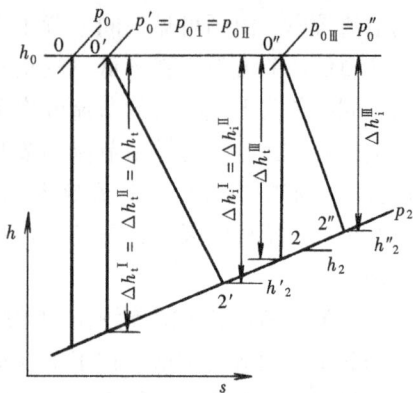

图 3-12　调节级的热力过程线

求得：

$$h_2 = \frac{(G_\mathrm{I}+G_\mathrm{II})h'_2+G_\mathrm{III}h''_2}{G_1} = \frac{(G_\mathrm{I}+G_\mathrm{II})(h_0-\Delta h_\mathrm{i}^\mathrm{I})+G_\mathrm{III}(h_0-\Delta h_\mathrm{i}^\mathrm{III})}{G_1}$$

$$= h_0 - \left(\frac{G_\mathrm{I}+G_\mathrm{II}}{G_1}\Delta h_\mathrm{i}^\mathrm{I} + \frac{G_\mathrm{III}}{G_1}\Delta h_\mathrm{i}^\mathrm{III}\right) \tag{3-26}$$

调节级的相对内效率为

$$\eta_\mathrm{ri} = \frac{h_0-h_2}{\Delta h_\mathrm{t}} = \frac{G_\mathrm{I}+G_\mathrm{II}}{G_1}\cdot\frac{\Delta h_\mathrm{i}^\mathrm{I}}{\Delta h_\mathrm{t}} + \frac{G_\mathrm{III}}{G_1}\cdot\frac{\Delta h_\mathrm{i}^\mathrm{III}}{\Delta h_\mathrm{t}} = \frac{G_\mathrm{I}+G_\mathrm{II}}{G_1}\eta_\mathrm{ri}^\mathrm{I} + \frac{G_\mathrm{III}}{G_1}\cdot\eta_\mathrm{ri}^\mathrm{III} \tag{3-27}$$

式中　G_I、G_II、G_III——通过三个阀的流量；

$\eta_\mathrm{ri}^\mathrm{I}$、$\eta_\mathrm{ri}^\mathrm{III}$——流过全开调节阀的汽流和流过部分开启调节阀的汽流在调节级中的相对内效率；

Δh_t——调节级的理想比焓降。

由上式可知，欲求得调节级在变工况下的相对内效率，须首先求出通过各阀的蒸汽流量和各阀后的压力、调节级后压力和各股汽流的相对内效率。

2. 调节级的变工况曲线

图 3-13 (a) 为变工况下调节级各喷管组压力与流量的关系曲线，图中 OE 线表示调节级后压力 p_2 随汽轮机总流量的关系曲线，对凝汽式汽轮机有

$$p_{21} = p_{11} = \frac{D_1}{D}p_2$$

图 3-13 (b) 为通过各调节阀的蒸汽流量与总流量的关系曲线。

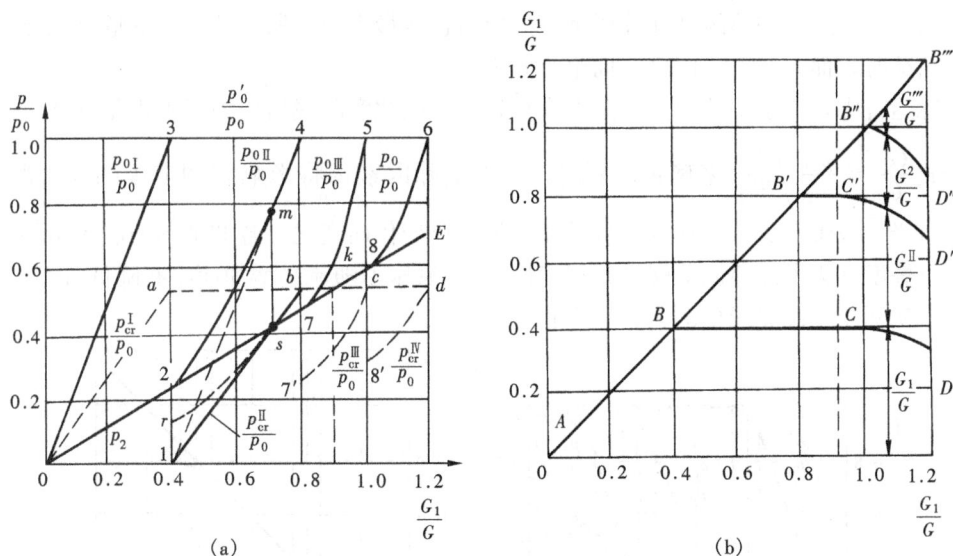

图 3-13　调节级变工况曲线

(a) 各喷管组压力分配曲线；(b) 各喷管组流量分配曲线

第一只调节阀开启时，可将包括调节级在内的所有各级视为一个级组，因此阀后压力 $p_{0\mathrm{I}}$（即第 I 喷管组级前压力）与流经第一调节阀的流量成正比，可用 (a) 图中的直线 03 表示，3 点为调节阀全开时的状态点，此时 $p_{0\mathrm{I}}$ 达到最大值 p_0'，以后在第二、三阀及四阀开启过程中，第一调节阀一直保持全开，故该喷管组级前压力 $p_{0\mathrm{I}}=p_0'$ 保持不变（实际上，

随着流量增加，其他阀门的开启，使该压力略有下降），如图（a）中 3—6 线所示。第 I 喷管组的临界压力 $p_{cr}^{I}=\varepsilon_{cr} \cdot p_{0I}$，$p_{cr}^{I}$ 的变化如图（a）中 oad 线所示，在第一阀开启过程中，调节级后压力 p_2 一直小于 p_{cr}^{I}，故流过该喷管级的流量为临界流量，且与 p_{0I} 成正比变化。图 3-13（b）中纵坐标表示各调节阀流量之和，横坐标表示总流量，图中 AB 线的 B 点即表示第一调节阀全开时，通过该阀的最大流量，在 BC 段，由于调节级后压力 p_2 仍小于 p_{cr}^{I}，而且阀门前后亦保持在初压 p_0'，故对应的临界流量不变。直到由于其他阀门的开启使总流量增加，调节级后压力升高而超过 K 点后，$p_2 > p_{cr}^{I}$，通过喷管组的流量为亚临界流量，开始按椭圆线下降，如图（b）中 CD 线所示。

第二个调节阀开启过程中 p_{0II} 随流量的变化关系如图 3-13（a）中 2—4 线所示。第二调节阀即将开启时，第二喷管组前的压力 p_{0II} 等于第一调节阀全开时调节级后的压力，即 2 点处的压力。这是由于各喷管组在调节级后是相通的。在 n 点之前由于 $p_2 > p_{0II}$ 为亚临界流动，所以，p_{0II} 与流量不是正比关系，2—m 线为椭圆线，n 点后，$p_2 < p_{cr}^{II}$ 为临界流动，故 m—4 为直线，4—6 线为第二阀保持全开的过程，$p_{0II}=p_0'$。通过第二阀门的流量变化如图（b）中 $BB'D'$ 所示，调节级的总流量为 $D=D_I+D_{II}$。

第三喷管组级前压力与流量变化关系曲线为（a）图中 7—5—6 线，流量变化曲线为（b）图中 $B'-B''-D''$ 所示。第四喷管组前压力线为（a）图中 8—6 线，流量变化线为（b）图中 $B''-B'''$ 线。

由图 3-13（a）可见，调节级前后的压力比随流量的变化而变化，因此调节级比焓降也随流量变化而变化。当流量减小时，调节级比焓降增大，直到第一调节阀全开而第二阀关闭时达到最大值，这时调节级动叶片所承受的应力也达最大值，所以调节级的危险工况并不是在最大负荷时，而是在第一阀全开而第二阀未开时。

实际运行中，由于调节级汽室温度变化较大，因此实际级后压力线不再是一条直线，而是由公式 $\dfrac{G_1}{G}=\dfrac{p_{21}}{p_2}\sqrt{\dfrac{T_2}{T_{21}}}$ 来确定。同时，其他实际因素都将影响到调节级的变工况曲线，如：调节级一般带有少量反动度，且反动度随负荷变化而变化；各调节阀的启闭实际上具有一定的重叠度（为了改善调节阀的升程特性）；阀后压力随流量增加而略有降低等实际因素，调节级的实际变工况曲线如图 3-14 所示。

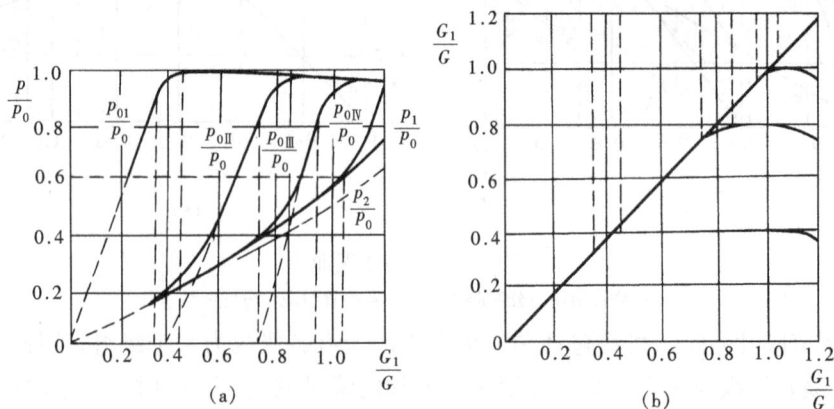

图 3-14　调节级的实际变工况曲线

（a）各喷管组压力分配曲线；（b）各喷管组流量压力曲线

利用调节级的变工况曲线（图3-13）可以很方便地进行调节级变工况核算，以确定任一工况下调节级的效率及其功率。

计算表明，调节级的级效率随着流量的变化而变化，并具有明显的波折状，如图3-15所示。各阀门全开时，节流损失较小，级效率较高（如图中a、b、c、d）。在其他工况下，通过部分开启阀门的汽流受到较大的节流作用，级效率下降。图中c点对应设计工况，效率达最大值。

对于凝汽式汽轮机，调节级汽室压力p_2（p_1）与流量成正比，即

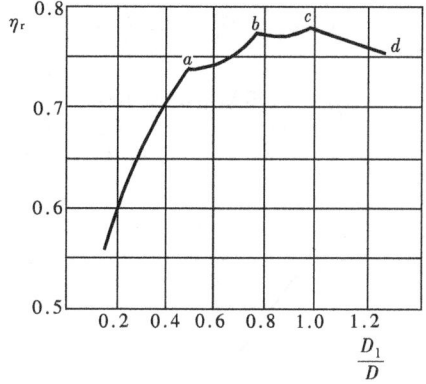

图3-15 调节级效率曲线

$$p_{21} = p_{11} = \frac{G_1}{G} p_2$$

3. 调节级变工况的近似计算

根据假设条件$\Omega_m = 0$，即级后压力也是喷管后压力，因此不同工况下通过调节级任一喷管组的流量可写为

$$G_i = 0.648 A_{ni} \beta_1 \sqrt{p_{0i} \rho_{0i}} = \frac{0.648 A_{ni} \beta_1 p_{0i}}{\sqrt{p_0 / \rho_0}}$$

式中 β_1——流量比，$\beta_1 = \sqrt{1 - \left(\dfrac{\varepsilon_n - \varepsilon_{cr}}{1 - \varepsilon_{cr}}\right)^2}$;

p_0、ρ_0——主汽阀前的蒸汽参数；

p_{0i}、ρ_{0i}——该喷管组的级前蒸汽参数。

上式可进一步写成

$$G_i = \frac{0.648 A_{ni}}{\sqrt{\dfrac{p_0}{\rho_0}}} \frac{\beta_1}{\dfrac{p_1}{p_{0i}}} p_1 = A_i \mu_i p_1 \tag{3-28}$$

式中 A_i——系数，对一定的喷管组及一定的进汽参数为一常数，$A_i = \dfrac{0.648 A_{ni}}{\sqrt{\dfrac{p_0}{\rho_0}}}$;

μ_i——系数，$\mu_i = \dfrac{\beta_1}{\dfrac{p_1}{p_{0i}}}$。

实际调节级中，反动度不为零，且随工况而变化。喷管后的压力p_1不再等于级后压力p_2。变工况下p_1一般不易确定，p_2却可根据该工况下的流量及设计参数求得。在实际调节级的计算中，常用级的压比$\varepsilon = \dfrac{p_2}{p_0}$代替喷管压比$\varepsilon_n = \dfrac{p_1}{p_0}$，可将式（3-28）改写为如下形式：

$$G_i = \frac{0.648 A_{ni}}{\sqrt{\dfrac{p_0}{\rho_0}}} \frac{\beta_2 \lambda}{\dfrac{p_2}{p_{0i}}} p_2 = A_i \mu_i p_2 \tag{3-29}$$

式中 β_2——级的流量比，$\beta_2 = \sqrt{1 - \left(\dfrac{\varepsilon_0 - \varepsilon_{cr}}{1 - \varepsilon_{cr}}\right)^2}$;

λ_i——系数，$\lambda_i = \dfrac{\beta_1}{\beta_2}$；

μ_i——系数，$\mu_i = \dfrac{\beta_2 \lambda_i}{\dfrac{p_2}{p_{0i}}}$。

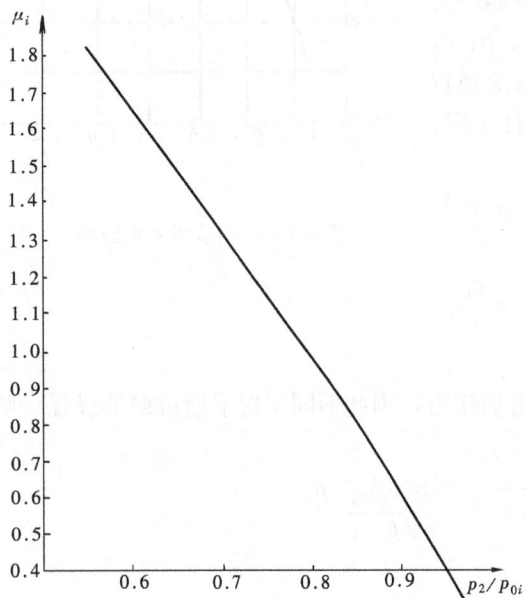

图 3-16　调节级 $\mu_i = f(p_2/p'_0)$ 曲线

式（3-28）与式（3-29）形式完全相同，式中的系数 μ_i 也是调节级前后压力比的函数。但式（3-28）对应的反动度 $\Omega_m = 0$、$p_1 = p_2$，因此系数 μ_i 是一组确定的数值（见表3-1），具有通用性。而式（3-29）中的 μ_i 还与 λ_i 有关，取决于不同工况下的级内反动度。因此，不同的汽轮机调节级有不同的 μ_i 曲线（如图3-16所示）。

三、滑压调节

随着电网容量的不断增大，电网负荷峰谷差亦日益增长，以往用于调峰的小型机组已不能满足需要，要求更大功率的机组参加调峰。为了保证廉价的核能发电机组和水力发电机组带基本负荷，电网调峰主要依靠火力发电机组，故大容量火电机组用作或设计为调峰机组参加电网调峰势在必行。

表 3-1　　　　　　　　　　　　　渐缩喷管 p_1/p_{0i} — μ 数据

p_1/p_{0i}	μ	p_1/p_{0i}	μ	p_1/p_{0i}	μ	p_1/p_{0i}	μ	p_1/p_{0i}	μ
0.20	3.237	0.38	2.449	0.56	1.784	0.74	1.220	0.92	0.616
0.21	3.202	0.39	2.408	0.57	1.751	0.75	1.189	0.93	0.574
0.22	3.164	0.40	2.367	0.58	1.719	0.76	1.159	0.94	0.528
0.23	3.122	0.41	2.327	0.59	1.687	0.77	1.130	0.95	0.479
0.24	3.078	0.42	2.287	0.60	1.655	0.78	1.097	0.96	0.427
0.25	3.033	0.43	2.248	0.61	1.623	0.79	1.067	0.97	0.368
0.26	2.987	0.44	2.210	0.62	1.591	0.80	1.035	0.98	0.299
0.27	2.941	0.45	2.172	0.63	1.559	0.81	1.004	0.99	0.210
0.28	2.894	0.46	2.135	0.64	1.528	0.82	0.972	1.00	0.000
0.29	2.848	0.47	2.098	0.65	1.498	0.83	0.940		
0.30	2.802	0.48	2.661	0.66	1.466	0.84	0.907		
0.31	2.756	0.49	2.025	0.67	1.436	0.85	0.873		
0.32	2.710	0.50	1.990	0.68	1.405	0.86	0.839		
0.33	2.665	0.51	1.955	0.69	1.374	0.87	0.804		
0.34	2.621	0.52	1.920	0.70	1.343	0.88	0.769		
0.35	2.577	0.53	1.886	0.71	1.313	0.89	0.733		
0.36	2.534	0.54	1.852	0.72	1.282	0.90	0.6696		
0.37	2.491	0.55	1.818	0.73	1.251	0.91	0.656		

调峰机组的特点是负荷变化大，启停频繁。为适应这些特点，以及大功率机组均为单元制的特点，大功率机组多采用滑压调节。所谓滑压调节是指单元制机组中，汽轮机所有的调节阀均全开，随着负荷的改变，调整锅炉燃烧量和给水量，改变锅炉出口蒸汽压力（蒸汽温度保持不变），以适应汽轮机负荷的变化。相对滑压调节而言，前述各种配汽方式的调节统称为定压调节，只有在基本负荷运行时，定压调节才是最经济的，部分负荷时完全采用定压运行方式不仅使经济性降低，而且也使可靠性下降。

（一）滑压调节的特点

滑压调节与定压调节相比有以下特点：

1. 增加了机组运行的可靠性和对负荷的适应性

滑压调节机组在部分负荷下，蒸汽压力降低，而温度基本不变，因此当负荷变化，尤其在机组启、停时，汽轮机各部件的金属温度变化小，减小了热应力和热变形，从而提高了机组运行的可靠性和快速加减负荷的性能，缩短了机组的启停时间。同时锅炉受热面、主蒸汽管道经常在低于额定条件下工作，提高了它们的可靠性和延长了它们的使用寿命。

2. 提高了机组在部分负荷下的经济性

（1）提高部分负荷下机组的内效率。滑压调节时，主蒸汽压力随负荷的减小而降低，但主蒸汽温度和再热蒸汽温度保持不变。虽然进入汽轮机的蒸汽质量流量减小，但容积流量基本不变，速比、焓降等也保持不变，而且蒸汽压力的降低，使湿汽损失减小，故汽机内效率仍可维持较高水平，尤其是提高了高压缸的内效率。

（2）改善机组循环热效率。滑压调节时，一方面高压缸排汽温度几乎不变，另一方面由于主汽压力降低使蒸汽的定压比热减小，所以在再热器加热量不变的情况下，会提高再热蒸汽温度，这样可以改善机组的热效率。

（3）给水泵耗功减少。现代大功率汽轮机均采用汽动给水泵，或采用电动泵的机组也在电机和泵之间加装了无级变速的液力耦合器，因此在滑压运行时，锅炉给水流量和压力随负荷减少而减少，因而给水泵可以低转速运行，从而降低了给水泵的耗功量。负荷越低，耗功量越少。

3. 高负荷区滑压调节不经济

当机组在高负荷区（75%～100%额定负荷）时，由于阀门的开度较大，定压调节的节流损失不大，尤其是喷管调节的汽轮机，节流损失更小，若采用滑压调节，由于新汽压力的降低，使机组循环效率下降，故此时经济性比定压调节低。只有当负荷减小到一定数值，如采用定压调节将因节流损失较大，使调节级效率降低较多时，采用滑压调节才是有利的。也就是说，只有当循环热效率的降低小于高压缸内效率的提高、给水泵耗功的减小和再热蒸汽温度升高引起热效率提高的三者之和时，采用滑压调节才能提高机组的经济性。

另外，需要指出，设计工况下新蒸汽压力越高，采用滑压调节的最佳负荷就越大。对超临界、亚临界机组，在负荷低至25%左右采用滑压调节，热效率可改善2%～3%。而12.75 MPa以下的机组，降压将使循环热效率下降很大，故一般不宜采用滑压调节。

（二）滑压调节方式

1. 纯滑压调节

在整个负荷变化范围内，所有调节阀均处于全开位置，完全靠锅炉调节燃烧适应负荷变化。这种方法操作简单，维护方便，具有较高的经济性。但是，从汽轮机负荷变化信号输入锅炉，到新蒸汽压力改变有一个时滞，即不能对负荷变化快速响应。对中间再热机组，由于再热器和冷段导汽管的热惯性，负荷变动时，低压缸有明显的功率滞后现象，通常依靠高压调速汽门动态过开的方法来补偿，但此时调速汽门已全开，没有调节手段，故此方法难于适应负荷频繁变动的工况。另外，调速汽门长期处于全开状态，易于结垢卡涩，故需要定期手动活动调速汽门。

2. 节流滑压调节

机组负荷稳定时调节阀不全开，对主蒸汽压力有一定的节流。当负荷突然增加时，立即全开调节阀，利用锅炉的蓄能，达到快速增负荷的目的。待锅炉调整燃烧工况使新汽压力升高后，蒸汽的作功能力已经满足当时负荷的要求，然后，再把调节阀关小，恢复至原来的位置。因此，这种方式弥补了纯滑压调节负荷适应性差的缺点。由于调节阀经常处于部分开启的状态，存在节流损失，在一定程度上降低了它的经济性。

3. 复合滑压调节

这是滑压调节和定压调节相结合的一种运行方式。在高负荷区，保持定压运行，一个或两个调节阀关闭转入滑压调节，而在更低负荷区，又进行较低压力的定压调节。

实际运行中，复合滑压调节方式有三种复合方式：

(1) 低负荷时滑压调节，高负荷时定压调节。低负荷时调节阀全开，滑压调节，随着负荷的增加，主汽压力增加，待增至额定值后，维持主蒸汽压力不变，过渡到喷管调节。

(2) 低负荷时定压调节，高负荷时滑压调节。低负荷时，蒸汽压力维持在较低值，作定压调节，当负荷增加后，开大调节阀，待阀门全开后，则依靠锅炉升压增大负荷。

(3) 高负荷和低负荷时定压调节，中间负荷滑压调节，即定—滑—定运行方式。低负荷时在较低压力下定压调节，中间负荷时，则关闭 1～2 个调节阀滑压调节，高负荷时采用喷管定压调节。

复合滑压调节方式既有较高的经济性，又有较强的负荷适应性，故应用广泛。其中定—滑—定方式应用最广，这种运行方式的滑压调节实际上是在中间某一负荷范围内进行，滑压调节的最低负荷，从理论上讲越低越好，这一负荷越低，滑压调节的负荷范围越大，其优势也越易于发挥。但滑压调节的最低负荷与很多因素有关，如锅炉的型式、燃烧的稳定性和汽轮机的自动化程度等，一般情况下，强制循环汽包炉比自然循环汽包炉所允许的滑压调节最低负荷要小，究竟在什么负荷下采用滑压或定压，要根据具体机组的情况试验确定，最终找出一个经济性最好、可靠性最高的运行模式。

如图 3-17 为国产 300MW 机组和引进美国 Westinghouse 公司 300MW 机组复合滑压运行曲线。国产 300 MW 机组在 60%～100% 负荷之间采用滑压调节，60% 负荷以下定压调节。引进机组在 85% 及以上负荷时定压调节，18%～85% 负荷之间采用滑压调节，18% 负荷以下采用定压调节方式。

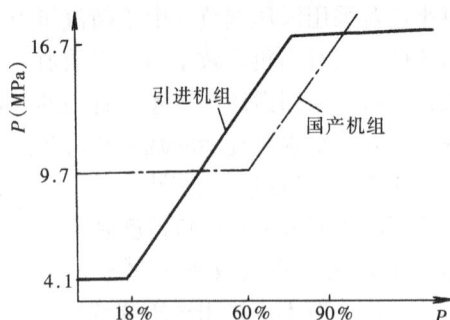

图 3-17　复合变压运行曲线

第五节 凝汽式汽轮机工况图

汽轮发电机组的功率与汽耗量之间关系称为汽轮机的汽耗特性，表示这种关系的曲线称为汽轮机的工况图。凝汽式汽轮机的汽耗特性随其调节方式不同而有不同的特点。实际汽轮机的汽耗特性可通过汽轮机的变工况计算或汽轮机的热力试验确定。

一、汽轮机的功率与汽耗量的关系

由第二章里汽轮发电机组功率的计算公式可知汽轮机功率与汽耗量的关系式为

$$D = \frac{3600 P_{el}}{\Delta H_t \eta_{ri} \eta_{ax} \eta_g} = \frac{3600 P_i}{\Delta H_t \eta_{ri}} \qquad (3-30)$$

由此可知，汽轮机的内功率可成两部分：一部分为考虑了发电机损失的有效功率 (p_{el}/η_g)；另一部分用来克服机械损失 ΔP_{ax}，即

$$P_i = \frac{P_{el}}{\eta_g} + \Delta P_{ax}$$

汽轮机的内效率 η_{ri} 等于汽轮机通流部分的内效率 η'_{ri} 与节流效率 η_{th} 的乘积，即 $\eta_{ri} = \eta'_{ri} \cdot \eta_{th}$，故式（3-30）可写成

$$D = \frac{3600}{\Delta H_t \eta'_{ri} \eta_{th}} \left(\frac{P_{el}}{\eta_g} + \Delta P_{ax} \right) \qquad (3-31)$$

由前述讨论可知，当负荷变动不大时，效率乘积可认为近似不变，此外，转速一定时，机械损失 ΔP_{ax} 为常数，式（3-31）可写成

$$D = d_1 P_{el} + D_{nl} \qquad (3-32)$$

式中 d_1——汽耗微增率，等于每增加单位功率所需要增加汽耗量；

D_{nl}——空载汽耗量，汽轮机空转时，用来克服摩擦阻力、鼓风损失及带动油泵等所消耗的蒸汽量。

对同一汽轮机，在不同工况下，D_{nl} 近似为一常数，通常为设计流量的 5%～10%。对不同的汽轮机，D_{nl} 则取决于汽轮机的熔降、功率、汽轮机的结构型式以及调节方式。背压式汽轮机由于理想比熔降 ΔH_t 比凝汽式汽轮机小，所以它的 D_{nl} 比凝汽式汽轮机大；而喷管调节汽轮机由于其节流效率 η_{th} 比节流调节汽轮机大，故它的 D_{nl} 比节流调节汽轮机小。

二、凝汽式汽轮机工况图

1. 节流调节汽轮机的工况图

由式（3-32）可以绘制出节流调节凝汽式汽轮机的汽耗量 D 与电功率 p_{el} 的关系曲线，也称工况图。如图 3-18 所示工况图近似为直线但不通过原点。严格讲，因为负荷减小时，汽轮机内效率 η_{ri} 将降低，汽耗微增率 d_1 升高，故工况图应为向上凸起的曲线，且在接近空负荷时特别明显。实际汽耗曲线可通过试验绘制，但在实际应用中，为便于分析，仍采用图 3-18 中的直线汽耗线，由此引起的误差很小，通常在 30%～100% 的额定负荷范围内误差不超过 1%。另外，通过节流调节汽轮机的变工况计算，还可以在图 3-18 中绘制出汽耗率 d、相对电效率 η_{rel} 与电功率 p_{el} 之间的关系曲线，更便于分析机组在不同工况下的经济性。

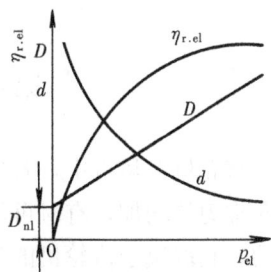

图 3-18　节流调节汽轮机
D、d、$\eta_{r.el}$ 与 p_{el} 关系曲线

2. 喷管调节凝汽式汽轮机工况图

喷管调节汽轮机的汽耗量 D、汽耗率 d、相对电效率 η_{rel} 与电功率 P_{el} 的关系曲线见图 3-19 所示。由于调节级的内效率随流量变化，使 η_{rel} 曲线呈波折状，相应的汽耗量曲线和汽耗曲线也是波折状。试验证明，汽耗特性线 $D=f(P_{el})$ 可近似看作折线，见图 3-20 中的 ABC 所示。喷管组数目越多，这种近似引起的误差越小。为此在应用式（3-32）绘制喷管调节汽轮机工况图时，需分段处理。当功率小于或等于经济功率 $(P_{el})_e$ 时，

$$D=D_{nl}+d_1 P_{el} \tag{3-33}$$

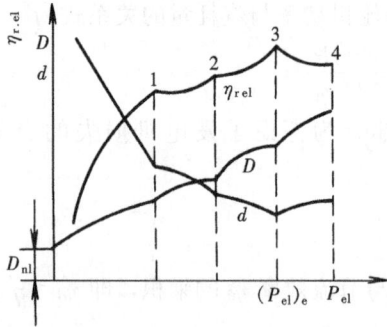

图 3-19　喷管调节汽轮机 D、d、η_{rel}
与 p_{el} 关系曲线

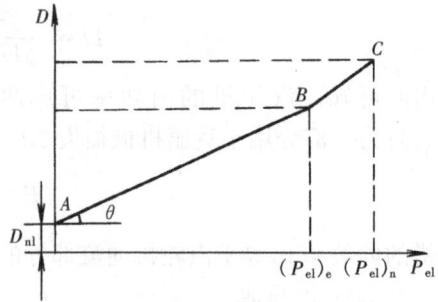

图 3-20　喷管调节汽轮机的
汽耗特性曲线

当功率大于经济功率 $(P_{el})_e$ 时，

$$D=D_{nl}+d_1 (P_{el})_e+d_1' [P_{el}-(P_{el})_e] \tag{3-34}$$

式中　d_1'——汽轮机过负荷段的汽耗微增率，在 $P_{el}>$ $(P_{el})_e$ 范围内，汽轮机通流部分内效率 η_{ri} 下降，该 $d_1'>d_1$。

三、汽轮机调节方式的比较

图 3-21 绘制了不同调节方式的汽轮机特性曲线。由图可知，节流调节汽轮机在最大工况下具有最好的经济性。此时调节阀全开，几乎没有节流损失，但在经济功率和部分负荷下，由于节流损失较大，其经济性较差。喷管调节汽轮机在经济功率下经济性比较好，过负荷工况或部分负荷工况下经济性有所降低，但下降程度比较平缓。

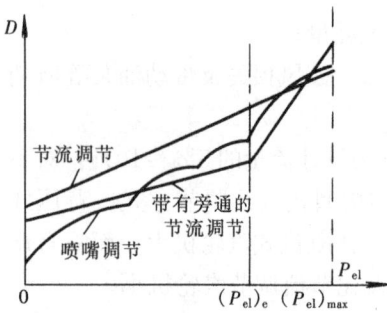

图 3-21　采用不同调节方式的汽
轮机的特性曲线

第六节　变工况时汽轮机轴向推力的变化

汽轮机在运行中，若负荷突增、甩负荷、发生水冲击等特殊工况的发生均会引起汽轮机轴向推力的增加，有时可能达到很大的数值，变工况时，汽轮机的轴向推力的变化也是较复杂的，它取决于汽轮机的型式、配汽方式、叶片型式、转子结构及通流部分的间隙等因素。因此为了保证机组安全可靠地工作，防止推力轴承过负荷损坏，必须掌握轴向推力的变化规律和核算方法。这里仅讨论某些工况下，轴向推力一般的变化规律。

一、蒸汽流量（或负荷）改变时轴向推力的变化

1. 凝汽式汽轮机轴向推力的变化

根据第二章对多级汽轮机轴向推力的分析可知，若不考虑级间漏汽的影响，作用在某一级上的轴向推力决定于级前后的压差和级的反动度。因此，工况变化时，级内轴向推力的变化可近似地表示为

$$\frac{F_{z1}}{F_z} = \frac{\Omega_{m1}\Delta p_{s1}}{\Omega_m \Delta p_s} \tag{3-35}$$

式中　Δp_s、Δp_{s1}——变工况前后、级前后的压差；

　　　Ω_m、Ω_{m1}——变工况前后级的反动度。

当蒸汽流量变化时，凝汽式汽轮机各中间级焓降基本不变，因而反动度也不变，而级的压差与流量成正比，因此，式（3-35）可写成

$$\frac{F_{z1}}{F_z} \approx \frac{\Delta p_{s1}}{\Delta p_s} = \frac{D_1}{D} \tag{3-36}$$

即汽轮机级的轴向推力与流量成正比。

汽轮机的轴向推力等于各级轴向推力之和，而最末级的轴向推力与流量的关系不是正比关系，只是由于所占比例较小，故对整机轴向推力变化影响甚微，可认为包括末级在内的各压力级总的轴向推力随负荷增大而增大，且在最大负荷时达到最大值，如图3-22曲线1所示。

若凝汽式汽轮机是喷管调节，则应考虑调节级轴向推力变化的影响。由前述讨论的调节级的变工况可知，在第一调节阀全开而第二阀未开时，其比焓降达到最大值，这时汽轮机的轴向推力也出现较大值，如图3-22曲线2中的0a线所示。总的说来，喷管调节汽轮机的轴向推力变化亦随负荷增大而增大，且在最大负荷时达到最大值，如图3-22曲线2所示，其中a、b、c、d点对应各调节阀全开工况。

上述结论不仅适用于冲动式汽轮机，也完全适用于反动式汽轮机。

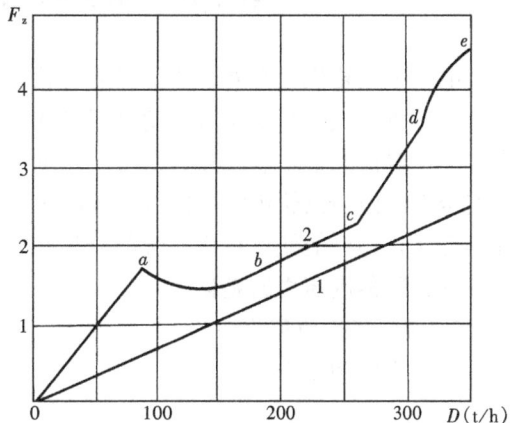

图3-22　凝汽式汽轮机轴向推力变化曲线

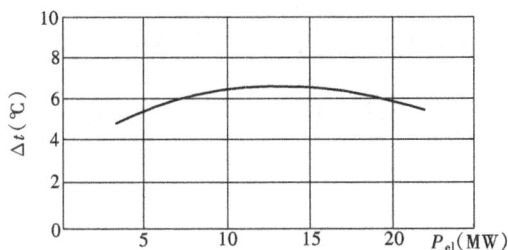

图3-23　背压式汽轮机推力轴承瓦块温度变化曲线

2. 背压式汽轮机轴向推力的变化

背压式汽轮机各压力级在工况变动时，因级前、后压力与流量不成正比，级内比焓降和反动度相应地发生变化，因此级的轴向推力也不与流量成正比。例如当流量增加时，级前、后压力及压差增大，级的比焓降增加，但反动度下降，故轴向推力不一定增加，反之亦然。因此背压式汽轮机通流部分总的轴向推力的最大值并非在最大功率而是在某一中间功率时达到，如图3-23所示（图中Δt为推力瓦块的温升）。

二、特殊工况下轴向推力的变化

1. 新蒸汽温度降低

全机理想焓降减小，导致各级比焓降减小，从而引起反动度增加，因此轴向推力增大。

2. 水冲击

汽轮机发生水冲击时，引起轴向推力增大的原因有：蒸汽温度降低，反动度增大；水遇到较热的机体而蒸发，使级中压力增高；瞬间堵塞级的通流部分，而使被堵级前面的压力急剧增高，级的压差急剧增大等。

3. 负荷突增

此时蒸汽要向前面几级的金属传热而使温度降低，导致反动度增大，轴向推力增大。

4. 甩负荷

甩负荷时，转速瞬时上升，速比增加而使反动度增大，轴向推力增大。

5. 叶片结垢

汽轮机通流部分结垢一般是动叶结垢比喷管严重，使面积比 $f=A_b/A_h$ 减小，反动度增大，轴向推力增大。

第七节　初终参数变化对汽轮机工作的影响

电厂中汽轮机经常处于变工况运行状态，除蒸汽流量变化外，蒸汽参数也难免不偏离设计值。分析蒸汽参数变化对汽轮机工作的影响及对汽轮机运行的安全性和经济性具有重要的意义。一般情况下，蒸汽参数在规定范围内变化，只会影响汽轮机运行的经济性而不影响它的安全性。但当汽轮机的进排汽参数超出允许范围，不仅会引起汽轮机的功率及各项经济指标的变化，还可能使汽轮机通流部分某些零部件的受力状况恶化，危及汽轮机的安全运行。

一、新蒸汽压力的变化

1. 对经济性的影响

汽轮机内功率为

$$P_i = \frac{D\Delta H_t \eta_{ri}}{3600}$$

初压变化将引起进汽量 D、理想比焓降 ΔH_t 和内效率 η_{ri} 的变化，因此初压变化引起的功率的变化，应为三者改变使功率改变的代数和。通常，当初压变化不大时，相对内效率 η_{ri} 可认为不变，即 $\frac{\partial \eta_{ri}}{\partial p_0}=0$。所以，当初压偏离额定值不大时，功率的改变值 ΔP_i 为

$$\Delta P_i = \frac{\Delta H_t \eta_{ri}}{3600}\times\frac{\partial D}{\partial p_0}\Delta p_0 + \frac{D\eta_{ri}}{3600}\times\frac{\partial \Delta H_t}{\partial p_0}\Delta p_0 \qquad (3\text{-}37)$$

对于凝汽式汽轮机有

$$\frac{D_1}{D} = \frac{p_{01}}{p_0} \text{ 或} \frac{\partial D}{\partial p_0} = \frac{D}{p_0}$$

以及

$$\Delta H_t = \frac{\kappa}{\kappa-1}\times RT_0 \times\left[1-\left(\frac{p_z}{p_0}\right)^{\frac{\kappa-1}{\kappa}}\right]$$

式中　p_z——汽轮机背压。

将以上两式的微分式代入式（3-36）中，可得到功率变化随初压变化的近似计算公式

$$\frac{\Delta P_i}{P_i} = \left[1 + \frac{\kappa - 1}{\kappa} \frac{\left(\frac{p_z}{p_0}\right)^{\frac{\kappa-1}{\kappa}}}{1 - \left(\frac{p_z}{p_0}\right)^{\frac{\kappa-1}{\kappa}}} \right] \frac{\Delta p_0}{p_0} \tag{3-38}$$

式中　$\dfrac{\Delta P_i}{P_i}$——功率的相对变化;

　　　　$\dfrac{\Delta p_0}{p_0}$——初压的相对变化。

由上式可知,背压不变时,功率的相对变化量与初压的相对变化量成正比。此式也适用于中间再热机组。如果背压变化,则初压变化时的功率变化还与背压有关,背压越高,主蒸汽压力波动对汽轮功率的影响越大,反之亦然。

为防止初压波动对汽轮机功率的影响,汽轮机应及时改变调节阀的开度。当采用节流配汽时,若通过汽轮机的蒸汽流量恒定,则初压波动为节流损失所补偿,不会引起功率变化。对于喷管配汽,受部分开启阀门的节流影响,流量变化较小,但理想比焓降变化的影响较大,其功率增量为

$$\frac{\Delta P_i}{D} = \frac{\Delta(\Delta H_t)\eta_{ri}}{3600} \tag{3-39}$$

式中　$\Delta(\Delta H_t)$——调节级增加的比焓降;

　　　　η_{ri}——调节级在变工况时的相对内效率。

2. 对安全性的影响

在调节汽门全开的情况下,若主蒸汽压力升高,除调节级外,汽轮机其他各级均会过负荷,而末级过负荷为最大,且末级叶片较长,蒸汽作用在动叶片上的弯矩较大,因此,新汽压力升高超出规定值是较危险的。如某电厂 300MW 汽轮机新汽压力设计值为 16.5 MPa,正常运行时最高允许值为 17.5 MPa。

如果初压降低后仍要保持额定负荷运行,则汽轮机的流量增加,从而大于额定流量,也会引起各非调节级级前压力升高,负荷增大,并以末几级过负荷最为严重,同时全机的轴向推力增大。因此,当新汽压力降低过多时,须降负荷运行,此时能否安全运行,须经过专门的计算来决定。

二、新蒸汽温度变化

1. 对经济性的影响

在初压不变的情况下,主蒸汽温度发生变化,若调节阀全开或保持开度不变,汽轮机进汽量与温度的关系为

$$D_1 = D\sqrt{\frac{T_0}{T_{01}}} \tag{3-40}$$

式中　T_0、T_{01}——工况变动前后的初始热力学温度。

而比焓降与温度的关系为

$$\Delta H_{t1} = \Delta H_t \frac{T_{01}}{T_0} \tag{3-41}$$

由上两式可知,流量与温度的平方根成反比,而比焓降与温度成正比关系,所以初温对比焓降的影响大于对流量的影响。由式

$$P_i = \frac{D \Delta H_t \eta_{ri}}{3600}$$

可知，初温对功率的影响取决于初温改变时分别对理想比焓降、流量和内效率的影响之和。由变工况分析可知，当新蒸汽温度变化不大时，对应一定的背压值，汽轮机功率的增量与初温的增量近似成正比关系。汽轮机设计的理想焓降越大，则初温变化对功率的影响越小。

此外，新汽温度的变化，不仅对机组的循环效率有影响，而且由于改变了汽轮机的排汽湿度，从而也使机组的相对内效率发生变化。如新汽温度降低时，将使循环效率降低相对内效率降低。

2. 对安全性的影响

从安全角度看，新汽温度升高将使金属材料的蠕变加剧，缩短其使用寿命，如蒸汽室、主汽阀、调节阀、调节级、高压轴封、汽缸法兰、螺栓及蒸汽管均要受到影响，因此，初温升高时应严格监视这些部件的安全，尤其是高参数和超高参数机组，即使初温增加不多，也可能引起急剧的蠕变而大幅度地降低许用应力。因此，大型汽轮机都采取了初温升高的限时运行措施，当初温超过整定值时，必须停机。

在初压不变情况下降低初温，则为保证额定负荷运行，必须增加进汽量，从而加大了汽轮机通流部分的机械应力。在末级，则还要受湿度增大而产生的冲蚀磨损，对汽轮机的工作产生不利影响。另外，蒸汽流量增大，将引起反动度增加，使轴向推力增大，影响机组安全。因此，当初温降低过多时，须降负荷运行。

某电厂300MW汽轮机机组设计初温为550℃，运行规程规定，正常运行时，最高允许值为555℃，最低允许值为535℃。

对于中间再热机组，再热蒸汽温度的变化将对高压级及低压级的工况产生影响。当新汽温度不变，蒸汽流量一定时，中间再热温度升高，中间再热压力增大，对高压级来说无疑是增加了背压，使高压部分负荷减少，而对中压缸和低压缸部分，增加此部分的理想比焓降，又由于末级背压不变，则会使末级过负荷。反之，若中间再热温度下降，高压部分的比焓降增加，使高压缸末级过负荷，而中、低压部分各级反动度增大，引起轴向推力增大。

三、排汽背压变化

1. 对经济性的影响

凝汽式汽轮机的凝汽设备运行情况及工作条件改变，会引起汽轮机背压的改变，从而影响到汽轮机的功率。根据实验结果，每台汽轮机都有相应的功率、背压变化关系的通用曲线，如图3-24所示，图中的 AB 线段为汽流未达临界的工况，随着背压的降低、功率增加，B 点为汽流达到临界时的状态点，BC 段为背压再降低时，汽道斜切部分发生膨胀，

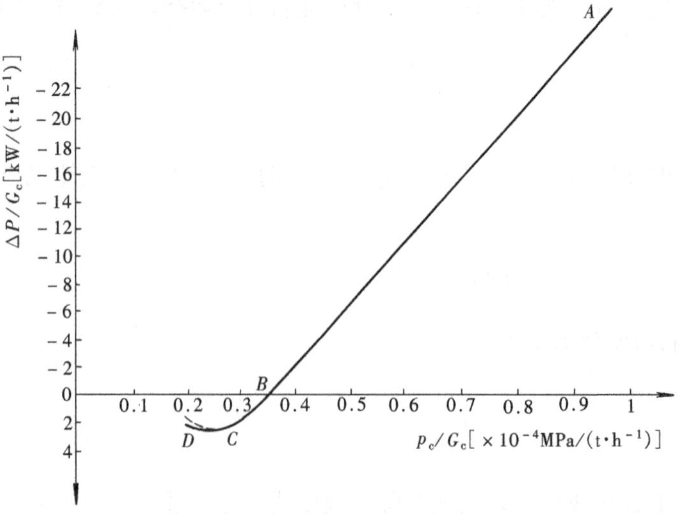

图 3-24　汽轮机通用曲线

汽流偏转，功率缓慢增加，CD 线段汽道斜切部分膨胀结束，随着背压的继续降低，功率不再增加，反而有所减少，如虚线 CD′ 所示，C 点压力为汽轮机的极限背压或称极限真空。

为了方便使用，通常根据通用曲线绘出不同流量下背压改变时所引起的功率变化曲线，即真空修正曲线。其中每一条曲线对应一定的蒸汽流量 G_c，如图 3-25 所示。由图可见在汽轮机工况变动的很大范围内，功率的增加 ΔP_{el} 与背压 p_c 成直线关系，而与蒸汽流量无关。

汽轮机背压降低，使功率增加。但同时要耗掉相应的循环水泵耗功，较低真空时，降低背压，所耗泵功并不多，只是在真空较高时，再继续降低背压，所耗泵功急

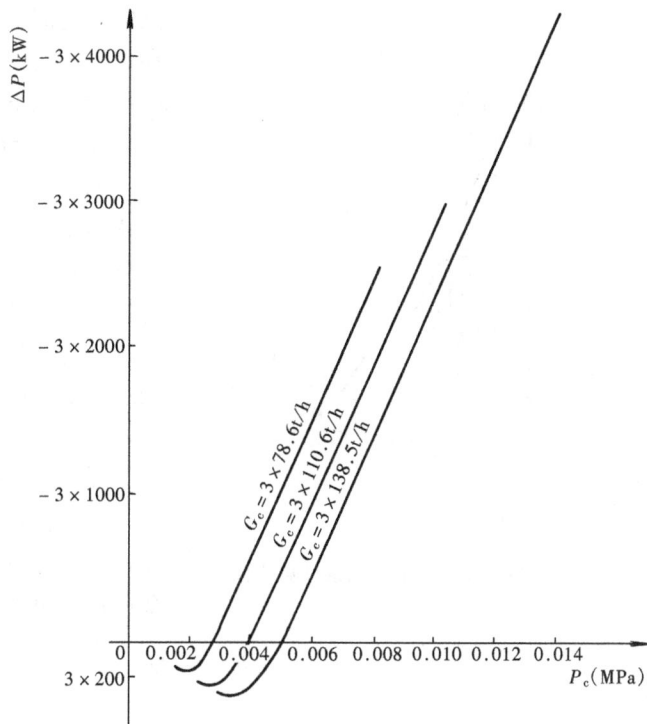

图 3-25 凝汽器真空修正曲线

剧增大，也就是说，一味降低背压，并不是有利的，这里存在一个背压值，使机组的效益最高。即提高真空使机组获得最大净收益的真空称为最佳真空。

2. 对安全性的影响

背压升高（即真空降低），对机组的安全运行极为不利，此时，若要保证机组额定负荷运行，则必须增大蒸汽流量，使各压力级过负荷，同时，轴向推力增大，因此，背压升高较多时，须降负荷运行。背压升高还会引起排汽温度升高，低压缸排汽缸变形，造成机组振动增强。另外，对于空冷机组，在高背压、低负荷运行时，还有可能引起末级叶片的颤振，这是一种极危险的振动。总之，汽轮机真空的管理对运行的经济性和安全性是很重要的。

第八节 变工况下的热力计算

为了求得变工况下汽轮机各级压力、温度、比焓降、反动度、功率和效率等热力参数，为不同工况下汽轮机的强度计算提供依据，分析各种工况下汽轮机运行的经济性与安全性，需要进行变工况下的热力计算，汽轮机的变工况计算有详细核算与近似核算，具体的核算方法有由汽轮机进汽参数等向排汽参数的顺序算法和由排汽参数算向进汽参数的逆序算法两种。两种算法的基本原理均为在已知通流面积和给定蒸汽流量下，根据连续方程求解各所需参数。

一、变工况下的级的详细核算方法

无论采用顺序算法或逆序算法（倒推法），都是基于喷管、动叶出口连续方程。计算时，

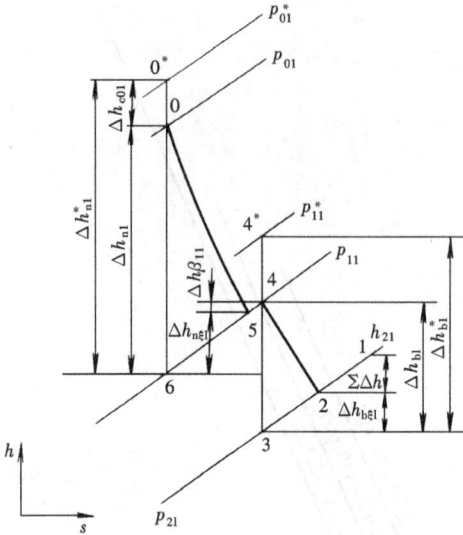

图 3-26 级的变工况倒推计算用图

汽轮机通流部分的几何尺寸、蒸汽流量及排汽压力都是已知的，下面介绍通常使用的倒推法。主要过程和步骤如下：

1. 确定级后状态点

倒推法一般从最末级开始。排汽压力通常由凝汽器的变工况特性确定。假定已知流量下汽轮机的相对内效率 η_{ri} 由 $\Delta H_i = \Delta H_t \times \eta_{ri}$ 及排汽压力即可确定末级排汽状态点及对应的排汽焓值 h_{21}，对于真空较高的凝汽式汽轮机，可取 $h_{21} = h'_c + (2198 \pm 62.8)$ kJ/kg（h'_c 为凝结水的焓值），如图 3-26 所示。

2. 确定动叶出口状态点

首先估计末级的各项损失，对于末级、叶轮摩擦损失和漏汽损失甚小，可忽略不计，湿汽损失和余速损失可按下式近似估算：

$$\Delta h_{x1} \approx \Delta h_x \frac{\Delta h_{t1}}{\Delta h_t} \times \frac{1 - x_{21}}{1 - x_2} \tag{3-42}$$

$$\Delta h_{c21} \approx \Delta h_{c2} \left(\frac{G_1 \rho_2}{G \rho_{21}} \right)^2 \tag{3-43}$$

这些损失一般较小，估算引起的误差不会很大，在重新核算时，只要稍加修正即可。将这些损失之和画在 $h-s$ 图上，便可确定末级动叶出口状态 2 及对应的参数 ρ_{21}，如图 3-26 所示。

3. 确定状态点 2 的流动参数

将状态点 2 的密度 ρ_{21} 代入动叶出口连续方程，可求得动叶栅出口的相对流速 w_{21}：

$$w_{21} = G_1 / A_b \rho_{21}$$

式中 A_b ——动叶出口截面积。

由 w_{21} 和已知的 u 和 β_2 画出动叶出口速度三角形，求出 c_{21} 及余速损失 Δh_{c2}，并与第二步中所估算的余速损失相比较，如有必要则以新的 Δh_{c2} 代入，重复有关步骤，直到满足要求。求得 w_{21} 的正确值后，将之与动叶栅出口处的音速 $w_{2cr} = \sqrt{\kappa p_{21} / \rho_{21}}$ 相比较，若 $w_{21} \leqslant w_{2cr}$，则动叶栅为亚临界工况，以上的计算是正确的，可继续下一步的计算。若 $w_{21} > w_{2cr}$，则动叶栅为临界状态，汽流将在斜切部分继续膨胀，发生偏转，使出口速度不再与 A_b 垂直，故上述计算不成立，此时，需要先确定动叶片最小截面上的临界压力 p_{2cr}，并计算在斜切部分中汽流由 p_{2cr} 膨胀到出口压力 p_{21} 时发生的偏转。

求动叶栅的临界压力，通常采用试凑法。在 $h-s$ 图上假设一动叶栅热力过程线 $2-4'$，如图 3-27 所示，在此线上取数点 $2'$、$2''$、$\cdots$，假定它们都是临界点，对应的临界参数为 p'_{2cr}、p''_{2cr}、$\cdots$。由于动叶喉部的蒸汽速度等于音速，所以有

$$\frac{G_1}{\rho_{2cr}(A_b)_{cr}\varphi} = \sqrt{\frac{\kappa p_{2cr}}{\rho_{2cr}}} \tag{3-44}$$

即

$$\frac{G_1}{(A_b)_{cr}} = \varphi \sqrt{\kappa p_{2cr} \rho_{2cr}} \qquad (3-45)$$

将上述假设的各点临界参数 p'_{2cr}、ρ'_{2cr}、ρ''_{2cr}、p''_{2cr}、$\cdots$，代入式（3-45），并将计算结果绘制在纵坐标为 $\varphi \sqrt{\kappa p_{2cr} \rho_{2cr}}$，横坐标为 p_{2cr} 的坐标图中，如图 3-28 所示。则纵坐标值为 $G_1 / (A_b)_{cr}$ 的水平线与所得曲线的交点的横坐标即为核算工况下动叶喉部截面处的临界压力 p_{2cr}。

根据临界参数可求得动叶栅喉部截面上的临界速度 $w_{2cr} = \sqrt{\kappa p_{2cr}/\rho_{2cr}}$，动叶栅进口至临界截面的滞止焓降 $\Delta h^*_{bcr} = w^2_{2cr}/2$ 和由临界截面至出口的焓降 Δh_{b0}。见图 3-27。于是，得到动叶栅出口相对速度为

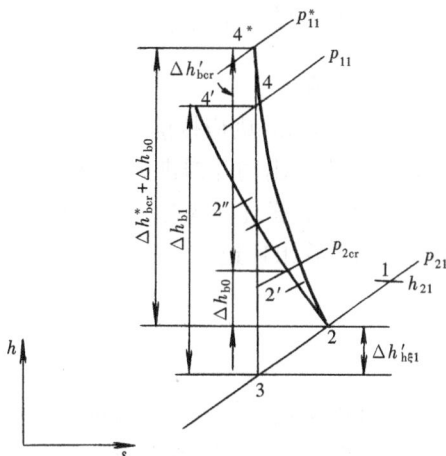

图 3-27 确定动叶片临界压力用图

$$w_{21} = \sqrt{2(\Delta h^*_{bcr} + \Delta h_{b0})} \qquad (3-46)$$

汽流在动叶斜切部分的偏转角 δ_{21} 为

$$\sin(\beta_{21} + \delta_{21}) = \frac{w_{2cr}\rho_{2cr}}{w_{21}\rho_{21}} \sin\beta_2 \qquad (3-47)$$

根据 $(\beta + \delta_{21})$，w_{21} 画出动叶栅出口速度三角形，并求出 c_{21} 和 Δh_{c21}。如有必要，以新的 Δh_{2c1} 代入，并重复有关计算步骤，直到满足要求。

4. 确定动叶栅进口状态

根据动叶栅出口相对速度 w_{21} 求出动叶栅中的损失 $\Delta h_{b\xi1} = \frac{w^2_{21}}{2}\left(\frac{1}{\psi^2} - 1\right)$。由点 2 沿 p_{21} 等压线，根据 $\Delta h_{b\xi1}$ 即可得到动叶出口理想状态 3。动叶滞止理想焓降 $\Delta h^*_{b1} = \frac{w^2_{21}}{2\psi^2}$，$\psi$ 可近似用设计值。由点 3 及 Δh^*_{b1} 可得动叶进口滞止状态点 4^*。动叶的理想焓降 Δh_{b1} 可用下式计算：

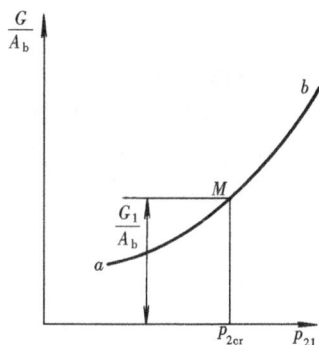

图 3-28 确定 p_{2cr} 辅助用图

$$\Delta h_{b1} = \Delta h^*_{b1} - \frac{w^2_{11}}{2} = \frac{w^2_{21}}{2\psi^2} - \frac{w^2_{11}}{2} = \frac{w^2_{21}}{2}\left[\frac{1}{\psi^2} - \left(\frac{w_{11}}{w_{21}}\right)^2\right] \qquad (3-48)$$

用点 3 和 Δh_{b1} 确定点 4 及时对应的参数 p_{11}、h_{11} 等。如果是临界工况，假设的过程线 2-4' 应与这里得到的过程线 2-4 重合，否则应重新假设过程线，或以得到的过程线 2-4 作为假设过程线，重复有关步骤，直到满足要求。

5. 确定喷管出口状态点 5 及对应的流动参数

由点 4 沿等压线 p_{11} 向下估计撞击损失 $\Delta h_{\beta11}$，得到喷管出口的实际状态点 5 及对应的参数 ρ_{11}。由喷管出口连续方程，求得喷管出口速度：

$$c_{11} = G_1/A_n\rho_{11} \qquad (3-49)$$

将 c_{11} 与喷管出口音速 $c_{1cr} = \sqrt{kp_{11}/\rho_{11}}$ 比较，若 $c_{11} > c_{1cr}$，则由 c_{11} 及已知的 u 和 α_1 画出动叶栅进口速度三角形，求出 w_{11} 和 β_{11} 代入式（3-47）得 Δh_{b1}，同时以新的 β_{11} 重算撞击损失

$\Delta h_{\beta11} = \dfrac{(w_{11}\sin\theta)^2}{2}(\theta = \beta_1 - \beta_{1g}$ 称冲角)并与其初估值比较,若不符,须将计算值 $\Delta h_{\beta11}$ 代入,重复以上计算。

如 $c_{11} < c_{1cr}$,则应按前面动叶片临界时求 w_{21} 和 $(\beta_2 + \delta_{21})$ 同样的方法求出 c_{21} 和 $(\alpha_2 + \delta_1)$,然后再作出动叶栅进口速度三角形。

6. 确定喷管进口状态

根据喷管出口速度 c_{11},可得喷管中滞止理想比焓降及喷管损失,即

$$\Delta h_{n1}^* = \frac{c_{1t}^2}{2\varphi^2} \tag{3-50}$$

$$\Delta h_{n\xi1} = \Delta h_{n1}^*(1 - \varphi^2) \tag{3-51}$$

式中:速度系数 φ 第一次核算时可取设计值。由点 5 和 $\Delta h_{n\xi1}$ 在等压线 p_{11} 上得点 6,由点 6 和 Δh_{n1}^* 可得点 O^*。见图 3-26。

估算喷管进口速度 c_{01},由点 O^* 和 c_{01} 可得喷管进口状态点 O。点 O 所对应的状态参数就是上一级倒推计算的起始点。c_{01} 的估算值正确与否,得等上一级算出的余速损失 Δh_{c21} 和由本级 c_{01} 得到的 Δh_{c01} 满足关系式 $\Delta h_{c01} = \mu_0 \Delta h_{c21}$ 时才能得到验证。

7. 校核计算

在上述计算中,有许多数值是估计的,因此,必须进行校验。一般按求得的 p_{01} (p_{01}^*) 由级前向后进行计算。如果发现有些数值(主要是各项损失)与倒推计算中所估计的数值不同,从而使计算所得的热力过程终点与原先所选取的 1 点不重合时,则需按上述倒推计算方法重新进行计算,直到二者相符为止。在进行第二次倒推计算时,可以采用一些校核计算值,例如各项损失,这样,一般经过二次或三次推算,便得到满意的结果。

8. 确定级的反动度

$$\Omega_m = \frac{\Delta h_{b1}}{\Delta h_t^*} = \frac{\Delta h_{b1}}{\Delta h_{n1}^* + \Delta h_{b1}}$$

在确定了变工况下蒸汽的各项参数后,就可进一步求出该工况下级的效率和功率。

二、变工况下汽轮机逐级核算方法

多级汽轮机整机的热力核算一般多采用由终点向前逐级倒推的计算方法。对于不同配汽方式的汽轮机,具体的核算方法是有一定差别的。

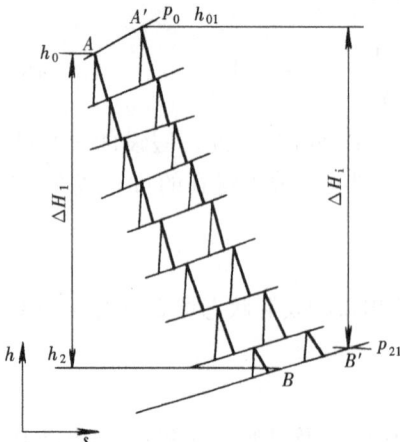

图 3-29　整机热力核算的 $h-s$ 图

大型汽轮机的末几级,均采用扭叶片,一般以平均直径处的参数作为级的平均参数,只对该处的参数进行核算。计算中应注意,后一级的级前实际蒸汽状态点,就是前一级的级后蒸汽状态点。在按上述方法计算出机组第一级(喷管调节机组的第一非调节级)前的蒸汽状态,其压力可能与新汽压力(对于喷管调节汽轮机,为调节级后压力)不同,但是蒸汽比焓值应等于新蒸汽比焓值(或调节级后比焓值)。若所得的 h_{01}(图 3-29 中 A' 点的比焓值)高于实际的新汽比焓值(图 3-29 中 A 点的比焓值),则说明原假定的最末级排汽比焓值过高;反之,则说明原假定的最末级排汽比焓值过低,此时可

平移热力过程线。若平移过程线后，初焓 h_0 已符合，而初压低于新汽压力，则表明新蒸汽应节流到此压力；如果压力高于新汽压力，则表示在此参数下，即使调节阀全开，也不能通过核算工况的流量。

如欲得到较精确的结果，可采用第一次核算得到的汽轮机有效比焓降 ΔH_{i1}，算出内效率 $\eta_{ri} = \Delta h_{i1} / \Delta H_{t1}$，由汽轮机进汽初态（如图 3-29 中 A 点），重新确定排汽状态（如图 3-29 中 B' 点）进行第二次核算。由于二次核算中内效率变化不大，一般第二次核算结果已相当精确。

如前述分析，工况在一定范围内变动时，只有最末几级和调节级的工作过程有较大的变化，而中间级的工作过程变化较少。因此，对于喷管调节凝汽式汽轮机，当蒸汽流量变化不大时，只需对最末级和调节级进行详细的核算，而各中间级只用弗留格尔公式计算出级前后的压力后，再根据设计工况逐级平移过程线即可。显然，这样可使变工况的核算大为简化。

另外，将上述变工况计算编制成计算机程序，则可大大提高计算速度的计算精度。目前国内普遍使用的汽轮机变工况热力核算程序，就是按上面介绍的倒推算法编制的。先假设末级排汽状态点，然后逐级向前计算，当算出的初参数与给定参数不符时，自动修正流量与末级排汽参数，重新计算，直到满足精度要求为止。

第九节 变转速汽轮机

随着汽轮机单机功率和蒸汽参数提高，锅炉给水泵耗功相应增大，压头相对增高。为了适应汽轮机组新的启动和运行方式——滑参数启动和滑压运行，给水泵的运行方式也由原来的定速运行改为变速运行，因此给水泵的驱动方式也需相应地改变。

一、变转速汽轮机驱动给水泵

设置与主汽轮机分开的独立的辅助汽轮机驱动给水泵已逐渐成为大功率汽轮发电机组中应用最广泛的驱动方式。这种驱动方式有如下优点：

（1）可满足给水泵向高转速发展的驱动要求，并提供不受限制的驱动功率；

（2）小汽轮机采用主汽轮机抽汽作为工质可使主汽轮机末级蒸汽量减少，从而降低了主汽轮机末级叶片的高度和末级汽流的余速损失，提高了主汽轮机的内效率；

（3）小汽轮机与给水泵组独立于电网之外，不受电网频率的影响，可保持给水泵转速的稳定；

（4）小汽轮机轴与给水泵轴可直接连接，而小汽轮机内效率稍高于液力联轴器的传动效率，减少了传动过程中的能量损失，一般可比主汽轮机传动方式减少热耗 20～60kJ/（kW·h）；

（5）利用小型启动锅炉或厂内其他汽源即可实现整个机组的启动，启动灵活。

采用小汽轮机驱动的缺点是价格贵、系统复杂、启动时间较长，且小汽轮机效率必须高于 75％才具有经济性。

驱动给水泵的小汽轮机型式主要有背压式、背压抽汽式与凝汽式。为了简化系统、增加运行的灵活性，目前广泛采用凝汽式小汽轮机。它的排汽排入自备凝汽器或主凝汽器，工作蒸汽来自主汽轮机的中压缸或低压缸抽汽。主汽轮机抽汽压力随负荷下降而降低，因此当主

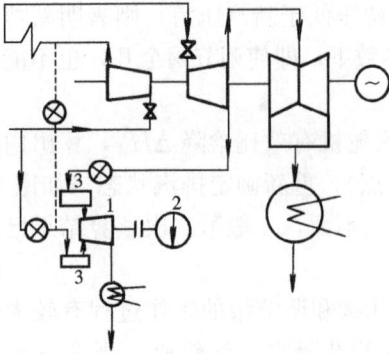

图 3-30 凝汽式小汽轮机装置系统简图
1—小汽轮机；2—给水泵；3—蒸汽室

汽轮机负荷下降至一定程度时，需采用专门的自动切换阀门，将高压蒸汽引入小汽轮机，或者从其他汽源引入一定压力、温度的蒸汽，如图 3-30 所示为这种小汽轮机装置的典型系统图。

二、变转速汽轮机的变工况运行

(一)小汽轮机的运行特点

小汽轮机和主汽轮机均以蒸汽作为工质，其工作原理是相同的。

正常运行时，小汽轮机的进汽压力较低，蒸汽比容较大，整机的理想比焓降 ΔH_t 较小，所以汽耗量较大，即小汽轮机的容积流量较大，前几级叶高损失较小，机组通流部分的相对内效率较高，通常可以达到主汽轮机的水平。两者最根本的区别在于：主汽轮机在定转速下运行，通过改变蒸汽量的大小来适应外界负荷的需要，除滑压运行外，主汽轮机的进汽参数基本上是不变的；小汽轮机是一种变参数、变转速、变功率的动力机械，在正常工作时，利用主汽轮机中压缸或低压缸的抽汽作为工质，其排汽进入主汽轮机凝汽器或自备凝汽器，发出的功率又直接用于驱动锅炉给水泵，所以其工作情况除与主汽轮机的工况密切相关外，还与被驱动的给水泵、凝汽设备的特性有关。

(二)小汽轮机参数与主汽轮机流量的关系

小汽轮机的功率、转速及进汽压力和温度等工作参数，在主汽轮机负荷改变时的变化规律与主汽轮机采用定压运行或滑压运行方式有关。

1. 给水泵工作参数与主汽轮机流量的关系

当主汽轮机负荷变化时，给水泵所需轴功率 P_p 可由下式表示：

$$P_p = 0.2778 Q_b p / \eta_p \tag{3-52}$$

式中　Q_b——锅炉给水容积流量，m^3/h；

　　　p——给水泵总压头，MPa；

　　　η_p——给水泵效率。

给水泵的总压头 p 可由下式求得

$$p = (p_b - p_g) + \Delta p + \Delta Z \gamma \tag{3-53}$$

式中　p_b——锅炉汽包内压力，MPa；

　　　p_g——除氧器内压力，MPa；

　　　Δp——表示给水在除氧器至锅炉汽包之间的沿程流动压损，MPa；

　　　ΔZ——锅炉汽包水位与除氧器水位之差，可视为常数，m；

　　　γ——给水重度，N/m^3。

上式还可写成如下形式

$$p = p_0 + \Delta p'_0 + \Delta p - p_g + \Delta Z \gamma \tag{3-54}$$

式中　p_0——主汽轮机主汽阀前的蒸汽压力（MPa），在定压运行时，p_0 为定值，滑压运行时可认为与主汽轮机流量成正比；

　　　$\Delta p'_0$——蒸汽在锅炉汽包至主汽轮机主汽阀前之间的沿程流动压损。

由式（3-53）可知，p_0 在给水泵总压头中占有很大比例。由于主汽轮机在滑压运行时

新汽压力 p_0 随主汽轮机流量成正比变化，而定压运行时 p_0
为定值，所以主汽轮机滑压运行时给水泵消耗的功率比定压
运行时给水泵消耗的功率小得多。如果近似地认为锅炉给水
流量 Q_b 等于主汽轮机流量 Q_{ms}，且给水泵进口压力不变，则
定压运行与滑压运行时管路阻力特性的理论曲线如图 3-31 所
示。图中还表示了不同转速下给水泵的特性曲线。从图中可
知，当流量从设计流量 Q_{ms} 下降至 Q_{ms1} 时，在同样的主汽轮机
流量下，主汽轮机采用定压运行时给水泵应产生的压头为
$p_{定}$，对应的给水泵转速为 $\eta_{定}$；当主汽轮机采用滑压运行时，
给水泵应产生的压头为 $p_{变}$，对应的给水泵转速为 $\eta_{变}$。可见

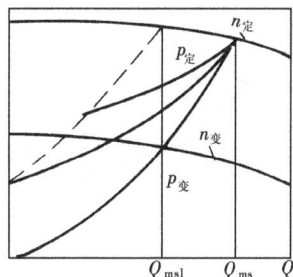

图 3-31 给水泵管路特性曲线
及给水泵性能曲线

滑压运行时除了给水泵所需轴功率比定压运行时小外，给水泵的转速也比定压运行时下降
得多。

2. 小汽轮机工作参数与主汽轮机流量的关系

通过对小汽轮机变工况估算，可得出小汽轮机各工作参数（理想比焓降 ΔH_t、转速 n、
功率 P_i）与主汽轮机流量的关系。

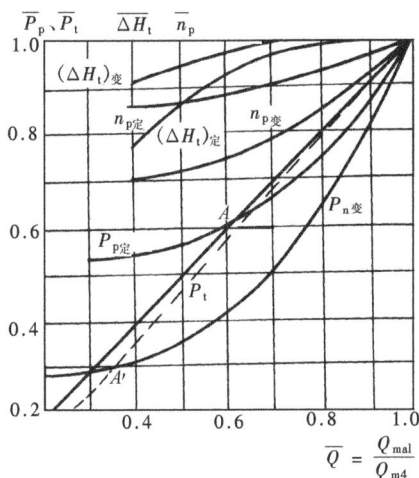

图 3-32 小汽轮机、给水泵工作参数
与主汽轮机流量的关系曲线

假设驱动给水泵的小汽轮机的排汽压力与主
汽轮机相同，且不考虑汽温对流量与压力关系的
影响，则不管主汽轮机采用何种运行方式，由于
小汽轮机进汽压力 p_0（即主汽轮机抽汽压力）基
本上与主汽轮机进汽流量成正比变化，所以小汽
轮机的理想比焓降 ΔH_t 也随主汽轮机流量作同向
变化。图 3-32 所示为变速运行汽轮机在进汽面积
不变且无调节阀节流的条件下工作参数与主汽轮
机相对流量的关系曲线。

从图 3-32 可知，当小汽轮机不采取调节措施
时，无论定压运行或滑压运行，在主汽轮机负荷
从设计工况开始下降时，小汽轮机的理想比焓降
$(\Delta H_t)_{定}$ 开始变化比较缓慢，而转速变化比较快；
后来转速变化比较缓慢，而理想比焓降却变化较
快，所以小汽轮机功率 P_i 随负荷减小而减小的速

率几乎不变，如图 3-32 中虚线所示。给水泵在主汽轮机负荷开始下降时扬程（即总压头）
下降得较快，而泵效率下降并不大，所以泵所需轴功率下降较多，此时小汽轮机所产生的功
率大于给水泵所需轴功率，如图 3-32 中所示主汽轮机相对流量大于 A 点或 A' 点的工况。
随着负荷的进一步下降，给水泵扬程下降速率减小，而泵效率下降的速度却加大，所以给水
泵所需轴功率减小的速度也渐缓。当主汽轮机负荷减小到一定值以后（如图中定压运行的 A
点：$Q_{ms1}/Q_{ms}=0.64$ 或滑压运行的 A' 点：$Q_{ms1}/Q_{ms}=0.34$），随着主汽轮机负荷的继续降低，
小汽轮机所产生的功率已不能满足给水泵耗功的需要，所以小汽轮机的调节阀必须随主汽轮
机负荷的下降而关小，当主汽轮机负荷降到某一定值后，又需随主汽轮机负荷的继续下降而
开大。图 3-33 为小汽轮机阀门开度与主汽轮机负荷的关系（小汽轮机为节流配汽方式）。

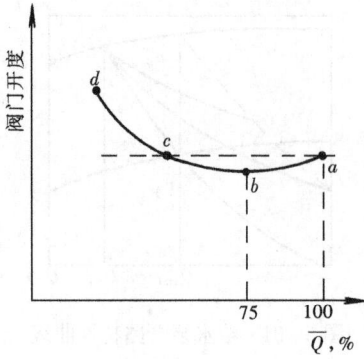

图 3-33 小汽轮机阀门开度
与主汽轮机负荷关系

对照图 3-32 和图 3-33 可知,当主汽轮机负荷从额定值(a 点)开始下降时,小汽轮机节流阀开始关小,主汽轮机负荷降至约 75% 额定负荷附近,阀门关至最小(b 点),此时阀门的节流损失最大;随着主汽轮机负荷继续下降,节流阀转向开大;主汽轮机负荷降至 c 点时,调节阀回到原位,之后随主汽轮机负荷进一步下降到 d 点节流阀全开;此时若主汽轮机负荷再次下降,小汽轮机的功率已不足以继续驱动给水泵,必须切换到压力更高的汽源或新汽汽源。

第四章 汽轮机的调节

第一节 汽轮机调节的任务与组成

一、汽轮机调节的任务

由于电能不易大量储存，而电力用户的耗电量又不断地在变化，因此，汽轮机都装有调节系统，随时调节机组的功率，使之与用户的需要相适应。所以调节系统的任务之一就是要保证汽轮发电机组能根据用户的需要及时地提供足够的电力。

电力生产除了要保证一定的数量外，还需保证一定的质量。供电质量标准主要有两个：一是频率；二是电压。由同步发电机的运行特性可知：发电机的端电压取决于无功功率，而无功功率决定于发电机的励磁；电网的频率（或周波）决定于有功功率，即决定于原动机的驱动功率。因此，电网的电压调节归发电机的励磁系统，频率调节归汽轮机的功率控制系统。这样，机组并网运行时，根据转速偏差改变调节汽阀的开度，调节汽轮机的进汽量及比焓降，改变发电机的有功功率，满足外界电负荷的变化。由于汽轮机调节系统是以机组转速为调节对象的，故习惯上将汽轮机调节系统称为调速系统。由此可知，调节系统的另一任务是调整汽轮机的转速，使它维持在规定的范围内。

二、汽轮发电机组的自调节特性

对汽轮发电机组而言，汽轮机工作时，作用在转子上的力矩有三个：蒸汽作用在转子上的主力矩 M_t、发电机的电磁阻力矩 M_e、摩擦力矩 M_f。相对于 M_t 和 M_e 而言，M_f 很小，可以忽略不计。所以转子的运动方程可以写为

$$I \frac{d\omega}{dt} = M_t - M_e \tag{4-1}$$

式中　I——汽轮发电机转子的转动惯量；

　　　ω——转子的角速度，$\omega = \frac{2\pi n}{60}$。

　　从 $M_t = P_i/\omega$ 及 $P_i = G\Delta H_t \eta_i$ 可得

$$M_t = 9555 \Delta H_t \eta_i \frac{G}{n} \tag{4-2}$$

式中　ΔH_t——汽轮机的理想比焓降，kJ/kg；

　　　η_i——汽轮机的内效率；

　　　G——汽轮机的进汽量，kg/s。

由式（4-2）可知，在汽轮机功率一定时，转子上的蒸汽主力矩 M_t 与转速 n 成反比，如图 4-1 所示。转速升高主力矩减小。改变汽轮机的进汽量，就能改变汽轮机的功率和 $M_t - n$ 特性。

发电机的输出特性，即电磁阻力矩 M_e 与转速 n 的关系，主要取决于外界负载的特性。例如，当外界负载为风机或者水泵时，阻力矩比例于转速的平方；若外界负载为机床、磨煤机等，阻力矩与转速成正比；若外界负载为照明、电热设备等，则与转速无关。电网中上述

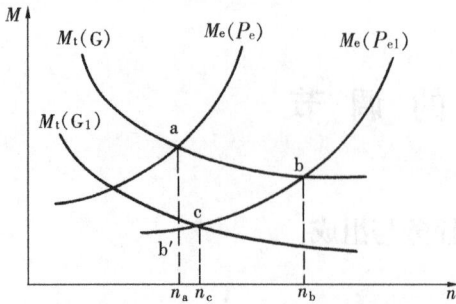

图4-1　汽轮机与发电机的特性线

各类负载都存在且用电比例随时而变。但一般说来，当外界负荷一定时，阻力矩随转速的增加而迅速增加，且负荷越大，曲线越陡，如图4-1中的M_e。

在额定参数下，汽轮发电机组的工作点稳定于图4-1中汽轮机流量为G的特性线与发电机负荷为P_e的特性线的交点a。当外界负荷减小为P_{e1}时，这一刻的阻力矩将减小为$M_e=M_{b'}$，此时若不调整汽轮机进汽量，则主力矩$M_t=M_a$仍为原值。故$M_t>M_e$，转速将升高。由于发电机阻力矩随着转速的增大而增大，而汽轮机的主力矩随转速的升高而变小，当转速升至n_b时，$M_t=M_e$，两者又重新平衡，汽轮发电机组稳定工作于b点。由此可见，当外界负荷改变时，即使不调节汽轮机功率，理论上它也可以从一个稳定工况过渡到另一稳定工况。这种特性称为汽轮发电机组的自调节特性或自平衡特性。

由图4-1可以看出，当外界负荷变动时，若仅依靠自调节特性，汽轮发电机组的转速变化将会很大。例如负荷变动10%时，转速的变动将达20%～30%后才能重新平衡。这不仅不能满足电力用户的需要，对汽轮发电机组的安全运行也是不利的。因此，必须依靠汽轮机调节系统，当外界负荷改变时，能自动调节进汽量，使主力矩随之改变。例如对前面所讲的图4-1中的情况，可在外界负荷降低后将进汽量减小至G_1，使机组稳定在c点工作，新的转速n_c与原转速n_a相比，其变化是很小的。这种调节称为有差调节——即外界负荷改变，调节系统动作达到新的平衡后，转速与原转速存在一个差值。

三、调节系统的基本工作原理及组成

前面已经谈到，在阀门开度不变时，汽轮发电机组的转速将随负荷的变化而变化，于是调节系统就可利用一定的仪器设备感受这种转速变化信号，并将其转换放大，从而达到调节阀门开度即调节功率而转速基本维持不变的目的。大功率汽轮机也有根据功率、加速度信号进行调节的。供热式的汽轮机除了调节转速外，还要调节供汽压力，因此还需感受供汽压力的变化信号。但习惯上仍称这些调节系统为调速系统。生产实际中所采用的调节系统大多是概括上述基本工作原理工作的。为了更好地理解调节系统的基本工作原理，首先分析两个最简单的调节系统。

1. 直接调节系统

图4-2为汽轮机直接调节系统示意图。当负荷减小时则转速升高，使离心调速器的飞锤向外扩张，带动滑环在转轴上向上移动Δx，Δx量的大小，就标志着转速变化的大小。滑环上移通过杠杆使调节阀关小，减小进汽量以适应外界新的负荷。当负荷增大时各机构的动作情况与此相反。该系统的基本原理可用方框图来表示（图4-3）。

在图4-2中，调节汽阀是由调速器本身直接带动的，所以称为直接调节。由于调速器的能量有限，一般难以直接带动调节汽阀，所以应将调速器滑环的位移在功率上加以放大，从而构成间接调节系统。

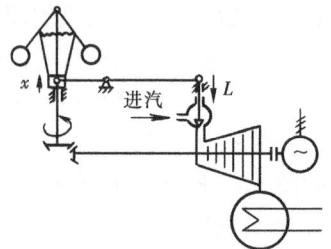

图4-2　直接调节系统

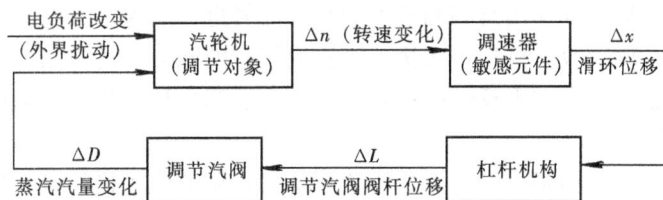

图 4-3　直接调节系统方框图

2. 间接调节系统

图 4-4 是最简单的一级放大间接调节系统。调速器滑环带动的是错油门滑阀，再借助于压力油的作用，使油动机带动调节汽阀。当外界负荷减小使转速升高时，调速器滑环 A 向上移动，通过杠杆带动错油门滑阀上移，使压力油经错油门窗口 a 进入油动机的上腔，其下腔的油经错油门窗口 b 与回油管路相通。于是，油动机活塞在较大的压差作用下向下移动，关小调节汽阀，减小进汽量，使机组功率与外界负荷相适应。在油动机活塞下移时，同时通过杠杆带动错油门滑阀向下移动。当滑阀恢复至居中位置时，压力油不再与油动机相通，活塞停止运动，此时，调节系统达到了新的平衡状态。

油动机活塞的运动是错油门滑阀位移引起的，而活塞位移反过来又影响错油门滑阀的位移，这种作用称为反馈，这里的反馈元件为杠杆。因为这种反馈是要抵消调速器对滑阀的作

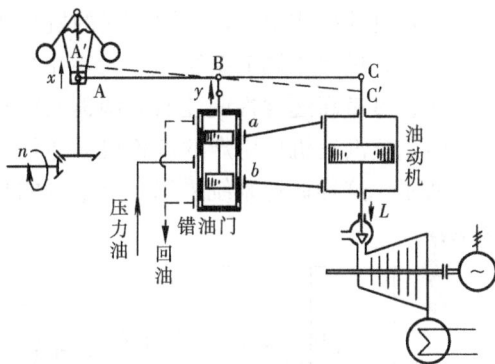

图 4-4　间接调节系统

用的，故称为负反馈。如果没有这个负反馈，油动机将一直运动到死点，因而无法实现稳定的调节。因此，负反馈是间接调节系统中必不可少的环节。

图 4-5 示出了间接调节系统原理方框图。

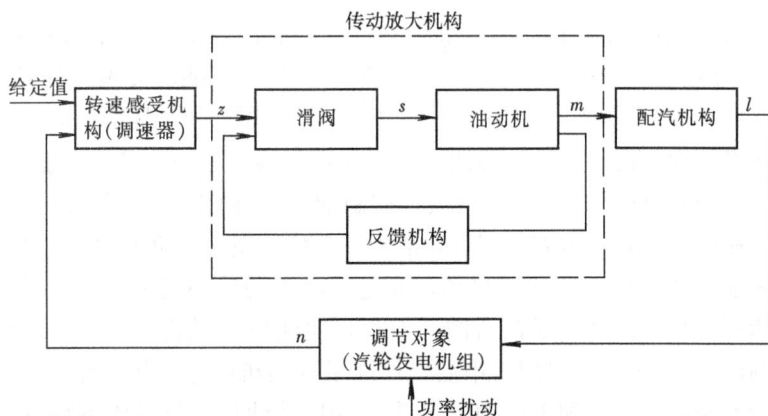

图 4-5　间接调节系统原理方框图

一个闭环的汽轮机自动调节系统可分为下列四个组成部分：

（1）转速感受机构。其作用是感受转速的变化，并将其转变为能使调节系统动作的信号，如位移、油压或电压的变化等。转速感受机构通常又称为调速器。

（2）传动放大机构。其作用是将调速器送来的信号进行放大，并将放大的信号送至执行机构——配汽机构。传动放大机构在向执行机构发信号的同时，还发出一个信号使滑阀复位并使油动机活塞停止运动。实现反馈的设备元件称为反馈机构。负反馈的作用是使调节系统稳定。

（3）执行机构。其作用是接受放大后的调节信号，调节汽轮机的进汽量，即改变汽轮机的功率。

（4）调节对象。对汽轮机调节来说，调节对象就是汽轮发电机组。当汽轮机进汽量改变时，汽轮发电机组发出的功率、转速也发生相应的改变。

第二节　典型国产调速系统简介

汽轮机的型式很多，不同型式的机组所采用的调速系统也各不相同。本节就有代表性的凝汽式汽轮机液压调节系统作一简要介绍。

一、具有高速弹性调速器的调速系统

哈尔滨汽轮机厂生产的汽轮机，通常用机械液压式（高速弹性调速器）调速系统，如图4-6所示。这种调速系统采用高灵敏度的高速弹性调速器作转速感受机构，将转速变化信号

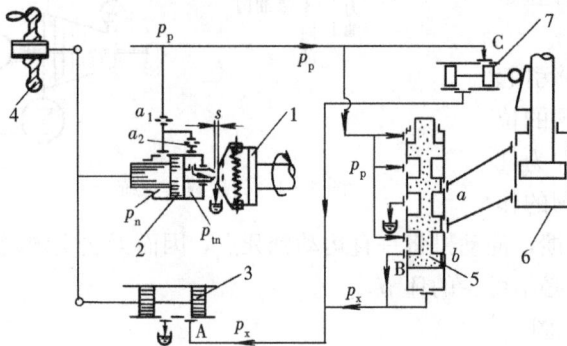

图4-6　高速弹性调速器调速系统
1—调速器；2—随动滑阀（差动滑阀）；3—调速滑阀（分配滑阀）；
4—同步器；5—油动机滑阀；6—油动机；7—反馈滑阀

转换为调速器挡油板位移的变化信号。当机组负荷降低使转速升高时，调速器 1 的重锤由于离心力增加向外伸张，使挡油板右移，随动滑阀 2 的喷油嘴排油间隙增大。压力油经节流孔 a_1 和 a_2 进入随动滑阀左、右侧油室，右侧油室中的油经间隙 s 排向回油。喷管排油间隙增大使得排油面积增加，排油量增大，从而使随动滑阀右侧油室中的油压减小，在压力差作用下，随动滑阀向右移动，通过杠杆作用，使调速滑阀 3 的排油口 A 的面积增大。压力油经过油动机滑阀 5 上的油口 B 和反馈滑阀 7 上的油口C进入控制油路，并经油口 A 排出。由于排油口 A 的面积增大，控制油压 p_x 降低。p_x 降低，使油动机滑阀 5 的上、下油压平衡破坏，在压力差作用下，滑阀 5 下移，使油动机上油室与压力油相通，下油室与排油室相通，油动机活塞向下移动，通过传动机构关小调节汽阀，减小汽轮机的功率。在油动机活塞下移的同时，反馈滑阀 7 右移，使油口 C 的面积增大，即增加了控制油的进油量，控制油压 p_x 上升，滑阀居中后，切断了油动机的进、排油路，调节结束，系统稳定在一个新的平衡状态。滑阀上的油口 B 为一动反馈油口，当滑阀下移时，油口 B 开大使 p_x 上升，从而限制了滑阀的移动速度，使调节过程比较稳定。当调节过程完结之后，B油口保持原大小不变，反馈作用消失。由于这种反馈只在调节系统动作时起作用，故称为动反馈。

当汽轮机功率增加而转速降低时，其调节过程相同而动作相反。

二、径向泵液压调速系统

东方汽轮机厂生产的凝汽式汽轮机，通常采用径向泵液压调速系统。在这种系统中，用径向钻孔式离心油泵（简称径向泵）作为转速感受机构，根据离心泵的工作原理，泵的扬程与转速的平方成正比。

如图 4-7 所示，径向泵的入口、出口分别与压力变换器 2 的上、下部腔室相连。稳定状态时，压力变换器活塞上下的压差与弹簧力相平衡。径向泵出口一次脉动压力油一路通至压力变换器底部；另一路经节流孔 a_o 后，一部分从压力变换器的泄油口 a_n 流回油箱，另一部分从油动机活塞下的反馈泄油口 a_m 泄掉。节流孔 a_o 后所形成的油压称为二次油压（或控制油压）p_x。

当负荷减小而引起汽轮机转速升高时，一次油压 p_1 升高，压力变换器 2 上的力平衡被破坏，活塞上移，泄油口 a_n 变小，二次油压 p_x 升高，错油门滑阀 3 活塞下油压升高使错油门活塞向上移动，打开油口 a 和 b。这样，压力油经油口 a 进入油动机活塞下油室，而上油室与排油相通，油动机在压力差的作用下向上移动，关小调节阀。与此同时，油动机活塞下的反馈套筒将反馈泄油口 a_m 开大，使二次油压 p_x 下降，当 p_x 恢复到原来数值时，滑阀又回到中间位置，油口 a 和 b 重新关闭，油动机停止动作。

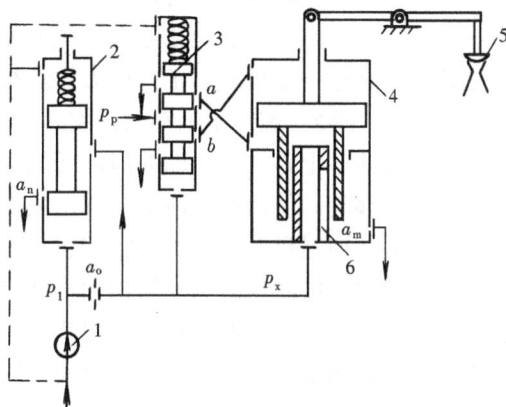

图 4-7　径向泵液压调速系统原理
1—径向泵；2—压力变换器；3—滑阀；
4—油动机；5—调节阀；6—反馈油口

三、旋转阻尼液压调速系统

上海汽轮机厂生产的汽轮机，通常采用旋转阻尼全液压调速系统（见图 4-8）。该系统的转速感受元件为旋转阻尼。旋转阻尼实际上也是一个径向泵，所不同的只是阻尼管中油的流向相反，即油的流向是向心的，其输出油压（一次油压 p_1）也是与转速的平方成正比。从图中可以看出，主油泵出口的压力油除供调速系统作动力油、保安油及注油器的动力油外，还通往三处：一

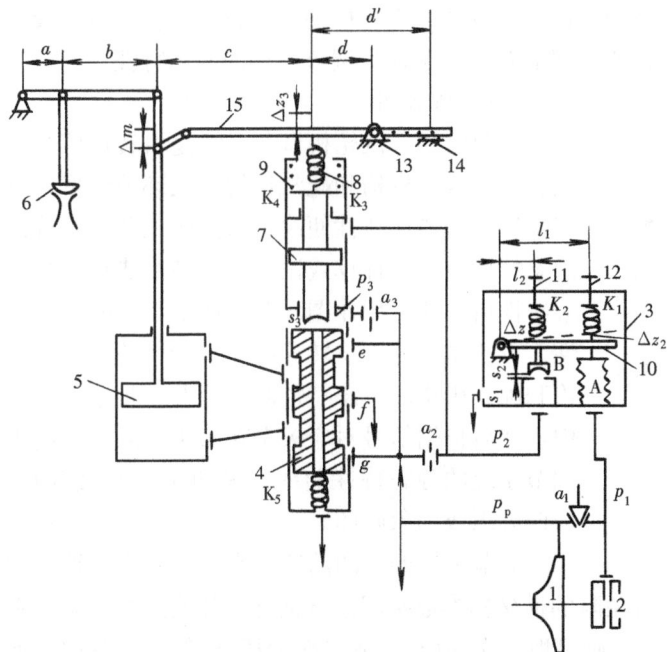

图 4-8　旋转阻尼调速系统
1—主油泵；2—旋转阻尼；3—放大器；4—滑阀；5—油动机；
6—调节阀；7—继动器；8—静反馈弹簧；9—动反馈弹簧；
10—放大器平衡板；11—主同步器；12—辅助同步器；
13—可调支点；14—固定支架；15—反馈杠杆

路经可调针形阀节流后通往旋转阻尼外缘形成一次油压 p_1，然后经阻尼管从轴芯排出；另一路经固定的节流孔 a_2 后形成二次油压 p_2，经蝶阀放大器蝶阀与二次油室间形成的间隙 s_2 泄出；第三路经另一固定的节流孔 a_3 通往错油门活塞 4 的上部油室，形成三次油压（继动油压）p_3，并经继动器所控制的蝶阀与错油门活塞之间的间隙 s_3 后从滑阀中心孔向下排出。

当负荷减小使转速升高时，旋转阻尼管中的油柱所产生的离心力增加，从而使一次油压 p_1 升高。一次油压 p_1 经波纹筒 A 作用在平衡板 10 上，p_1 升高时破坏了平衡板的力平衡，使之逆时针转过一个角度，于是放大器蝶阀 B 的间隙 s_2 增大，二次油的排油量增加，p_2 下降。由于 p_2 下降，破坏了继动器活塞 7 上二次油压作用力与反馈弹簧 8、9 作用力的平衡，于是继动器活塞上移，三次油的泄油间隙 s_3 增大，p_3 下降，错油门活塞 4 在其下部弹簧的作用下向上移动，使油动机活塞下移，关小调节阀，减小汽轮机发出的功率。在油动机活塞下移的同时，通过反馈杠杆 15 使反馈弹簧 8 的拉力减小，继动器活塞下移，三次油压 p_3 恢复到原来数值，滑阀也回到中间位置，这时调节系统在新的工况下达到平衡。压弹簧 9 与继动器外壳固定，当继动器移动时，弹簧作用力的变化限制了滑阀的移动速度及距离，起到了反馈作用；而当继动器复位后，该反馈作用消失，故弹簧 9 为动反馈弹簧。

第三节　汽轮机调节系统的静态特性、动态特性

一、汽轮机调节系统的静态特性

图 4-4 所示的调节系统及第二节所述的各典型调速系统均为有差调节。即稳定工况下，汽轮机功率与转速是一一对应的，较高的转速对应较低的汽轮机功率，较低的转速对应较高的汽轮机功率。这种汽轮机的功率与转速之间的对应关系称为调节系统的静态特性。

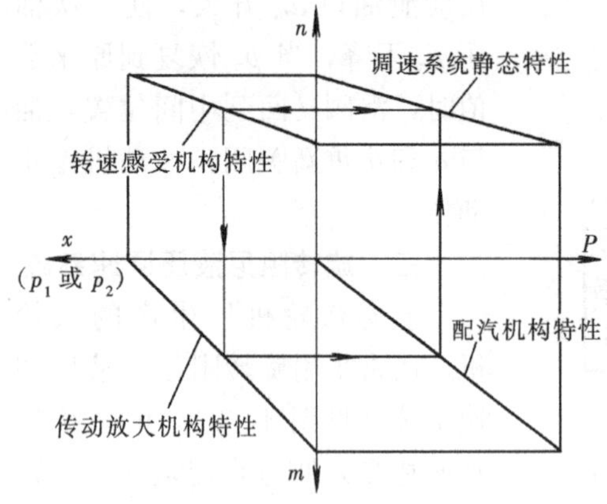

图 4-9　汽轮机调节系统的四方图

（一）四方图

由前已知，汽轮机调节系统是由转速感受机构、中间放大机构和配汽机构三大环节组成，这三个环节的传递特性便决定了汽轮机调节系统的静态特性。通过计算或试验得到各组成环节的静态特性后，便可用作图法获得调节系统的静态特性。方法是：分别将转速感受机构、传动放大机构和配汽机构的静态特性画在第Ⅱ、Ⅲ、Ⅳ象限中，然后根据信号对应关系在第Ⅰ象限中绘制出调节系统的静态特性曲线（见图 4-9），该图称为四方图或四象限图。

调节系统四方图的四个坐标参数中转速、功率和油动机行程是固定的，而第Ⅱ、Ⅲ象限的横坐标参数则因系统而异。如高速弹性调速系统为挡油板位移 x，而旋转阻尼调速系统则可取一次油压 p_1 或二次油压 p_2 等。究竟取用何参数来绘制四方图，一般应根据在试验中易于读取及调整工作中常用的原则来选择。

调节系统四方图中的参数方向一般规定为：转速、功率和油压以增加方向为正；油动机行程以使功率增加方向为正；调速器滑环、压力变换器活塞、蝶阀等部套，以转速增加时位移的方向为正。

（二）速度变动率

由图 4-9 的汽轮机调节系统静态特性曲线可知，对应于汽轮机不同的功率，机组的转速是不同的，静态特性曲线的斜率表明了这种差异。定义：汽轮机空负荷时所对应的最大转速 n_{max} 与额定负荷时所对应的最小转速 n_{min} 之差，与额定转速 n_0 的比值，称为调节系统的速度变动率或速度不等率，通常用 δ 表示，即

$$\delta = \frac{n_{max} - n_{min}}{n_0} \times 100\% \qquad (4-3)$$

速度变动率表示了单位转速变化所引起的汽轮机功率的增（减）量。对并网运行的机组，当外界负荷变化引起电网频率变动时，各机组的调速系统将根据各自的静态特性，自动增、减负荷，以维持电网的周波。这一过程称为一次调频。如果电网频率与额定频率的偏离量为 Δn，那么由调节系统静态特性曲线和速度变动率的定义可求得机组功率改变的相对量为：

$$\frac{\Delta P}{P_0} = \frac{\Delta n}{n_0} \frac{1}{\delta} \qquad (4-4)$$

式中：P_0 为机组的额定功率。上式表明，速度变动率愈大，单位转速变化所引起的功率变化就愈小。因此，速度变动率的大小，对机组安全、稳定运行和参与电网一次调频有着重要影响。

速度变动率愈小，即静态特性曲线愈平坦，则转速变化很小就会引起汽轮机较大的功率变化，使汽轮机的进汽量和蒸汽参数变化较大，机组内各部件的受力、温度应力等都变化很大，将造成寿命损耗，甚至造成部件损坏。因此，调节系统的速度变动率一般不得小于 3.0%。但是，速度变动率也不宜太大，因为过大的速度变动率，一方面使机组参与电网一次调频能力下降；另一方面使调节系统甩负荷后的稳定转速过高，稍有不慎，有可能使甩负荷后最高飞升转速超过危急保安器的动作转速，不利于机组安全和甩负荷后重新并网带负荷。所以，调节系统的速度变动率一般不要超过 6.0%。

综上所述，汽轮机调节系统的速度变动率，应根据机组在电网中所处的地位和安全性方面的要求来确定。对一次调频要求较高的带尖峰负荷机组，速度变动率应取小些，如 $\delta = 3.0\% \sim 4.0\%$；对带基本负荷的机组，速度变动率则应取大些，如 $\delta = 4.0\% \sim 6.0\%$。一般地，速度变动率通常设为 $\delta = 5.0\%$。

在实际调节系统中，转速感受及中间传递放大特性存在着一定非线性。特别是配汽机构，调节汽阀的开度与通流量存在着严重的非线性。虽然经配汽机构校正，但第Ⅳ象限的特性曲线仍有一定的非线性，因而调节系统的静态特性曲线并非是直线，即静态特性曲线上各处的速度变动率并不相同。我们将由式（4-4）定义的速度变动率称为整（总）体速度变动率，而将下式定义的速度变动率称为局部速度变动率：

$$\delta' = \frac{dn}{dP} \frac{P_0}{n_0} \times 100\% \qquad (4-5)$$

事实上，在机组空负荷附近，为便于机组并网操作，要求速度变动率大些，容易控制机组并网前的转速。另外，在机组带初负荷后应有一定的暖机时间，以免刚带负荷后机组加热太快，产生过大的热应力和胀差。为防止电网频率变化对机组带初负荷暖机的影响，通常在机组 0～10% 负荷范围内，对其最大局部速度变动率不作限制。

而在机组满负荷附近，过小的速度变动率在电网频率降低时容易使机组过载，危及机组

的运行安全，所以，在机组满负荷处的速度变动率也应取得大些。一般在 90％～100％负荷范围内，最大局部速度变动率不大于整体速度变动率的 3 倍。

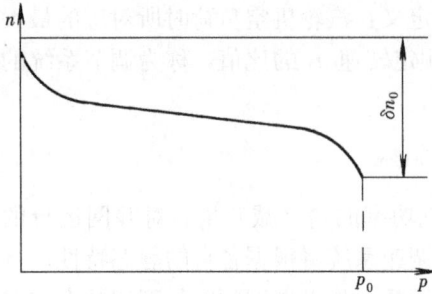

图 4-10　汽轮机调节系统速度变动率分布

因此，调节系统速度变动率在满足整体设计要求条件下，其分布应当是两端大、中间小且无拐点平滑地向右下倾斜，如图 4-10 所示。但中间段的最小局部速度变动率不得小于整体速度变率的 40％。

由调节系统四方图可知，影响速度变动率分布的因素是转速感受、中间传递和配汽机构三大环节，其中配汽机构特性是影响速度变动率中间段分布的主要因素。因为不恰当的调节汽阀开启重叠度有可能使调节系统静态特性线出现拐点。改变调节系统的速度变动率，工程上以改变中间传递特性曲线的斜率为主。第Ⅲ象限特性线愈陡，亦即斜率的绝对值愈大，则对应于一次控制信号的范围及速度变动率就愈小。

（三）迟缓率

在汽轮机调节系统中，相对运动部件间不可避免地存在动、静摩擦；机械传动机构中存在着旷动间隙；滑阀存在一定的盖度。这些非线性因素的存在，使转速感受特性和传递特性发生畸变，最终表现在静态特性曲线上，使之偏离理想的一一对应特性。对图 4-4 所示的调节系统，在转速升高时为使调速器滑环移动，飞锤离心力增量的一部分必须首先克服滑环移动的静摩擦力，方能使杠杆转动。而杠杆的转动量必须大于旷动间隙和错油门滑阀的盖度，方能开启油动机活塞腔室的进、排油口使活塞运动，关小调节汽阀、减小机组功率。很明显，机组功率的减小量小于式(4-4)得的理想值。相反地，在电网频率降低时，这些非线性因素的作用，使机组功率的增加量小于式(4-4)得的理想值。这种机组增负荷和减负荷特性曲线不重合的现象称为迟缓。迟缓在四方图上的表示如图 4-11所示。

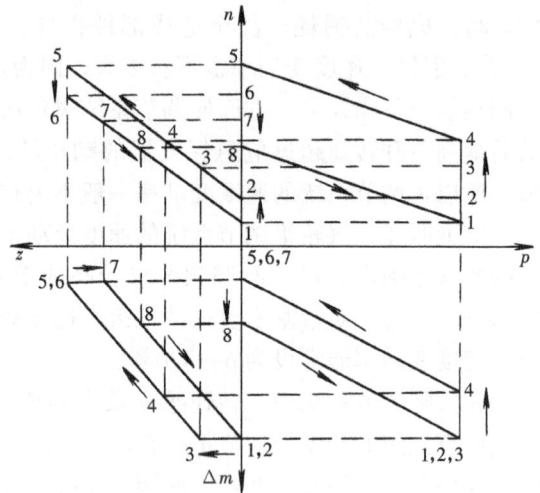

图 4-11　调节系统的迟缓在四方图上的表示

我们定义：在调节系统增、减负荷特性曲线上，相同功率处转速偏差 $\Delta n = n_1 - n_2$ 与额定转速 n_0 的比为调节系统的迟缓率，通常用 ε 表示，即

$$\varepsilon = \frac{|n_1 - n_2|}{n_0} \times 100\% = \frac{|\Delta n|}{n_0} \qquad (4-6)$$

迟缓率对调节系统的控制精度和机组的稳定运行产生不良影响。在汽轮机单机运行时，机组的功率决定于外界的电负荷。在某一稳定负荷下，迟缓率的存在将会使机组的转速在 $\Delta n = \varepsilon n_0$ 范围内漂移，引起机组转速波动，如图 4-12（a）所示。如果迟缓率为 $\varepsilon = 0.5\%$，

则对应的转速波动的幅度为 $\Delta n=15\mathrm{r/min}$，相当于供电频率有 $0.25\mathrm{Hz}$ 的波动。

在多台机组并列运行时，机组的转速决定于电网的频率，当电网的频率一定时，迟缓率存在将会引起机组功率晃动，如图 4-12（b）所示。由速度变动率和迟缓率的定义可知，功率晃动的幅度为 $\Delta P=\dfrac{\varepsilon}{\delta}P_0$。迟缓率 ε 愈大、速度变动率 δ 愈小，功率晃动的幅度就愈大。所以，为提高调节系统的控制精度和运行稳定性，要求迟缓率 ε 尽可能小。由于迟缓率难以避免，故希望速度变动率不宜过小。

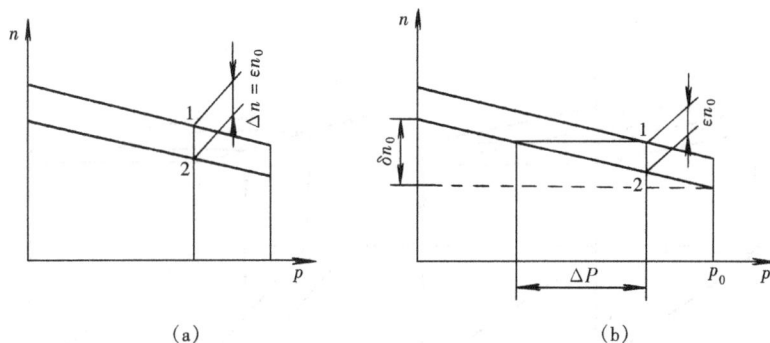

图 4-12 调节系统迟缓对汽轮机运行的影响

由于机械液压调节系统的机械传动和液压放大环节较多，故迟缓率相对较大，但通常要求机械液压调节系统的迟缓率小于 0.6%。电液调节系统，特别是采用高压抗燃油的数字电液调节系统，液压控制回路很简单，减少了产生迟缓的中间环节，故迟缓率较小，一般要求电液调节系统的迟缓率小于 0.2%。

（四）同步器与静态特性曲线平移

1. 同步器的作用

由调节系统的静态特性已知，机组在不同功率下所对应的转速是不等的。汽轮机在额定转速 n_0 下单机运行时，当机组的功率由 P_1 增加到 P_2 时，一次调频的结果使汽轮机的转速由 n_0 降低到 n_2，如图 4-13 所示。很明显，调节系统仅有一次调频功能是不能满足优良供电品质要求的。当外界电负荷增大到 P_2 后，若能使静态特性曲线向上平移到 C 点，那么在机组功率增大后又能保证机组的转速仍为额定转速，即供电频率维持在额定值。因此，在单机运行时要求有一个能平移静态特性线的装置。

在汽轮机并列运行时，若电网的频率基本不变，则机组所承担的负荷也就基本不变。因此，在机组并网带负荷时，也应有一能平移静态特性线的装置，在并列运行的机组间进行负荷的重新分配。这种能平移调节系统静态特性线的装置称为同步器，其主要作用是：

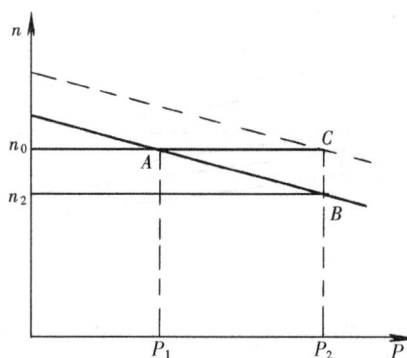

图 4-13 单机运行时同步器的作用

（1）单机运行时，启动过程中提升机组转速到达额定值；带负荷运行时可以保证机组在任何稳态负荷下转速维持在额定值。

(2) 并列运行时，用同步器可改变汽轮机功率，并可在各机组间进行负荷重新分配，保持电网频率基本不变。这个过程称为二次调频。

由此可见，在同步器平移静态特性线后，在调节系统四方图的第 I 象限是一簇相互平行的曲线。平移调节系统的静态特性线，可以通过平移转速感受特性线，即将第 II 象限中的转速感受特性线上、下平移，如图 4-14 (a) 所示。也可平移中间传递放大特性线来实现，即将第 III 象限中的传递特性线左右平移，如图 4-14 (b) 所示。前者称为第一类同步器，后者称为第二类同步器。目前，实际使用中以第二类同步器为主。

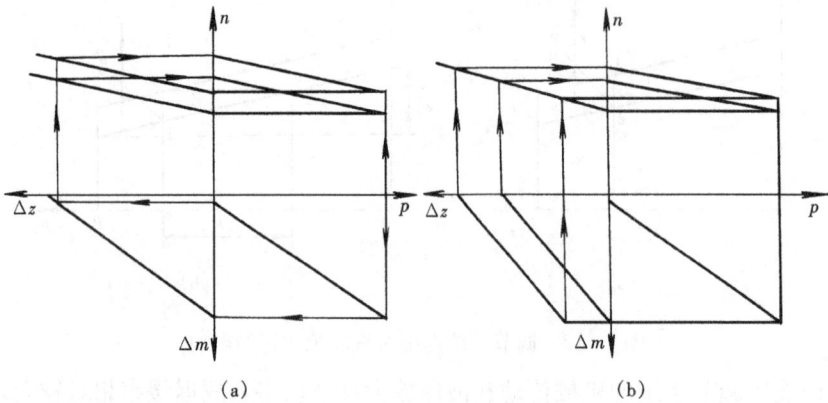

图 4-14　同步器平移静态特性曲线
(a) 第一类同步器；(b) 第二类同步器

2. 同步器的调节范围

根据同步器提升转速和调节机组负荷的作用，同步器平移静态特性线的调节范围，除了在额定蒸汽参数和电网周波下能顺利地将机组加载到满负荷和卸载到空负荷外，还应充分考虑蒸汽参数、真空和电网周波等在允许范围内变化时，也能完成上述功能。所以应为这些因素变化预留足够的调节范围。

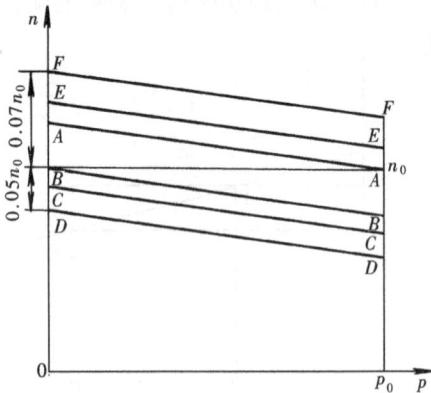

图 4-15　同步器的调节范围

(1) 同步器最小调节范围。为使机组在正常蒸汽参数、额定转速时能带满负荷，并能通过操作同步器卸去全部负荷，同步器的最小调节范围至少为 δ，即图 4-15 中 $AA \sim BB$ 所示范围。

(2) 静态特性线的下限位置。下限工作位置的设置应考虑电网频率降低、蒸汽参数升高及真空上升等运行因素，并为机组并网前操作留有一定操作空间。当电网频率低于额定值时，若仍能使机组维持空负荷运行，则应能将静态特性线下移至图 4-15 中 CC 位置，方可进行并网带负荷操作，以及机组并列运行时用同步器卸去全部负荷维持空转运行。

当新蒸汽参数升高或真空上升时，在同一调节汽阀开度或油动机活塞行程 Δm 下，汽轮机的进汽量和理想比焓降增大，机组功率上升，相当于配汽机构特性线向右上方平移，对应于此工况的空转调节汽阀开度就要减小。如果此工况与电网频率降低同时发生，静态特性曲线在 CC 位置处是不能维持空转运行的。因此，静态特性线还应下移至图 4 - 15 中 DD 位置。此外，还应为机组并网前的操作留有足够的空间，在图 4 - 15 中 DD 线下还应有一定的调节空间。综合考虑这些情况后，同步器调节的下限位置通常设在为额定转速下－5.0%处。

（3）静态特性线的上限位置。上限位置的设定主要考虑电网频率升高和新蒸汽参数降低、真空恶化工况。在电网频率升高时，为能使机组带满负荷运行，静态特性曲线必须平移至图 4 - 15 中的 EE 位置。在低新蒸汽参数、低真空工况下，配汽机构特性线向左下方平移，为使机组在此种工况下电频率升高时仍能带满负荷运行，静态特性线必须能上移至图 4 - 15 中的 FF 位置。通常要求同步器调节的上限位置不小于 $[\delta+（1\sim2）\%]$。对于一般机组，速度变动率取为 5.0%，则同步器调节的上限位置取为 7.0%。

二、汽轮机调节系统的动态特性

（一）动态特性基本概念

汽轮机调节系统是由多个环节组成的复杂闭环系统，部件运动惯性、油流流动阻力和蒸汽中间容积等的存在，使得调节系统由一个稳定工况到另一稳定工况时经历着复杂的过渡过程。图 4 - 16 是汽轮机调节系统甩负荷工况下较为典型的转速动态响应的过渡过程曲线。其中，a 为无振荡的单调过渡过程，b 为小幅振荡快速衰减的过渡过程，c 为大幅振荡慢衰减过渡过程。在调节系统各环节的参数选取不当，也有可能产生持续振荡而无法正常工作。为使机组满足优良供电品质、参与电网一次调频的要求，调节系统应灵敏、快速地响应各种扰动，并平稳地进行调节。为保障机组甩负荷工况下的安全，必须要求调节系统能快速地全行程动作。因此，对汽轮机调节系统

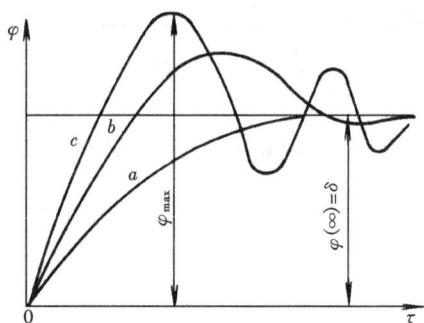

图 4 - 16 甩负荷后转速的过渡过程

的动态特性必须提出稳定性要好、过渡过程中超调量要小、振荡次数要少及过渡过程调整时间要短的要求。这里简要地介绍调节系统动态特性的一些基本概念，并讨论影响调节系统动态特性的主要因素。

1. 稳定性

汽轮机运行中，当受到扰动激励离开原来的稳定工况后，能很快地过渡到新的稳定工况，或扰动消失后能回复到原来的稳定工况，这样的调节系统是稳定的。对于实际的调节系统，除满足稳定性基本要求外，还应留有一定的稳定性余度。

2. 动态超调量

对于汽轮机调节系统，甩负荷过程中被调量转速的动态超调量 σ 可表示为

$$\sigma = \frac{\varphi_{max} - \delta}{\delta} \times 100\% \qquad\qquad (4 - 7)$$

式中 φ_{max}——最大飞升转速的相对量，即 $\varphi_{max} = \dfrac{n_{max} - n_0}{n_0}$。

为在机组甩负荷工况下，转子的转速飞升不致使超速保安器动作，甩负荷后的最高飞升转速 n_{max} 应低于超速保安器整定的动作转速。

3. 静态偏差值

汽轮机单机运行时，负荷改变将引起机组转速变化。机组在额定功率下从电网中解列、甩去全部负荷后，转速的静态偏差值就是甩负荷后的稳定转速与额定转速的差，即 $\varphi(\infty)=\delta$。由调节系统的静态特性可知，机组甩负荷的数量不同，静态偏差值是不等的。

4. 过渡过程调整时间 τ

扰动作用于调节系统后，从响应扰动开始到被调量达到基本稳定所经历的时间称为过渡过程调整时间。评定被调量是否达到稳定，通常用被调量与静态偏差值的误差 Δ，当

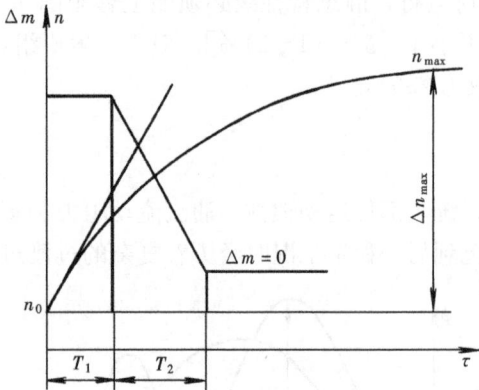

图 4-17　调节系统甩负荷动态特性估算

$|\varphi(\tau)-\varphi(\infty)|<\Delta$ 时，即认为被调量已达到稳定。在汽轮机调节系统动态特性分析中，通常将允许偏差 Δ 取为静态偏差值的 5%，即 $\Delta=5\%\delta n_0$。很明显，我们要求调节系统的过渡过程调整时间尽可能短些，一般为数秒或数十秒，最长不应超过 1min。

(二)影响甩负荷动态特性的主要因素

影响汽轮机调节系统动态特性的因素来自于机组本体设备（如再热器等的中间容积、转子等）和调节系统部件两个主要方面。研究表明：机组甩负荷后最大动态飞升转速（如图 4-17 所示）可由下式来估算：

$$\Delta n_{max}=\frac{n_0}{T_a}\left[\lambda\left(T_1+\frac{1}{2}T_2\right)+T_v\right] \qquad (4-8)$$

$$T_a=\frac{I\pi n_0}{30M_{T0}} \qquad (4-9)$$

$$T_v=\frac{\sum W_i}{P_0} \qquad (4-10)$$

式中　λ——甩去负荷的百分率；

T_1、T_2——油动机动作的滞后时间和关闭时间；

T_a——转子时间常数；

I——汽轮发电机组转子的转动惯量；

M_{T0}——汽轮机的额定转矩；

T_v——蒸汽中间容积时间常数；

$\sum W_i$——各中间容积中蒸汽的膨胀功；

n_0、P_0——机组的额定转速和额定功率。

1. 本体设备对动态特性的影响

(1) 转子时间常数 T_a。转子时间常数 T_a 表示了转子的转动惯量与额定转矩的相对大小。转子的惯性愈大，甩负荷后的最大飞升转速就愈小。随着机组容量的增大，机组转矩增加较转子惯性增大来得快，故大型机组的转子时间常数小于小型机组，一般大型机组的转子时间常数约为 8~9s。

(2) 蒸汽中间容积时间常数 T_v。蒸汽中间容积时间常数 T_v 表示了中间容积内蒸汽的做功能力与机组额定功率的比值。T_v 愈大，表明中间容积内蒸汽的做功能力愈强，那么机

组甩负荷后，即使调节汽阀全部关闭，各中间容积内的蒸汽继续膨胀做功，也会使机组转速额外飞升。因此，在导汽管及调节汽室的结构与布置设计时应尽可能减小蒸汽中间容积。对于中间再热机组，为避免再热器蒸汽中间容积对甩负荷特性的影响，蒸汽在中压缸的进汽口前设置中压调节汽阀和中压主汽门。在大型机组中，导汽管及调节汽室的蒸汽中间容积时间常数约为 $0.2 \sim 0.25\,\mathrm{s}$，再热器蒸汽中间容积的时间常数约为 $9\mathrm{s}$ 左右。

2. 调节系统对动态特性的影响

（1）速度变动率。速度变动率对调节系统的动态特性有重要影响。δ 愈大，则单位转速变化所产生的调节汽阀的关闭量就愈小，使机组在甩负荷工况下调节汽阀的关闭时间延长，最高飞升转速增高。另一方面，大的速度变动率将减缓油动机的关闭速度滞后于转子转速飞升的时间，从而减小动态超调量和过渡过程的振荡次数，缩短过渡过程的调整时间。相反地，小的速度变化率，使油动机的关闭速度滞后于转子的转速飞升，尽管最高飞升转速不大，但动态超调量较大，从而使过渡过程的振荡次数增多，调整时间延长。速度变动率对调节系统甩负荷特性的影响如图 4-18 所示。

（2）油动机时间常数 T_m。油动机的时间常数是在错油门油口最大开度时，油动机活塞走完关闭全行程所需的时间，表明了油动机的动态关闭性能。油动机的时间常数愈大，油动机的关闭速度滞后于转速飞升就愈大，进而导致动态飞升增加、过渡过程的振荡次数增多。

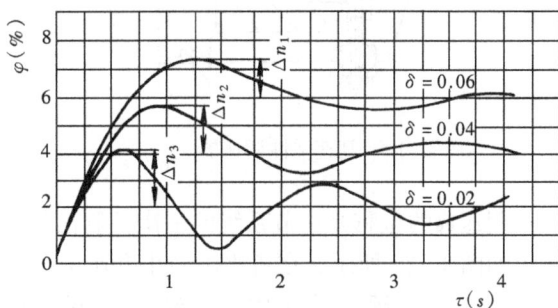

图 4-18 速度变动率对甩负荷动态特性的影响

（3）迟缓率 ε。调节系统的迟缓率对稳定性和甩负荷动态特性均产生不利影响。迟缓率存在时，只有当转速飞升量超过迟缓值后方能使油动机动作，反映在式（4-8）中油动机的动作滞后时间上，不仅使动态飞升转速增加，而且使动态偏差增大，从而过渡过程的振荡次数增多和调整时间延长，严重时可能产生不衰减振荡；另外，迟缓的存在，也是调节系统不稳定晃动等动态故障的重要原因。

第四节 汽轮机液压调节系统

一、转速感受机构

转速感受机构是将速度信号转变为一次控制信号的元件。在汽轮机调节系统中，转速感受机构主要有机械、液压和电子式三类。本节只介绍机械式和液压式。

1. 高速弹性调速器

高速弹性调速器的结构如图 4-19 所示，它是由重锤、弹簧板、弹簧和调速块等组成。该调速器安装于汽轮机转子的前端，与汽轮机主轴一同旋转。重锤的离心力与弹簧拉力及弹簧板的张力相平衡。在机组转速改变时，重锤离心力的变化使弹簧伸长或缩短及弹簧板外张或内合，从而使弹簧板前端的调速块产生前、后轴向位移。由于重锤的回转半径远大于弹簧的伸长量，故调速块的位移仅与转速有关。

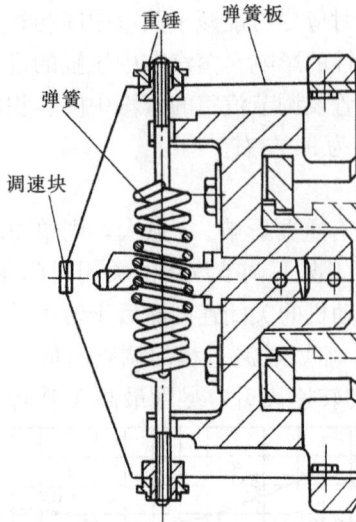

图 4-19　高速弹性调速器

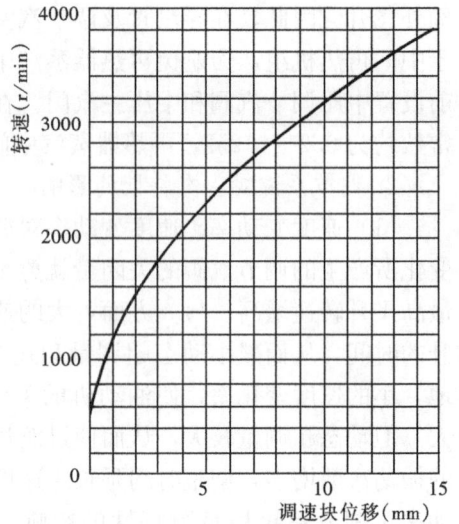

图 4-20　高速弹性调速器特性曲线

调速块的位移是调节系统的一次控制信号。它与转速之间的关系，即调速器的静态特性曲线如图 4-20 所示。在机组由静止升速至额定转速 3000r/min 时，调速块的水平轴向位移约为 9mm。在额定转速附近，转速与调速块的位移近似于线性关系，其灵敏度为每 150r/min 时为 1mm。该型调速器具有无动静接触部件、灵敏度高、迟缓小、稳定性好和全行程调节的优点，但现场维修与调试不甚方便。

2. 径向钻孔脉冲泵

径向钻孔脉冲泵，或称径向脉冲泵，简称为径向泵或辐向泵。它是一种基于离心泵工作原理的转速感受器，由泵轮、稳流网和壳体等组成，其结构如图 4-21 所示。泵轮上均匀分布地钻有等孔径的径向油孔，油流由泵轮中心进入，泵的出口油压为调节系统的一次控制信号。由离心泵的工作原理可知，油泵出口处的压力为

$$p_2 = p_{10} + \int_{R_1}^{R_2} \rho \omega^2 r dr = p_{10} + \frac{1}{2}\rho\omega^2(R_2^2 - R_1^2) \tag{4-11}$$

式中　R_1、R_2——分别为泵轮内外半径。

径向泵的压增为

$$\Delta p = p_2 - p_{10} = \frac{1}{2}\rho\omega^2(R_2^2 - R_1^2) \tag{4-12}$$

这种转速感受器具有结构简单、制造维修方便、灵敏度高及迟缓小的优点；并且这种泵的特性线较平坦，如图 4-22 所示，所以在泵的负载流量增大时，泵的压增特性基本不变。对于小型汽轮机，径向脉冲泵还可兼作主油泵来使用。这种转速感受器的主要不足在于有时会出现油压低频周期性波动，从而引起整个调节系统晃动，影响机组的稳定运行。因此，在泵轮外设置一个稳流网，其作用是抑制油泵出口的高频油压脉动。径向钻孔脉冲泵的灵敏度通常为每 150r/min 时 585kPa。

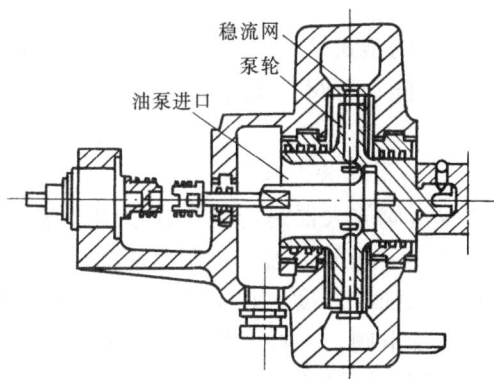

图 4 - 21 径向钻孔脉冲泵

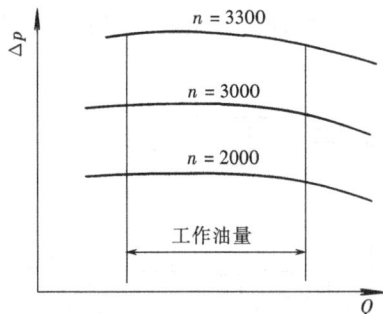

图 4 - 22 脉冲泵特性曲线

3. 旋转阻尼器

旋转阻尼器也是一种基于离心泵工作原理的转速感受器,它主要由阻尼管、油封环(或稳流网)、壳体及针形阀等组成,其结构如图 4 - 23 所示。旋转阻尼器与径向泵的差别,主要在于旋转阻尼器的供油来自于主油泵的压力油,经针形阀节流降压进入 A 腔室,然后经阻尼管径向向内流动,最后排至回油系统。A 腔室的油压即为调节系统的一次控制信号。

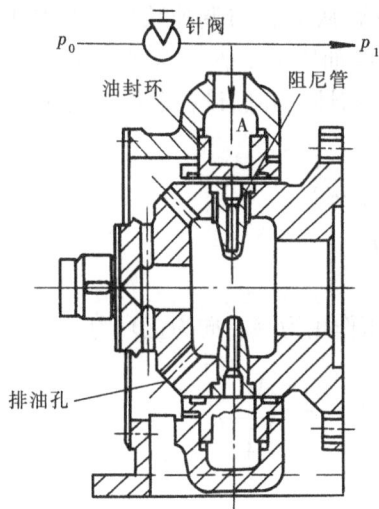

图 4 - 23 旋转阻尼器

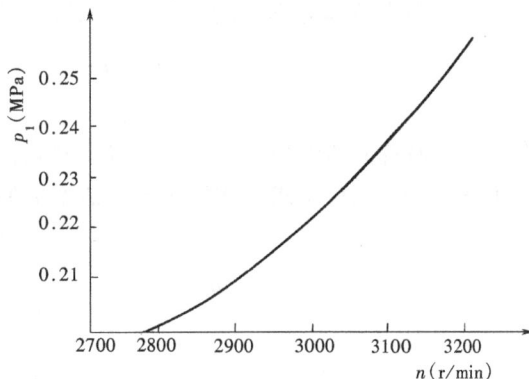

图 4 - 24 旋转阻尼器的特性曲线

同样地,阻尼管外端处的压力为

$$p_1 = \frac{1}{A} \int_{R_1}^{R_2} \rho \omega^2 A(r) \mathrm{d}r \tag{4 - 13}$$

式中 A——阻尼管外端面的通流面积。

很明显,阻尼管内油液的离心力起着阻止通过针形阀流量的作用。当机组转速升高时,阻尼管外端处的压力升高,通过针形阀的流量就会减小。旋转阻尼器的特性曲线如图 4 - 24 所示。旋转阻尼器有着与径向脉冲泵相似的特点,但因旋转阻尼器的供油来自主油泵,主油泵出口油压的波动有时对一次控制油压产生显著影响。另外,油封环的磨损很容易引起一次控制油压波动,造成调节系统晃动。旋转阻尼器的灵敏度小于径向脉冲泵,一般为每 150r/min 时 22kPa。

二、中间放大器

对不同的转速感受机构，与之配套的中间放大器的型式是不同的，主要有压力控制式和流量控制式两种。这里仅介绍液压调节系统中常用的随动滑阀、碟阀放大器和压力变换器三种中间放大元件。

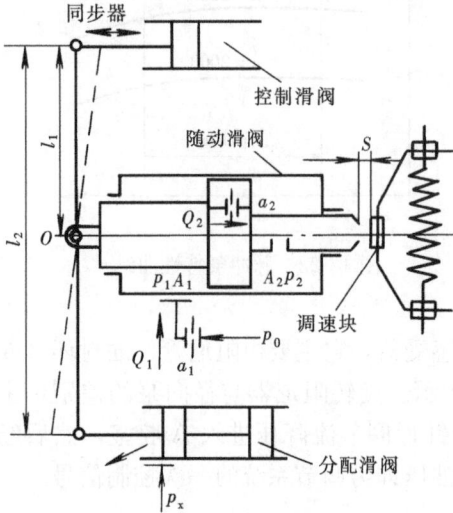

图 4-25　随动滑阀

1. 随动滑阀放大器

随动滑阀放大器是与高速弹性调速器配套的调节系统第一级放大器，将调速块的位移放大为分配滑阀的油口开度。它主要由随动滑阀、控制滑阀和分配滑阀、杠杆等组成，它的作用是将调速块的位移非接触地转变为分配滑阀的油口开度。同步器作用在控制滑阀上，使杠杆以随动滑阀为支点转动，通过改变分配滑阀油口的开度，起到平移传递特性曲线的作用。

随动滑阀的关键部件是差动活塞，其工作原理如图 4-25 所示。压力油经节流孔 a_1 进入活塞左侧腔室，然后经活塞上的节流孔 a_2 进入活塞的右侧腔室，最后从喷管与调速块的间隙中排出。活塞两侧腔室的油压 p_1、p_2 决定于节流孔 a_1、a_2 和喷管与调速块的间隙 s。为简化分析，略去油液的可压缩性，并假设各油口的流量系数均相等。那么，根据流体力学理论，建立下列流量平衡方程：

$$a_1\sqrt{(p_0-p_1)}=a_2\sqrt{(p_1-p_2)}$$
$$a_2\sqrt{(p_1-p_2)}=a_3\sqrt{p_2}$$

式中　a_3——喷管泄油面积，$a_3=s\pi D$，D 为喷管的直径。

由上述流量平衡便可求得作用于差动活塞上的净油压作用力（右向为正）为

$$F_{\mathrm h}=A_1p_1-A_2p_2=\frac{A_1\left[1+\left(\dfrac{a_3}{a_2}\right)^2\right]-A_2}{\left(\dfrac{a_2}{a_1}\right)^2\left(\dfrac{a_3}{a_2}\right)^2+\left(\dfrac{a_3}{a_2}\right)^2+1} \tag{4-14}$$

式中　A_1、A_2——分别为差动活塞左、右侧面积。

差动活塞在平衡状态下，作用其上的净油压作用力应等于零，即 $A_1p_1=A_2p_2$。要提高随动滑阀的动作灵敏性，必须要求 $F_{\mathrm h}$ 在平衡位置附近相对于间隙 s 的变化率尽可能大，从而使间隙 s 微量改变就能产生很大的差动力，使之克服随动滑阀及分配滑阀上的动、静摩擦力，快速地响应调速块位移的改变。研究表明：当 $A_1=\dfrac{1}{2}A_2$ 时，在差动活塞平衡位置附近 $F_{\mathrm h}$ 相对于 s 的变化率为最大值。所以在稳态时，$p_2=\dfrac{1}{2}p_1$。

由杠杆传动关系可得，随动滑阀放大器的静态特性是

$$\Delta Z=\frac{l_2}{l_1}\Delta s \tag{4-15}$$

式中　ΔZ——分配滑阀位移。

2. 波形筒—碟阀放大器

波形筒—碟阀放大器是与旋转阻尼转速感受器配套的调节系统第一级放大器，它是由波形筒、碟阀、杠杆等部件组成，其原理性结构如图 4-26 所示。

波形筒—碟阀放大器的输入信号为一次油压 p_1，输出信号为二次油压 p_2，通过杠杆力平衡的变化，达到改变碟阀间隙、变换和放大油压信号的作用。杠杆上的作用力是向上的一、二次油压力，向下的是主、辅同步器及波形筒的弹簧力。

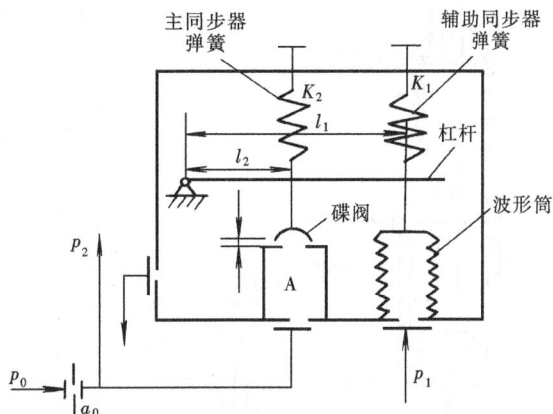

图 4-26 波形筒—碟阀放大器

来自主油泵的压力油经节流孔 a_0 供到碟阀腔室 A，然后经碟阀间隙 s 排出，在腔室 A 中形成二次油压 p_2。由流量平衡方程求得

$$p_2 = \frac{1}{\left(\frac{a_2}{a_0}\right)^2 + 1} p_0$$

式中　a_2——碟阀泄油面积，$a_2 = \pi d_1 s$，d_1 为碟阀直径。

很明显，碟阀间隙 s 增大时，二次油压 p_2 下降。p_2 与 s 为二次曲线关系，在选定碟阀直径 d_1 时，应根据 p_2 在预定的变化范围内能使 p_2 与 s 能接近直线关系。

当来自旋转阻尼器的一次油压 p_1 上升时，波形筒底座上的油压作用力增大，杠杆向上转动，碟阀间隙 s 增大，引起二次油压 p_2 下降。在碟阀间隙增大时，同步器及波形筒向下的弹簧力增大。当杠杆上一、二次油压作用力与弹簧力的改变量的总和为零时，碟阀的间隙达到新的平衡状态，从而建立起一、二次油压的对应关系。杠杆的力矩平衡方程为

$$K_1 l_1 \Delta z_1 + K_2 l_2 \Delta z_2 = \Delta p_1 l_1 \frac{\pi}{4} d_h^2 + \Delta p_2 \frac{\pi}{4} d_1^2 l_2 \qquad (4-16)$$

式中　K_1、K_2——辅、主同步器弹簧刚度；

　　　Δz_1、Δz_2——辅、主同步器弹簧的压缩量；

　　　d_h——波形筒底座直径；

　　　d_1——碟阀直径。

在实际调节范围内，碟阀间隙改变量 Δs 很小，所以弹簧变形量 ΔZ_1、ΔZ_2 也很小，可以忽略不计，由此可得

$$\Delta p_1 l_1 d_h^2 = -\Delta p_2 l_2 d_1^2$$

则碟阀放大器的放大比 β 为

$$\beta = \frac{\Delta p_2}{\Delta p_1} = -\frac{l_1 d_h^2}{l_2 d_1^2} \qquad (4-17)$$

同步器的弹簧力作用在杠杆上，起到改变碟阀间隙、平移传递特性曲线的作用。

3. 压力变换器

压力变换器，又称调速器滑阀，是与径向脉冲泵转速感受器配套的调节系统第一级放大器。它主要由滑阀、主弹簧、辅弹簧、滑阀套筒等组成，其原理性结构如图 4-27 所示。通

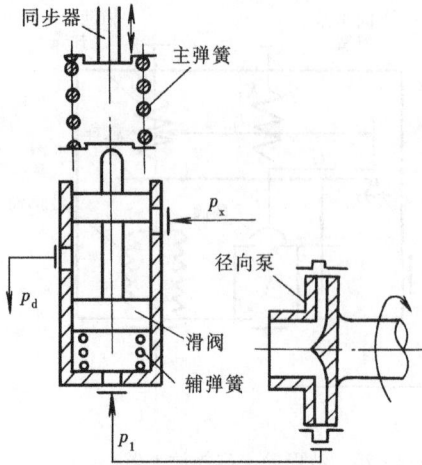

图 4-27　调速器滑阀

过作用在滑阀端面上油压作用力的平衡，将一次油压信号转变为滑阀的位移和控制油路泄油口的开度的变化。同步器通过改变滑阀上的弹簧预紧力起到平移传递特性曲线的作用。

在汽轮机的转速升高时，径向脉冲泵的一次油压上升，增大滑阀底部端的油压作用力，滑阀上移。当滑阀上油压作用力的改变量与弹簧力的改变量相等时，滑阀达到新的平衡状态，从而建立起一次油压与滑阀行程的一一对应关系。为消除径向脉冲泵进口油压波动对调节系统工作的影响，通常将压力变换器滑阀的顶部腔室与油泵的进口油路相接，这样使滑阀仅感受油泵的压增。

由滑阀的力平衡求得控制油路泄油口开度 s 的改变量与一次油压 p_1 或同步器行程 z_1 的关系：

$$A\Delta p_1 - K_1\Delta z_1 = (K_1 + K_2)\Delta s \tag{4-18}$$

式中　A——滑阀底部端面面积；
　K_1、K_2——主、辅弹簧的刚度。

三、油动机

(一) 油动机的基本原理

油动机，又称液压伺服马达，是汽轮机调节系统中驱动调节汽阀的执行机构。它能自动、连续，精确地复现来自中间放大环节输入信号的变化规律，使调节汽阀的开度达到并保持在预定的控制状态。油动机具有惯性小、驱动力大、动作快，能耗低的突出优点，这是目前电磁式驱动机构不可比拟的。

油动机是一个典型的反馈控制位置随动系统，主要由错油门、油动机活塞（或称油缸）及反馈机构等组成，其原理性框图如图 4-28 所示。其中，错油门起着控制进、出油动机活塞腔室的流量或活塞运动速度的作用；静反馈起到消除静态偏差

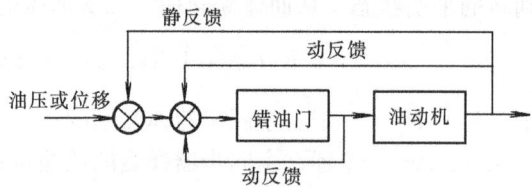

图 4-28　油动机原理方框图

的作用，使油动机活塞的行程与输入信号保持一致；动反馈起着消除动态超调、抑制过渡过程振荡的作用。尽管油动机有多种型式，但我国电站汽轮机调节系统中主要采用断流式双侧进油或单侧进油两种型式油动机，其原理性结构如图 4-29 所示。断流式油动机是指油动机活塞静止不动时，错油门的滑阀遮断油动机活塞腔室的供、回油油口。双侧进油油动机的活塞运动、开启或关闭，都依靠压力油推动；而单侧进油油动机在开启时需压力油推动，但关闭时依靠弹簧力。为减少单侧进油油动机关闭时的回油量，有时将活塞下腔室的回油经错油门排至活塞的上腔室。

对油动机的性能评价，在静态方面是提升力系数，在动态方面是时间常数。下面以双侧进油油动机为例说明这两个性能指标。

1. 最大提升力和提升力系数

在图 4-29 中，当错油门滑阀偏离居中位置下移时，油动机活塞的下腔室与压力油路相通，而上腔室与回油管路相通。如果油动机的活塞静止不动，此时油动机活塞上、下腔室的油压分别为回油压力 p_d 和压力油压 p_0。油动机活塞上产生最大推动力，即产生开启汽门的最大提升力：

$$F_{qmax} = p_0 A_b - p_d A_u$$

式中 A_u、A_b——分别为活塞上下端面的油压有效作用面积。

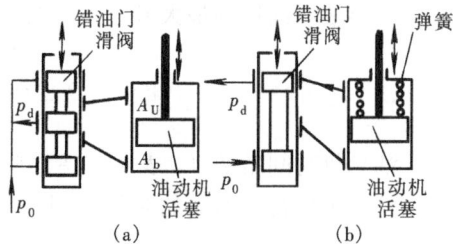

图 4-29 油动机的原理图
(a) 双侧进油油动机；(b) 单侧进油油动机

在油动机活塞运动时，活塞的上、下腔室就会吸油和排油，错油门油口和各自对应的油路的流动阻力产生压降，使进油腔室的压力低于压力油压 p_0，排油腔室的压力高于回油压力 p_d，这样使油动机的提升力 F_q 小于 F_{qmax}，活塞的运动速度愈大，F_q 就愈小。

一般地，油动机活塞是通过杠杆或凸轮传动机构带动调节汽阀开启或关闭的。这样，作用在汽门上的实际提升力应作传动比修正。为描述油动机开启汽门的能力，定义：

$$提升力系数 = \frac{油动机的最大驱动力 \times 传动比系数}{开启汽门所需的最大提升力} \tag{4-19}$$

由于油动机活塞及传动机构运动时不可避免存在摩擦，汽门及门杆在热态时存在一定的卡涩力，为保证在各种恶劣工况下均能平稳开启汽门，油动机的提升力必须留有足够的富裕量，通常要求油动机的提升力系数大于 2，有时甚至达到 4。

2. 油动机时间常数

在油动机活塞运动时，活塞移动产生的上、下腔室的容积变化，在油液不可压缩假设下，由流体力学基本方程，可以得出进油容积流量 Q_1：

$$Q_1 = \mu a_s \sqrt{\frac{2}{\rho}(p_0 - p_1)} = \mu n s b_s \sqrt{\frac{2}{\rho}(p_0 - p_1)} = A'_m \frac{dm}{d\tau} \tag{4-20}$$

式中 A'_m——进油侧活塞的有效面积；

n、s、b_s、a_s——分别为错油门对应油口的个数、开度、宽度和通流面积；

μ——油口的流量系数，一般取 $\mu = 0.7$；

m——油动机活塞的行程；

p_1——进油侧油动机活塞下油压。

以 A''_m 表示排油侧活塞面积，同理可得排油侧的流量 Q_2：

$$Q_2 = \mu n s b_s \sqrt{\frac{2}{\rho}(p_2 - p_d)} = A''_m \frac{dm}{d\tau} \tag{4-21}$$

式中 p_2——排油侧油动机活塞下油压。

为讨论方便，假设油动机活塞为对称结构，即 $A_m = A'_m = A''_m$；且活塞及油流运动的惯性力和开启调节汽阀的提升力略去不计。则有 $p_1 = p_2 = \frac{1}{2}(p_0 + p_d)$，这样上述流量方程简化为

$$Q_1 = Q_2 = A_m \frac{dm}{d\tau} = \mu n s b_s \sqrt{\frac{2}{\rho}(p_0 - p_d)} \tag{4-22}$$

当错油门油口为最大开度 S_{max} 时，油动机活塞腔室的进、排油量达到最大值，即

$$Q_{max} = \mu n s_{max} b_s \sqrt{\frac{1}{\rho}(p_0 - p_d)} \tag{4-23}$$

油动机时间常数 T_m 表示在错油门滑阀油口开度最大时，油动机活塞在最大进油条件下走完整个工作行程所需的时间。即：

$$T_m = \frac{m_{max} A_m}{Q_{max}} = \frac{m_{max} A_m}{\mu n s_{max} b_s \sqrt{\frac{1}{\rho}(p_0 - p_d)}} \tag{4-24}$$

油动机时间常数一般为 0.1～0.3s。显然，油动机时间常数愈大，油动机的关闭时间就愈长。为降低机组甩负荷工况下的最高飞升转速，必须要求油动机的时间常数尽可能小些。

油动机时间常数与错油门油口的面积（宽度与开度）和油动机活塞的行程及面积等参数有关。要减小 T_m，可以减小油动机活塞的最大行程和活塞的直径，但油动机活塞的行程及直径是与提升力系数紧密相关的：减小活塞直径，就会减小油动机的最大推动力；减小油动机活塞的行程，在调节汽阀开度一定时，必然减小传动比系数。两者均会使提升力系数下降。因此，在确保提升力系数一定富裕量前提下，合理地选取油动机活塞的直径和工作行程，以及错油门的油口尺寸与错油门滑阀的行程，使油动机的时间常数满足调节系统甩负荷动态特性的要求。

（二）错油门滑阀

错油门滑阀可分为断流式和节流式两种，节流式滑阀常作为中间放大元件。这里只介绍断流式滑阀。

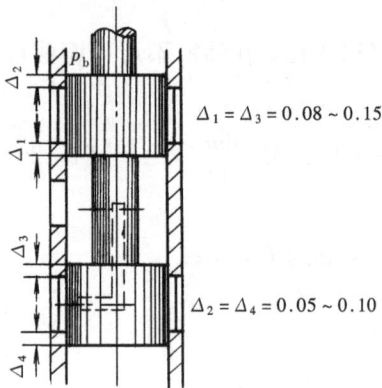

图 4-30 断流式滑阀的盖度

图 4-30 即为断流式滑阀。它的特点是，稳定工况下滑阀处于中间位置，此时滑阀的凸肩盖住油口，切断油口通往油动机上下腔的通路。为此，滑阀上的凸肩应比油口稍高，这个高出的数值称为盖度，见图 4-30 中的 Δ。为使油动机进油前，另一侧能稍许提前排油，其进油盖度（Δ_1、Δ_3）应大于排油盖度（Δ_2、Δ_4）。

由于盖度的存在，只有在滑阀移动的距离大于盖度后，才能使油动机进油，因此降低了调节系统的灵敏度；另外，盖度的存在可以有效地克服或减小各种原因引起的滑阀的微小上下摆动及由此而产生的油动机活塞和负荷的晃动。

（三）压力控制型油动机

压力控制型油动机是与波形筒—碟阀放大器配套的调节系统执行机构。它主要由继动器活塞、继动器碟阀、错油门滑阀、油动机活塞、动静反馈弹簧等组成，其原理性结构如图4-8所示。继动器的作用是将来自碟阀放大器的二次油压转变为继动器活塞的行程。继动器碟阀与错油滑阀的上端面构成滑阀随动系统，压力油经节流孔进入继动器碟阀油室，然后由碟阀与错油门滑阀的间隙和错油门滑阀的中心孔排出。错油门滑阀上端面上的三次油压 p_3（称或继动油压）作用力与滑阀底部的弹簧力相平衡。在碟阀间隙增大时，p_3 下降，滑阀在弹簧力的推动下上移，当滑阀的上移量与继动器碟阀的上移量大致相等时，p_3 恢复到原先

的平衡值。由于碟阀控制三次油压的灵敏度很高，尽管弹簧力变化较大，但碟阀间隙变化很小，故可近似地认为滑阀跟随继动器运动。

在二次油压下降时，继动器活塞上移，增大继动器碟阀的排油间隙，三次油压下降，错油门滑阀上移，分别连通油动机活塞上腔室与压力油路和下腔室与回油油路的通路，油动机活塞在油压力的作用下带动调节汽阀下移。在油动机活塞下移时，静反馈拉弹簧的伸长量变小，继动器活塞在二次油压作用下下移，当继动器活塞下移至原先平衡位置时，由油动机活塞行程改变量产生的静反馈弹簧力，恰与继动器活塞上二次油压改变量产生的油压作用力相等，油动机活塞达到新的平衡位置。

在二次油压下降、继动器活塞上移时，作用在继动器活塞上动反馈压弹簧力增大，减小继动器活塞由 p_2 产生的位移量，从而起到抑制动态超调的作用。动反馈是以牺牲调节系统动态关闭性能为代价，换取调节系统的稳定性。因此，动、静反馈的大小，应由调节系统动态特性综合分析来确定。

由继动器活塞上的力平衡可求出油动机的静态特性。因为在任何稳定工况下，错油门滑阀居中、继动器活塞的位置保持不变。由图 4-8 分析可得，油动机行程改变量 Δm 与二次油压改变量 Δp_2 的关系为

$$\Delta m = \left(1 + \frac{d}{c}\right)\frac{A_r}{K_3}\Delta p_2 \qquad (4-25)$$

式中　A_r——继动器上端面面积；

　　　K_3——静反馈弹簧刚度。

上式表明，增大继动器活塞面积、减小静反馈弹簧刚度或增大杠杆比，均使油动机的传动比增大。

（四）流量控制型油动机

流量控制型油动机是与随动滑阀或压力变换器配套的调节系统全液压执行机构。它主要由错油门滑阀、静反馈滑阀、静反馈斜槽、动反馈油口、油动机活塞等组成，其原理性结构如图 4-6 所示。

错油门滑阀为大、小端结构，其位置决定于控制油压 p_x，控制油路的供油分别来自静反馈滑阀油口 C 和动反馈油口 B。在控制油口 A 的开度增大时，控制油路的排油量增多，控制油压下降，错油门滑阀在上端压力油压作用下下移，分别开启油动机活塞上腔室与压力油路、下腔室与回油系统的通路，使油动机活塞带动调节汽阀下移。在油动机活塞下移时，静反馈滑阀顶端的滚轮压在反馈斜槽面上使静反馈滑阀右移，增大静反馈油口 C 的开度，增加控制油路的进油量。当静反馈油口 C 的增大量与控制油口 A 的增大量相等时，控制油路的压力 p_x 回复到原先的平衡水平。

在错油门滑阀下移时，动反馈供油口 B 的开度增大，从而减弱了控制油口 A 开度增大所引起的控制油压下降，起到抑制动态超调的作用。在错油门滑阀居中、油动机活塞静止时，动反馈油口的开度保持不变。

流量控制型油动机的静态特性可由控制油路的流量平衡求得。在任何稳定状态下，动反馈油口的开度和控制油压 p_x 保持不变，从而有

$$\Delta m = \frac{b_c}{kb_s}\Delta s_c \qquad (4-26)$$

式中　b_c、b_s——分别为控制油口 A 和静反馈油口 C 的宽度；

　　　　Δs_c——控制油口 A 的开度改变量；

　　　　k——静反馈斜槽的传动比，即 $\Delta s_c = k\Delta m$。

　　式（4-26）表明：增大控制油口的宽度，或减小静反馈斜槽的传动比及静反馈油口的宽度，均增大油动机的传动比，即对应于相同的油动机工作行程，就会减小控制油口的改变量。

　　为提高错油门滑阀动作灵敏性，与随动滑阀相同，错油门滑阀大、小端面积比为 2，即稳定工况下，控制油压 p_x 为压力油压 p_p 的一半。

四、配汽机构

　　配汽机构是将油动机活塞的行程转变为汽轮机的进汽量，起到放大油动机的驱动力、校正行程—流量特性的作用。配汽机构是由配汽传动机构（或称操纵机构）和调节汽阀两部分组成。

　　（一）调节汽阀

　　调节汽阀，或称调节阀，简称调门，通过改变升程调节进入汽轮机的蒸汽量。对调节汽阀，要求有良好的升程—流量特性，一般希望尽量接近直线；流动损失小；开启的提升力平稳变化且尽可能小。

　　1. 调节汽阀的结构型式

　　单座阀是汽轮机的一种常见阀门结构，它主要有阀芯和阀座组成。阀芯有球形和锥形之分，见图 4-31 （a）、（b），阀座带约 3° 的扩张角，起到降速扩压作用。

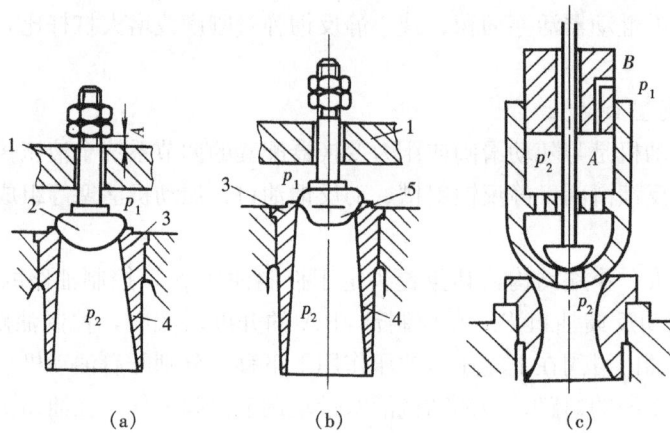

图 4-31　调节阀

（a）球形阀；（b）带节流锥阀；（c）带蒸汽弹簧预启阀的阀门

1—提板；2—阀芯；3—阀座；4—扩压管；5—带锥阀芯

　　由于单座阀结构简单，在中小型汽轮机上得到广泛的应用。但单座阀开启阀门所需的提升力大，在现代大功率汽轮机中，由于调节汽阀的尺寸变大，蒸汽参数提高，作用在调节汽阀上作用力增大，故单座阀难以应用。单座阀在开启时的提升力为

$$R_{max} = \frac{\pi}{4}D^2(p_1 - p_2) \tag{4-27}$$

式中　D——阀门的名义直径（扩压管喉部直径或门芯与门座接触处直径）；

　　　p_1、p_2——阀门前后压力。

大型机组大多采用内置预启门（或称预启阀）的调节汽阀，结构见图4-31（c）。由于预启门的面积较小，故开启预启门所需的提升力很小。在预启门开启后，由于阻尼孔B的面积远小于预启门的通流面积，这样A腔室的压力p'_2基本上与门座后的压力p_2相等，A腔室的内径与主门芯的公称直径相同，因此，主门芯在预启门上座的带动下很容易开启，卸载率可达90％左右。

2. 阀门的升程流量特性

调节汽阀的流动特性较为复杂，不仅调节汽阀的通流面积发生改变，而且门座后的压力也将随机组负荷而变化，故理论计算十分困难，通常借助于试验曲线。

球形阀的升程流量特性如图4-32的曲线1所示。在汽门开度较小时，调节汽阀内为临界流动，此时通过调节汽阀的流量正比于调节汽阀的升程（面积），与门后压力无关；如果汽门继续开大，虽然汽门的通流面积仍在增大，但汽门前后的压差减小，流动进入亚临界状态，流量随升程增大的趋势变缓。随后，即使汽门升程继续加大，但受汽门喉部尺寸限制，流量增加很小。通常认为：汽门前后的压力比p_2/p_1为0.95～0.98时，即认为汽门已全开。图4-32的曲线2为锥形阀的升程流量特性，在刚开启的阶段，汽门面积增加较小，故流量增加较小。锥形阀一般用在喷管调节中的第一只调节阀，以提高机组空载运行的稳定性。

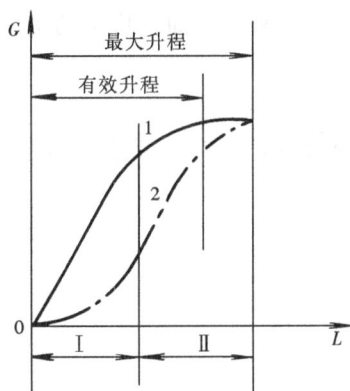

图4-32 单座阀升程流量特性

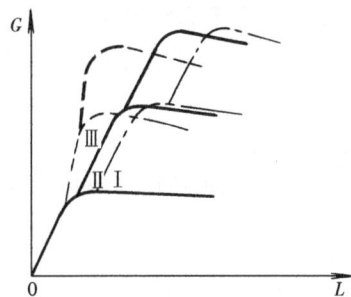

图4-33 调节汽阀的重叠度

在喷管调节配汽中，如果在前一调节汽阀完全开启，后续调节汽阀才开启，这样就会形成图4-33点滑线所示的波折形行程——流量曲线，反映在调节系统静态特性线上，速度变动率同样是波折形曲线，这是不符合调节系统设计要求的。因此，在前一调节汽阀尚未完全开启，后续调节汽阀必须提前开启，以补偿前一调节汽阀的非线性特性，即得到图4-33实线所示的光滑曲线。汽阀的这种开启方式称为重叠度。重叠度的选择要经过方案比较，过大的重叠度也会破坏升程流量特性的线形度（图4-33中曲线Ⅲ），使局部速度变动率过小，引起负荷晃动。

3. 调节汽阀的提升力特性

与调节汽阀流量特性类似，提升力特性的计算也很复杂，也是借助于试验曲线进行计算的。

单座阀的提升力特性如图4-34所示。汽门刚开启时汽门前后压差最大，提升力最大；随着汽门逐渐开大，提升力逐渐减小；全开时，出现负提升力。

当一个油动机控制多个汽门，且各门依次开启时，其联合提升力特性如图 4-35 所示。曲线呈波浪状。

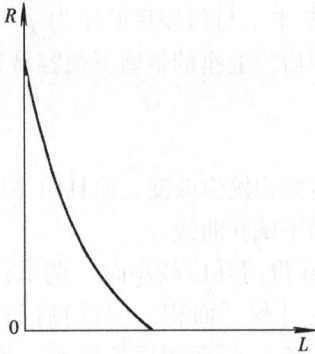

图 4-34　单座阀的提升力特性　　　　　　图 4-35　多阀依次开启时的提升力特性

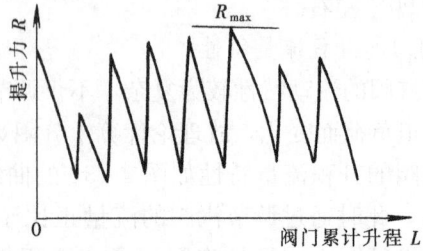

（二）配汽传动机构

配汽传动机构，或称汽门操纵机构，是将油动机活塞行程转变为调节汽阀的升程。对喷管调节汽轮机，多个调节汽阀按顺序依次开启，因此配汽传动机构还起到行程—流量校正作用。配汽传动机构主要有提板式、凸轮式和杠杆式等。对于小型机组，主要采用结构较为简单的提板式。对大型机组，特别是数字电液调节系统，通常单个油动机带动单个调节汽阀，其传动机构采用杠杆式。

五、汽轮机液压调节系统分析

下面以图 4-8 所示的旋转阻尼全液压调节系统为例，分析调节系统静态特性的影响因素。

1. 转速感受机构特性

对式（4-13）在额定转速附近作线性化处理，得

$$\Delta p_1 = 2\frac{p_{10}}{n_0}\Delta n \qquad\qquad (4-28)$$

式中　p_{10}——额定转速 n_0 下的一次油压。

2. 中间放大机构特性

对于波形筒—碟阀放大器，在主要工作范围内，一、二次油压的放大比 β 近似为常数，即

$$\Delta p_2 = -\beta\Delta p_1 \qquad\qquad (4-29)$$

由式（4-25）知

$$\Delta m = \left(1+\frac{d}{c}\right)\frac{A_r}{K_3}\Delta p_2 \qquad\qquad (4-30)$$

将式（4-29）代入式（4-30），得传递特性

$$\Delta m = -\left(1+\frac{d}{c}\right)\frac{A_r}{K_3}\beta\Delta p_1 \qquad\qquad (4-31)$$

3. 配汽机构特性

设对应于机组空负荷到满负荷调节汽阀的升程为 ΔL，则配汽特性为

$$\Delta m = \left(1+\frac{b}{a}\right)\Delta L$$

4. 调节系统的静态特性

由式（4 - 28）、式（4 - 30）和式（4 - 31）可得调节系统的整体速度变动率

$$\delta = \frac{\Delta n}{n_0} \times 100\% = \frac{\left(1 + \dfrac{b}{a}\right)\Delta L}{2\beta\left(1 + \dfrac{d}{c}\right)\dfrac{A_r}{K_3}p_{10}} \times 100\% \qquad (4 - 32)$$

由上式便可知道影响本调节系统静态特性的主要因素，以及增大或减小整体速度变动率可用的方法。

第五节 中间再热机组的调节

由于中间再热循环不仅可提高排汽干度，同时可提高机组的热经济性，故近代大容量机组毫无例外地都采用了中间再热。图 4 - 36 为一次中间再热式汽轮机组原则性系统简图。蒸汽在高压缸中膨胀做功后，经中间再热管道回到锅炉再一次加热，加热后的蒸汽再引至中低压缸继续做功。

中间再热的采用，对汽轮机的动态特性有显著影响，也给调节系统带来一些新的问题。

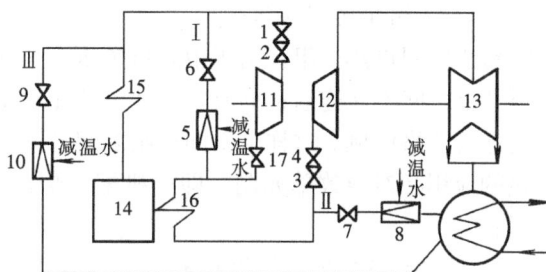

图 4 - 36 中间再热式汽轮机组原则性系统图

1、3—高压及中压主汽门；2、4—高压及中压调节阀；
5、8、10—减温减压调节阀；6、7、9—截止阀；
11—高压缸；12—中压缸；13—低压缸；14—锅炉；
15—过热器；16—再热器；17—止回阀

一、中间再热给调节系统带来的问题

（一）中间容积的影响

1. 中、低压缸功率滞后

中间再热机组有冷、热再热管道及再热器存在，形成一个很大的中间容积，使得中间再热机组的中、低压缸功率响应滞后。

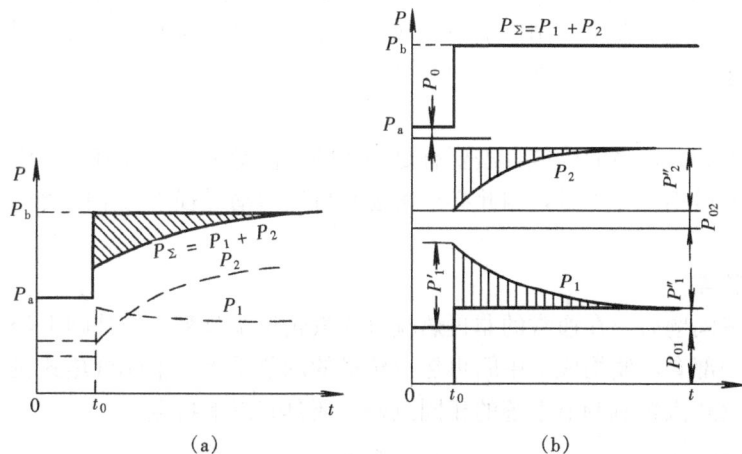

图 4 - 37 中间再热机组功率滞后及过调过程

（a）功率的滞后；（b）高压缸动态过调

如图 4 - 37（a）所示，机组的功率 P_Σ 等于高压段的功率 P_1 与低压段（中、低压缸）功率 P_2 之和。当机组功率需要从 P_a 增大至 P_b 时，高压调节汽阀立即开大，高压段功率 P_1 可以认为是瞬间增大的，而低压段的功率 P_2 只能随中间容积中压力的逐渐升高而慢慢增大。同时，随着中间再热压力的升高，P_1 略有减小。这样，机组的功

率不会在高压调门开大后马上增大到 P_b，而要产生较大的滞后，延滞功率如图 4-37 (a) 中的阴影部分所示。

大功率中间再热机组的中、低压缸功率通常占整机的 2/3～3/4，所以中、低压缸功率变化的滞后现象，大大降低了机组参加电网一次调频的能力，使电网周波变化大。随着中间再热机组在电网中所占比例的不断增大，对中间再热机组参加一次调频的要求越来越高。

2. 甩负荷时的超速

由于中间再热容积的存在，加之大机组转子飞升时间较短，因此，甩负荷时，即使高压调节汽阀能迅速完全关闭，中间再热容积中储存的蒸汽量若继续进入中、低压缸膨胀做功，也能使汽轮机超速 40%～50%，这是不能允许的。所以在设计中间再热机组的调节系统时，必须考虑这个因素。

(二) 采用单元制的问题

对于中间再热机组，由于中间再热压力是随着机组功率的变化而变化的，因此不同机组的再热器之间不能连通；同时，为使锅炉能正常运行，必须使新汽流量与流经再热器的流量之间保持严格比例。这样，不同机组之间各锅炉的主蒸汽管道也不能相互联通。因此，中间再热的应用必然导致单元制，即一机配一炉。单元制的采用给机炉的相互配合带来了新的问题。

1. 机炉动态响应时间的差异

汽轮机和锅炉的动态响应时间相差甚大，给变工况运行时的控制带来困难。汽轮机的机器时间常数一般只有 7～8s，因此，当电网负荷变化时，汽轮机的功率可以很快做出相应的调整；而锅炉从调整燃烧到蒸汽量改变，需要时间长达 100～250s。在母管制机组中，汽轮机主要是利用锅炉和蒸汽管道的蓄存能量来参加一次调频，暂时满足能量的供求平衡。而在单元制机组中，汽轮机既不能利用其他锅炉的蓄存能量，也没有蒸汽母管的蓄存能量可以利用。因此，汽轮机功率的变化，势必引起锅炉出口压力的激烈变化，影响单元制机组的负荷适应性。不仅如此，当锅炉出口压力下降时，还可能发生"汽水共腾"，使蒸汽带水，危及机组的安全运行。

2. 机炉最低负荷的不一致

锅炉稳定燃烧的最低负荷约为额定值的 30%～50%，而汽轮机的空载汽耗量仅为额定值的 5%～8%，甚至可小到 2%，这就在单元制机组中出现机炉之间最小负荷的不一致。因此，在汽轮机空负荷或低负荷运行时，应设法处理锅炉的多余蒸汽。

3. 再热器的冷却问题

中间再热器处于锅炉烟道中烟温较高的区域，需要有足够大的蒸汽量冷却其管道，而汽轮机的空载汽耗量小于再热器的最小冷却流量，因此必须考虑在机组启动过程中对中间再热器的保护问题。

二、中间再热机组的调节特点

考虑了中间再热机组的上述问题后，在通常的非再热凝汽式汽轮机调节系统的基础上经过一定的改造并增加一些设备和部套，便构成了中间再热汽轮机的调节系统。中间再热式机组的调节系统除了与非再热凝汽式汽轮机调节系统的相同点外，还具有以下特点。

1. 高压缸调节阀的动态过调

为了提高中间再热机组参加一次调频的能力，可以有几种方案：高压缸调节汽阀的动态过调；中压缸调节汽阀的动态过调；瞬时切除高加回热抽汽；向中间再热器喷水来增大中间再热器的进汽量等。较常用且合理的方法是高压调节阀动态过调。所谓动态过调是指在机组负荷突然变化时，将高压调节汽阀的开度暂时调到超过负荷变化时调节汽阀所需的静态开度，利用高压缸的过量负荷变化来弥补中、低压缸的功率迟滞。随后在中、低压缸负荷逐渐变化的同时，高压调节阀相应逐渐恢复到与负荷相对应的位置。图 4-37（b）是在负荷突然增加，高压调节阀动态过开时的功率变化曲线。瞬时高压缸多发功率 $p'_1-p''_1$，正好弥补了中、低压缸滞后的功率 p''_2，于是整机功率 p_Σ 如同凝汽式汽轮机一样，从调整开始就达到了需要的数值。

2. 设置中压主汽门和调节汽阀

为了防止甩负荷时的汽轮机超速，需要在中压缸前设置再热主汽门和再热调节汽阀。再热主汽门受危急遮断保安系统控制，而再热调节汽阀则受调速系统控制。在机组甩负荷时，汽轮机转速升高，调速系统可关闭高、中压调阀若干秒，同时切断高、中压缸进汽，防止中间再热容积中储存的蒸汽量继续进入中、低压缸膨胀做功。若转速可以控制在危急遮断器动作转速以下，稍后可重新开启高、中压调门以维持机组空转；若转速升高超过危急遮断器动作转速，危急遮断滑阀动作，使高、中压主汽门和调门同时关闭，切断汽轮机所有进汽，实现紧急停机。

为了减小机组运行时的节流损失，一般只在负荷低于一定值（如小于 30%）时，中压调门才和高压调门一起控制机组的负荷。而在 30% 负荷以上，中压调门保持全开，机组负荷仅由高压调门控制。

3. 设置旁路系统

为了解决汽轮机空载流量与锅炉最低负荷不一致的矛盾，同时为了保护再热器，回收工质，中间再热式机组应设置旁路系统。图 4-36 所示的系统中设置有三级旁路（图中的Ⅰ、Ⅱ、Ⅲ），不同机组对旁路型式及容量的选择不尽相同，但可选系统不外乎这三种：Ⅰ级旁路称为高压旁路，Ⅱ级旁路称为低压旁路，Ⅲ级旁路称为大旁路。当汽轮机的负荷低于锅炉稳定燃烧的最低负荷时，锅炉产生的多余蒸汽可通过Ⅲ级大旁路经减温减压后排放凝汽器；当汽轮机负荷很低而使流经再热器的蒸汽量不足以冷却再热器时，部分蒸汽可绕过高压缸经Ⅰ级旁路减温减压后进入再热器，起到保护再热器的作用。

4. 汽轮机、锅炉的协调控制方式

单元制机组负荷适应性的提高主要取决于对锅炉蓄存能量的利用程度。而汽轮机、锅炉的控制方式关系到锅炉蓄存能量的利用，目前采用的机组控制方式有以下几种：

（1）汽轮机跟随控制方式［图 4-38（a）、（b）］。当汽轮机定压运行时［图 4-38（a）］，外界负荷改变的讯号先送给锅炉，待锅炉出力改变使新汽压力改变后，汽轮机根据新汽压力的改变再相应改变负荷。这种方式可维持新汽压力不变。当新汽压力有微小改变时，压力调节器即改变调节阀的开度，使流量（功率）改变。当汽轮机滑压运行时，调节阀全开，功率（流量）将随新汽压力的增减而变化，如图 4-38（b）所示。这种控制方式因锅炉燃烧响应太慢而使机组功率的响应延滞。

（2）锅炉跟随控制方式［图 4-38（c）］。汽轮机根据功率讯号增加负荷，此时蒸汽流量的增大使新汽压力降低；锅炉根据流量、压力的变化讯号控制调节系统，以维持新汽压力不变。这种控制方式的特点是可暂时利用锅炉的蓄存能量适应外界负荷的变化。当负荷变化较

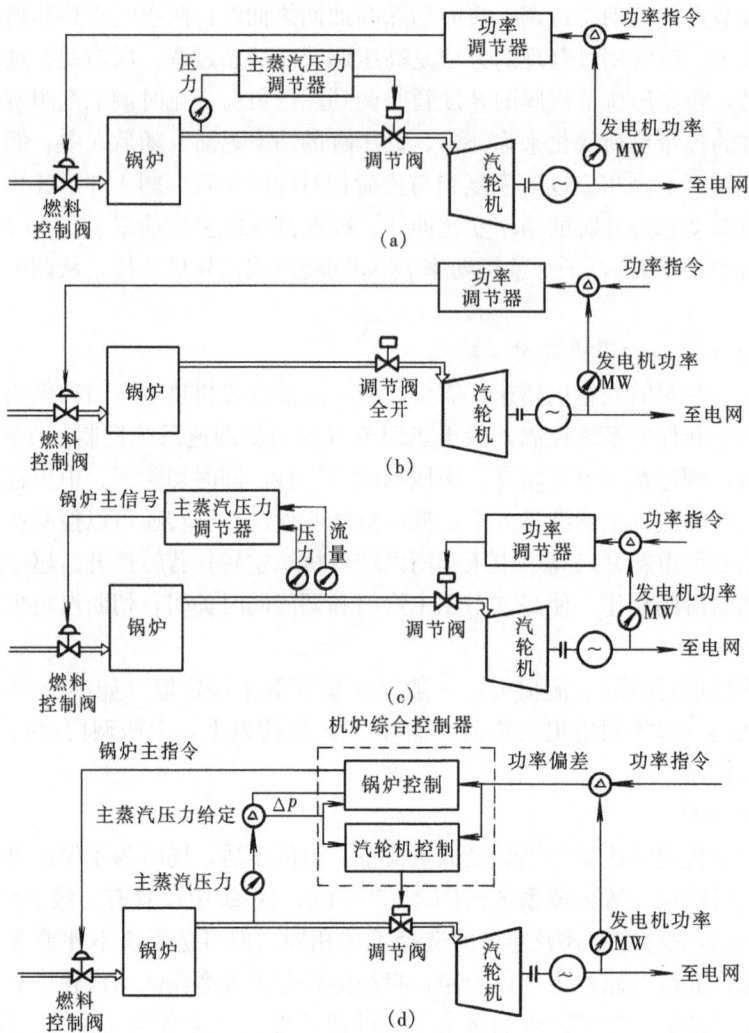

图 4 - 38　汽轮机、锅炉的控制方式
(a)、(b) 汽轮机跟随控制方式；(c) 锅炉跟随控制方式；(d) 机炉协调控制方式

小时，能实现快速响应，可参加一次调频，但在负荷变化较大时，由于锅炉燃烧的迟滞时间较长，主蒸汽压力的变化将较大。

（3）机炉协调控制方式 [图 4 - 38 (d)]。这种控制方式综合了前两种控制方式的特点，将功率变化指令同时发给锅炉及汽轮机控制系统，对调节阀开度及锅炉进行同步调整，协调控制。其特点在于它一方面可利用锅炉蓄存能量，使汽轮机出力迅速作出调整；另一方面又可同时改变锅炉的出力，共同适应外界负荷变化的要求，使新汽压力波动较小。

第六节　调节系统的试验与调整

一、调节系统的静态特性试验

调节系统静态特性试验的目的在于检查调节系统的静态工作性能是否符合要求。当发现有缺陷时，应立即分析其产生的原因，提出消除的正确措施。通过静态特性试验可以测求调节系统的静态特性曲线，即在各稳定工况下汽轮机转速和功率的关系曲线。静态特性试验主要包括静止试验、空负荷试验和带负荷试验，现分别说明如下。

1. 静止试验

该试验是在汽轮机不转动的条件下进行的，此时因主油泵不能供给压力油，因此应先启动高压辅助油泵，以代替主油泵供应压力油。供油压力应调节到主油泵在额定转速下的供油压力，再用人工产生转速信号的办法使调节系统动作，具体做法因不同的调节系统而异。例如，对全液压调节系统，应切断原转速信号的油路，另用人工产生一可调节的油压，此油压通常可由压力表校验台供给，以使调节系统动作。若脉冲油漏油使油压不易稳定时，可将压力油经针形阀节流后供给。对机械液压式调节系统，则应拆去调速器弹簧。改装调速器滑环可控设备，调节滑环位置即可使调节系统动作。

静止试验可测定不同同步器位置（上限、中限、下限）条件下的转速感受机构特性（此时转速信号为模拟量）、传动放大机构特性。当已知调节汽阀升程和负荷关系时，可作出调节系统的静态特性曲线。应该指出，在静止试验时高压辅助油泵的供油压力是不变的，而调节系统在实际运行中，主油泵出口油压是随着转速的变化而有所改变的，因而试验结果与实际运行情况存在偏差，还应通过理论分析计算加以修正。

2. 空负荷试验

空负荷试验在机组启动空转和无励磁的条件下进行。当同步器处于某一位置时，控制主汽门或其旁通汽门改变机组转速。随着转速的改变，调节系统各部件将发生相应于负荷变化的运动。在这过程中，测取转速、调速器滑环行程、油动机位移、调节汽阀开度等的变化，即可得到调速器特性曲线和传动机构特性曲线。试验时在各测点处应稳定一定时间，以使测得的数值更接近于实际运行的稳定工况。该试验通常也在同步器上限、中限、下限位置下，升速、降速过程中各进行一次。当调节汽阀开度和机组负荷关系已知时，可作出调节系统的静态特性曲线，并计算出速度变动率、迟缓率等。

3. 带负荷试验

该试验是在机组并网、带负荷条件下进行的，此时汽轮机转速已不再变化。试验的目的主要是测求负荷与油动机行程之间的关系，获得配汽机构特性曲线。此外，还应测求油动机活塞上下压差，即油动机的提升力与调节汽阀开度间的关系、同步器位置与功率的关系以及各调节汽阀开度与汽门前后压差的关系等。在试验时，汽轮机进汽、排汽等参数和电网频率应尽可能稳定，并保持额定值，或控制在额定值允许变动的范围内。低压加热器应在机组启动前投入，并及时向除氧器及高压加热器等供汽，以免投入回热系统时，在同一同步器位置，即油动机位移不变条件下功率发生变动，而使负荷特性线不连续。

除上述试验外，在静态特性试验中还可在额定蒸汽参数、真空和额定转速下进行主汽门、调节汽阀的严密性试验，以及在无蒸汽力作用下的静止状态和空负荷状态下进行主汽门、调节汽阀的关闭时间试验。

二、调节系统的动态特性试验

调节系统除应具有良好的静态工作性能外，还应具有良好的过渡过程品质（即动态特性），这是衡量调节系统工作好坏的另一重要指标，通常要通过甩负荷试验以求直观、准确地进行评价，其主要目的是：

（1）检查汽轮机在甩全负荷时转速的动态升高值是否仍在危急保安器动作转速以下，并测取甩负荷后的最大飞升转速和稳定转速；

（2）测取汽轮机甩负荷后的过渡过程时间，即甩负荷后转速飞升至稳定转速所需的时间，以及过渡过程的振荡次数；

（3）测求调节系统各部套在甩负荷后相互动作的时间关系等。

甩负荷试验既能评价调节系统动态品质，又可为分析各部套缺陷、改进调节系统动态品质提供依据。

为确保在甩负荷过程中汽轮机的安全运行，必须具备下列试验条件后方可进行甩负荷试验：

（1）调节系统速度变动率、迟缓率以及各部套行程范围符合要求；

（2）自动主汽门、调节汽阀应通过严密性试验，关闭时间符合要求，抽汽逆止门动作性能良好，严密性试验合格；

（3）试验前手拍超速保险动作可靠，超速试验时其动作转速符合要求；

（4）发电机掉闸按钮工作可靠。

甩负荷试验一般可分三次进行，先甩 1/2 负荷，然后依次甩 3/4 及全负荷，也可根据实际需要，确定甩负荷次数及负荷等级。甩负荷试验机组的运行方式应与正常情况相同，回热系统应按正常运行方式投入，电网频率、新汽参数、真空等均应保持额定值，并力求稳定。

三、调节系统的调整

通过试验，若调节系统静态特性不符合要求，则应进行调整。下面就几种常见情况予以说明。

（一）速度变动率的调整

改变调速器特性曲线、传递放大机构特性曲线、配汽机构特性曲线中任一特性曲线的斜率，均可改变调节系统特性曲线的斜率，即改变调节系统的速度变动率。

1. 改变调速器特性曲线

如图 4-39（a）所示，对机械式转速感受机构，可采用改变调速器弹簧刚度的办法调整速度变动率，弹簧刚度与速度变动率成正比。刚度增大，速度变动率增大，反之亦然。弹簧刚度的改变一般是改变弹簧的有效工作圈数，弹簧工作圈数与刚度成反比，即弹簧有效工作圈数的改变与速度变动率成反比。对于液压式转速感受元件，如旋转阻尼调节系统，则可采用改变碟阀直径，波纹管直径、旋转阻尼内外径或压力油通往二次油油室的节流孔孔径的办法来调整速度变动率。

2. 改变传递放大机构特性曲线

如图 4-39（b）所示，改变传递放大机构特性曲线斜率的较方便的办法是改变反馈率，增大同一油动机活塞位移所产生的反馈量，将使速度变动率增大。例如，使控制反馈油口开度的反馈锥、反馈斜板的斜率增大，或加大反馈杠杆的传动比，或增大反馈凸轮在相同转角下的升程等，均可使速度变动率增大。

3. 改变配汽机构特性曲线

如图 4-39（c）所示，改变配汽机构特性曲线的斜率，也可改变调节系统静态特性曲线的斜率，即改变速度变动率。此时要求在通流面积不变的条件下，即发同样的功率而使油动机活塞位移改变。对于带节流锥型线的调节汽阀可通过计算改变节流锥的型线；对于采用凸轮机构的调节系统，由于凸轮的回转角正比于油动机活塞位移，而凸轮径向半径的改变将影

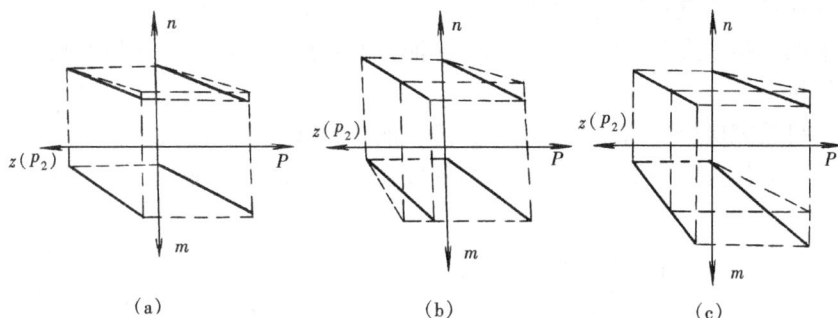

图 4-39 速度变动率的调整

(a) 改变调速器特性线；(b) 改变传递放大机构特性线；(c) 改变配汽机构特性线

响调节汽阀的升程，因此可改变调节汽阀达到满负荷最大升程时的凸轮回转角，而使油动机活塞位移改变。更为方便的办法是改变调节汽阀的重叠度。调节汽阀重叠度改变了，也就改变了油动机活塞的位移，但应注意，此时局部速度变动率将有所改变。

（二）同步器工作范围的调整

当同步器上限位置满足机组运行的要求时，同步器工作范围扩大是有利的，即同步器低限位置降低，只会给机组运行带来方便。因此，这里主要是指同步器工作范围不足的调整。若因调节系统速度变动率过大，同步器工作范围不足，则应改变速度变动率；若同步器限制点位置不当，则应调整限制点位置；更常见的是同步器弹簧的初紧力调整不当，此时应改变弹簧垫片的厚度，即改变同步器弹簧的初紧力。

（三）静态特性曲线上下限位置的调整

当同步器工作范围满足运行要求，而上下限位置却同时偏高或偏低时，要改变静态特性曲线起始点的位置，可通过改变弹簧的初紧力、油口的初始高度、反馈锥在油动机活塞杆上的位置、同步器初始动作位置等措施来实现，使各中间环节特性曲线的位置改变，进而改变静态特性曲线的上下限位置。

第七节　汽轮机保护系统及主要装置

一、汽轮机的保护系统

为了确保汽轮机的安全运行，防止设备损坏事故的发生，除了要求其调节系统动作可靠以外，还应该具有必要的保护系统。随着机组容量的增大，保护装置也越来越重要，同时保护项目也越来越多。现代大容量汽轮发电机组一般具有以下几方面的保护功能：

（1）超速保护。当汽轮机转速超过规定值时，超速保护系统应发出信号并动作，迅速关闭主汽门并停机。

（2）低油压保护。当轴承润滑油压低于不同整定值时，先后启动交流润滑油泵、直流事故油泵、直至停机。

（3）轴向位移及差胀保护。当汽轮机的轴向位移或差胀达到一定数值时，发出报警信号；增大到更大数值时，使汽轮机跳闸停机。

（4）低真空保护。当真空低于某一规定值时报警，发出报警信号；真空继续降低至停机值时跳闸停机。

(5) 振动保护。当汽轮发电机组转子振动值超安全范围时停机。

(6) 轴承回油温度或瓦温保护。当轴承回油温度或瓦温超过某规定值时报警；超过更大的规定值时停机。

(7) 发电机故障保护。当发电机电气故障，油开关跳闸时，停机。

(8) 手动遮断保护。当机组出现异常情况危及人身或设备安全时，可在远方或就地打闸停机。

(9) 防火保护。在发生火灾被迫停机时，防火保护动作，自动切断进入主汽门及各调节汽阀油动机的压力油通路，同时将油动机的排油放回油箱，以免火灾事故的扩大。

保护系统和自动调节系统一样，也是由感受、放大和执行机构组成，所不同的只是调节方式不一样。调速系统是根据参数给定值进行跟踪调节，使运行参数始终维持在给定值附近，而保护系统只有当被监视参数大于给定值时，才使执行机构动作。它的调节通常只有两种形式，即"合"与"断"，因此可称为双位调节。

一般汽轮机保护系统中设有三套遮断装置，即机械超速保护遮断装置、手动遮断装置和磁力遮断装置（或称电磁阀），其中任一遮断装置动作均会泄去安全油，关闭自动主汽门和调门，迫使机组紧急停机。图4-40给出了安全保护联锁作用原理的一个示例。汽轮机保护系统中很多保护信号是接入磁力遮断装置的。

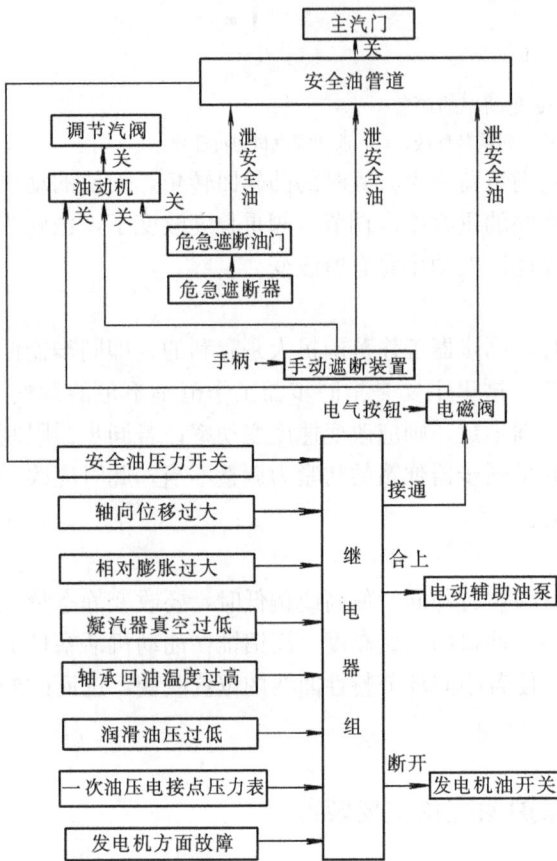

图4-40　安全保护装置联锁作用原理

二、自动主汽门

自动主汽门装在调节汽阀之前，在正常运行时保持全开状态，不参与负荷和转速的调节。当任何一个遮断保护动作时，安全油失压，主汽门便迅速关闭，隔绝蒸汽来源，紧急停机。因此，自动主汽门是保护系统的执行元件。

为保证安全，要求自动主汽门动作迅速、关闭严密。对于高压汽轮机，自汽轮机保护系统动作到主汽门完全关闭的时间，通常要求不大于0.5～0.8s；严密性的要求是：在调门全开的条件下，当自动主汽门全关后，机组转速能降到规定值（有的机组规定为1000r/min）之下。

从结构上看，自动主汽门分主汽门和自动关闭器（或称操纵座）两部分。自动关闭器是控制主汽门开启或关闭的执行机构，自动关闭器的动作是靠压力油来控制的，此压力油称安全油。安全油压建立后，自动主汽门开启才具备条件，安全油压消失，自动主汽门关闭。

图 4 - 41 为自动关闭器的一种结构型式。它主要由油动机活塞 8、油动机弹簧 1、错油门活塞 2 等组成。停机时油动机活塞 8 依靠一对大小弹簧 1 的力被推向右侧，将主汽门紧紧关闭。错油门活塞 2 的左端 a 油路通以高压油，在安全油压建立以前，a 路高压油将错油门活塞推至右端，此时，油动机活塞 8 左右侧通过错油门相通，主汽门不能开启。在机组启动时，首先建立安全油压 p_a，安全油压建立后，b 路的安全油通入错油门活塞的右端。虽然安全油压和高压油压力大小差不多，但安全油的作用面积大，所以有足够的力量克服高压油的推力将活塞推向左方（如图中位置）。此时，油动机活塞的右侧只

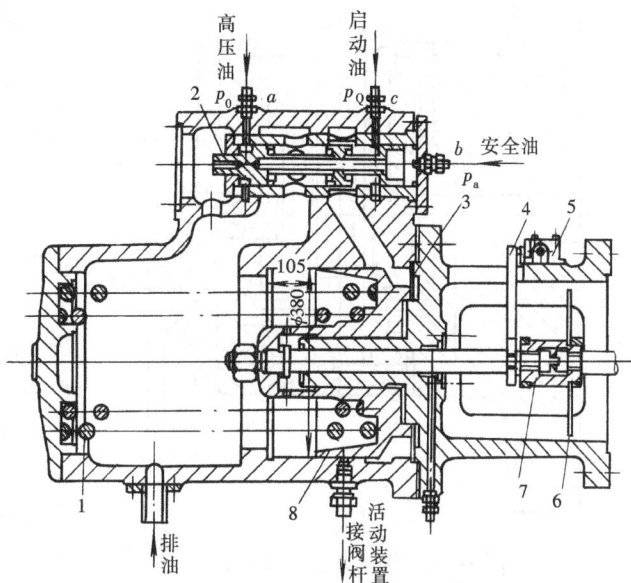

图 4 - 41　自动关闭器
1—油动机弹簧；2—错油门活塞；3—缓冲器；4—开度指示器；
5—行程开关；6—挡热板；7—阀杆结合器；8—油动机活塞

和启动阀来的高压启动油压 p_Q（c 路）相通，与活塞左侧的排油口已隔绝。

安全油压的建立，使主汽门具备了开启的条件。这时只要继续操作启动阀使启动油压 p_Q 升高，当油压的作用力大于弹簧的作用力时，油动机活塞 8 便开始向左移动，开启主汽门。

一旦安全油失压，则高压油就会迅速将错油门活塞推向右方，将通向油动机活塞右侧的启动油路隔绝，同时接通油压动机的左、右侧，使活塞右侧的油迅速从排油口排出，依靠弹簧力快速将主汽门关闭。

三、超速保护装置

一个设计良好的汽轮机调节系统，在机组甩全负荷时，能将机组转速控制在 $109\%n_0$ 之内。为了防止调节系统中某些元件工作不正常，使汽轮机的转速可能会升高到超过转子强度所允许的程度，从而造成严重的转子损坏事故，为此，每台汽轮机都装有超速保护装置，当汽轮机转速超过额定转速的 $110\%\sim112\%$ 时，超速保护装置动作，泄去安全油，迅速关闭自动主汽门及调节汽阀，切断汽轮机的进汽，使汽轮机停止转动。

超速保护装置的感受元件有机械式、液压式及电气式等。机械式是利用飞锤或飞环所受离心力的大小来感受转速的；液压式则以主油泵出口油压讯号作为转速讯号；电气式用直接测得的转速向超速保护系统发讯。机械式感受元件通常称为危急遮断器或危急保安器，它的执行机械是危急遮断滑阀；而液压式及电气式感受元件的执行机构通常为电磁阀。所有机组都装有危急遮断器保护系统，而现代大型机组还同时装有液压式或电气式超速保护系统，以确保机组的安全。

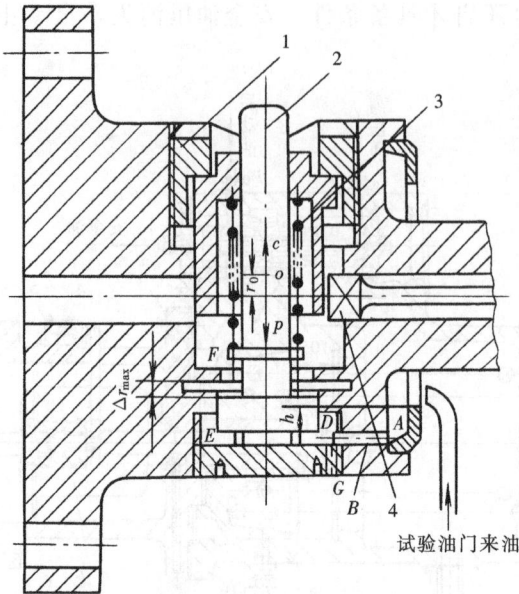

图 4 - 42　飞锤式超速保安器
1—调整螺帽；2—飞锤；3—压弹簧；4—键

（一）危急保安器

危急保安器是机械式超速保护装置的转速感受机构，按其结构特点分为飞锤式（图4 - 42）和飞环式（图 4 - 43）两种，其工作原理完全相同，均属不稳定调节器。现以飞锤式危急保安器为例说明其工作原理。

1. 工作原理

危急保安器装在用靠背轮和汽轮机主轴联为一体的短轴上，其结构如图 4 - 42 所示。它主要由调整螺母 1、飞锤 2、压弹簧 3 等部件组成。飞锤与汽轮机转轴垂直，且重心 O 不在汽轮机转轴中心线上，其偏心距为 r_0，当汽轮机转动时，飞锤的离心力欲使飞锤飞出。但在正常转速下，离心力小于弹簧的约束力，飞锤被弹簧压在如图所示的位置不动。随着转速的升高，飞锤的离心力增大，当转速升高到危急保安器动作转速时，飞锤的离心力将大于弹簧的约束力，飞锤开始飞出。飞锤一旦飞出后，偏心距增大，此时离心力与弹簧约束力同时增大，但离心力增大量大于弹簧力的增大量，使飞锤迅速飞出，一直飞到碰到限制凸肩 F 位置。危急保安器的这种特性称为静不稳定性。这种静不稳定结构可以保证飞锤在一定转速下准确的出击，而且出击迅猛有力，急速打击危急遮断油门上的挂钩，使危急遮断油门脱钩，泄去安全油，关闭所有汽门，紧急停机。

通常飞锤出击力应达 50～200N 或者大于当时离心力的 35% 以上。飞锤飞出的最大距离 Δr_{max} 一般为 4～6mm。

保护系统动作后，机组转速下降，飞锤的离心力减小，当机组转速降至复位转速时，离心力与弹簧力相等，随后转速稍有下降，离心力的下降速率大于弹簧力的下降，飞锤快速复位。为使机组能可靠地停机，通常希望复位转速不要太高，也不宜太低，一般要求复位转速高于机组的额定转速，这样在降速到额定转速前系统就能复位，以便机组排除故障后尽快带负荷运行。

2. 动作转速的调整

在机组安装及大修后，必须进行超速试验，以确保危急保安器动作转速在规定范围内。若动作转速不符合要求，则必须调整危急保安器的调整螺母，改变其压弹簧的初紧力。设调整前的动作转速为 n_1，调整螺母转动 θ_1 角后动作转速为 n_2，要求动作的转速为 n_x，则再次

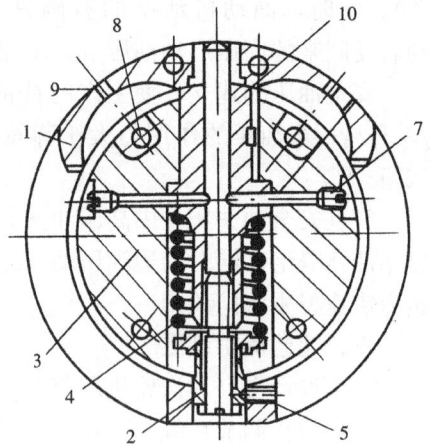

图 4 - 43　飞环式超速保安器
1—飞环；2—调整螺母；3—主轴；4—弹簧；
5—螺钉；6—圆柱销；7—螺钉；8—孔口；
9—泄油孔口；10—套筒

调整螺母应转过的角度 θ_x 为：

$$\theta_x = \frac{n_x^2 - n_2^2}{n_2^2 - n_1^2}\theta_1 \qquad (4-33)$$

为了减少现场的调整次数，危急遮断器的动作转速在出厂前均进行了整定。同时，制造厂通常还向用户提供 $\Delta\theta$ 与 Δn 的数值关系。

3. 危急保安器的充油试验

为了能够在正常运行条件下检查危急保安器动作是否灵活、准确，并为了经常活动危急保安器以防止卡涩，大型机组都有充油试验装置。当一套危急保安器出系进行充油试验时，应有另一套超速保护装置在起保护作用。现以飞锤式危急保安器为例，说明充油试验原理。如图4-42所示，在进行充油试验时，从试验油门来的压力油进入 A 环室，并通过 B 孔进入 D 室，该油压将作用于飞锤端面上，此力与飞锤的离心力方向一致，使危急保安器在较低的转速下动作。一旦停止充油，D 室中的油在离心力的作用下从油孔 G 泄出。因具有充油试验装置的危急保安器飞锤的复位转速高于额定转速，所以一旦试验油泄掉，飞锤就在弹簧力作用下自行复位。

（二）危急遮断油阀

图4-44是危急遮断滑阀的结构图。它主要由挂钩1、活塞2、壳体3、压弹簧4、扭弹簧5组成。在正常运行时，活塞被挂钩顶在如图所示的下限位置。此时，二次油接通 C 室，安全油接通 D 室，各室的所有泄油通路皆被活塞2切断。当危急保安器动作时，撞击子打击在挂钩上，使挂钩逆时针方向旋转而脱钩，活塞2在下部压弹簧4的作用下被抬起，使 D 室与下部回油接通，C 室与 B 室回路接通，使安全油和二次油同时泄掉，自动主汽门和调节汽阀关闭。

若欲将危急遮断滑阀复位，可操作启动阀（挂闸按钮），使高压复位油进入 A 室，活塞在复位油压作用下下移，挂钩1借扭弹簧5的作用顺时针转回原位，顶住活塞。复位后便可将复位油切除。

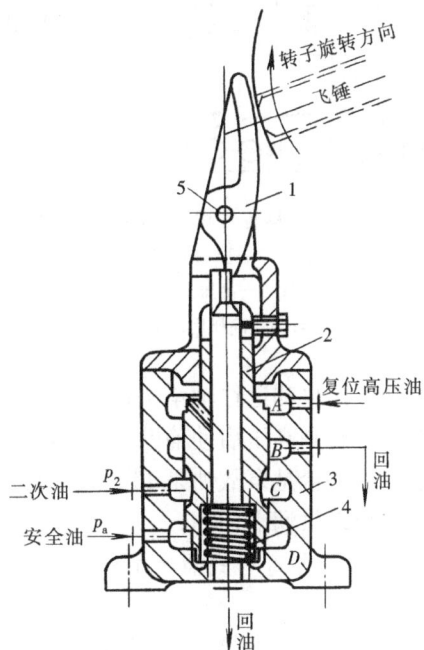

图4-44 危急遮断油门
1—挂钩；2—活塞；3—壳体；
4—压弹簧；5—扭弹簧

第八节 汽轮机的供油系统

汽轮机的调节和保护装置的动作都是以油作为工作介质的，同时支持轴承和推力轴承也需要大量的油来润滑和冷却。因此供油系统与调节系统、保护系统、润滑系统密切联系在一起，成为保证汽轮发电机组正常运行不可缺少的一个重要部分。

一、供油系统的作用

供油系统的主要作用有如下几点：

（1）向调节和保护系统供油；

（2）向各轴承供润滑用油，并带走摩擦产生的热量和由高温转子传来的热量；

（3）供给各运动付机构的润滑用油；

（4）对有些采用氢冷的发电机，向密封瓦提供密封用油；

（5）供给盘车装置和顶轴装置用油。

油系统必须在任何情况下，即不论在机组正常运行、停机、事故甚至当电厂交流电源中断时，都能确保供油。对于高速旋转的汽轮发电机组，哪怕是短暂时间（如几秒钟）的供油中断也会引起重大事故。

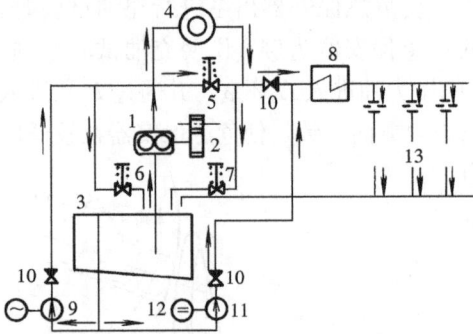

图 4-45　具有容积式泵的汽轮机供油系统

1—主油泵；2—减速机构；3—油箱；4—调节系统；
5—减压阀；6—高压溢油阀；7—低压溢油阀；
8—冷油器；9—高压启动辅助油泵；10—止回阀

二、典型供油系统

根据供油系统中主油泵的形式，汽轮机供油系统可以分成具有容积式油泵的供油系统和具有离心式油泵的供油系统两种。

1. 具有容积式油泵的供油系统

这类供油系统的主油泵采用容积式油泵。容积式油泵有齿轮泵、螺杆泵、柱塞泵等，其中以齿轮泵用得较多。图 4-45 是齿轮泵供油系统原理图。主油泵 1 是由主轴通过减速装置带动的，在正常运行中供给机组的全部用油。主油泵供油分为三路：一路供给调节和保安系统；另一路经自动减压阀 5 降压后再经冷油器 8 送往各轴承；另一路经溢流阀 6 回油箱。两只溢流阀用来维持主油泵出口和送往轴承去的油压在一定的范围内。除了主油泵外，系统中还设置了两台油泵：一台是高压启动辅助油泵 9，用于在机组启动、停机时代替主油泵供给机组的全部用油；另一台是事故油泵 11，它由直流电动机带动，当油泵 9 因断电而停运或润滑油压过低时自启动供润滑用油。

2. 具有离心式油泵的供油系统

图 4-46 为离心式油泵作为主油泵的供油系统。它的主要设备有：1 台由汽轮机主轴直接带动的离心式主油泵，1 台交流高压辅助油泵，1 台交直流低压润滑油泵，2 只注油器，3 台冷油器，另外还有滤油器、过压阀及润滑油低油压发讯器等部件。主油泵供出的高压油经逆止阀后分为三路：一路供给调节和保安系统；另一路作用 I 号注油器的动力油，

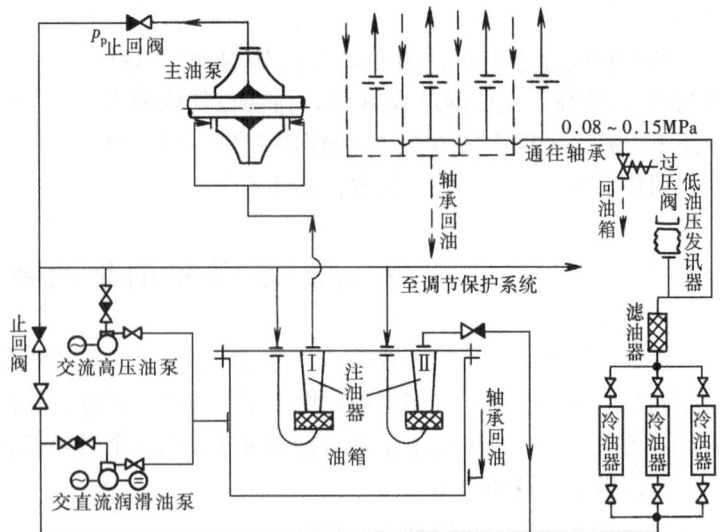

图 4-46　离心泵供油系统

Ⅰ号注油器出口油压较低，专供主油泵进油；第三路用作Ⅱ号注油器的动力油，Ⅱ号注油器出口油压较高，经逆止阀、冷油器及滤油器等后送往轴承，作为润滑用油。过压阀能自动调节回油量，使润滑油压保持在 0.08～0.15MPa 的范围内。低油压发讯器是在润滑油压低于0.08MPa 时发出报警讯号，并根据润滑油压降低的程度，自动启动高压辅助油泵、交流润滑油泵或直流润滑油泵。高压辅助油泵在机组启动时代替主油泵供油，正常运行时作为主油泵的备用泵。低压交流润滑油泵在机组启动高压辅助油泵的前先开启，用来赶走低压管道及各调节部件中的空气；停机时供给润滑油；或在润滑油压低至一定值时自启动以维持润滑油压。直流润滑油泵用于在失去交流电源时供给润滑油。

三、两种油泵的工作特性比较

1. 齿轮泵

图 4 - 47 为简化的齿轮泵油路和工作特性。容积式油泵的特性为：供油量与转速成正比而与出口油压无关。因此齿轮泵的 p—Q 特性理论上是一根垂线，如图 4 - 47（b）所示。若考虑系统的漏油后，特性线将如图 4 - 47（b）中的虚线所示。

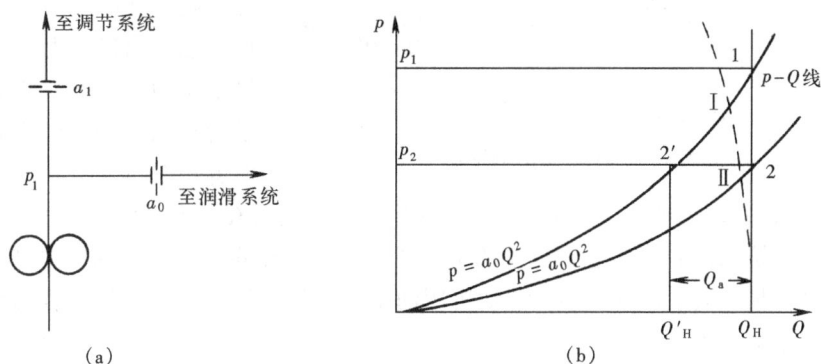

图 4 - 47 齿轮泵工作图
(a) 油路示意图；(b) 工作特性图

油泵的工作点是由泵本身的 p—Q 特性曲线与管路阻力特性决定的。可以认为齿轮泵供出的压力油分为两路：一种供油动机用油，阻力特性取决于 a_1；另一路供轴承润滑用油，阻力特性取决于 a_0。所以总的管路阻力特性与调节系统是否动作有关。

当机组在稳定工况运行时，油动机不动作，系统只经固定节流孔 a_0 向轴承供油，设这时系统的阻力系数为 a_0，则管路阻力特性为

$$p = a_0Q^2$$

此关系如图 4 - 47（b）中曲线 Ⅰ 所示，这时油泵的工作点为 1。该点所对应的压力 p_1 即为油泵的出口压力，所对应的流量 Q_H 即为油泵的出口流量，也即此时供给的润滑油量。

当调节系统动作时，主油泵同时向油动机及轴承供油，调节系统管路与润滑系统管路并联，系统总阻力下降。设总阻力系数为 a（$a<a_0$），则管路阻力特性为

$$p = aQ^2$$

此特性如图 4 - 47（b）中曲线 Ⅱ 所示，油泵的工作点变为 2 点。此时油泵供油量仍为 Q_H 但供油压力已降至 p_2。因润滑油管路特性未变，仍为特性线 Ⅰ，故流经 a_0 的轴承润滑用油流量减为 Q'_H，因此，油动机用油量 $Q_a = Q_H - Q'_H$。

由以上分析可知，齿轮泵供油系统的缺点是：当油动机动作时润滑油量将减少，且滑阀

位移越大，润滑油量减少越多；同时滑阀位移越大，系统阻力系数下降越多，主油泵出口压力越低，即负荷变化越大，油动机提升力越小。当然，齿轮泵也有其优点：齿轮泵具有自吸能力，且工作过程不受空气的干扰，因此油泵不需要另外的供油设备，系统较简单。

2. 离心式油泵

图 4-48 为离心泵供油系统油路和工作特性。离心泵的 $p-Q$ 特性线不同于齿轮泵，它是一条较平坦的曲线 [如图 4-48 (b)]。

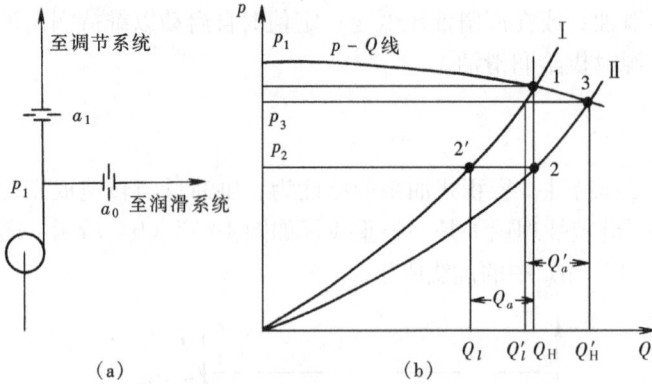

图 4-48 离心泵工作图
(a) 油路示意图；(b) 工作特性图

当机组在稳定工况（油动机不动作）时，设容积式油泵与离式油泵都工作于图 4-48 (b) 中的 1 点（此时阻力特性曲线为 I），油泵出口压力为 p_1，供油量等于润滑油量为 Q_H；当油动机动作时，系统阻力特性线变为 II，则离心泵的工作点移至 3 点。油泵出口压力为 p_3，总供油量增至 Q'_H。经 a_0 至轴承去的油量为 Q'_l、油动机用油量为 Q'_a；而容积泵的工作点移动到 2 点，

油泵供油是仍为 Q_H，供油压力则降至 p_2，润滑用油量减至 Q_l，油动机用油量为 Q_a。由此可知，当调节系统动作时，离心式油泵的出口压力降落远比容积式油泵的压力降落要小，且由于总供油量增加为 Q'_H，所以不仅油动机用油量比容积式油泵稍有增加，且与稳定工况相比润滑油供油量减小不多。

除了上述性能比容积式油泵优越之外，离心式油泵还有下述优点：

(1) 离心式油泵出口压力不可能高于叶轮圆周速度所决定极限数值，因而系统中可不设安全阀；

(2) 离心式油泵可由主轴直接带动，因而不需要减速装置；

(3) 离心式油泵磨损较小，不易卡涩，运行平衡、可靠；

(4) 离心式油泵效率较高，运行经济性好。

由于离心式油泵具有诸多优点，故现代大功率汽轮机的供油系统中的主油泵已普遍采用离心式油泵代替以往的容积式油泵。

离心式油泵的最大缺点是其油泵吸入口位于油箱之上，一旦漏入空气就会使吸油发生困难，甚至使供油中断。为了提高离心式油泵工作的可靠性，通常在系统中设置注油器向离心式油泵供油，使离心式油泵入口变成正压，保证其工作不致中断。

四、注油器

1. 结构及工作原理

注油器又称射油器，它是离心式油泵供油系统的主要设备之一。图 4-49 为注

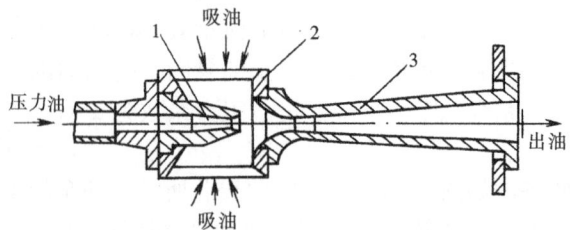

图 4-49 注油器工作原理图
1—喷管；2—混合室；3—扩压管

油器的工作原理图，主要由喷管、混合室及扩压管组成。主油泵来的压力油在喷管内加速，从而在喷管出口的混合室中形成负压，由于负压及自由射流的卷吸作用，不断将油箱中的混合室内的油带入扩压管，混合油流在扩压管内减速升压后送入主油泵或供轴承润滑用油。

2. 连接方式

注油器在系统中有下述三种连接方式：

（1）单注油器供油系统［见图 4-50（a）］。注油器只供给主油泵用油，润滑系统用油靠主油泵出口的高压油经节流孔板减压供给。这样必然造成很大的节流损失，是很不经济的。因此这种连接方式只是在早期生产的较小容量机组中采用。

（2）串联双注油器供油系统［见图 4-50（b）］。第Ⅰ级注油器出口的低压油为两路：一路供主油泵；另一路经第Ⅱ级注油器升压后供轴承润滑系统。

（3）并联双注油器供油系统［见图 4-50（c）］。这种系统的Ⅰ号注油器出口油压较低，专供主油泵用油；Ⅱ号注油器出口的油压较高，专向润滑系统供油。

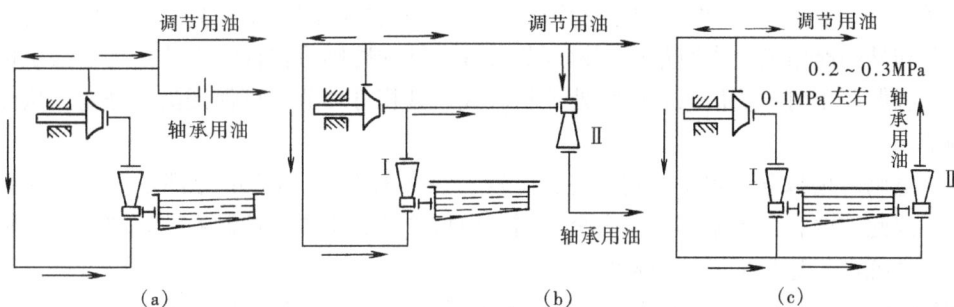

图 4-50 注油器在供油系统中的连接方式
(a) 单注油器供油系统；(b) 串联双注油器供油系统；(c) 并联双注油器供油系统

显然，双注油器供油系统都有一个注油器专供润滑系统用油，从而避免了节流损失，有较好的经济效果。其中并联方式两路油压调整方便，且互不干扰。所以目前大机组大多采用并联双注油器供油系统。

第九节 数字电液调节系统

一、基本调节原理及概述

电液调节系统发展的初期，曾经采用过功频电液调节系统，它实际上是一种用模拟电压（或电流）来控制的系统，将其称为模拟电液调节系统则更加严格和准确。从本质上说，它仍属于常规调节系统。

随着计算机技术的发展，以及计算机性能价格比的不断提高，用微型数字计算机来控制电液调节系统，很快便取代了尚未完善发展的模拟电液调节系统。这种新型调节系统（Digital Electro—Hydraulic Control System）习惯上简称为 DEH 调节系统或数字电液调节系统。

图 4-51 为 DEH 调节系统原理框图。由图可知，该系统实际上为模拟—数字、功率—频率、电子—液压调节系统，其采样讯号除转速为数字量外，其余采样讯号均为模拟量，故

送入计算机前需经 A/D 转换器变换成数字量，在计算机中进行数字处理和运算，其输出数字量经 D/A 反变换后送至电液转换器，将电讯号转变成液压讯号，此液压讯号作用于油动机以控制主汽门及调节汽阀的开度，使汽轮机的转速或功率发生变化。系统中的给定值，有转速给定及功率给定，可以数字量输入，也可以模拟量输入。

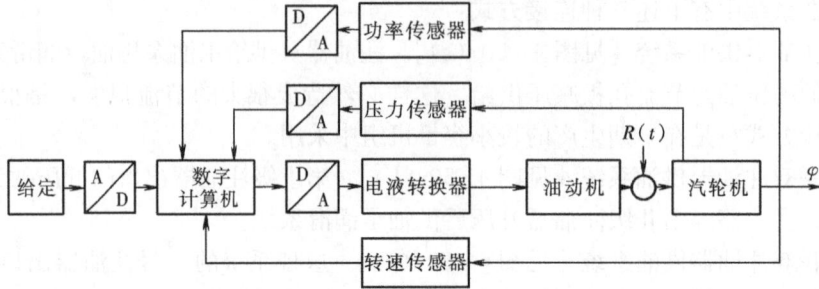

图 4 - 51　数字电液调节系统原理

　　该系统的调节规律是 PI（比例、积分）调节，而且是多回路串级调节系统。整个系统由内回路和外回路组成，内回路可加速调节过程，外回路则可保证输出严格等于给定值；PI 调节规律既保证了对系统信息的运算处理和放大，其积分环节又可保证消除静差，从而实现无差调节。

　　数字电调与模拟电调相比，其给定、比较、综合和 PI 的运算部分都是在数字计算机内完成的，因此，两者在控制方式上完全不同，模拟电调属于连续控制系统，数字电调则属于离散控制系统，也称为采样控制系统。

　　DEH 调节系统是当前汽轮机调节系统的最新发展，它集中了两大最新成果：固体电子新技术——数字计算机系统；液压新技术——高压抗燃油系统，从而使前轴承箱尺寸和油动机的尺寸大大缩小。

　　由于计算机的逻辑判断与处理功能特别强，只要通过开发软件，就可实现机组对调节系统的复杂要求，并可在同一机组上实现不同的控制方式。如能在带负荷时从喷管调节（顺序阀调节）转换成节流调节（单阀控制），并可在线进行各汽门的活动试验；可以由运行人员确定是否进行滑压运行，并可随时改变滑压运行范围；调节特性、凸轮特性等均以数字模型编制在软件中，修改程序或调整某些参数便可改变这些特性，而无须改变任何硬件设备；当锅炉也用计算机来进行控制时，可以十分方便地进行机炉协调控制，甚至最优控制等。这些对于模拟电液调节系统来说，却是不易办到的，有些甚至是无法实现的。

　　DEH 调节系统由于有功率反馈和转速反馈，故可严格按照选定的特性线参与一次调频，其调节品质及精度更优于模拟电液调节系统。DEH 调节系统能够自启动、自动监测和自动加负荷；可进行数据传递，具有故障诊断、事故追忆、图像显示和制表打印等功能；可实现运行管理和人机对话等。

　　DEH 调节系统的采用，可大大提高机组的自动化水平，改善机组的负荷适应性，保证机组安全、可靠，经济地运行。

二、DEH 调节系统的功能

　　DEH 调节系统具有自动调节、程序控制、监视、保护等方面的功能。不同的 DEH 调节系统其具体功能也有所差异，这里以新华电站控制工程有限公司生产的，为引进型

300MW 机组配套的 DEH—Ⅲ调节系统为例,将其总体功能概括为四个方面:DEH 调节系统的运行方式选择;汽轮机的自动调节;汽轮机的监控及汽轮机的超速保护。

(一)DEH 调节系统的运行方式

DEH 调节系统为使用者设置了四种运行方式可供选择,它们的转换关系为:

二级手动⇔一级手动⇔操作员自动⇔自动透平控制(ATC)。相邻两种运行方式都可相互切换,且可做到无扰切换。

二级手动运行方式是所有方式中最低级的运行方式。它是 DEH 调节系统的最末级硬件备用。该系统全部由常规的模拟部件所组成,是一种常规系统。其中无其他逻辑条件,通过操作台上的阀位增、减按钮,对阀门进行控制。

一级手动是一种开环运行方式,运行人员在操作盘上按键就可以控制各阀门的开度,各键之间有逻辑联锁条件,同时还具有操作超速保护控制器 OPC、主汽门压力控制器 TPC、RUNBACK 和脱扣等保护功能。该方式作为操作员自动方式的备用。

操作员自动方式是 DEH 调节系统最基本的运行方式,用这种方式可实现汽轮机转速和负荷的闭环控制,并具有各种保护功能。此时的目标转速、目标负荷、升速率和升负荷率等,均是由操作人员来给定的。由于采用双(计算)机系统,故这种方式又可分为 A 机控制和 B 机控制,两机之间既可自动切换,也可强迫切换。当两机都发生故障时,则可自动切换到手动方式运行。

自动透平控制(ATC)是最高一级运行方式,即操作员自动的上一级运行方式。汽轮机以这种方式运行时,包括目标转速和负荷,升速率和升负荷率都不是来自操作员而是来自计算机的程序或外部设备。

汽轮机在启动或改变负荷时,由于存在很大的热惯性,如果进汽量变化过快,势必产生过大的热应力,经过多次循环就会使机组产生热疲劳,出现裂纹,缩短寿命。ATC 要达到的目的就是通过控制汽轮机调节汽室温度的变化速度来控制热应力,并在热应力的许可范围内,使机组启动和升减负荷所需的时间最少。ATC 的功能有以下两个方面。

1. ATC 启动并网

(1)根据转子应力及临界转速等设定升速率;

(2)确定暖机时间;

(3)自动阀切换;

(4)条件满足时自动同步、自动并网。

2. ATC 负荷控制

ATC 负荷控制有两种方式:

(1)ATC 进行监视、指导,由运行人员完成机组的控制;

(2)ATC 程序控制方式。

在 ATC 程序控制方式下,由 ATC 程序来增加、降低或保持升(降)负荷过程中的负荷变化率,以便在动态过程中把各种变量(如金属膨胀、蒸汽压力和温度、转子的热应力、轴承振动等)保持在其允许的范围之内。当系统的参数超过预定的报警值时,报警的信息将被全部打印出来;如果进行负荷变化率的调整仍纠正不了系统参数的不正常变化,则该值已超过其“遮断”极限,ATC 程序会自动地转到操作员自动方式,并发出遮断状态的报警信息。在此情况下,ATC 管理方式中的所有监视功能仍加以保留,以供操作人员调用。

在严格的 ATC 程序控制方式中，负荷控制方式与转速控制方式不同。转速控制 ATC 中的升速率，严格地受到转子应力的限制；而在负荷控制中，除了机组自身的条件之外，ATC 的负荷变化率，还用来协调整个单元机组以至全厂的合理运行；此外，负荷变化率还可来自遥控，此时 ATC 仅进行监视，如果参数越限报警，还需要进行负荷的保持，以确保机组的安全。

(二) 自动调节功能

从启动过程看，系统能自动地迅速通过临界转速区，能自动同期。

从启动方式来看，能适应冷态启动、温态启动和热态启动时控制主汽门，当达到切换转速时，可自主汽门 TV 控制自动切换到调节汽阀 GV 控制；当热态启动采用中压缸冲转方式时，达到切换转速后，能自中压调门 IV 控制自动地切换到 TV 控制；当达到 TV/GV 切换转速后，能自动切换到 GV 控制。

从运行状态来看，系统的功能有以下几种：

(1) 可根据电网要求，选择调峰运行方式或基本负荷运行方式。

(2) 可由运行人员调整或设置负荷的上、下限及负荷的升降率。

(3) 系统采用串级 PI 运行方式，在负荷大于 10% 以后，也可由运行人员选择是否投入调节级压力 p_T 和发电机功率 P 反馈回路。

(4) 可以选择定压运行和滑压运行方式。当定压运行时，系统有阀门管理功能，以保证汽轮机能获得最大的效率。

(5) 可根据需要选择炉跟机、机跟炉或协调控制方式。当机组参与协调控制 CCS 时，可由机、炉运行人员发出目标负荷指令，自动地控制汽轮发电机组的出力。

除此之外，为确保系统的可靠性而采取的措施是：计算机采用双机系统，并能自动或手动切换；对重要模拟量（如转速、功率、压力等）进行三选二处理、对重要开关量进行二选一处理；对操作员的命令按规则检查；对系统进行自检等。

系统的调节精度为：转速 $\pm 2r/min$，功率 $\pm 2MW$（300MW 机组，在蒸汽参数稳定的条件下）。

(三) 汽轮机启停运行监控系统的功能

监控系统在机组启停和运行中，对机组和 DEH 装置两部分的运行状态均进行监控，其内容包括操作状态按钮指示、状态指示和 CRT 画面。其中对 DEH 装置监控的内容包括重要通道、电源、内部程序运行情况等；CRT 画面包括机组和系统的重要参数、运行曲线、变化趋势和故障显示等。

(四) 汽轮机超速保护系统的功能

为避免机组超速，DEH 调节系统设置了三种保护功能。

(1) 甩全负荷超速保护。机组运行中若发生油开关跳闸，保护系统检测到这种情况后，迅速关闭调节汽阀，以避免大量蒸汽进入汽轮机而引起严重超速事故，在延迟一段时间后，如不出现升速，再开调节汽阀使机组保持空负荷运行。这样做的目的是为了减少机组的再启动损失，使机组能迅速重新并网。

(2) 抛负荷保护。当电网发生瞬间短路或某一相发生接地等故障，引起发电机功率突降时，为了维持电网的稳定性，保护系统将迅速地把中压调门关闭一下，然后再开启，以维持机组的正常运行。

（3）超速保护。该保护有 103%（OPC）和 110%（电超速）保护两种。OPC（Overspeed Protect Controller）是指当汽轮机转速超过 3090r/min 时，迅速将高调门和中调门同时关闭数秒钟；电超速保护是指汽轮机转速超过 3300r/min 时，将所有汽门同时关闭，进行紧急停机，与此同时，旁路系统也将协同动作，以保证再热器的冷却并减少工质损失。

DEH 的保护系统还能够在运行中作 103%超速试验、110%超速试验和 AST 电磁阀的定期试验等，以保证系统始终处于良好的备用等待状态。

三、DEH 调节系统的组成及数字部分

图 4-52 为引进型 300MW 机组的 DEH 调节系统简图。该系统是根据西屋公司 DEH—Ⅲ的功能原理仿制的。在系统配置方面，尽可能吸收离散系统可靠性高的优点；在硬件设备方面，主要控制器都采用微处理机，从而使硬件电路简化、系统的可靠性提高。

该系统的硬件组成可以分为五个部分：DEH 控制器、操作系统、油系统、执行机构及保护系统。但有时又将其分成数字与液压两大部分：在 DEH 调节系统中，通过计算机来处理、比较、综合和运算后的数字量，经 D/A 转换成模拟量，再与执行机构来的位移反馈讯号进行比较，其输出经功率放大器放大后去控制电液伺服阀（电液转换器），把电讯号转换成液压讯号；该讯号再经错油门和油动机进行末级放大，最后去控制各主汽门和调节汽阀。为便于区分，习惯上都把功率放大器以前的部分称为数字部分，而把电液转换器及其以后的部分称为液压部分——EH 系统。本小节只讨论数字部分——DEH 控制器及操作系统。

（一）DEH 控制器

控制器是 DEH 调节系统的核心部分，主要包括数字计算机、混合数模插件、接口和电源等设备。它们都集中布置在六个控制柜内，主要用于给定和接受反馈讯号、逻辑运算和发出指令进行控制等。

（1）00 柜——柜内装有两台基本控制计算机 A 及 B，主要进行逻辑操作与 PID 运算，以及与下位机进行通讯控制等。A、B 两机内部配置及功能完全相同，通常 A 机工作，B 机热备用。一旦 A 机故障可自动无扰地切换至 B 机。

（2）01 柜——基本控制模拟量、开关量输入输出。柜内主要有 SIO 模拟量隔离卡 1 块，OPC 超速卡 1 块，保护卡 1 块，MCP 测速卡 3 块，MCP-COMP 测速比较卡 1 块，OPC-COMP 超速比较卡 1 块。其中 OPC 卡主要从 MCPBUS 上获取 OPC 功能所需的机组状态量，如功率、中压排汽压力、转速等，同时又通过端子排发出对 OPC 功能操作的命令，以实现 103%和 110%的超速保护。MCP 测速卡相当于一个智能转速表，接受两个转速传感器来的脉冲讯号，经过放大、整形、滤波后由单片机进一步处理再送转速讯号存储单元。MCP-COMP 卡将电功率讯号与中压缸排汽压力讯号进行比较，所形成的状态标志送至MCPBUS 总线，用于 OPC 控制或送维修盘。

（3）02 柜——阀门控制柜。主要有 Vcc-SC 站控制卡、Vcc-COMP 阀门控制比较卡和 10 块 Vcc 阀门控制卡。10 块 Vcc 卡分别对应 10 个阀门，完成自动或手动时的阀位控制。Vcc-COMP卡主要对伺服系统进行故障检测，对阀门位置讯号进行比较等。Vcc-SC 卡一方面接受 A 机或 B 机输出的阀门控制量，送至相应的阀门伺服卡，一方面又把各个 Vcc 卡的工作状态反馈给 A 机或 B 机。此外，02 柜还装有由永磁机供电的直流电源 1 台，维修面板 1 块和数字万用表 1 块，这些都是为方便现场调试而设置的。

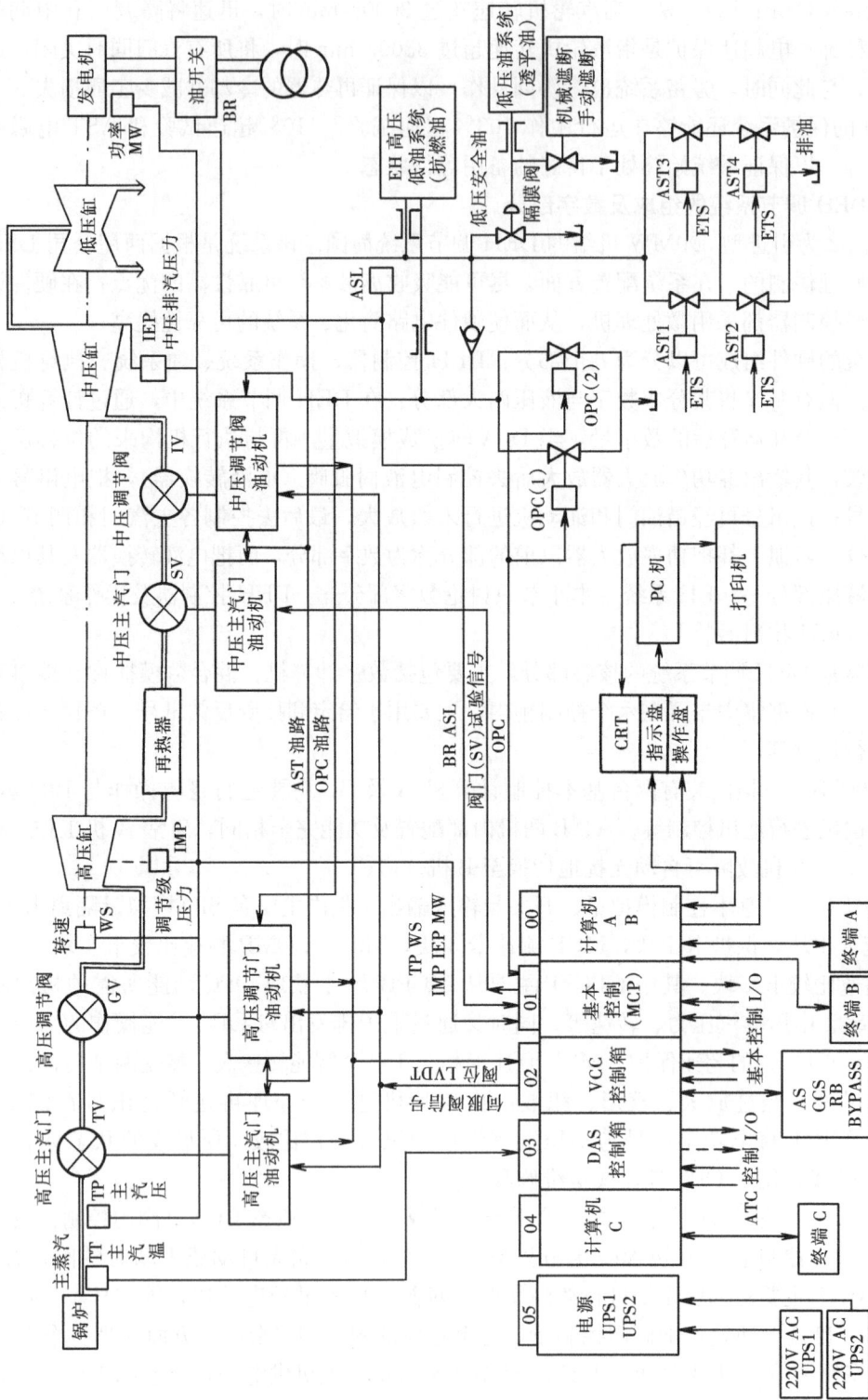

图 4 - 52 引进型 300MW 相组的 DEH—Ⅲ调节系统

(4) 03 柜——03 柜是汽轮机 ATC 的控制机柜,其中 03 柜为 ATC 控制的 I/O 通道。采集到的机组状态参量,经 DAS 机箱内各种智能型 I/O 卡处理后通过端子送 ATC 控制机。DAS 机箱是汽轮机 ATC 的通道机箱,其组成为:用于控制各智能型 I/O 通道卡以及与上位机进行信息交换的机箱控制器;开关量输入/输出卡 (DAS-DI/DO) 5 块;模拟量输入卡 (DAS-AI) 6 块,DAS-BUS 卡 1 块和双 Bitbus 卡 1 块。DAS 机箱内所有输入输出通道均采用了继电器和光电耦合器,与现场进行二级隔离。03 柜内,除了 DAS 机箱及七排端子外,还装有两台为 ATC 供电的多路直流电源;另外还装有对热电偶进行冷端补偿的热电阻,其测量精度小于 1。

(5) 04 柜——ATC 计算机 C。柜内配置有一台 ATC 控制计算机的软盘和硬盘驱动器,四排开关量输入输出端子和两排 LVDT 端子排,并相应配有 ATC 控制计算机卡、高速率通讯控制卡的软硬盘驱动卡。由于 ATC 控制计算机中已配有操作系统,所以,通过软盘和硬盘可以很方便地进行有关程序的调试和开发。

(6) 05 柜——电源柜。柜内装两套 UPS 电源 ($2\times3kVA$),要求有两路输入:一路来自大 UPS,另一路来自厂用电。两套 UPS 中一套为主电源,另一套备用;另有蓄电池为直流电源,以便在两路电源都失电时,仍可保证 20min 的供电,使 DEH 系统能安全地进行停机。除本机柜外,DEH 的所有电气设备的电源必须来自 05 柜,不允许使用其他电源作为 DEH 的外设电源。

(二) 操作系统

操作系统主要设备包括 DEH—Ⅲ操作台、图像站及调试终端等。

1. 操作台

操作台是指操作盘与指示盘。DEH—Ⅲ的操作盘与指示盘合二为一,该盘作为人—机间的接口,它是汽轮发电机组启、停、运行控制唯一的操作台,运行人员通过它可以获取机组的状态信息并进行监视,也只有通过它才可控制机组的运行和实现维修测试。新华公司 DEH 智能式操作盘采用 8031 单片机,配有两个串行口与 A、B 机通讯,它接受 DEH 系统指示灯讯号和操作盘按钮讯号,并通过判断将其变成编码送入 DEH 系统。新华公司生产的操作盘是美国西屋公司的操作盘、阀门试验盘、超速保护盘及 CRT 操作盘四盘为一体的综合操作盘。按操作功能可以将其分为七部分:参数显示/修改、指令输入操作;CRT 画面选择;运行方式选择;控制方式选择;接口方式选择 (CCS、BPC 联系);保护功能选择;阀门试验操作。除此之外,还有几个特殊按钮/开关。

2. 图像站

图像站主要包括:PC 机,CRT 显示器及打印机等。PC 机用于对图像站运行的管理;CRT 能使运行人员观察到机组运行的各种信息,诸如重要运行参数、阀位、振动、瓦温值等,同时可显示越限报警;打印机是运行人员获得运行信息、查寻报警、事故追忆等的第二手段。所打印的报警信息与 CRT 的显示是一致的。

3. 调试终端

调试终端是供工程师对系统进行调试、检测等所使用的终端,A、B 机共用一个终端,C 机另有一个终端。

四、DEH 的液调部分——EH 控制系统

按照各部分的功能可以把 EH 系统划分为供油系统、执行机构和危急遮断三部分。供油系统稍后讨论，这里简述液调部分：执行机构和危急遮断部分的结构特点及工作原理。图 4 - 53 给出了 DEH 液调部分的系统简图。从图中可以看出，DEH 的液调系统可分成四块，图中的右下方为危急遮断系统，它是在机组失常时保护用的；右上方为 EH 油遮断系统，是为系统进行 EH 油压低遮断试验用的；图的左下方为主汽门（2 个）和调节汽阀（6 个）的控制系统；左上方为再热主汽门（也称中压主汽门，共 2 个）和中压调节汽阀（2 个）的控制系统。

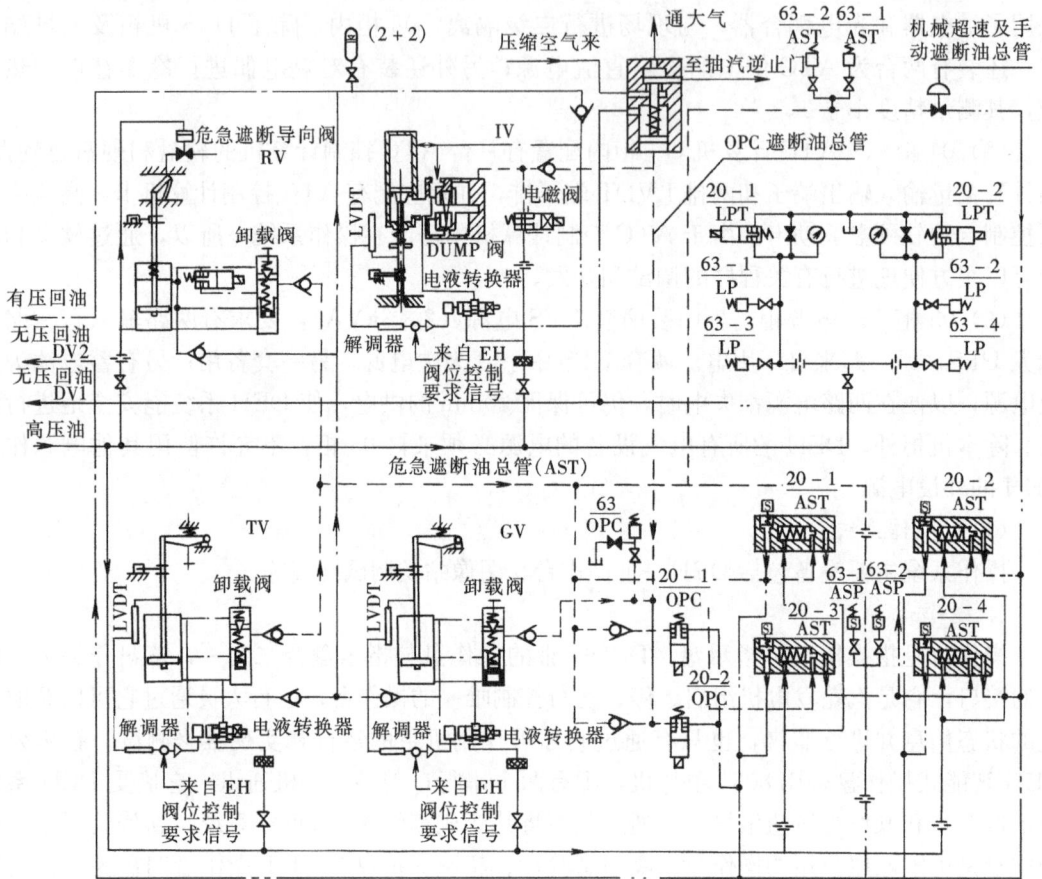

图 4 - 53　DEH 的液调系统

各汽门及其相应的油动机，统称为 DEH 的执行机构，整个系统共有 12 个这样的机构，按其控制要求及结构特点可分为主汽门、调节汽阀、中压主汽门和中压调门四种类型。它们的型式及结构不尽相同，其共同点如下：

（1）12 个汽门全部独立，并且各自有一套独立的油动机、隔离阀、逆止阀、过滤器、电液转换器和快速卸载阀等。

（2）所有的油动机，都是单侧进油油动机。其开启是依靠高压抗燃油为动力油，关闭是靠弹簧力。

（3）执行机构是把油动机、隔离阀、逆止阀、快速卸载阀及电液转换器等组合成一体的组合阀门结构。这种结构不仅整体上紧凑，减少了独立设置时各功能构件的管路连接，使系统严密可靠，而且突破了油动机传统的单一作用，使其成为具有开关型和控制型功能的组合阀门机构。

在油动机快速关闭时，为了使蒸汽碟阀与阀座的冲击力保持在允许范围内，在油动机的尾部采用液压缓冲装置，它可将动能积聚的大部分在冲击发生的瞬间转变成为流体的能量，以便在实现阀门快关的同时保证阀门的安全。

（一）高压主汽门和高压调节汽阀的组合执行机构

高压主汽门和高压调节汽阀的执行机构，是一种控制型的执行机构。这种控制型执行机构的特点是阀门可被控制在任意的中间位置上，其调节过程是根据所选控制方式及外界负荷的变化规律来进行的。

1. 工作原理

图 4 - 54 为高压主汽门和调节汽阀的工作原理图。当给定或外界负荷发生变化时，经过计算处理后产生开大或关小汽门的电气讯号，经伺服放大器放大后在电液转换器中转换成液压讯号并放大，放大的液压讯号通过对高压油通道的控制来调节油动机活塞的位移。当增负荷时，高压油使油动机活塞向上移动，通过连杆带动，使汽门开大，当减负荷时，油动机活塞下的高压油与泄油通道接通，弹簧力使油动机下腔室排油，油动机活塞下移而关小汽门。

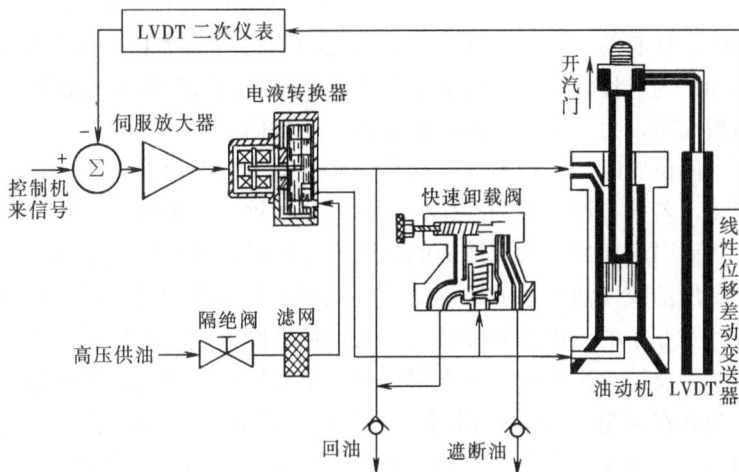

图 4 - 54 高压主汽门和高压调节汽阀的工作原理

油动机活塞杆上装有线性位移差动变送器（LVDT），当油动机活塞移动时，它产生一负反馈讯号，该讯号与计算机来的控制讯号叠加后去控制油动机的位置。当该讯号与计算来的讯号相加等于零时，电液转换器回到中间位置，使油动机下腔不与高压油及回油相通，于是汽门便停止运动，在新的工作位置上达到平衡。

主汽门和调节汽阀的油动机旁各设有一个快速卸载阀，以便在机组故障需要迅速关闭汽门时，快速卸去油动机下腔的高压油，依靠弹簧力的作用，使汽门迅速关闭，以实现对机组的保护。在快速卸载阀动作的同时，应将所有的工作油排入回油系统。为防止回油管路过载，在该系统中，将回油室与油动机上腔相连，可使油动机排油暂时储存在该活塞上腔。另外，为了保证汽门在 0.15s 之内迅速关下，在靠近油动机的回油管道上装有低压蓄能器，它可以容纳油动机迅速关闭时的泄油。需要说明的是，高压主汽门快速卸载油口与 AST 管路相连接，而调节汽阀的快速卸载油口与 OPC 管路相连，当 OPC 动作时只会快关调节汽阀，主汽门并不关闭，只有 AST 电磁阀动作时主汽门和调节汽阀才会同时关闭，机组停运。

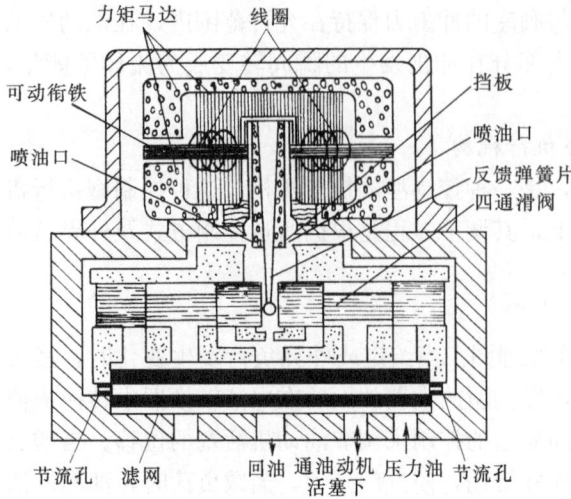

图 4-55　电液转换器结构

2. 电液转换器

电液转换器的任务是把电气讯号转换为液压讯号，它是电液调节系统中必不可少的中间环节。图 4-55 为电液转换器的结构示意图。该转换器主要由一个力矩马达、两级液压放大机构和机械反馈组成。力矩马达由永磁线圈与其中两侧绕有线圈的可动衔铁组成。当两侧线圈的电流不平衡时，由于电磁力的作用会使衔铁及挡板发生偏转，从而将电讯号转换成位移量。第一级液压放大是由一个双喷管及一个单挡板组成，此挡板固定在衔铁的中点，并在两个喷管中间穿过，使喷管与挡板形成两个可变的节流孔，由挡板和喷管控制的高压油通到第二级放大的滑阀两端面上。第二级放大是一个四通滑阀，它控制的油口为线性油口，滑阀的输出流量与滑阀的油口开度成正比。一个悬臂的反馈弹簧一端与挡板固定，另一端嵌入滑阀中心的一个槽内。

当衔铁居于中间位置时，挡板对流过两个喷管的油流的节流作用相同，不存在引起滑阀位移的压差。相反，若来自计算机的阀位控制讯号使衔铁及挡板发生偏转，则引起喷管与挡板间隙的变化，从而引起四通滑阀两端面的油压产生压差，在差压的作用下滑阀移动，打开油动机活塞下与高压油或回油相通的控制窗口，从而可控制汽门的开度。在滑阀移动时，反馈弹簧会使喷油间隙变小的一侧的间隙变大，故可使滑阀回到中间位置，使调节系统稳定在新的平衡点，这便是反馈弹簧的第一个作用；第二个作用是，当电液转换器失电时可保证汽门关闭并停机。为此在调整电液转换器时反馈弹簧设置有一定的零偏，当运行过程中失电时，借助于机械力使滑阀偏向左侧，泄去油动机活塞下的压力油，因而保证了机组的安全。因此，为保证运行中的稳定工况时滑阀处于中间位置，需对电液转换器输入一定的电压，使人为产生的力矩与机械偏置力矩相平衡。

3. 快速卸载阀

快速卸载阀是一个由遮断油控制的溢流阀，它可以在机组发生故障时紧急停机。

图 4-56 为快速卸载阀的结构简图，其型号为 DB20 系列，该阀装在油动机液压块上。它的上部装有一个杯状滑阀，滑阀下部的腔室与油动机活塞下的高压油路相通。在杯状滑阀的底部中间有一个小孔，使压力油可充满滑阀上部及与此相连的通道。滑阀上部的油室一路经过逆止阀与危急遮断油路相通，正常运行时，危急遮断油压等于高压油的油压，它顶着逆止阀并使之关闭，滑阀上的压力油不能由此油路泄

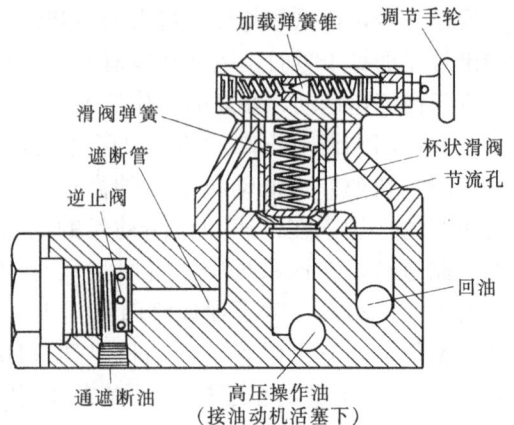

图 4-56　快速卸载阀结构

去；另一路经针形阀缩孔与回油通道相通，调节针形阀的开度可以调整滑阀上的油压。通常将调节手轮全部旋入，所以此通道的油流量非常小。

在正常运行时，杯状滑阀上的油压作用力加上弹簧的作用力，大于滑阀下的高压油的作用力，使杯状滑阀被压在底座上，将滑阀套下部圆周上与泄油总管相通的油口封住，因此，高压油与回油油路的通道被关闭。当危急遮断油（对调节汽阀为 OPC 遮断油）泄油失压时，杯状滑阀上的压力油顶开逆止阀并泄油，从而使该滑阀上的油压剧烈下降，下部的压力油推动滑阀上移，打开滑阀套上的泄油口，使油动机活塞下的工作油泄去，油动机在弹簧力的作用下迅速关闭。

快速卸载阀也可以用作主汽门或调节汽阀的手动关闭。在手动关闭汽门时，首先要关闭隔绝阀，以防止卸载阀放走大量的高压油，然后将针形阀调节手轮反向慢慢旋出，杯状滑阀上的油自针型阀控制的油口中泄出，使杯状滑阀上升，开启快速泄油口，从而使油动机下腔室的油压下降，使汽门慢慢关闭。此后，如要重新打开汽门，首先将调节手轮全部旋入，调到最高压力位置，然后慢慢打开隔绝阀。

（二）中压主汽门的组合执行机构

中压主汽门的组合执行机构属于开关型，阀门只在全开和全关两个位置工作，图 4 - 57 为其工作原理图。与控制型执行机构相比，该机构有如下几点不同之处。

（1）由于没有控制功能，因此不必装设电液转换器及相应的伺服放大器。

（2）增加了一个试验电磁阀，用于遥控关闭阀门以及进行定期的阀杆活动试验。

（3）在隔绝阀后设有一节流孔板，它用来限制通往油动机的进油量。因为当危急遮断系统动作后，要使快速卸载阀的泄油量大于油动机的进油量，才能保证阀门的快速关闭。

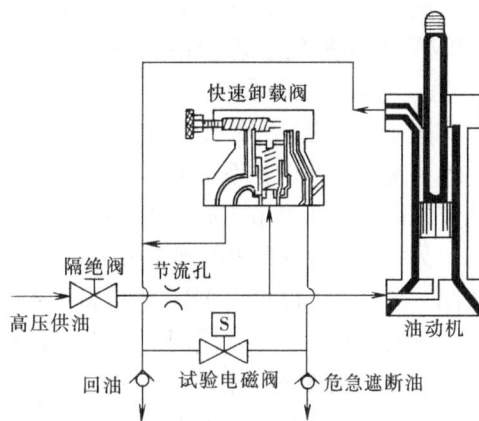

图 4 - 57 中压主汽门工作原理

（4）由于中压主汽门为两位阀门，因此不必设置 LVDT，而以限位开关代之。

（5）在中压主汽门上装有一个危急遮断导向阀（见图 4 - 53）。主汽门开启时该导向阀在关闭位置，此时主汽门的门杆漏汽作用在门杆端面上，从而压住主汽门油动机侧的球形密封垫圈，防止蒸汽的泄漏；当危急遮断系统动作时，导向阀打开放掉门杆端面的蒸汽，使主汽门可快速关闭。

（6）机组挂闸后，便可建立安全油压，中主门快速卸载阀切断了油动机工作油与回油的通道，中压主汽门便可缓缓开启。

其他部件的工作情况与控制型阀门的基本相同。

（三）中压调节汽阀的组合执行机构

中压调节汽阀的组合执行机构属于控制型，它可以将调节汽阀控制在任意的中间位置上，并能按比例调节进汽量，图 4 - 58 为其工作原理图。与高压主汽门和高压调节汽阀相比，由于同为控制型机构，因此功能和原理基本相同。尽管其快速卸载阀的结构不同，但工作原理也大同小异，这里仅就试验电磁阀的功能作一简单说明。

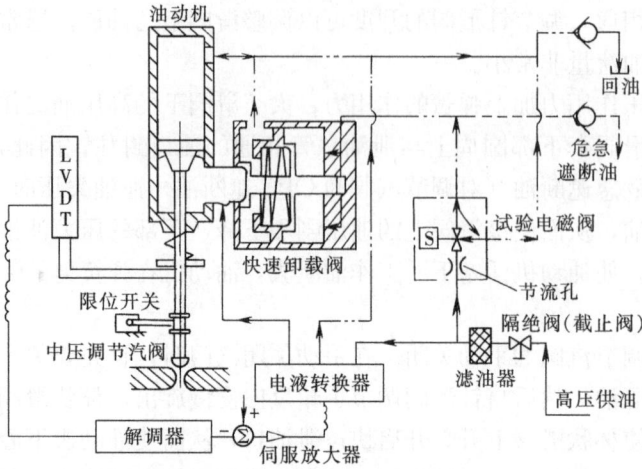

图 4-58　中压调节汽阀工作原理

试验电磁阀为二位三通阀，装在油动机板块上，用于遥控关闭中压调节汽阀。正常运行时电磁阀是断电的，使高压油能直接通到快速卸载阀的上部腔室并为遮断油管补油；当电磁阀通电时，回油通道被打开并切断高压油的供油。因此通过该电磁阀便可进行中压调节汽阀的阀门活动试验。

（四）危急遮断系统

为防止汽轮机在运行中因部分设备工作失常而可能导致的重大损伤事故，调节系统中都设有

危急遮断系统。其作用是在异常情况下能快速关闭所有汽门，使汽轮机紧急停机。引进型300MW 机组的危急遮断系统有两套：电磁阀遮断系统及机械遮断系统。

1. 电磁阀遮断系统

图 4-53 的右下部分为电磁阀危急遮断系统，该系统有两种动作情况。

一种是超速防护系统 OPC（Overspeed Protect Controller）。该系统动作时只关闭高压调节汽阀和中压调节汽阀，主汽门并不关闭，不造成汽轮机停机。

另一种是自动停机跳闸系统 AST（Auto—Stop Trip）。当该系统动作时，所有汽门全部关闭，实现紧急停机。AST 危急遮断的项目有：电超速；轴承油压低；EH 油压低；真空低；轴向位移大；手动跳闸。此外，系统还提供了一个可接受所有的外部遮断讯号的遥控遮断接口，以供现场选用。可选遥控遮断项目有：炉 MFT、DEH 失电、轴振动大、轴承瓦温高、差胀大、高压缸排汽温度高、高压缸排汽压力高、发变组保护动作、旁路不合理操作故障等。

危急遮断系统由危急遮断控制块（包括 4 个 AST 电磁阀和 2 个 OPC 电磁阀）、1 个隔膜阀、2 个单向阀（逆止阀）以及一些压力开关等组成。

（1）自动停机跳闸电磁阀（20/AST，4 个）图 4-59 为 AST 电磁阀的结构示意图。正常运行时，该电磁阀是带电关闭的，此时高压油至无压回油的通道被切断，高压油克服弹簧拉力使滑阀 2 靠至右端，它关断了危急遮断油总管至无压回油的通道，使所有汽门油动机活塞腔室的油压能够建立。在危急情况下，该电磁阀所保护的项目中相

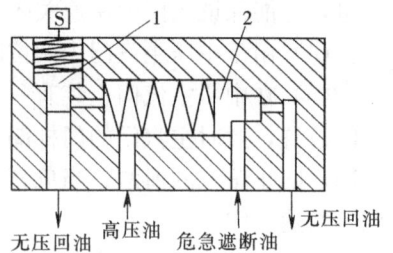

图 4-59　AST 电磁阀结构
1、2—滑阀

应的参数越限发讯号使其失电而打开（滑阀 1 向上运动），电磁阀中的高压油被泄掉，在弹簧力及危急遮断油压的作用下，滑阀 2 向左移动，打开危急遮断油的泄油通道，从而关闭所有汽门，汽轮机紧急停机。

4 个 AST 电磁阀在液压回路上采用串联加并联的连接方式（见图 4-53）。但在电气回路上则是分成 20—1/AST、20—3/AST 和 20—2/AST、20—4/AST 两个通道，每个通道都

有单独的继电器保持供电。这样既保证了系统动作的准确性，又可以防止由于个别电磁阀的误动而引起的不必要的停机。此外，这种设计还可在机组运行中分别对每个通道进行试验。

（2）超速防护电磁阀（20/OPC，2个）。如图4-53所示，本系统设置有2个OPC电磁阀，它们采用并联连接方式。正常运行时，该电磁阀不带电处于关闭状态，切断了OPC总管的泄油通道，高、中压调节汽阀油动机活塞下腔室能建立油压。当OPC电磁阀带电打开时，OPC遮断油总管泄油通道被打开，高、中压调节汽阀迅速关闭。下述两种条件均可引起OPC电磁阀带电打开：

①发电机油开关跳闸且机组甩负荷在30%以上；

②机组超速至103%额定转速。

（3）单向阀（逆止阀）。在AST油路与OPC油路之间设有2个单向阀，该阀保证安全油可以自OPC总管侧流向AST总管，但不能反向流动。其作用是在OPC电磁阀动作时，保持AST总管的油压，维持高、中压主汽门在开启状态；只有在AST电磁阀或危急保安器动作时，AST和OPC总管才会同时泄压，使机组紧急停机。

（4）隔膜阀。隔膜阀（见图4-60）装在前轴承箱的侧面，它是润滑油系统与EH油系统的惟一间接接口，也是机械超速遮断系统在液调系统上的作用点。汽轮机正常运行时，主油泵出口的高压透平油通入阀壳内隔膜的上腔室中，隔膜在油压作用下克服弹簧力的作用，使隔膜阀处于关闭位置，从而切断了AST总管的回油通道，使液调系统能正常工作。当危急保安器或手动遮断杠杆分别动作或同时动作时，均可使隔膜上的油压降低或消失，从而在压弹簧作用下打开隔膜阀，AST总管失压，所有进汽门及抽汽逆止门全部关闭，汽机跳闸。

正常情况下隔膜阀上的油压为0.7MPa，当油压降低到0.35MPa时，隔膜阀被打开；当油压从0MPa上升到0.15MPa时，隔膜阀开始关闭，到0.4~0.5MPa时全关，重新建立起安全油压。

2.机械超速遮断系统

DEH中的机械超速遮断系统与常规液压调节系统中的遮断系统基本相同，也是利用撞击子在超速时的动作进行遮断的，因此关于撞击子的工作原理这里不再复

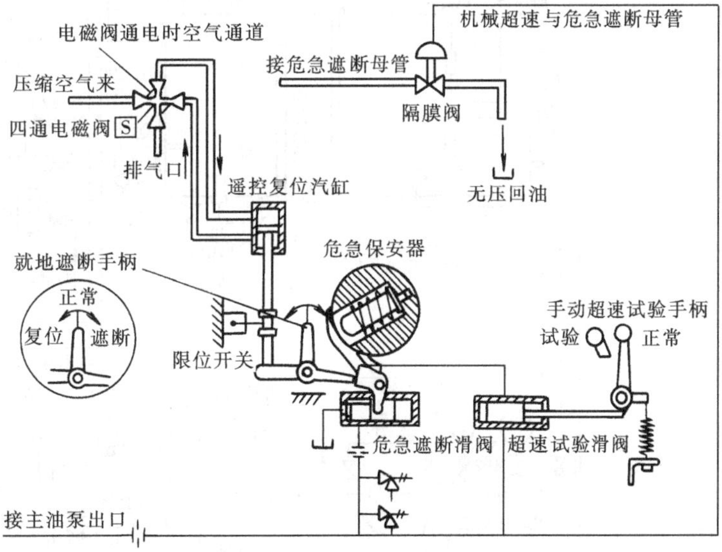

图4-60 机械超速系统工作原理

述，只简单说明一下系统中的主要设备及动作情况。

图4-60为机械超速遮断系统的工作原理图。机组正常运行时，机械超速遮断母管中的压力油来自主油泵的出口。该压力油经节流后分两路进入危急遮断滑阀，其中一路经二级节流后引入危急遮断滑阀，另一路经超速试验滑阀后引入危急遮断滑阀。正常运行时，遮断滑阀被推至左端，此时压力油作用面小，不足以克服弹簧力，故碟阀被紧压在阀座上，堵住了

泄油孔,使危急遮断母管维持正常油压;当因超速撞击子飞出而撞击脱扣碰钩,或因就地打闸使碰钩脱扣,则遮断滑阀向右移动,碟阀离开其阀座并泄油,导致危急遮断母管泄压,隔膜阀打开,从而使 AST 总管失压,实现紧急停机。

由于遮断滑阀右移后左侧承压面变大,此时尽管油压降低,但油的压力仍可大于滑阀右侧的弹簧力,因此,只有人为复位(挂闸),才可使遮断滑阀重新回到正常运行位置。复位可以用就地遮断手柄在就地进行,也可通过四通电磁阀遥控进行。

充油试验或就地脱扣试验时,需先将试验手柄拉至试验位置,此时试验滑阀被拉向右侧,切断了危急遮断母管的主泄油通道,另一泄油通道因有节流作用,所以充油或就地脱扣试验时,尽管危急遮断母管油压有所降低,却不会使隔膜阀打开。故不会因试验而停机。

五、油系统

油系统包括 EH 供油系统与润滑油系统两部分。

1. EH 供油系统

EH 供油系统的任务是为 EH 控制系统提供控制和动力用油。由于该工作油压很高(11.9～15.1MPa),故采用三芳基磷酸脂抗燃油,它具有良好的抗燃性能和流动稳定性。

图 4-61 为 EH 供油系统图。本系统由安装在座架上的不锈钢油箱、相关的管道、控制体、叶片泵、滤油器、卸载阀、溢流阀、逆止阀、冷油器、蓄能器、油再生装置等组成。这些部件均为重复的两套,正常投运一套,另一套热备用。

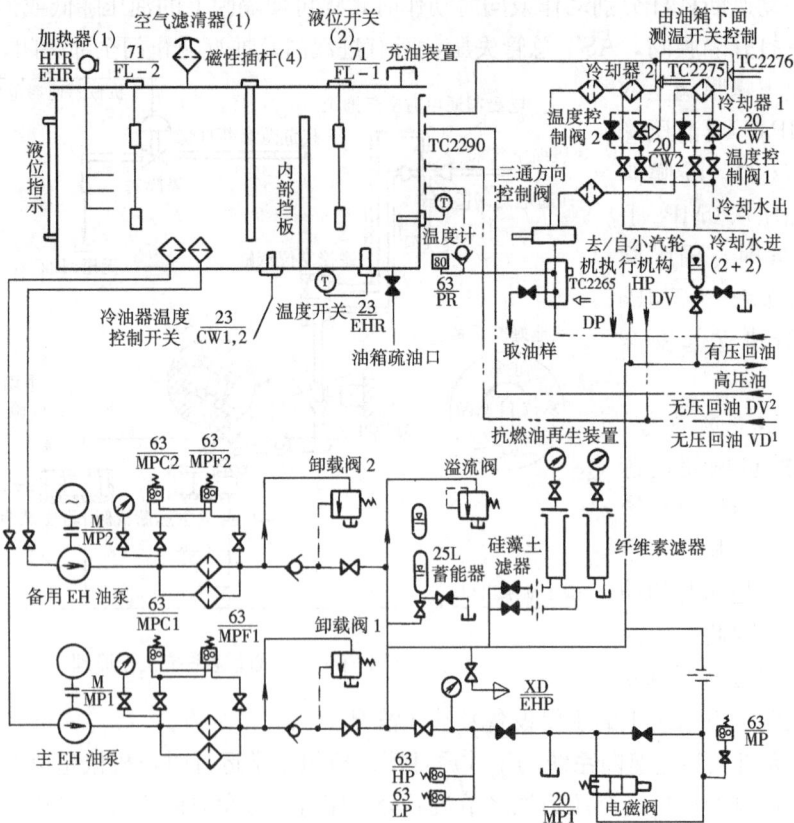

图 4-61　EH 供油系统

油泵供出的高压抗燃油经 EH 控制块、滤油器、卸载阀、逆止阀和溢流阀,而后进入高压母管和蓄能器,当油压达 14.8±0.3MPa,卸载阀泄油,油泵在卸载状态下工作,此时由蓄能器向系统供油,一直到由于电液转换器和各伺服执行机构等工作用油或渗漏而使高压油母管压力下降到 12.2±0.3MPa 时,卸载阀复位,从而使泵的出油直接供向系统。溢流阀又称作过压保护阀或安全阀,它安装于供油母管上,相当于卸载阀的备用阀,主要用来防止母管超压,其工作压力整定为 16.9±0.1MPa。

回油到油箱前先经一个方向控制阀,引导其流经一组或两组滤油器和冷油器后再回油箱。

2. 润滑油系统

汽轮机润滑油系统主要用来向机组各轴承提供润滑油、向发电机氢密封油系统提供密封油源以及向机械超速遮断母管提供遮断油。该系统使用 20 号透平油,主油泵由汽轮机主轴直接拖动。该系统与一般汽轮机的润滑油系统没有多大区别,这里不再画出其系统图,只就有关问题作一简单说明。

机组正常运行时,由主油泵和注油器向系统供油。主油泵的出油分两路:一路向机械超速遮断系统和高压密封油系统供油;另一路进入射油器。经射油器引射的低压油分为三路:一路经冷油器后向各轴承、盘车装置以及顶轴油系统提供润滑油和顶轴用油;另一路用作主油泵的进油;第三路作为发电机密封油系统的低压备用密封油。

交流润滑油泵用于在启动和停机过程中为系统提供轴承润滑油和低压备用密封油,高压备用密封油泵在启、停机过程中为系统提供高压密封备用油和机械超速遮断母管用油。另外,在正常运行过程中,当润滑油压低至一定值时,也会联动交流润滑油泵和高压备用密封油泵,以确保机组的安全运行。直流事故油泵用于在交流润滑油泵出现故障或者启动交流润滑油泵后仍不能满足系统对油压的最低要求时启运。它是保护汽轮发电机组轴承润滑油和氢密封油供应的最后屏障。

第五章 供 热 式 汽 轮 机

第一节 背 压 式 汽 轮 机

一、背压式汽轮机的特点

背压式汽轮机是供热式汽轮机的一种，进汽轮机的蒸汽在汽轮机中做完功后在背压（大于大气压）下全部排出，其排汽既可供应工业生产用汽，又可作供暖用汽，还可将排汽作为中、低压参数汽轮机的新蒸汽（这种背压汽轮机常称为前置式汽轮机）。图 5-1 是背压式汽轮机装置简图。

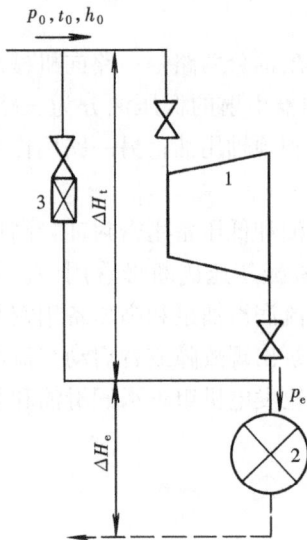

图 5-1 背压式汽轮机装置简图
1—背压式汽轮机；2—热用户；
3—减温减压器

当一背压式汽轮机维持稳定的背压向热用户供汽时，其供热量 Q 为

$$Q = D_e \Delta H_e = f(D_e) \qquad (5-1)$$

式中 ΔH_e——1kg 蒸汽的供热量；

D_e——供热蒸汽量。

此时，汽轮发电机组的功率为

$$P_{el} = \frac{D_e \Delta H_t \eta_i \eta_m \eta_g}{3600} = \varphi(D_e) \qquad (5-2)$$

由式（5-1）、式（5-2）可见，背压式汽轮机无法同时满足热、电两种负荷。其基本运行方式是：以热定电，电能并入电网，电负荷的变动由并列运行的其他凝汽式汽轮机组承担。若背压式汽轮机在企业中孤立运行，则只能按电负荷运行，热负荷缺少的供热蒸汽由锅炉减温减压后供给，此时热电厂的经济性要下降。

背压式汽轮机在结构等方面尚有以下几个特点：

（1）背压式汽轮机不需要凝汽设备，当然也没有回热系统；

（2）由于背压式汽轮机各级的蒸汽比容变化不大，所以其通流部分各级的平均直径和叶高变化也不大，其轮缘外径有可能做成相等，且各压力级有可能选用相同的叶栅；

（3）背压式汽轮机总的理想比焓降比较小，为提高变工况时的效率，一般都采用喷管调节。

二、背压式汽轮机的调节

图 5-2 为一背压式汽轮机的调节系统。该系统只是比径向泵调速系统多了一只波纹筒调压器。调压器工作原理基本同压力变换器，用波纹筒将汽侧与油侧隔开，是为了防止油中进水。压力油经固定节流孔 a_{01} 进入控制油路，然后分别从压力变换器油口 a_φ、调压器油口 a_ρ 和反馈油口 a_m 流出。机组启动时，在背压升高到向热负荷供热前，调压器是切出的（转动凸轮 C），由同步器控制进行。当转动凸轮 C 使调压器投入（同时将同步器退至零位），则

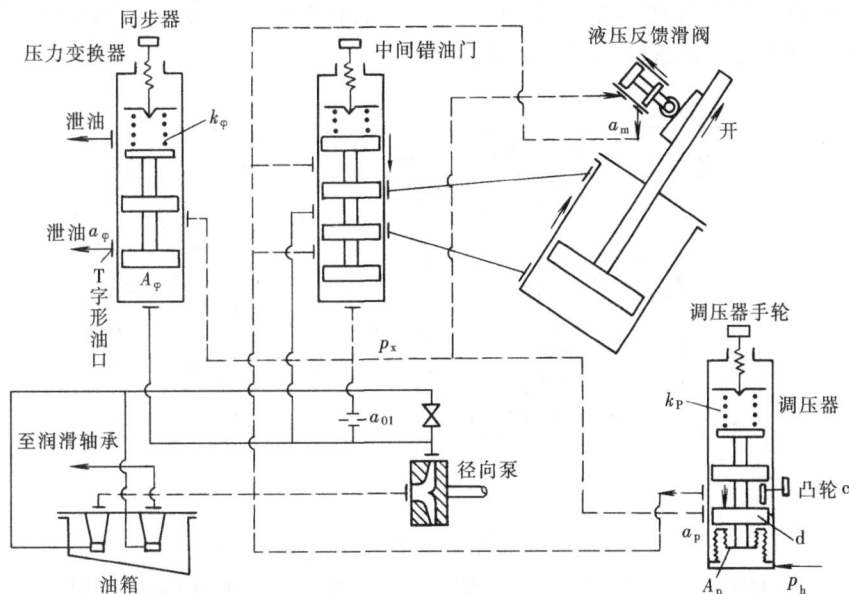

图 5-2 背压式汽轮机调节系统

汽轮机将按热负荷运行。

设热负荷增加，则背压 p_h 减小，作用在调压器下部波纹筒上的力减小，在上部弹簧的作用下，调压器活塞下移，开大调压器油口 a_p，使控制油压 p_x 下降，调节阀开大。同时反馈油口 a_m 关小，使 p_x 恢复，系统稳定在新的工作点。

甩负荷时，因背压 p_h 减小，调压器力求将调节阀开大，此反作用易使汽轮机超速。为消除此影响，将压力变换器的油口 a_φ 做成 T 形油口。正常运行时活塞在窄段移动；甩负荷时，转速信号很大，活塞移至宽段，克服调压器的反作用，使控制油压 p_x 迅速上升，调节阀迅速关闭。

调压系统的静态特性与调速系统相仿，机组的排汽压力 p 相当于转速 n，蒸汽流量 D 则相当于机组功率 P。由此可得调压系统的不等率 δ_p，即压力不等率。通常 δ_p 可达 $10\% \sim 20\%$，甚至更大。

第二节 一次调节抽汽式汽轮机

一次调节抽汽式汽轮机是指将作过功的一部分蒸汽从汽轮机中间抽出供给热用户，其余蒸汽继续膨胀做功，最后排至凝汽器。从效果上看，它相当于一台背压式和一台凝汽式汽轮机的并列运行，可同时满足热电两种负荷的需要。其热力系统简图如图 5-3（a）所示。

一次调节抽汽式汽轮机由高压段 1 和低压段 2 组成。新蒸汽通过调节阀 4 进入高压段膨胀作功，流量 D^{I}，压力降到 p_h，然后分成两股，一股 D_h 经逆止阀和截止阀供热用户 6，另一股 D^{II} 经中压调节阀 5 进入低压段继续膨胀作功，最后排入凝汽器 3。中压调节阀可以采用外置调节阀，也可以采用旋转隔板。前者用于容量较大的多缸供热机组；后者用于容量较小的供热机组上，可以将高压段与低压段置于一个汽缸内而成单缸结构。由于有调节抽汽，使流经高压段和低压段的流量相差较大，而且工况变化范围大，很难使两段均在设计工况附近工作，故一般发电效率较低。因此，这种汽轮机在设计之前，应详细了解其主要运行工况，以便合理确定各通流段的设计流量。

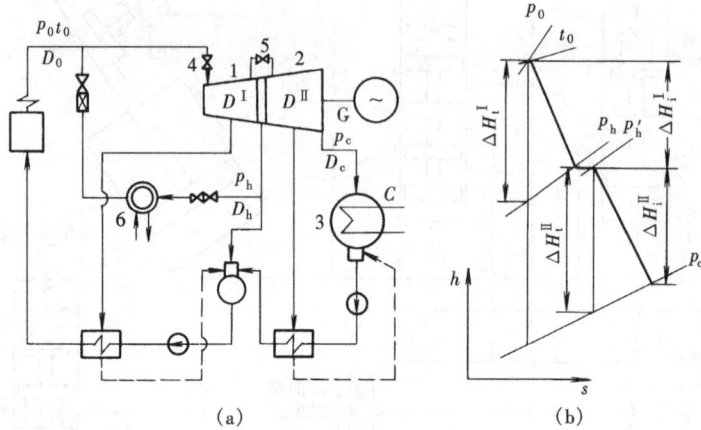

图 5-3 一次调节抽汽式汽轮机的热力系统
1—高压部分；2—低压部分；3—凝汽器；4—调节阀；5—中压调节阀；6—热用户

当热负荷为零时，一次调节抽汽式汽轮机变为凝汽式汽轮机，仍可满发额定功率。有热负荷时，高压段流量大于低压段流量，热电负荷都可在很大范围内变动，互不影响，这是调节抽汽式汽轮机优于背压式汽轮机之处，但前者有冷源损失，热经济性低于后者。也就是说调节抽汽式汽轮机牺牲了一些热经济性，却换来了运行调节上的灵活性。

一、一次调节抽汽式汽轮机的热电负荷调节

为了同时保证热电负荷调节的需要，汽轮机调节系统设计是将使高压调节阀和中压调节阀既受调速器控制、又受调压器控制。现举例说明如下：

当外界电功率不变、热负荷变小时，因抽汽量 D_h 减小，供汽压力会有所升高，调压器动作，控制高压调阀关小而中压调阀开大，使高压段少发的功率等于低压段多发的功率，以维持电功率不变；同时使高压段减少的蒸汽量 ΔD^{I} 加上低压段增大的蒸汽量 ΔD^{II}，等于减少的抽汽量 ΔD_h。

当外界热负荷不变、电功率减小时，汽轮机转速升高使调速器动作，控制高压调阀和低压调阀同时关小，高、低压段减小的流量相等，供热量不变；同时高、低压段减小的功率之和等于全机功率的减少值。

二、一次调节抽汽式汽轮机功率与流量的关系

该机热力过程线如图 5-3（b）所示。为便于理论分析，假定回热抽汽量为零，并忽略阀杆漏汽的影响。若用 D^{I}、D^{II} 分别表示高低压段的蒸汽量，则 $D^{\text{I}} = D_0$，$D^{\text{II}} = D_c$；供热抽汽量用 D_h 表示。汽轮机内功率和高、低压段的内功率分别用 P_i、P_i^{I} 和 P_t^{II} 表示；在任何工况下，都有以下关系成立：

$$D^{\text{I}} = D_h + D^{\text{II}} \tag{5-3}$$

$$P_i = P_i^{\text{I}} + P_i^{\text{II}} \tag{5-4}$$

汽轮机的内功率及电功率 P_e 分别为

$$P_i = P_i^{\text{I}} + P_i^{\text{II}} = \frac{D^{\text{I}} \Delta H_t^{\text{I}} \eta_i^{\text{I}}}{3600} + \frac{D^{\text{II}} \Delta H_t^{\text{II}} \eta_i^{\text{II}}}{3600} \tag{5-5}$$

$$P_e = (P_i - \Delta P_m)\eta_g = \left(\frac{D^{I}\Delta H_t^{I}\eta^{I}}{3600} + \frac{D^{II}\Delta H_t^{II}\eta^{II}}{3600} - \Delta P_m\right)\eta_g \tag{5-6}$$

或
$$P_e = \left(\frac{D_o\Delta H_t\eta_i}{3600} - \frac{D_h\Delta H_t^{II}\eta^{II}}{3600} - \Delta P_m\right)\eta_g \tag{5-6a}$$

式中 ΔH_t——全机理想比焓降，$\Delta H_t = \Delta H_t^{I} + \Delta H_t^{II}$；

η_i——全机相对内效率。

式（5-6a）中，第一项为供热抽汽量 $D_h = 0$ 时，即凝汽工况时的全机内功率；第二项为抽出的 D_h 使低压段少发的内功率；第三项为克服机械损失所消耗的内功率。

式（5-6）及式（5-6a）可改为

$$D^{I} = \frac{3600}{\Delta H_t^{I}\eta^{I}\eta_g}P_e - \frac{\Delta H_t^{II}\eta^{II}}{\Delta H_t^{I}\eta^{I}}D^{II} + \frac{3600}{\Delta H_t^{I}\eta^{I}}\Delta P_m \tag{5-7}$$

及
$$D^{I} = \frac{3600}{\Delta H_t\eta_i\eta_g}P_e + \frac{\Delta H_t^{II}\eta^{II}}{\Delta H_t\eta_i}D_h + \frac{3600}{\Delta H_t\eta_i}\Delta P_m \tag{5-7a}$$

三、一次调节抽汽式汽轮机工况图

一次调节抽汽式汽轮机的进汽量、调节抽汽量及功率之间的关系曲线称为该机组的工况图。为了讨论方便及使图形简化起见，假定低压缸的理想焓降和内效率都不随流量而变，于是其功率与流量之间成直线关系，如图 5-4 所示。

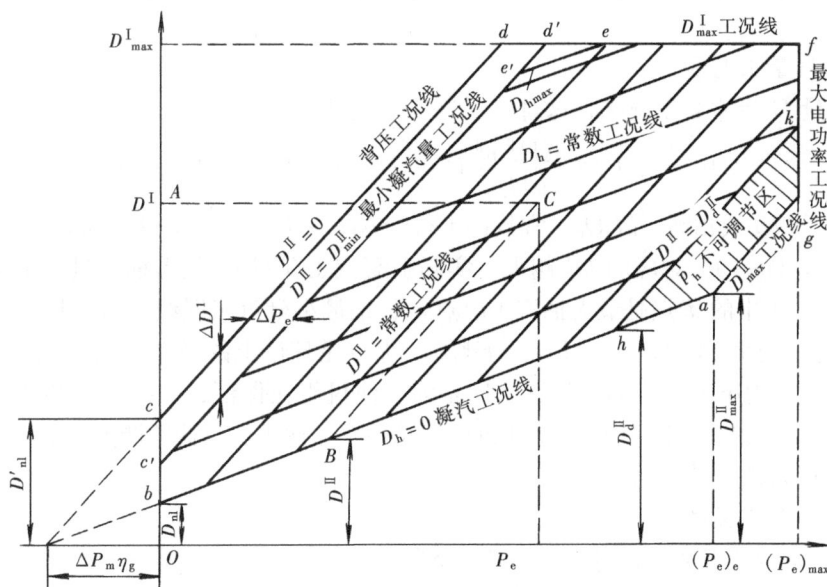

图 5-4 一次调节抽汽式汽轮机的简化工况图

1. 凝汽工况线

当供热抽汽量 $D_h = 0$ 时，全机相当于凝汽式汽轮机，因此 $D_h = 0$ 时机组功率与流量的关系曲线称为凝汽工况线，如图 5-4 中的 ba 线。由式（5-7a）知

$$D^{I} = \frac{3600}{\Delta H_t\eta_i\eta_g}P_e + \frac{3600}{\Delta H_t\eta_i}\Delta P_m = d_1 P_e + D_{nl} \tag{5-8}$$

根据假定条件，d_1 和 D_{nl} 都为常数。d_1 为汽耗微增率，即 ba 线的斜率；D_{nl} 是空载汽耗量，如图 5-4 所示。以电功率表示的机械损失 $\Delta P_m\eta_g$ 是消耗掉的，并未在发电机端输出，

故图中画在原点左边。

2. 背压工况线

在低压段流量 $D^{II}=0$ 时，相当于背压式汽轮机，因此 $D^{II}=0$ 时机组功率与流量的关系曲线称为背压工况线。这时式（5-7）可变为

$$D^{I} = \frac{3600}{\Delta H_t^{I} \eta_i^{I} \eta_g} P_e + \frac{3600}{\Delta H_t^{I} \eta_i^{I}} \Delta P_m = d'_1 P_e + D'_{nl} \tag{5-9}$$

由于 $\Delta H_t^{I} < \Delta H_t$，所以 $d'_1 > d_1$，$D'_{nl} > D_{nl}$。故背压工况线比凝汽工况线陡一些，且截距更大。如图5-4中的 cd 线。

3. 最小凝汽量工况线

为了带走低压段叶轮、叶片高速旋转所产生的鼓风摩擦损失，避免低压段温度过高危及安全，低压段至少应流过一最小流量 D_{min}^{II}（通常称为最小通风流量），D_{min}^{II} 一般为低压段设计流量 D_d^{II} 的 5%～10%。所以低压缸调节阀或旋转隔板关到最小位置时，应仍有最小通风流量进入低压段。故低压段流量 D^{II} 应大于等于最小凝汽量 D_{min}^{II}。因此，$D^{II} = D_{min}^{II}$ 时机组功率与流量的关系曲线称为最小凝汽量工况线。这时式（5-7）可变为

$$D^{I} = d'_1 P_e - \frac{\Delta H_t^{II} \eta_i^{II}}{\Delta H_t^{I} \eta_i^{I}} D_{min}^{II} + D'_{nl} = d'_1 P_e + D'_{nl} - \Delta D_{min} \tag{5-10}$$

由于 d'_1 与 cd 线相同，故最小凝汽量工况线平行于 cd，且在 cd 线的下方，如图5-4中的 $c'd'$ 线。

4. 等抽汽量工况线

即抽汽量 $D_h=$ 常数工况线，这时式（5-7a）变为

$$D^{I} = d_1 P_e + \frac{\Delta H_t^{II} \eta_i^{II}}{\Delta H_t \eta_i} D_h + D_{nl} = d_1 P_e + d_2 D_h - D_{nl} \tag{5-11}$$

斜率 d_1 与 ba 线相同，故 $D_h=$ 常数都平行于 ba；$d_2 D_h > 0$，故 $D_h=$ 常数线位于 ba 线之上。D_h 越大，同一 P_e 对应的 D^{I} 越大。实际上凝汽工况线 ba 是等抽汽量工况线中 $D_h=0$ 的特例。图5-4中的 d' 点是最大抽汽工况点，它是最小凝汽工况线与最大抽汽工况线的交点，所以 d' 点的抽汽量 $(D_h)_{d'} = D_{max}^{I} - D_{min}^{II}$。$(D_h)_{d'}$ 是理论上的最大抽汽量。一般计算时选取的最大抽汽量均小于 d' 点的抽汽量。这是为了使机组在保证最大抽汽量和低压段最小流量的条件下，还能在一定的范围内增加机组的总功率，便于电负荷的调节。$D_h = (D_h)_{max}$ 的 ee' 线段称为最大抽汽量工况线。

5. 等凝汽量工况线

即 $D^{II}=$ 常数工况数。这时式（5-7）变为

$$D^{I} = d'_1 P_e - \frac{\Delta H_t^{II} \eta_i^{II}}{\Delta H_t^{I} \eta_i^{I}} D^{II} + D'_{nl} = d'_1 P_e - d'_2 D_h - D'_{nl} \tag{5-12}$$

斜率 d_1 和 cd 线相同，故 $D_h=$ 常数工况线都平行于 cd；$d_2 D^{II} > 0$，故 $D^{II}=$ 常数，工况线位于 cd 线之下，且 D^{II} 越大，相同 P_e 时 D^{I} 越小，即 $D^{II}=$ 常数工况线越靠下方。实际上背压工况线 cd 是等凝汽量工况线中的 $D^{II}=0$ 特例。

ag 为最大凝汽量 D_{max}^{II} 工况线。当调节抽汽量 $D_h=0$ 时，高、低压段流量相等汽轮机应能发出额定功率，这时低压段达最大流量 D_{max}^{II}，这种工况较少，若以 D_{max}^{II} 作为低压段设计流量，则通流面积太大，经常运行工况的效率太低，故低压段设计流量 D_d^{II} 一般是 D_{max}^{II} 的 65%～80%。

低压段流量为设计流量 D_d^{II} 时，中压调节阀已全开，当低压段流量 D^{II} 继续增大时，只能靠升高抽汽室中的压力 p_h 来增加流量，故 hk 与 ag 两线间为抽汽压力 p_h 不可调区。

高压调门全开时的工况线 ef 为最大进汽量 D_{max}^I 工况线，gf 为最大电功率工况线。图5-4 中 $abc'e'efga$ 所围成的封闭面积上的任何一点，都代表着汽轮机的一种运行工况。当 D^I、D^{II}、D_h 与 P_e 四值中任意两个已知时，即可由工况图求出另外两个。如已知 D^{II} 与 D^I，则由 D^I 值所对应点 A 作水平虚线，在凝汽工况线上由 D^{II} 得点 B（由于在该线上 $D^{II}=D^I$），由点 B 作等 D^{II} 线与水平线交于点 C，由 C 点可读出 D_h 与 P_e 值。

真实的一次调节抽汽式汽轮机的工况图（图5-5）考虑了回热抽汽的影响，同时考虑了高压调门的节流作用，故各曲线呈波浪形。所有波浪形的节点都落在三条 D^I 等于常数的曲线上，因为在这三个进汽量下没有部分开启的调节阀在工作，所以机组的效率较高，汽耗率较低。

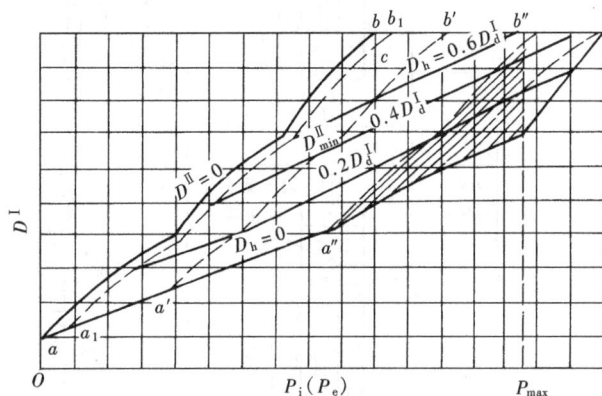

图5-5 一次调节抽汽式汽轮机的实际工况图

四、一次调节抽汽式汽轮机的调节

图5-6 为液压式一次调节抽汽式汽轮机调节系统，该系统中的调速器和调压器都能同时控制高、中压调节阀。其动作过程如下：

当热负荷不变而电负荷减小时，转速升高，压力变换器活塞上移，高、中压控制油路泄油口 $a_{\varphi1}$、$a_{\varphi2}$ 均关小，高压脉冲油压 p_{x1} 和中压脉冲油压 p_{x2} 均增大，高、中压油动机上移，同时关小高、中压调节阀，高、中压段流量同时减小，抽汽量不变而电功率减小。这一调节过程中各元件运动方向见图中实线箭头所示。

当电负荷不变而热负荷降低时，热用户用汽量减小，抽汽压力 p_h 升高，调压器活塞上移，高压控制油路泄油口 $a_{\rho1}$ 关小、中压控制油路泄油口 $a_{\rho2}$ 开大，高压脉冲油压 p_{x1} 增大、中压脉冲油压 p_{x2} 减小，高压油动机上移、中压油动机下移，分别关小高压调节阀、开大中压调节阀，高压段流量同时减小、中压段流量增大，抽汽量减小而保持电功率不变。这一调节过程中各元件运动方向见图中虚线箭头所示。

为防止甩电负荷时调压器的反作用引起超速，压力变换器所控制的高压控制油路泄油口 $a_{\varphi1}$ 也设计成 T 字形。

根据一次调节抽汽式汽轮机的工作原理，当电负荷变化时，高、中压调节阀应同向运动，以使 $D_h=D^I-D^{II}$ 保持常数；而当热负荷变化时，高、中压调节阀应反向运动，以使 $P_i=P_i^I+P_i^{II}$ 保持常数。调节系统满足上述要求的静态性能称为系统的静态自治性，满足上述要求的条件称为静态自治条件。对于液压调节系统，选择合适的油口宽度比，即可满足静态自治要求。

在机组从一个稳定工况过渡到另一个稳定工况的过程中，也应满足热负荷改变而电负荷不变，以及电负荷改变而热负荷不变的要求，这就是动态自治。由于动态过程的时间很短，

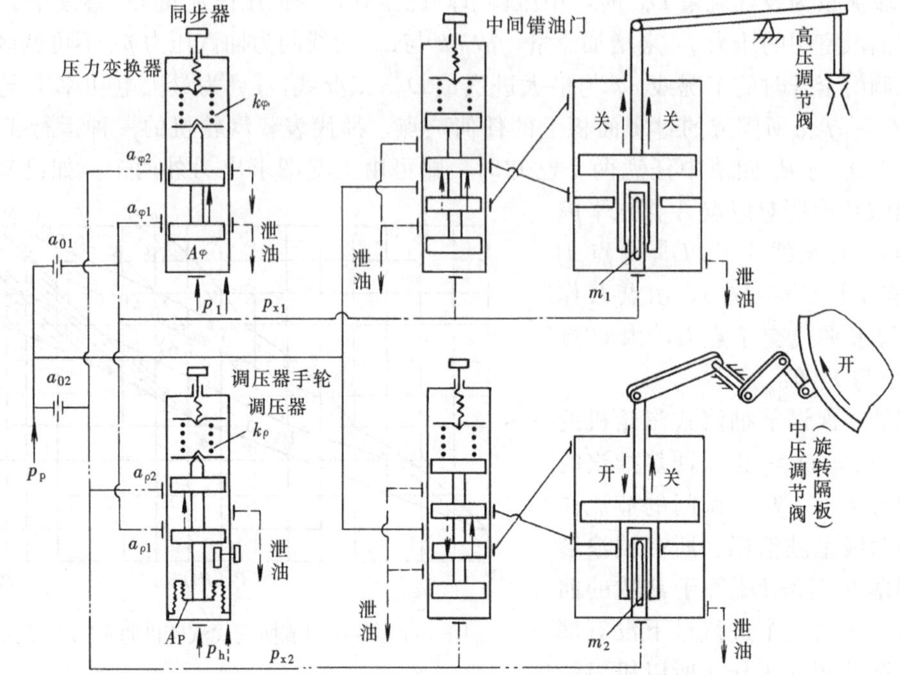

图 5-6　一次调节抽汽式汽轮机的调节系统

而且过渡过程中抽汽量或电负荷的暂时变化一般不会引起不良影响，对动态自治只要求尽可能接近甚至可不作要求。

第三节　二次调节抽汽式汽轮机

二次调节抽汽式汽轮机，其热力系统简图和热力过程线示于图 5-7 中，它相当于把一次调节抽汽式汽轮机的低压段分为中、低压两段，从中再抽出一股蒸汽量 D_{h2}。二次调节抽汽式汽轮机结构更为复杂，但其工作原理与一次调节抽汽式汽轮机基本相同。抽汽量 D_{h1} 的供汽压为 p_{h1} 较高，一般供工业用户；抽汽量 D_{h2} 的供汽压力 p_{h2} 较低，一般供采暖用户。

一、二次调节抽汽式汽轮机的热电负荷调节

该机设有高、中、低压三层调节阀，三者都要同时受调速器和 p_{h1}、p_{h2} 的调压器控制，以保证电功率和两种热负荷可分别自由变动，所以调节系统相当复杂。例如，当 D_{h1}、D_{h2} 都不变，P_e 变小时，调整器控制三个调门同时关小，使高、中、低压三段的流量减小量相等，这时 D_{h1} 与 D_{h2} 不变，三段少发的电功率之和应等于外界减小的电负荷。当 P_e、D_{h2} 不变，D_{h1} 减小时，高压调节阀关小，中、低压两调节阀开大，中、低压段流量增加量相等，以保持 D_{h2} 不变，中、低压段多发的电功率应等于高压段少发的电功率，以使 P_e 不变；D_0 的减小量加上 D_2 的增大量应等于 D_{h1} 的减小量。其他如 P_e 增大或 D_{h2} 增大等动作情况可以类推。

二、二次调节抽汽式汽轮机的工况图

与一次调节抽汽式汽轮机类似，若不考虑回热抽汽、阀杆漏汽及轴封漏气的影响，则在任何工况下，都有以下流量及功率关系式成立：

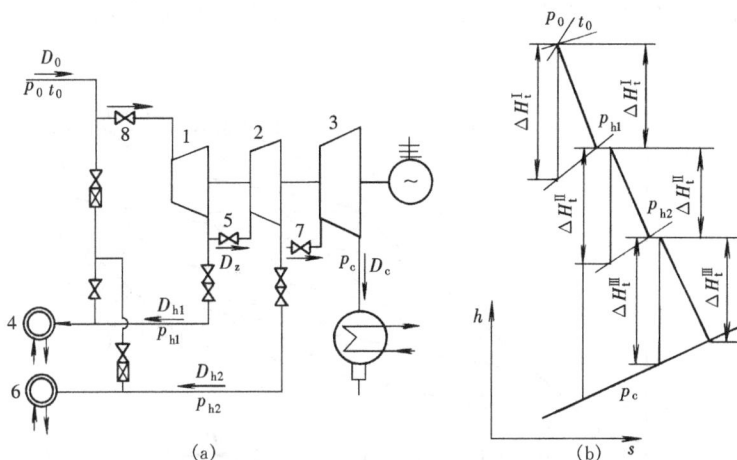

图 5-7　二次调节抽汽式汽轮机的热力系统和热力过程线

（a）热力系统简图；（b）热力过程线

1—高压部分；2—中压部分；3—低压部分；4、6—热用户；5、7、8—调节阀

$$D_0 = D_{h1} + D_{h2} + D_c \tag{5-13}$$

$$P_i = P_i^{I} + P_i^{II} + P_i^{III} \tag{5-14}$$

由此可以很方便地写出类似于式（5-5）～式（5-7）的关系式。这里不再全部列出这些公式，而是根据作工况图的需要，从另一角度去分析这些公式。讨论时仍假定流量与功率之间为直线关系。

假想第二段调整抽汽 $D_{h2}=0$，则二次调节抽汽式汽轮机变为一次调节抽汽式汽轮机，由式（5-6a）可得全机假想功率

$$P'_e = \left[\frac{D_0 \Delta H_t \eta_i}{3600} - \frac{D_{h1}(\Delta H_t^{II} \eta_i^{II} + \Delta H_t^{III} \eta_i^{III})}{3600} - \Delta P_m\right]\eta_g \tag{5-15}$$

式（5-13）～式（5-15）中的符号取自于图 5-7 中的符号，有关符号的含义与一次调节抽汽式汽轮机相同。

二次调节抽汽式汽轮机的工况图如图 5-8 所示。由图 5-8 上部得到的功率就是假想 $D_{h2}=0$ 时的电功率 P'_e，其原理同图 5-4。但实际上抽出了 D_{h2}，使低压段少发电功率 ΔP_{e2}：

$$\Delta P_{e2} = \frac{D_{h2} \Delta H_t^{III} \eta_i^{III}}{3600}\eta_g \tag{5-16}$$

故二次调节抽汽式汽轮机的真实电功率 P_e 为

$$P_e = P'_e - \Delta P_{e2} \tag{5-17}$$

根据假定，D_{h2} 与 ΔP_{e2} 之间也是直线关系，于是将这个关系画在图 5-8 的横坐标轴以下（称为辅助曲线）。图中的 On 以及与 On 平行的 10 余根斜线都表示了这种正比关系。若 P'_e 值位于横轴点 E，D_{h2} 的大小如下纵轴上的 OG，则取垂线 EF 等于 OG，作 FI 平行于 On，点 I 读数即为真实电功率 P_e。

为了保证低压段的最小通风量，供暖抽汽量的变化将受到限制，不能随意增大，其最大值为

$$(D_{h2})_{max} = D_o - D_{h1} - (D_c)_{min} \tag{5-18}$$

图 5 - 8 的下半部绘出了当 D_0 一定时，D_{h1} 对 D_{h2} 变化的限制线 a_1a_1'、b_1b_1'、$\cdots e_1e_1'$，同时还绘出 $(D_{h2})_{max}$ 线 $a_1'c_1'$。

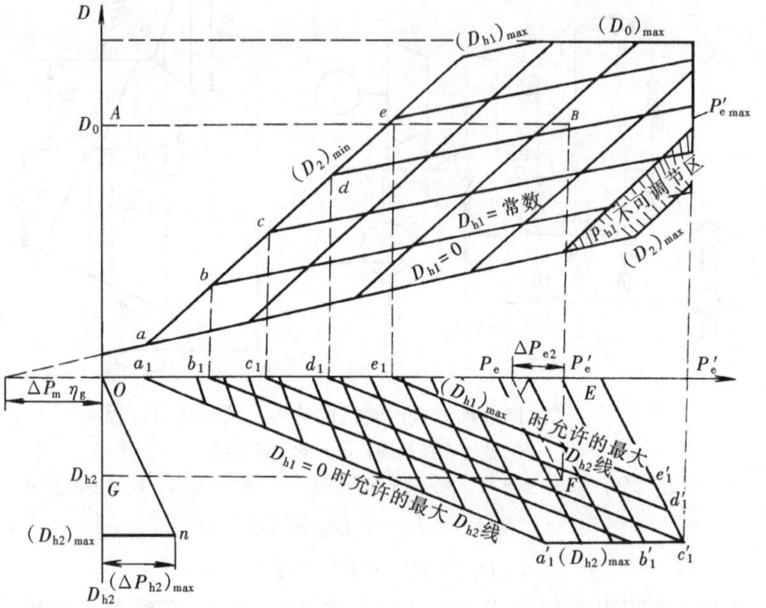

图 5 - 8　二次调节抽汽式汽轮机的工况图

在四个变量 P_e、D_0、D_{h1}、D_{h2} 中，已知其中三个，就可通过工况图求得第四个。例如已知 D_0、D_{h2}、P_e 求 D_{h1}：P_e 位于点 I，作 IF 平行于 On，并使 $EF = D_{h2}$，再由点 E 向上作垂线，与根据 D_0 值所作的水平线交于 B，由点 B 可读出 D_{h1} 值。进而可求得 $D_2 = D_0 - D_{h1}$，$D_c = D_2 - D_{h2}$。

二次调节抽汽式汽轮机的调节原理与一次调节抽汽式汽轮机的调节原理基本相同，本书不再说明。

第六章　汽轮机主要零件结构与振动

第一节　汽轮机静止部分结构

汽轮机本体是汽轮机设备的主要组成部分,它由静止部分(静子)和转动部分(转子)组成。静止部分包括汽缸、喷管、隔板、隔板套(或静叶持环)、汽封、轴承、滑销系统以及有关紧固件等。

一、汽缸

汽缸即汽轮机的外壳,是汽轮机静止部分的主要部件之一。它的作用是将汽轮机的通流部分与大气隔绝,以形成蒸汽能量转换的封闭空间,以及支承汽轮机的其他静止部件(如隔板、隔板套、喷管室等)。对于轴承座固定在汽缸上的机组,汽缸还要承受汽轮机转子的部分质量。

由于汽轮机的型式、容量、蒸汽参数、是否采用中间再热以及制造厂家的不同,汽缸的结构也有多种形式。

汽缸一般为水平中分形式,上、下两个半缸通过水平法兰用螺栓紧固。为了便于加工和运输,汽缸也常以垂直结合面分成几段,各段通过法兰螺栓连接。汽缸通过猫爪或撑脚支承在轴承座或基础台板上,汽缸的外部连接有进汽管、排汽管和抽汽管等管道。对于中小功率的汽轮机,一般设计制造成单缸体;而功率较大些(100MW以上)的机组,特别是再热机组,都设计成多缸结构,按汽缸进汽参数的不同,分别称为高压缸、中压缸和低压缸,像国产200MW机组有高、中、低压三个缸,国产300MW机组有高中压合缸和低压缸两个缸,国产600MW有高压、中压和两个低压缸共四个缸。根据每个汽缸的工作条件不同,汽缸可设计制造成单层缸、双层缸和三层缸。按通流部分在汽缸内的布置方式可分为顺向布置、反向布置和对称分流布置;按汽缸形状可分为有水平接合面的或无水平接合面的以及圆筒形、圆锥形、阶梯圆筒形等。

汽缸工作时受力情况复杂,它除了承受缸内外汽(气)体的压差以及汽缸本身和装在其中的各零部件的重量等静载荷外,还要承受蒸汽流出静叶时对静止部分的反作用力,以及各种连接管道冷热状态下,对汽缸的作用力以及沿汽缸轴向、径向温度分布不均匀所引起的热应力。特别是在快速启动、停机和工况变化时,温度变化大,将在汽缸和法兰中产生很大的热应力和热变形。

由于汽缸形状复杂,内部又处在高温、高压蒸汽的作用下,因此在其结构设计时,汽缸的结构应满足以下几点:

(1)要保证有足够的强度和刚度,足够好的蒸汽严密性;

(2)保证各部分受热时能自由膨胀,并能始终保持中心不变;

(3)通流部分有较好的流动性能;

(4)汽缸形状要简单、对称,壁厚变化要均匀,同时在满足强度和刚度的要求下,尽量减薄汽缸壁和连接法兰的厚度;

（5）节约贵重钢材消耗量，高温部分尽量集中在较小的范围内；

（6）工艺性好，便于加工制造、安装、检修，也便于运输。

概括地说，汽缸的形体设计应力求简单、均匀、对称，以期能顺畅地膨胀和收缩，以减小热应力和应力集中，并且具有良好的密封性能。

（一）高中压缸

高压汽缸的工作特点是缸内所承受的压力和温度都很高，因此要求汽缸的缸壁应适当加厚，法兰的尺寸和螺栓的直径等也要相应的加大，当机组启动、停机和工况变化时，将导致汽缸、法兰和螺栓之间因温差过大而产生很大的热应力，甚至使汽缸变形、螺栓拉断。

通常蒸汽初参数不超过 8.83MPa、535℃的中、小功率汽轮机都采用单层缸结构。随着机组容量的增大和蒸汽初参数的不断提高，若仍采用单层缸结构，则会带来下列问题：

（1）由于汽缸内压力很高，致使缸内外压差增大，则缸壁及法兰需做得较厚。为保证中分面的汽密性，其联接螺栓必须有很大的预紧力，故其尺寸很大，因此需要设置加热（或冷却）装置。

（2）整个高压缸需用耐高温的贵重合金钢制造，提高了造价。

（3）由于法兰比缸壁厚得多，在机组启动、停机和变工况时，温度分布不均匀将产生很大的热应力和热变形，这对设备安全和工作寿命极为不利。

为此，近代高参数大容量汽轮机的高压缸多采用双层缸结构。有的机组甚至将高、中压缸和低压缸全做成双层缸。例如，国产 200MW 机组高压缸的高温部分采用了双层缸结构。而国产 300MW 机组的 4 个汽缸（高压缸、中压缸和两个低压缸）都是内外双层缸。哈尔滨汽轮机厂生产的 600MW 机组的高中压缸为双层结构，低压缸为三层结构。功率为 1000MW，初参数为 24.4MPa、535℃/535℃ 的机组和功率为 1300MW，初参数为 23.3MPa、538℃/538℃ 的双轴机组，其高、中、低压缸均采用了双层缸结构。

一般对于初参数在 12.7MPa、535℃ 及以上的汽轮机都将高压缸做成双层汽缸，并且机组的蒸汽初参数越高，容量越大，采用双层缸的优点就越明显。图 6-1 为 300MW 汽轮机高压缸结构示意图，内缸为 WZG15CrMo 合金钢铸件，分为上缸和下缸，外缸为 WZG15Cr1MoA 合金钢铸件，也分为上缸和下缸。其法兰螺栓得靠近汽缸壁中心线布置，使汽缸壁与法兰的厚度差减小，同时法兰较窄，法兰螺栓的直径较小，节距较小，从而改善了螺栓的受力条件，提高了法兰中分面的蒸汽严密性。

双层缸结构的优点是把原单层缸承受的巨大蒸汽压力分摊给内外两缸，减少了每层缸的压差与温差，缸壁和法兰可以相应减薄，在机组启停及变工况时，其热应力也相应减小，因此有利于缩短启动时间和提高负荷的适应性。内缸主要承受高温及部分蒸汽压力作用，且其尺寸较小，故可做得较薄，这样所耗用的贵重耐热金属材料相对减少。而外缸因设计有蒸汽内部冷却，运行温度较低，故可用较便宜的合金钢制造。外缸的内外压差比单层汽缸时降低了许多，因此减少了汽缸结合面漏汽的可能性，汽缸结合面的严密性能够得到保障。在启动过程中，内外缸夹层中的蒸汽可使内外缸尽可能迅速同步加热，有利于缩短启动时间。

通常在内外缸夹层里引入一股中等压力的蒸汽流。当机组正常运行时，由于内缸温度很高，其热量源源不断地辐射到外缸，有使外缸超温的趋势，这时夹层汽流对外缸起冷却作用。当机组冷态启动时，为使内外缸尽可能迅速同步加热，以减小动、静胀差和热应力，缩短启动时间，此时夹层汽流即对汽缸起加热作用。

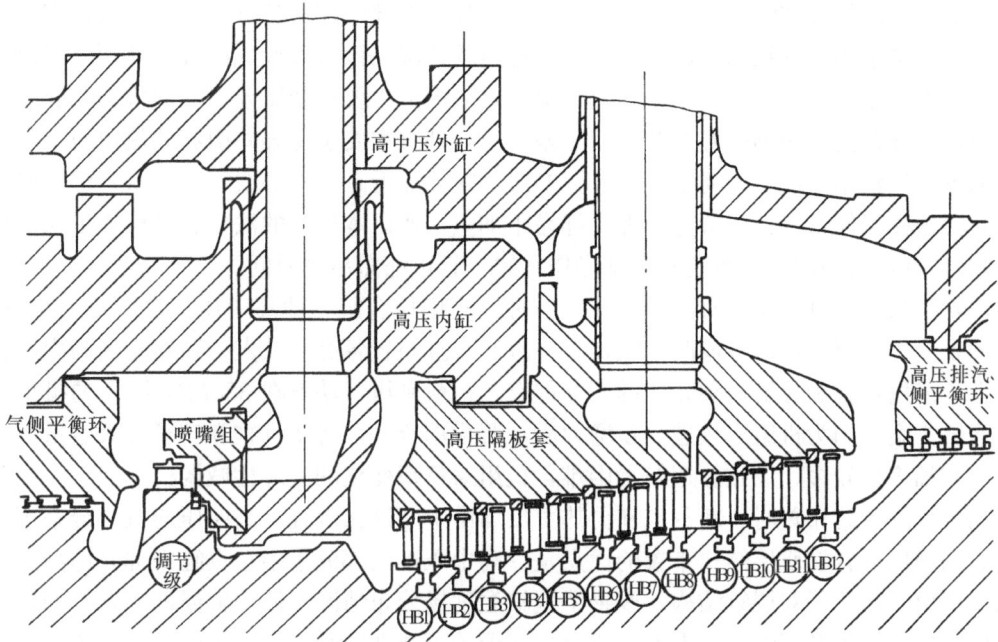

图 6-1 300MW 汽轮机的高压缸结构图

　　某机组高温部分的内外缸夹层冷却（加热）系统结构如图 6-2 所示。由图可以看出，内外缸夹层的冷却蒸汽来自高压平衡活塞汽封的漏汽。进入汽轮机的新蒸汽经汽轮机的调节级做功后，大部分汽流转向后，进入高压部分的压力级，这部分汽流同时对喷管室进行冷却；其余汽流又分为两股：一股汽流通过调节级叶轮根部的通孔流向高压缸压力级，对高压转子表面进行冷却，另一股汽流通过高压平衡活塞汽封后，分别进入高压内外缸夹层和中压平衡活塞汽封，从而对高压外缸和中压转子表面进行冷却。通过高压内外缸夹层的这股汽

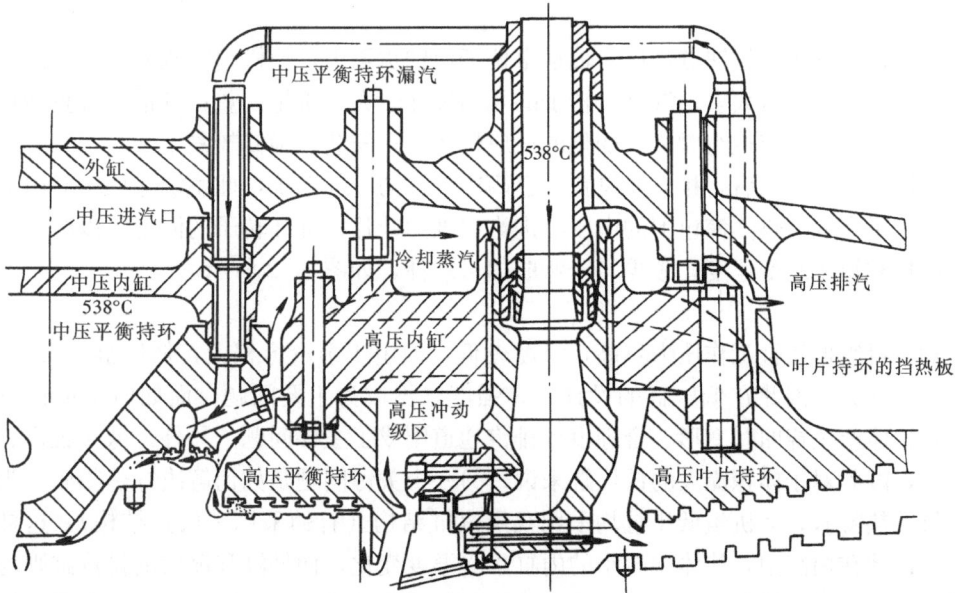

图 6-2 优化引进型 300MW 机组高中压内外缸蒸汽冷却（加热）系统结构图

流，一部分与高压缸排汽汇合，另一部分则经过外缸上部的连通管进入中压平衡活塞汽封中段。汽缸夹层中的蒸汽状态决定了汽缸承受应力的情况。该机设计成内缸内外两侧温差小而压差大，沿壁厚的温度梯度较小，热应力很小，故内缸主要承受压差引起的应力，起压力容器的作用；外缸内外两侧的温差较大而压差较小，外缸主要承受温差引起的热应力，故只需较薄的缸壁和较小的法兰。高中压内外缸的法兰螺栓靠近缸壁中心线，使缸壁与法兰厚度相差不大，这样就使得汽缸、法兰、螺栓都易于加热，所以本机组的法兰、螺栓均未采用加热（冷却）装置，从而简化了系统及启动操作程序，且可缩短启动时间。

　　汽轮机高中压缸的布置有两种方式，一种是高中压合缸，即高中压缸合并成一个汽缸；另一种是高中压分缸，即分成两个汽缸。分缸和合缸布置各有优缺点。在汽轮机高中压缸的布置上，采用合缸和分缸两种方式的厂家都有。一般来讲，功率在350MW以上的机组不宜采用合缸方案。因为机组容量进一步增大后，若采用合缸，将使汽缸和转子过大过重，汽缸上进汽和抽汽口较多，以致管道布置困难，机组对负荷变化的适应性减弱。

　　高中压缸合缸布置时，新蒸汽和再热蒸汽均由中间进入汽缸，高中压通流部分采用反向布置。高中压缸合缸双层结构布置的优点是：高中压进汽部分集中在汽缸中部，即高温区在中间，又由于采用了双层缸结构，改善了汽缸温度场分布情况，使汽缸温度分布较均匀，汽缸热应力较小，以及因温差过大而造成汽缸变形的可能性减小，同时也改善了轴承的工作条件；高中压缸的两端分别是高压缸排汽和中压缸排汽，压力和温度都较低，因此两端的外汽封漏汽量少，轴承受汽封温度的影响也较小，对轴承、转子的稳定工作有利；高中压缸通流部分反向布置，轴向推力可互相抵消一部分，再辅之增加平衡活塞，轴向推力也较易平衡，推力轴承的负荷较小，推力轴承的尺寸减小，有利于轴承箱的布置；采用高中压合缸，减少了径向轴承的数目（减少1~2个），减少了汽缸中部汽封的长度，可缩短机组主轴的总长度，制造成本和维修工作量降低。为此，高中压缸合缸和通流部分反向布置的结构在高参数大容量机组中用得较多，如东方汽轮机厂和哈尔滨汽轮机厂生产的300MW汽轮机就采用此结构。

　　高中压缸合缸布置的缺点：推力轴承常位于前轴承箱中，使机组的胀差不易控制；合缸后汽缸形状复杂，孔口太多；汽缸、转子的几何尺寸较大，重量太重；管道布置较拥挤；机组相对膨胀较复杂，使机组对负荷变化的适应性较差；安装、检修较复杂。

　　高中压缸采用合缸后，相应要设置一套高中压缸的冷却系统，此系统除用于对内缸的冷却外，还用于降低再热蒸汽包围的中压缸进汽口处的叶片根部和转子的温度，以改善受影响区域的叶根和转子蠕变速度，减少转子弯曲的可能性，如图6-2所示。

　　（二）低压缸

　　大功率机组低压缸工作压力不高，温度较低，但由于蒸汽容积大，低压缸的尺寸很大，尤其是排汽部分。因此在低压缸的设计中，强度已不成为主要问题，而如何保证缸体的刚度，防止缸体产生挠曲和变形、合理设计排汽通道则成了主要问题。另外，低压缸进、排汽温差较大，因此对于体积庞大的低压缸来说，另一个关键问题是如何解决好热膨胀。为了改善低压缸的热膨胀，大机组低压缸均采用双层汽缸结构（有的采用三层缸结构），这样，将通流部分设计在内缸中，使体积较小的内缸承受温度变化，而外缸和庞大的排汽缸则均处于排汽低温状态，使其膨胀变形较小。这种结构有利于设计成径向扩压排汽，使末级的排汽余速损失减小，并可缩短轴向尺寸。为了减小质量并便于制造，目前多缸汽轮机的低压缸大多采用钢板焊接结构及对称分流布置。

如图 6-3 所示为国产 300MW 机组低压缸结构图，该 300MW 机组的低压缸采用三层缸结构，两端轴承座与下外缸连为一体，安装面为同一平面，故在运行中能保持轴承座与缸体同心。土建时在基础中一次性埋入锚固板，低压下外缸利用基础中的锚固板保持与基础的相对位置，低压内缸与外缸均由钢板冷焊接制成。外缸在垂直方向分为三段，三段均为水平中分，安装时，垂直接合面作永久性连接，故上缸可作为一整体对待。水平中分面用螺栓连接，第一层内缸的温度较高，水平法兰也较厚，因而用空心螺栓热紧连接，就是先在冷态下把螺栓拧紧，再用专用电加热器通入螺栓中心孔进行加热，使螺栓膨胀而伸长，最后将螺帽沿拧紧方向转过一适当角度，这样当螺栓冷却后便产生了附加紧力。目的是为了保证运行时，上下缸中分结合面的紧密贴合，防止漏汽。

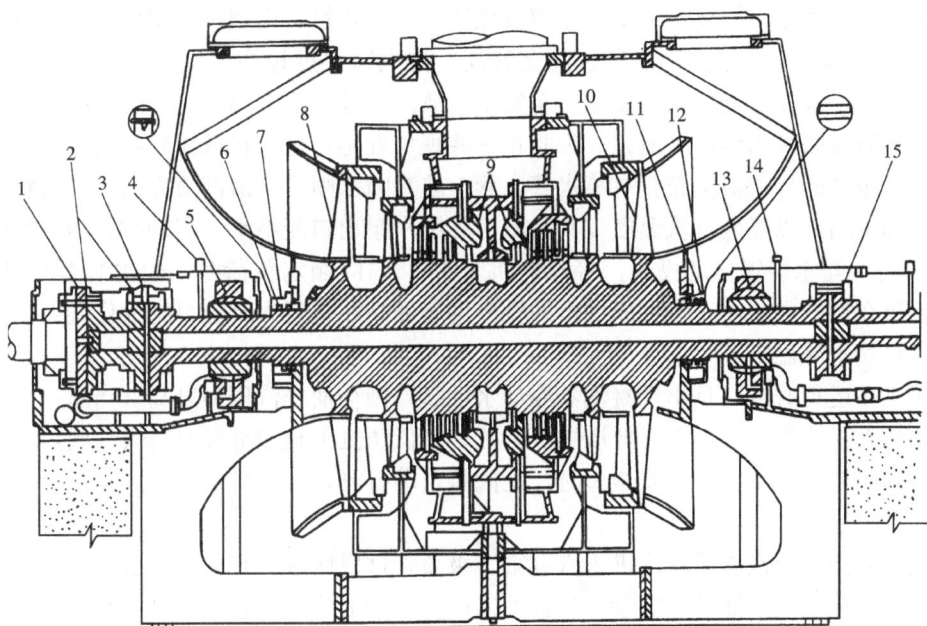

图 6-3　汽轮机低压缸剖面图

1—测速装置（危急遮断系统）；2—联轴器；3—差胀检测器；4—振动检测器；5—轴承；
6—外汽封；7—汽封；8—叶片；9—低压持环；10—叶片；11—偏心和鉴相器；
12—汽封；13—轴承；14—振动检测器；15—联轴器

机组的低压缸采用两层内缸和一层外缸的三层缸结构，主要是考虑到低压缸的进排汽温差较大，在额定工况下进汽温度为 336℃，排汽温度为 33℃，两者之差达 303℃，是整个机组中承受温差最大的部分。通流部分分段设在第一层和第二层内缸中，在第一层内缸的外壁上装有隔热板，而庞大的排汽缸处于排汽低温状态，其膨胀变形较小。这样低压缸的较大温差可在三层缸壁面之间得到合理分配，改善了低压缸外壳温度的分布，使之均匀，避免产生翘曲和热变形而影响动静部分的间隙，提高了机组运行的可靠性。

在第一层内缸中，采用了静叶持环结构，即静叶环装于静叶持环上，静叶持环再装在内缸中。在调速器端静叶持环内装有 2 级静叶环，其后面有 1 个回热抽汽口与 4 号低压加热器进汽管相连。静叶持环背部的凹槽与第一层内缸上的凸缘部分相配合，并用固定销使持环定位，以保持正确位置。在第一层内缸的低压部分，在内缸凸缘部分直接开有静叶环槽，装有静叶环，在调速器端装有 3 级，在发电机端装有 1 级。

在第二层内缸中装有第 6、7 级静叶环，由于第 6、7 级处于低温段，其内外温差不大，故没有采用持环结构，而是直接在内缸的凸缘部分开出静叶环槽，装入静叶环。在两端第 5 级后下内缸处各由一个回热抽汽口与 2 号低压加热器进汽管相连，在两端第 6 级后下内缸处各有 2 个回热抽汽口与 1 号低压加热器相连接。

第二层内缸和低压外缸之间形成排汽空间有利于排汽，做成径向扩压式，使汽轮机末级排汽余速动能转化为压力能，可使排汽缸出口静压高于进口静压。在这种情况下，当凝汽器压力给定时，排汽缸进口压力（即末级排汽压力）就可以低一些，从而减小了排汽损失，可提高机组效率。

低压缸的排汽温度在正常情况下为 33～35℃，机组在启动、空载和低负荷运行时，流过低压缸的流量很小，不足以带走因摩擦鼓风所产生的热量，引起排汽温度升高，有时排汽温度可达 80℃以上，排汽缸的温度也随之升高。排汽缸温度过高会引起汽缸热变形，使低压转子的中心线改变，造成机组振动甚至发生事故。另外，排汽温度过高还会使凝汽器铜管因膨胀过大而在胀口部位产生泄漏。为防止这些现象发生，机组在低压外缸内装有喷水降温装置。在低压缸的导流板上布置有喷水管，管上装有喷水喷管。沿汽流方向，喷管将水喷向排汽缸内部空间，以降低排汽温度，其水源为凝结水泵出口凝结水。启动时，当机组转速达 600r/min 时，喷水装置自动投入；等汽轮机带上 15% 的额定负荷时，喷水装置自动停止。如果汽轮机在运行中，由于种种原因出现排汽温度过高，运行人员也可把操作旋钮放在手动位置，进行喷水减温。

汽轮机在运行时，一旦出现凝汽器冷却水中断，则会使排汽压力升高，当超过低压排汽缸设计的最大安全值时，会损坏低压缸。为此，在低压缸上缸端部装有排大气阀，当汽缸内部压力升高到超过规定的最大安全值时，此阀将自动打开，紧急排汽。

（三）进汽部分

进汽部分指调节汽阀后蒸汽进入汽缸第 1 级喷管这段区域。它包括调节汽阀至喷管室的主蒸汽（或再热蒸汽）导管、导管与汽缸的连接部分和喷管室。它是汽缸中承受蒸汽压力和温度最高的部分。

随着参数、容量的提高，对汽缸形状的对称性及受热的均匀性要求愈来愈高。这就要求喷管室必须沿汽缸圆周均匀分布，汽缸上下都有进汽管，这时调节汽阀再安装在汽缸上就不合适了。与汽缸分开的蒸汽室是大功率、高参数汽轮机进汽部分的特点之一，采用分开结构的蒸汽室，主要基于以下的考虑：①超高参数的机组，高压缸都采用了双层缸的结构，运行中，因内外缸有相对膨胀，这样就不可能把进汽部分与内缸合为一个整体；②进汽部分承受的压力和温度都很高，一般都采用比汽缸更好的金属材料来制造，为了合理利用优质高温金属材料，采用分开结构较合理；③进汽部分温度很高，而相比之下，汽缸温度稍低，如果把蒸汽室和汽缸连成为一个整体，由于其形状复杂，温度分布不均匀，势必产生很大的热应力，使汽缸产生变形，严重时甚至产生裂纹。图 6-4 为哈尔滨汽轮机厂生产的 300MW 机组的调节汽阀—蒸汽室—喷管组的排列布置图，高压高温的主蒸汽流经布置在高中压缸两侧的两个主汽阀后，进入各自的三只调节汽阀的蒸汽室，蒸汽经六个调节汽阀分别控制的六组喷管室、喷管组后进入汽缸冲动动叶做功。调节汽阀与汽缸之间用六根较长并按大弯曲半径弯成的柔性很大的进汽管连接，以避免受到较大的应力。

高、中压缸采用双层缸结构时，进入汽轮机的蒸汽管道要先穿过外缸再接到内缸上。由于内外缸的蒸汽参数和材质不同，在运行中，内、外缸有相对膨胀，因此导汽管就不能同时固定在内缸和外缸上，而必须一端做成刚性连接，另一端做成活动连接，并且不允许有大量的蒸汽外漏。因此要求进汽导管在穿过内外缸时既要保证良好的密封，又要保证内、外缸之间能自由膨胀，为此，目前国内外大型机组多采用滑动密封式进汽导管。如图6-5为哈尔滨汽轮机厂生产的300MW机组高压外缸上的进汽管与喷管室的进汽管之间采用的管活动接头结构的连接管。其间采用了压力密封环间接地与之相连，这样既保证了它们之间的相对膨胀，又保证了结合面处密封不漏汽。

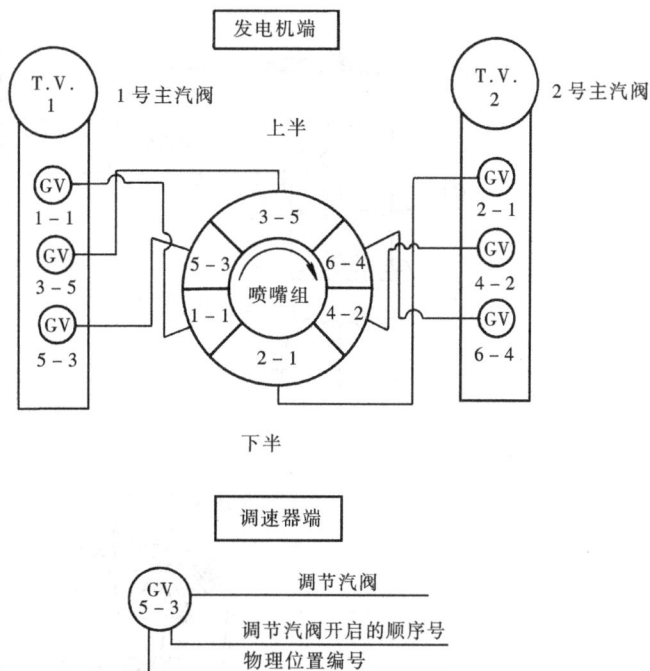

图6-4 调节汽阀—蒸汽室—喷管组的布置图

喷管室与汽缸采用装配式连接，以增强其自由膨胀的可能性，防止汽缸与喷管室之间由于膨胀受阻产生过大热应力，导致裂纹等。

（四）中低压连通管

图6-6为中低压连通管结构。中低压连通管的作用是在最小的压损下将蒸汽从中压排汽口引入低压缸。通过在每个衔接的短管中装入一组由许多叶片组成的导流叶片环，使汽流平衡地改变方向来达到这个目的。

为了吸收轴向热膨胀，使用三组铰接型膨胀节，如图6-6的详图"J"所示，每一组由4块弹性膜板构成。但在每个膨胀节实际的弹性膜板的数目必须按所能吸收的膨胀量而变化，做到相适应。在装上汽轮机时，中低压连通管采用冷控，预留一定的膨胀量以便在汽轮机运行时减小热应力。

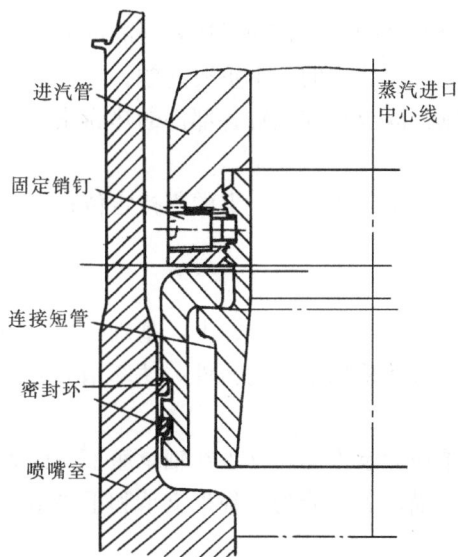

图6-5 300MW机组蒸汽进口压力密封环

管道顶部设有供检查和维修用的人孔，在不使用时务必盖紧密封。

（五）汽缸的支承和滑销系统

随着机组容量的增大，转子、汽缸等部件的尺寸、质量也增加，而且再热系统的采用使得管系作用在汽轮机上的力更为复杂，因此，保证汽轮机在受热或冷却过程中汽缸能按要求

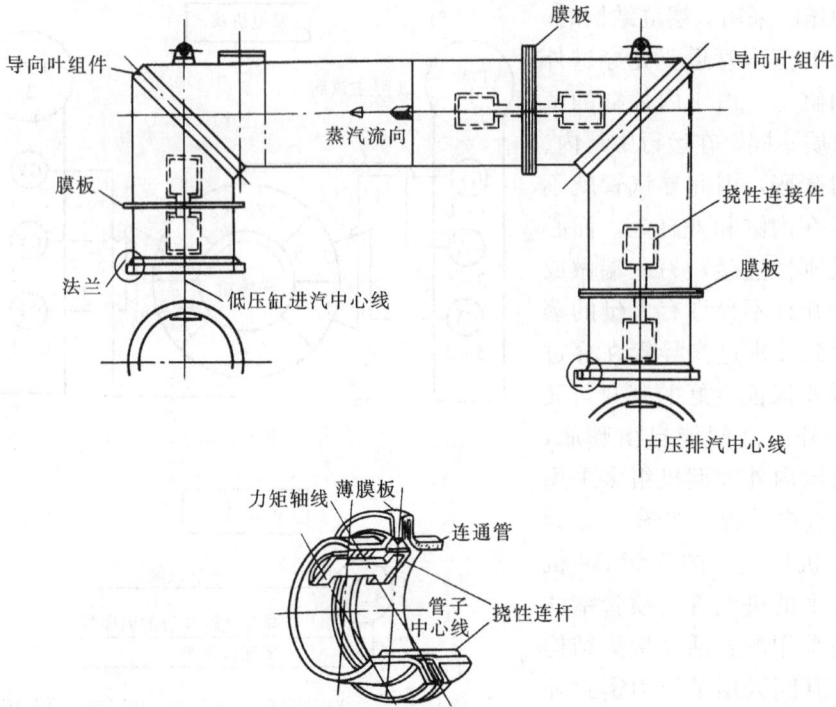

详图"J"铰接型膨胀节

图 6-6 中低压连通管

自由的膨胀、收缩就显得特别重要。为保证机组安全经济的运行，同时还要动静部分对中不变或变化很小。因此，汽缸的支承定位就成为机组设计安装中的一个重要问题。

在设计汽缸的滑销系统时，必须遵循这样的原则：既要允许汽缸各部件的热膨胀，又要保证汽缸与转子中心线一致。

汽缸的支承定位包括外缸在轴承座和基础台板（座架、机架等）上的支持定位；内缸在外缸中的支持定位以及滑销系统的布置等。

1. 汽缸的支承

汽缸通过轴承座及本身的搭脚支承在基础台板（或称座架、机座）上，基础台板又用地脚螺栓固定在基础上。通常只有小型汽轮机的基础台板才采用整块的铸件，功率稍大的汽轮机基础台板都由几块铸件组成。

（1）猫爪支承。汽缸通过其水平法兰延伸的猫爪作为承力面，支承在轴承座上，称为猫爪支承。汽轮机的高、中压缸均采用这种支承方式。猫爪支承分为上猫爪支承和下猫爪支承两种形式。

1）下猫爪支承。下猫爪支承就是由下汽缸水平法兰前后延伸出的猫爪（称为下猫爪）作为支承猫爪（或工作猫爪），分别支承在汽缸前后的轴承座上。下猫爪支承又可分为非中分面支承和中分面支承两种。

非中分面猫爪支承。如图 6-7（a）所示，这种猫爪支承的承力面与汽缸水平中分面不在一个平面内。其结构简单，安装检修方便，但当汽缸受热使猫爪因温度升高而产生膨胀时，将导致汽缸中分面抬高，偏离转子的中心线，从而会改变动、静部分的径向间隙，严重时会造成动、静部分摩擦甚至碰撞而发生事故。所以这种猫爪只适用于温度不高的中低参数机组的高压缸支承。

中分面猫爪支承。如图6-7（b）所示，与非中分面支承不同的是，猫爪的位置抬高了，其承力面正好与汽缸中分面在同一水平面上。这样，当汽缸温度变化时，猫爪的热膨胀就不会影响汽缸的中心线了。但这种结构因猫爪抬高使下汽缸的加工变得复杂。由于这种支承方式不改变汽轮机动、静部分的径向间隙，故高参数大容量机组

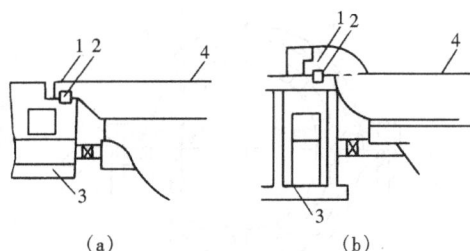

图6-7　下猫爪支承
(a) 非中分面支承；(b) 中分面支承
1—猫爪；2—横销；3—轴承座；4—汽缸中分面

的高、中压缸可采用。上海汽轮机厂生产的300MW机组的高、中压缸就采用了这种支承方式，如图6-8所示为该机组下猫爪支承结构。其高压外缸由4只猫爪支承，4只猫爪与下半外缸一起整体铸出，位于下汽缸水平法兰上部。猫爪搁置在前后轴承座上，猫爪与轴承座的接触面保持在水平中分面。每个猫爪与轴承座之间都用双头螺栓连接，以防止汽缸与轴承座之间产生脱空。螺母与猫爪之间留有适当的膨胀间隙，猫爪下部的垫块，垫块上部平面可由滑槽打入高温润滑脂，以保证猫爪可自由膨胀。猫爪与螺栓的间隙为9.5mm，螺栓与横销的横向间隙为0.4mm。此结构在机组运行过程中，能使汽缸的中心与转子的中心保持一致，它还可降低螺栓受力，以及改善汽缸中分面漏汽状况。

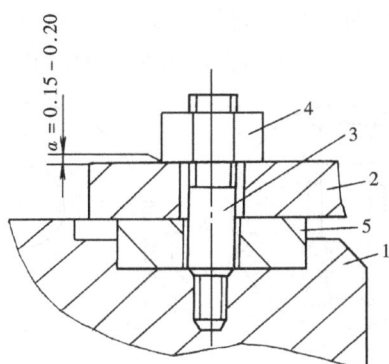

图6-8　上海汽轮机厂
300MW机组汽缸下猫爪支承结构
1—轴承座；2—下缸猫爪；3—压紧螺栓；
4—螺帽；5—工作垫片

2）上猫爪支承。由上汽缸水平法兰前后伸出猫爪来支承汽缸，称上猫爪支承。上猫爪支承均为中分面支承。

如图6-9所示为上猫爪支承结构图，这种支承方式与下猫爪中分面支承一样，汽缸受热膨胀时，不会影响汽缸的中心线。但其缺点是：由于下缸是靠水平法兰的螺栓吊在上缸上的，使螺栓受力增加，而且对中分面的密封也不利，其安装也比较麻烦。下缸也有猫爪，它只在安装时起支持下缸的作用，下边的安装垫铁3用来调整汽缸洼窝中心，安装好后紧固螺栓8，安装猫爪不再起支承作用，就不再受力，安装垫铁即可抽走，留待检修时再用。上缸猫爪支承在工作垫铁4上，承担汽缸质量。运行时下缸安装猫爪通过横销推动轴承座轴向移动，并在横向起热膨胀的导向作用。水冷垫铁5固定在轴承座上并通有冷却水，以不断地带走由猫爪传来的热量，防止支承面的高度因受热而发生改变。同时，也使轴承的温度不至于过高。

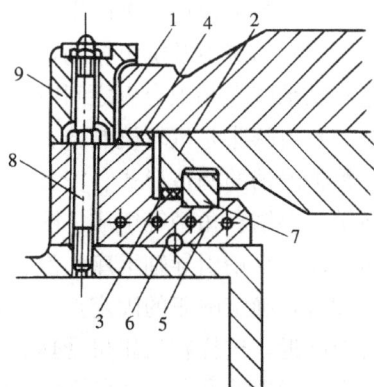

图6-9　上猫爪支承结构
1—上缸猫爪；2—下缸猫爪；3—安装垫铁；
4—工作垫铁；5—水冷垫铁；6—定位销；
7—定位销；8—紧固螺栓；9—压块

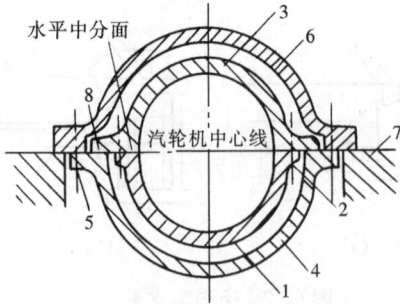

图 6-10　内缸在外缸上的中分面支承

1—内下缸；2—内缸连接螺栓；3—内上缸；
4—外下缸；5—外缸连接螺栓；6—外上缸；
7—轴承座；8—支承垫片

对于双层缸结构的汽缸，内缸在外缸上的支承亦有下缸猫爪支承和上缸猫爪支承两种方式。同理，后者也属中分面支承方式，如图 6-10 所示。内下缸 1 通过螺栓 2 吊在内上缸 3 上，内上缸的法兰中分面支承在外下缸 4 的法兰中分面上，外下缸又用螺栓 5 吊在外上缸 6 上，外上缸通过前后猫爪支承在轴承座 7 上，这种结构在汽缸受热膨胀后，其洼窝中心仍与转子中心保持一致。

（2）台板支承。对于所有汽轮机组，由于低压缸所处的温度低，而且低压外缸外形尺寸较大，所以，一般不采用猫爪支承，而是用下缸伸出的撑脚支承在基础台板上。这样，低压缸的支承比汽缸中分面低得多（如图 6-11 所示），因此当低负荷汽缸过热时，转子和汽缸的对中将发生变化。但因其温度低，膨胀较小，影响并不大。对于大功率机组，通常采用轴承座与低压缸分开的结构，以消除低压缸的弹性变形对转子对中位置的影响。同时为减小低压缸的变形，增加其支承刚度，而将支承面沿低压缸四周布置，且下缸的支承面接近汽缸中分面，这样可以减小低负荷时排汽温度升高而引起的转子和汽缸对中位置的变化。

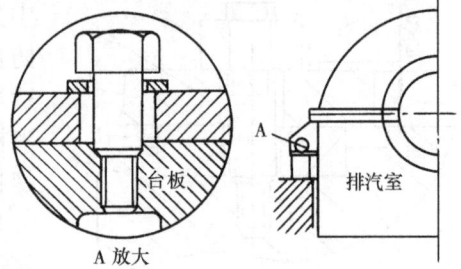

图 6-11　低压缸支承

但需注意的是，汽轮机在空载或低负荷运行时排汽温度不能过高，否则将使排汽缸过热，影响转子和汽缸的同心度和转子的中心线，所以要限制排汽温度，设置排汽缸喷水减温装置。

2. 滑销系统

汽轮机在启动、停机和运行时，汽缸的温度变化较大，将沿长、宽、高几个方向膨胀或收缩。由于基础台板的温度升高低于汽缸，如果汽缸和基础台板为固定连接，则汽缸将不能自由膨胀。为了保证汽缸能定向自由膨胀，并能保持汽缸与转子中心一致，避免因膨胀不畅产生不应有的应力及机组振动，因而必须设置一套滑销系统。在汽缸与基础台板、汽缸与轴承座和轴承座与基础台板之间应装上滑销，以保证汽缸自由膨胀，又能保持机组中心不变。汽缸的自由膨胀是汽轮机制造、安装、检修和运行中的一个重要问题。

根据滑销的构造形式、安装位置和不同的作用，滑销系统通常由立销、纵销、横销、猫爪横销、斜销、角销等组成。图 6-12 为滑销构造示意图。热膨胀时，立销引导汽缸沿垂直方向滑动，纵销引导轴承座和汽缸沿轴向滑动，横销则引导汽缸沿横向滑动并与纵销（或立销）配合，确定膨胀的固定点，称死点。对凝汽式汽轮机来说，死点多布置在低压排汽口的中心或附近，这样在汽轮机受热膨胀时，对庞大笨重的凝汽器影响较小。

图 6-13 所示为上海汽轮机厂引进型 300MW 机组的滑销系统。高、中压外下缸的 4 个猫爪下都有横销与前轴承座和中间轴承座相连，以确定汽缸与轴承座的轴向相对位置。在猫爪上还设有压板，猫爪和横销以及猫爪和压板之间留有 0.04～0.08mm 的间隙，以保证高、中缸在横向自由膨胀。当汽缸温度变化时，猫爪横销能随汽缸在轴向膨胀和收缩，同时推动

轴承座向前或向后移动，以保持转子与汽缸轴向相对位置不变。在高、中压外下缸前后两端各有一 H 型中心推拉梁，通过螺栓、定位销等分别使高、中压缸与其前、后轴承座连成一体，用于传递汽缸胀缩时的推拉力，并保证汽缸相对与轴承座正确的轴向和横向位置。

低压外下缸撑脚与台板之间的位置靠 4 个滑销来定位，滑销位置如下：在低压缸两侧的横向中心线上各有 1 个横销，在汽缸支承上及基础台板上铣有矩形销槽，横销装在基础台板的销槽中，它与汽缸支承的销槽间留有间隙，左右两侧的间隙应不小于 0.5mm。横销的作用是保证汽缸在横向的正确膨胀，并限制汽缸沿纵向的移动以确定低压缸的轴向位置，保证汽缸在运行中受热膨胀时中心位置不会发生变化。在低压缸前后两端的纵向中心线上各有 1 个纵销，其作用是保证汽缸在纵向正确膨胀，并限制汽缸沿横向移动，以确定低压缸的横向位置。纵销中心线与横销中心线的交点形成整个汽缸的膨胀死点，在汽缸膨胀时，该点始终保持不动，汽缸只能以此点为中心向前、后、左、右方向膨胀。

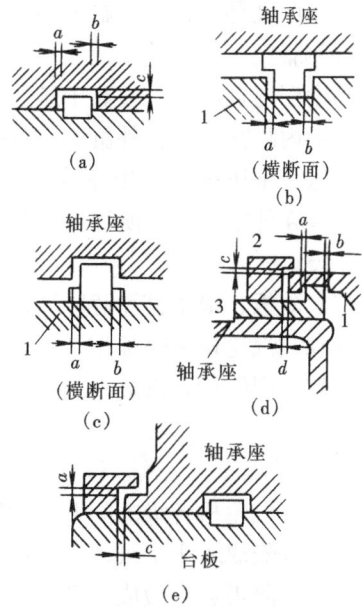

图 6-12　滑销构造示意图
(a) 纵销或横销；(b) 立销（固定于轴承座）；
(c) 立销（固定于汽缸上）；
(d) 猫爪横销；(e) 角销
1—汽缸；2—猫爪压销；3—猫爪横销

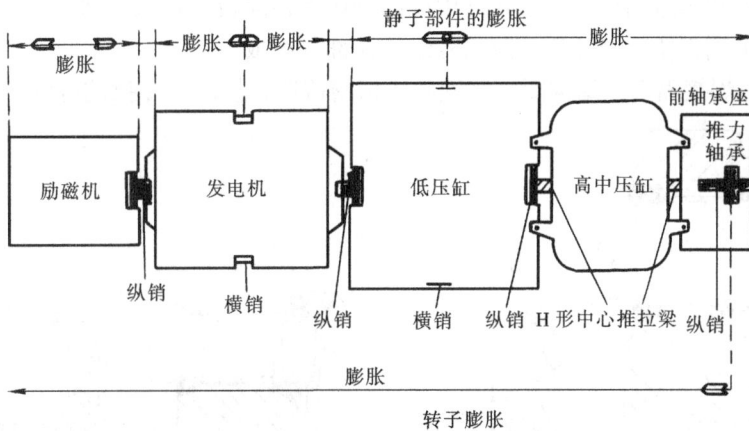

图 6-13　300MW 汽轮机滑销系统

在前轴承座下设有纵销，该销位于前轴承座及其台板间的轴向中心线上，允许前轴承座作轴向自由膨胀，但限制其横向移动。因此，整个机组以死点为中心，通过高、中压缸带动前轴承座向前膨胀。故前轴承座的轴向位移就表示了高、中、低压缸向前膨胀值之和，推力轴承处测得的轴向膨胀为高、中、低压缸的绝对膨胀。在轴承座与基础台板滑动面间有耐磨块，并可定期向滑动、摩擦面间加润滑油。

国产 300MW 机组、日立 200MW 机组、意大利 320MW 机组等均采用这种前轴承座能滑动的滑销系统，而法国 300MW 机组的前轴承座是固定不动的。

低压内缸是支持在外缸上的，它们的死点是一致的，因此低压内缸也以死点为中心向前后两端膨胀。

高中压内缸的死点在高中压进汽管中心线之间的横向截面上，高压静叶持环是支承在内缸上，而内缸又支承在外缸上，外缸以死点为中心向前膨胀，所以高压静叶持环向前轴承座方向膨胀。中压第一静叶持环支承在内缸上，内缸又支承在外缸上，而中压第二静叶持环是直接支承在外缸上的，所以中压第一、第二静叶持环均是向前轴承座方向膨胀，和蒸汽流动方向相反。

二、隔板、隔板套和静叶环、静叶持环

冲动式汽轮机为隔板型结构，汽缸上有固定静叶的隔板及支承隔板的隔板套；反动式汽轮机为转鼓型结构，汽缸上有静叶环及支承静叶环的静叶持环。这两种结构有所不同，现分别介绍。

1. 隔板

隔板是汽轮机各级的间壁，用以固定汽轮机各级的静叶片和阻止级间漏汽，并将汽轮机通流部分分隔成若干个级。它可以直接安装在汽缸内壁的隔板槽中，也可以借助隔板套安装在汽缸上。隔板通常做成水平对分形式，其内圆孔处开有隔板汽封的安装槽，以便安装隔板汽封。

高压部分的隔板承受着高温高压蒸汽的作用，低压部分的隔板承受着湿蒸汽的作用。为了保证隔板运行的安全性与经济性，在结构上要求它必须具有足够的强度与刚度、较好的汽密性、合理的支承与定位，以保证隔板在静止和运行状态下均能与转子同心以及具有良好的加工性。它的具体结构要根据工作温度和作用在隔板两侧的蒸汽压差来决定，主要有两种形式，即焊接隔板和铸造隔板。通常在高中压部分用焊接隔板，在低压部分用铸造隔板。

隔板主要由隔板体、静叶片和隔板外缘等几部分组成。

图 6 - 14 为焊接隔板的结构图。将铣制或精密铸造、模压、冷拉的静叶片嵌在冲有叶型

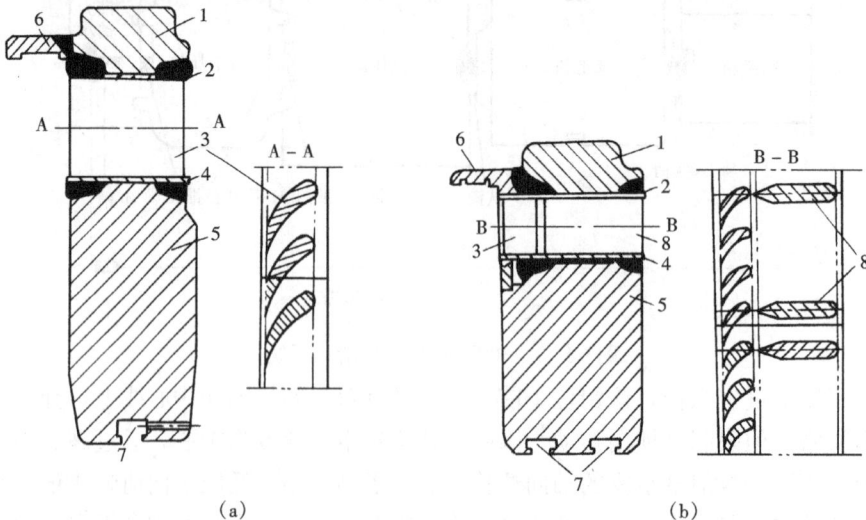

（a）　　　　　　　　　　　　　　（b）

图 6 - 14　焊接隔板

（a）普通焊接隔板；（b）带加强筋的焊接隔板

1—隔板外环；2—外围带；3—导叶片；4—内围带；5—隔板体；6—径向汽封安装环；7—汽封槽；8—加强筋

孔槽的内、外围带上，焊成环形叶栅，然后再将它焊在隔板体和隔板外缘之间，组成焊接隔板。在隔板出口与外缘联结处有两道叶顶径向汽封片，在隔板内圆孔处开有隔板汽封的安装槽。

焊接隔板具有较高的强度和刚度，较好的汽密性，用于350℃以上的高、中压级，图6-14（a）是国产上海汽轮机厂生产的300MW机组的第10压力级的隔板结构。有些汽轮机的低压级也采用焊接隔板，如法国 T2A·300·2F1044 型 300MW 汽轮机全部采用此种隔板。

高参数大功率汽轮机的高压部分，每一级的蒸汽压差较大，如国产上海汽轮机厂生产的300MW 机组的第3压力级，在额定工况时其隔板前后压差为 1.27MPa，所以其隔板体做得特别厚，达 100mm，而喷管高度为 57.5mm。若仍沿整个隔板厚度做出喷管，就会使喷管相对高度太小，导致端部流动损失增加，使级效率降低。为此采用窄喷管焊接隔板，即将喷管叶片做成狭窄形，而在隔板进汽侧设置许多加强筋，见图5-14（b）。它的隔板体、隔板外缘及加强筋是一个整体。这种结构增加了隔板强度和刚度，减少了喷管损失。

铸造隔板是将已成型的喷管叶片在浇铸隔板体的同时放入其中，一体浇铸而成，如图6-15所示。它的喷管叶片可用铣制、冷拉、模压以及爆炸成型等方法制成。这种隔板加工制造比较容易，成本低，但是通流表面光洁度较差，使用温度也不能太高，一般用于工作温度低于350℃的级。

2. 隔板套

隔板套用来固定隔板。现代高参数大功率汽轮机往往将相邻的几级隔板装在同一隔板套中，隔板套再固定于汽缸上。隔板套结构上的分级基本上是由汽轮机抽汽情况决定的，相邻隔板套之间有抽汽，这样可充分利用隔板套之间的环状汽流通道，而无须借加大轴向尺寸的办法取得必要的抽汽流通面积。

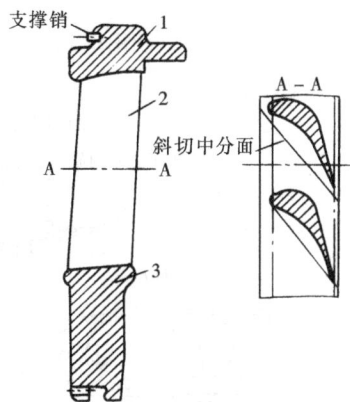

图6-15　铸造隔板
1—外缘；2—静叶片；3—隔板体

隔板套分为上下两半，二者通过中分面法兰用螺栓和定位螺栓连接在一起。隔板套在汽缸内的支承和定位采用悬挂销（搭子）和键的结构。隔板套通过其下半部分两侧的搭子支承在下汽缸上，其上下中心位置由其底部的定位销或平键定位。为保证隔板套的自由膨胀，装配时隔板套与汽缸凹槽之间留有 1~2mm 的间隙。

采用隔板套不仅便于拆装，而且可使级间距离不受或少受汽缸上抽汽口的影响，从而可以减小汽轮机的轴向尺寸，简化汽缸形状，有利于启停及负荷变化，并为汽轮机实现模块式通用设计创造了条件。但隔板套的采用会增大汽缸的径向尺寸，相应的法兰厚度也将增大，延长了汽轮机的启动时间。

3. 静叶环和静叶持环

在反动式汽轮机中没有叶轮和隔板，动叶片直接装在转子的外缘上，静叶则固定在汽缸内壁或静叶持环上。静叶持环的分级一般是考虑便于抽汽口的布置而定的。静叶环和静叶持环一般为水平中分式。

图6-16和图6-17分别为上海汽轮机厂生产的300MW汽轮机的高中压和低压缸内静叶持环的布置图。该机的高压11个压力级的静叶均固定在高压静叶持环上，中压的9个压

力级中前 5 级和后 4 级分别安装在中压 1 号和 2 号静叶持环上。静叶持环为水平对分式，其内圆面有嵌装静叶环的直槽，直槽侧面有安装锁紧静叶的 L 形锁紧片的凹槽。为减少蒸汽流过静叶环时的漏汽量，在静叶环的内圆上嵌有汽封片。

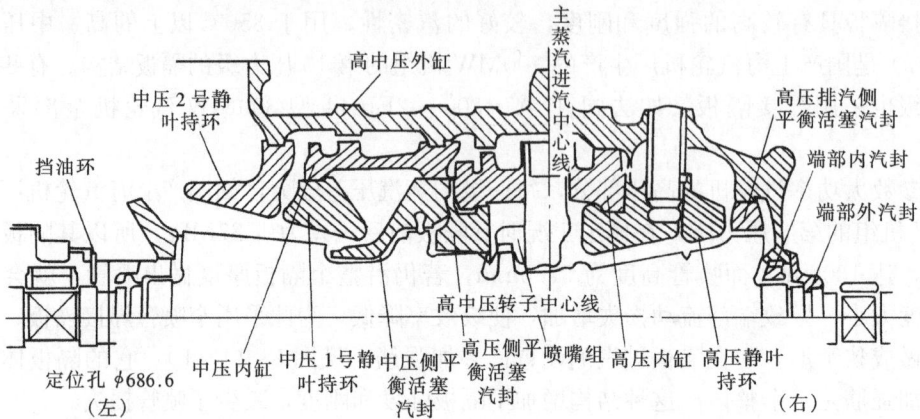

图 6-16　上海汽轮机厂 300MW 汽轮机高中压缸静叶持环结构

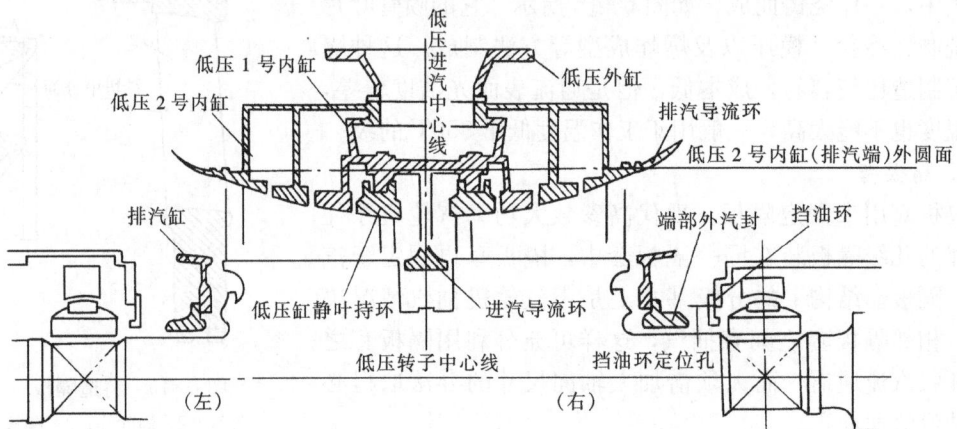

图 6-17　上海汽轮机厂 300MW 汽轮机低压缸静叶持环布置图

低压缸的静叶环，其结构形式基本与高中压缸的静叶环相似。该缸有 2 个静叶持环，中压缸端的前 2 级静叶环支承在 1 个静叶持环中，该静叶持环固定在低压 1 号内缸上。发电机端的前 4 级静叶环支承固定在低压 1 号内缸上的另一个静叶持环中。

三、轴承

轴承是汽轮机的一个重要组成部件。汽轮机采用的轴承有径向支持轴承和推力轴承两种。径向支持轴承用来承担转子的重量和旋转的不平衡力，并确定转子的径向位置，以保持转子旋转中心与汽缸中心一致，从而保证转子与汽缸、汽封、隔板等静止部分的径向间隙正确。推力轴承承受蒸汽作用在转子上的轴向推力，并确定转子的轴向位置，以保证通流部分动静间正确的轴向间隙。推力轴承被看成转子的定位点，或称汽轮机转子对静子的相对死点。

（一）轴承工作原理

由于汽轮机轴承是在高转速、大载荷的条件下工作，因此，要求轴承工作必须安全可靠，另外还要求摩擦力小。为了满足这两个要求，汽轮机轴承都采用以油膜润滑理论为基础的滑动轴承。这种轴承采用循环供油方式，由供油系统连续不断地向轴承供给压力、温度合乎要求的润滑油。转子的轴颈支承在浇有一层质软、溶点低的巴氏合金，俗称乌金的轴瓦上，并作高速旋转。为了避免轴颈与轴瓦直接摩擦，必须用油进行润滑，使轴颈与轴瓦间形成油膜，建立液体摩擦，从而减小轴颈和轴瓦间的摩擦阻力。摩擦产生的热量由回油带走，使轴颈得以冷却。油膜的形成如图 6-18 所示。两平面

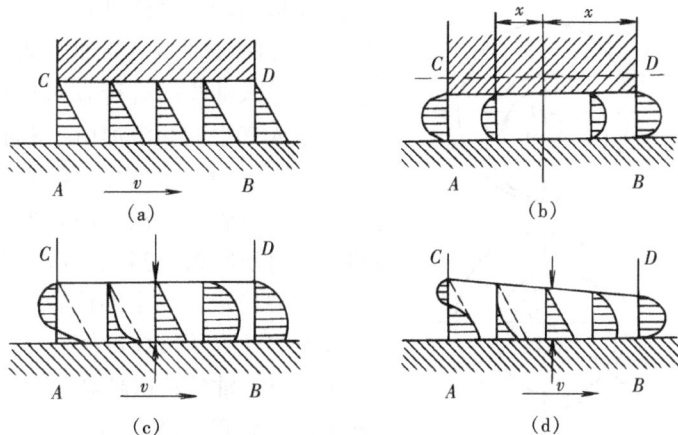

图 6-18　油膜的工作原理
(a) 有相对运动，无施加垂直方向载荷状态；
(b) 无相对运动，有垂直方向载荷状态；
(c) 既有相对运动，也有垂直方向载荷状态；
(d) 两平面间构成楔形，有相对运动和垂直方向的载荷状态

AB 和 CD 分别处于四种不同的状态，其四周充满油。图 6-18 (a) 所示为两平面平行，它们之间只有相对运动，没有施加垂直方向载荷；图 6-18 (b) 所示为两平面平行，它们之间没有相对运动，只有垂直方向的载荷；图 6-18 (c) 所示为两平面平行，它们之间既有相对运动，也有垂直方向的载荷；图 6-18 (d) 所示为两平面间构成楔形，且有相对运动和垂直方向的载荷。在 (a) 情况下，平板 AB 带入与带出间隙的油量相等，两平面间的间隙与相对运动的速度 v 无关，且不定；在 (b) 情况下，间隙间的油被挤出，最后间隙变为零，两平面间形不成油膜；在 (c) 情况下，平板 AB 带入间隙的油量小于其带出的油量和挤出的油量之和，因此间隙也会逐渐变小，也形不成油膜；在 (d) 种情况下，当速度 v 达到一定值后，可使平面 AB 带入的油量等于其带出的油量和被挤出的油量之和，此时两平面间即可维持一定的间隙，从而形成油膜。

由上所述，两平面间建立油膜的条件是：

(1) 两平面间必须形成楔形间隙。

(2) 两平面间有一定速度的相对运动，并承受载荷，平板移动的方向必须由楔形间隙的宽口移向窄口。

(3) 润滑油必须有一定的黏性和充足的油量。润滑油的黏度越大，油膜的承载力越大，但油的黏度过大，会使油的分布不均匀，增加摩擦损失。温度过高会使油的黏度大大降低，以致破坏油膜的形成，所以必须有一定量的油不断流过，把热量带走。

(二) 径向支持轴承

1. 油膜的形成

图 6-19 所示为径向轴承油膜形成示意图。由于轴瓦的内孔直径略大于轴颈的直径，当轴静止时，在转子自身重力的作用下，轴颈位于轴瓦内孔的下部，直接与轴瓦内表面的乌金接触，这时轴颈中心 O_1 在轴瓦中心 O 的正下方，而在轴颈与轴瓦之间自然形成上部大，下部逐渐减小的楔形间隙。

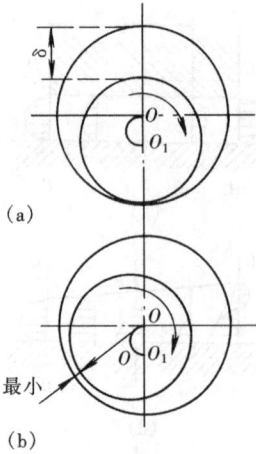

图 6-19 油膜形成示意图

(a) $n\approx0$；(b) $n>0$

连续地向轴承供给具有一定压力和黏度的润滑油后，当轴颈旋转时，黏附在轴颈上的油层随轴颈一起转动，并带动相邻各层油转动，进入油楔向旋转方向和轴承端流动。由于楔形面积逐渐减小，带入其中的润滑油由于具有不可压缩性，润滑油被聚集到狭小的间隙中而产生油压。随着转速的升高，油压不断升高。当这个油压超过轴颈的载荷时，便把轴颈抬起，使间隙增大，产生的油压将有所降低。当油压作用在轴颈上的力与轴颈上载荷平衡时，轴颈便稳定在一定的位置上旋转。此时，轴颈与轴瓦完全由油膜隔开，建立了液体摩擦。

很明显，轴颈转速越高，油膜内压力越大，将轴颈抬得越高，轴颈中心就处在较高的偏心位置。当转速成为无穷大时，理论上轴颈中心便与轴承中心重合。并且随着转速的升高，轴颈中心的偏心位置亦不相同，其轨迹近似一个半圆曲线，如图 6-20 所示。

油楔中的压力分布如图 6-20 所示，在径向油楔进口处油压最低，随着润滑油的进入，油量逐渐增大，在最小油膜厚度处，油压达最大值，在油楔出口处，油压降低到零。在轴向，压力沿轴承长度呈抛物线规律，轴承长度的中间压力最大。最小油膜厚度应大于两侧相对运动表面的不平度，这样才能形成液体润滑。

由图可知，轴承长度亦影响轴承的承载能力。当载荷、转速、轴瓦内径、轴颈直径以及润滑油等条件都相同时，若轴承轴向长度越长，则产生油压越大，轴承的承载能力越大，轴颈抬起越高，偏心距越小。反之，轴承轴向长度越短，则承载能力越小，偏心距越大。轴承长度过长将不利于轴承的冷却，并增加汽轮机转子轴向长度。因此必须合理选择轴承尺寸。

2. 轴承结构

径向支持轴承的型式很多，按轴承支承方式可分为固定式和自位式两种；按轴瓦形式可分为圆柱形轴承、椭圆形轴承、三油楔轴承和可倾瓦轴承等。

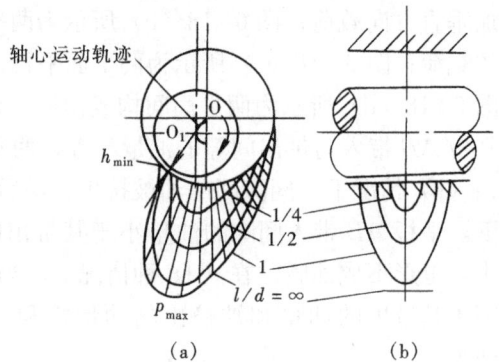

图 6-20 油楔中的压力分布

(a) 轴心运动轨迹及油楔中的压力分布（周向）；
(b) 油楔中的压力分布（轴向）
l—轴承长度；d—轴颈直径

根据许多试验资料表明：圆柱形轴承主要适用于低速重载转子；三油楔支持轴承、椭圆形支持轴承分别适用于较高转速的轻、中和中、重载转子；可倾瓦支持轴承则适用于高转速轻载和重载转子。

(1) 圆柱形轴承。这种轴承的轴瓦内径为圆柱形，静止时，顶部间隙为侧面间隙的两倍；工作时，轴颈下形成一油楔。它的稳定性不如其他三种轴承，常被用于中小容量机组或大机组的低压转子上。

图 6-21 示出了圆柱形轴承的典型结构。轴瓦 1 由上下两半组成，并用止口螺栓 7 连接起来。下瓦支持在三个垫块 2 上，调整时，通过改变垫片 3 的厚度来找中心（垫片为钢质，且不得超过三层），增减垫片的厚度便可以调整轴瓦的径向位置。上瓦顶部的垫块 2 和垫片

3 则是用来调整轴瓦与轴承盖之间的紧力。

润滑油从侧下方进油口 5 引入，经由下瓦内的油路，自轴瓦水平结合面处流进。经过轴瓦顶部间隙，然后经过轴和下瓦之间的间隙，最后从轴瓦两端泄出。下瓦进油口处的节流孔板 4 用来调整进油量。润滑油在轴承中不仅起到了润滑的作用，而且还有冷却的作用，大量的润滑油流过轴承时，可将润滑油起润滑作用时产生的摩擦热和从转子传来的热量带走。轴承的回油温度通常为 50～60℃，最高不超过 70℃。

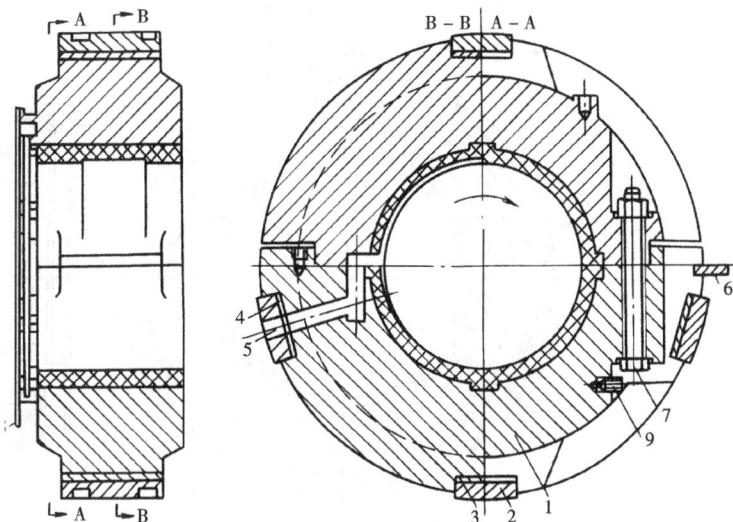

图 6-21　圆柱形轴承

1—轴瓦；2—垫块；3—垫片；4—节流孔板；5—进油口；
6—锁饼；7—连接螺栓；8—油挡；9—止落螺钉

水平结合面处的锁饼 6 是用来防止轴瓦转动的。轴承在其面向汽缸的一侧装有油挡 8，以防止润滑油从这一侧被甩向轴承座。

轴瓦由轴瓦体和轴承合金层构成，在轴瓦体的内圆上先开出燕尾槽，然后浇铸上锡基轴承合金（俗称乌金或巴氏合金），它质软、熔点低，并具有良好的耐磨性能。一旦液体摩擦没有建立，轴颈和乌金之间就会发生干摩擦，这时乌金被磨损甚至被熔化。当出现这种情况时，汽轮机的保安部套就会动作，使机组停下来，从而避免了转子轴颈与轴瓦体的摩擦。

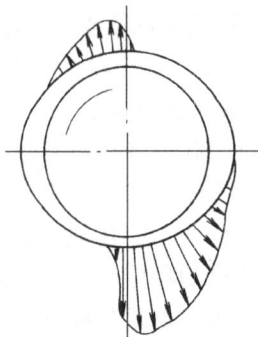

图 6-22　椭圆形轴承轴瓦示意图

（2）椭圆形轴承。椭圆形轴承的结构与圆柱形轴承基本相同，只是轴瓦的内孔侧面间隙加大了，并呈椭圆形，如图 6-22 所示。由于轴承上部间隙减小，除下部的主油楔外，在上部又增加了一个副油楔。由于副油楔的作用，压低了轴心位置，使轴承的工作稳定性得到了改善；由于轴承侧面间隙的加大，使油楔的收缩更剧烈，有利于形成液体摩擦及增大了轴承的承载能力。这种轴承的比压一般可达 1.17～1.96MPa。椭圆形轴承在中、大型机组上得到了广泛的应用。

（3）三油楔轴承。图 6-23 所示为国产 125、300MW 汽轮发电机组上所采用的不对称三油楔轴承的结构简图。轴瓦上有三个长度不等的油楔，上瓦二个、下瓦一个，它们所对应的角度分别为 $\theta_1=105°\sim110°$，$\theta_2=\theta_3=55°\sim58°$，每个油楔入口的最大间隙为 0.27mm。为了使油楔分布合理又不使结合面通过油楔区，上下瓦结合面 $M—M$ 与水平倾斜一个角度 ϕ，通常 $\phi=35°$。润滑油首先进入轴瓦的环形油室，然后从三个进油口进入三个油楔中。转轴转动时，三个油楔中的油膜作用力分别作用在轴颈的三个方向上，如图中 F_1、F_2、F_3 所示，这样可使轴颈比较稳定地在轴承中运转，启动时，从顶轴油泵打来的顶轴油送入两只油孔中去，以便建立顶轴油压，将轴顶起。

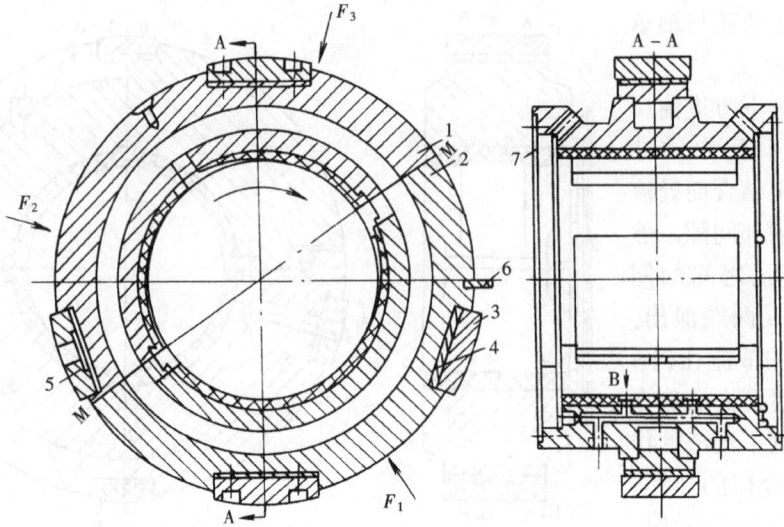

图 6 - 23　三油楔轴承结构

1—上半轴承；2—下半轴承；3—垫块；4—垫片；5—节流孔板；6—锁饼；7—油档

　　三油楔支持轴承是一个多油楔轴承，具有较好的抗振性和稳定性，这主要是因为油楔多，即工作面多，而且每一个瓦面的曲率半径都比轴颈半径大，因此对应轴颈中心在轴承内的每一个小位移，都有一个较大的相对偏心率之故。但从国产 200、300MW 汽轮发电机组中发电机两侧三油楔支持轴承油膜振荡现象的发生来看，它的承载能力并不很大，稳定性也并不十分理想，适于在高速轻、中载场合下使用。

　　三油楔轴承的加工制造和安装检修比较复杂，特别是安装时要将轴瓦反转 35°，给找中带来了很大的不便。近年来随着加工制造和安装检修工艺的不断提高，有些三油楔轴承的中分面已改成水平的了。

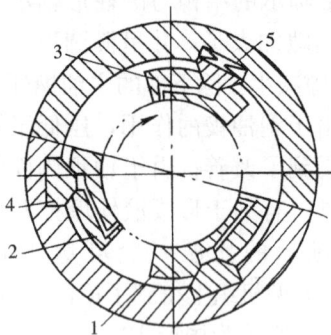

图 6 - 24　可倾瓦轴承原理图

1—下瓦块；2—侧瓦块；3—上瓦块；
4—支点；5—盘形弹簧

　　（4）可倾瓦轴承。可倾瓦轴承又称活支多瓦轴承，是密切尔式的支持轴承，它通常由 3～5 或更多块能在支点上自由倾斜的弧形瓦块组成，其原理如图 6 - 24 所示。瓦块在工作时可以随转速、载荷及轴承温度的不同而自由摆动，在轴颈四周形成多个油楔，自动调整着各油楔间隙，使其达到最佳位置。下瓦块承受着转子的载荷，其余瓦块保持了轴承的稳定性；上瓦块装有盘形弹簧，起到了减震的作用。如果忽略瓦块的惯性、支点的摩擦力等影响，每个瓦块作用到轴颈上的油膜作用力总是通过轴颈中心，而不会产生引起轴颈涡动的失稳分力，因此具有较高的稳定性，理论上可以完全避免油膜振荡的产生。此外，由于瓦块可以自由摆动，增加了支承柔性，还具有吸收转轴振动能量的能力，即具有很好的减振性。同时，可倾瓦轴承还具有承载能力大、功耗小及可承受各个方向的径向载荷、适应正反转动等优点。目前，越来越多的大功率机组采用了这种轴承。它的不足之处是结构复杂，安装检修较为困难、成本较高等。

据有关资料介绍，当载荷作用于瓦块支点上时，3 块瓦轴承所承受的载荷较大；而当载荷作用于瓦块支点之间时，5 块瓦轴承则优于 3 块瓦轴承。通常情况下，5 块瓦轴承的功率损失比 3 块瓦轴承的功率损失低得多。

（三）推力轴承

推力轴承的作用是确定转子的轴向位置和承受作用在转子上的轴向推力。虽然大功率汽轮机通常采用高、中压缸对头布置以及低压缸分流等措施减小了轴向推力，但轴向推力仍具有较大数值，一般可达几吨至几十吨。如考虑到工况变化，特别是事故工况，例如水冲击、甩负荷等，还能出现更大的瞬时推力以及反向推力，从而对推力轴承提出了较高的要求。

通常应用最广泛的推力轴承是密切尔式推力轴承，这种轴承在沿轴瓦平均圆周速度展开图上，瓦块表面与推力盘之间能构成一角度，它们之间可形成楔形油膜以建立液体摩擦。瓦块可做成固定的或摆动的，大功率机组一般都为摆动的。

推力轴承的工作原理可用图 6-25 来说明：当转子的轴向推力经过油层传给瓦片时，其油压合力 Q 并不作用在瓦片的支承点 O 上，而是偏在进油口一侧。因此合力 Q 便与瓦片支点的支反力 R 形成一个力偶，使瓦块略微偏转形成油楔。随着瓦片的偏转，油压合力 Q 逐渐向出油口一侧移动，当 Q 与 R 作用于一条直线上时，油楔中的压力便与轴向推力保持平衡状态，在推力盘与瓦片之间建立了液体摩擦。

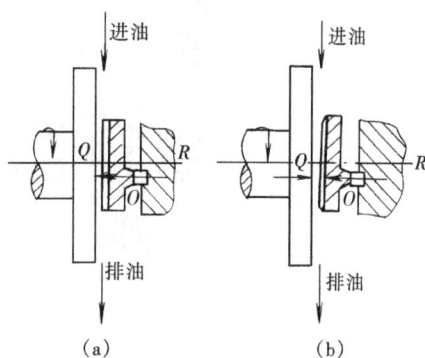

图 6-25　推力瓦片与推力盘间油楔的形成
(a) 油压力 Q 与支反力 R 成一力偶；(b) 油压力 Q 与支反力 R 作用于一条直线上

推力轴承经常与支持轴承合为一体，称为推力支持联合轴承。图 6-26 为一有代表性的联合轴承结构图。这种轴承的推力轴承壳体与支持轴承的轴瓦连成一体，称为轴承体。为了保证各推力瓦（工作瓦）受力均匀，轴承体的支承面为球面，使轴承体能够在一个小的锥度范围内自由摆动，以自动适应推力盘的角度。轴承的径向位置靠沿轴瓦圆周分布的三块垫块及垫片来调整，轴向位置靠调整圆环 1 来调整。轴承的推力瓦片分为工作瓦片 2 和非工作瓦片 3，各有 10 片左右，分别承受转子的正向和反向推力。这些瓦片利用销子挂在它们背后的两半对应安装环 9 和 10 上，销子松宽地插在瓦片背面的销孔中，由于瓦片背面有一条突起的肋，使瓦片可以绕它略微转动，从而在推力盘和瓦片工作面间建立起液体摩擦。

为减少推力盘在润滑油中的摩擦损失，用青铜油封 4 来阻止润滑油进入推力盘外缘腔室。润滑油从支持轴承下瓦调整垫片的中心孔引入，经过轴瓦上的环形腔室，一路顺中分面进入支持轴承，另一路经过油孔 A、B 流向推力盘两侧去润滑工作瓦片和非工作瓦片，最后两路油分别经过泄油孔 C、D 流回油箱。推力轴承的进油温度在 35～45℃ 之间，设计温升一般为 5～15℃，最高不超过 20℃。在供油正常的情况下，推力轴承润滑油的温升能反映出转子轴向推力的变化。但由于在推力轴承中，形成油膜的润滑油占很少一部分，大部分油起冷却作用，所以借用润滑油温升不能敏感地反映轴向推力的大小。有时乌金已被严重磨损或烧毁，而回油温度才上升了 1～3℃，因此，为了更加灵敏地反映推力瓦处的情况，在近代机组上都设法直接测量推力瓦的温度。

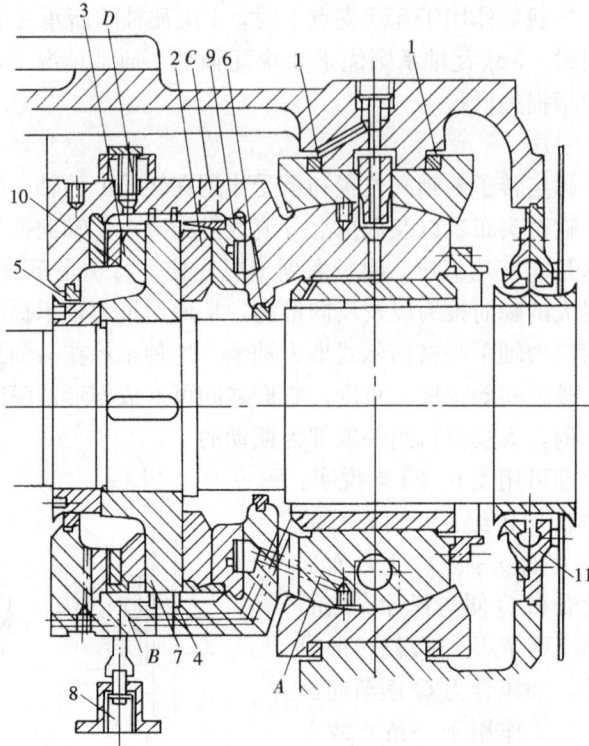

图 6-26　推力支持联合轴承
1—调整圆环；2—工作瓦片；3—非工作瓦片；4、5、6—油封；7—推力盘；
8—支撑弹簧；9、10—瓦片安装环；11—油挡

第二节　汽轮机转动部分结构

汽轮机的转动部分包括动叶栅、叶轮（或转鼓）、主轴和联轴器以及紧固件等旋转部件。

一、转子

汽轮机的转动部分总称为转子，主要由主轴、叶轮（或轮鼓）、动叶及联轴器等组成，它是汽轮机最主要的部件之一，起着工质能量转换及扭矩传递的任务。它汇集了各级动叶栅上得到的机械能并传给发电机（或其他机械）。汽轮机工作时，转子的工作条件相当复杂，它处在高温工质中，并以高速旋转，它不仅承受着叶片、叶轮、主轴本身质量离心力所引起的巨大应力、蒸汽作用在其上的轴向推力以及由于温度分布不均匀引起的热应力，而且还要承受巨大的扭转力矩和轴系振动所产生的动应力，因此要求转子具有很高的强度和均匀的质量，以确保安全工作。

汽轮机转子可分为轮式和鼓式两种基本型式。轮式转子具有安装动叶片的叶轮，鼓式转子则没有叶轮，动叶片直接装在转鼓上。通常冲动式汽轮机转子采用轮式结构，反动式汽轮机转子采用鼓式结构。按主轴与其他部件间的组合方式，轮式转子有套装式、整锻式、组合式和焊接式四种结构形式。

1. 整锻转子

如图 6-27 所示，整锻转子的叶轮、轴封、联轴节等部件与主轴系由一整体锻件加工而

成，没有热套部件，因而消除了叶轮等部件高温下可能松动的问题，对启动和变工况的适应性较强，适于在高温条件下运行。其强度和刚度均大于同一外形尺寸的套装转子，且结构紧凑，轴向尺寸短，机械加工和装配工作量小。缺点是锻件尺寸大，工艺要求高，加工周期长，且大锻件的质量难以保证，贵重材料消耗量大，不利于材料的合理利用。

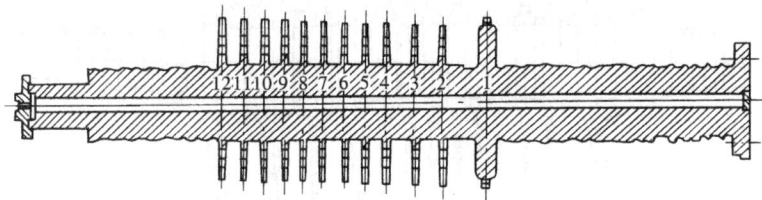

图 6 - 27　整锻转子

在高温区工作的转子一般都采用这种结构，如国产 125、200、300MW 汽轮机的高压转子都是整锻转子。现代大型汽轮机，由于末级叶片长度增加，套装叶轮的强度已不能满足要求，所以许多机组的低压转子也采用了整锻结构。如美国西屋公司系列机组，美国 GE 公司的 350MW 机组等。目前我国引进型 300、600MW 机组的高、中、低压转子均为整锻转子。

由于浇铸的钢锭在冷却过程中，中心部位最后凝结，所以在这些地方容易夹渣；在锻压转子毛坯时，中心部位的变形错综复杂，这一部位容易产生裂纹。因此整锻转子通常钻一个 $\phi100$ 的中心孔，其目的是将这些材质差的部分去掉，防止裂纹扩展，同时也可借助潜望镜检查锻件内部质量。目前随着金属冶炼和锻造水平的提高，国外已有些大的整锻转子不再打中心孔。

2. 套装转子

套装转子的结构如图 6 - 28 所示，转子上的叶轮、轴封套、连轴节等部件是分别加工的，热套在主轴上的，为防止配合面发生松动，各部件与主轴之间采用过盈配合，并用键传递力矩。

套装转子的锻件尺寸较小，加工方便，质量容易得到保证，而且不同部件可以采用不同的材料，可以合理利用材料。但在高温下，由于金属产生蠕变，叶轮内孔直径会逐渐增大，最后导致装配过盈量消失，使叶轮与主轴之间产生松动，从而造成叶轮中心与转子中心偏离，造成转子质量不平衡，机组产生振动，且快速启动适应性差。因此，套装转子不宜用于高温高压汽轮机的高、中压转子，只适应于中压汽轮机或高压汽轮机的低压部分，如国产 200MW 汽轮机的低压转子即为这种结构。

3. 焊接转子

焊接转子主要由若干个叶轮和两个端轴拼焊而成，其结构如图 6 - 29 所示。焊接转子的优点是采用无中心孔的叶轮，可以承受很大的离心力，强度好，相对质量小，结构紧凑，刚度大。焊接转子不需要采用大型锻件，叶轮与端轴的质量容易得到保证，其工作的可靠性取决于焊接质量，故要求焊接工艺高、材料的焊接性能好。随着冶金和焊接技术的不断发展，焊接转子的应用必将日益广泛。

汽轮机的低压转子直径大，特别是大功率汽轮机的低压转子质量较大，叶轮承受很大的离心力。采用套装结构，叶轮内孔在运行中将发生较大的弹性变形，因而需要设计较大的装配过盈量，但同时会引起很大的装配应力。若采用整锻转子，则因锻件尺寸太大，质量难以保证，故往往采用焊接转子。如引进的法国 300MW 汽轮机的低压转子以及我国生产的

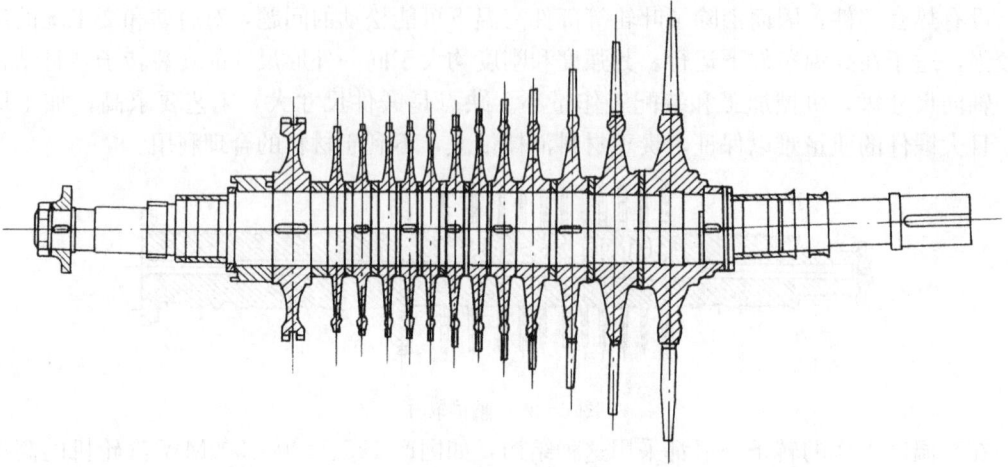

图 6-28　套装转子

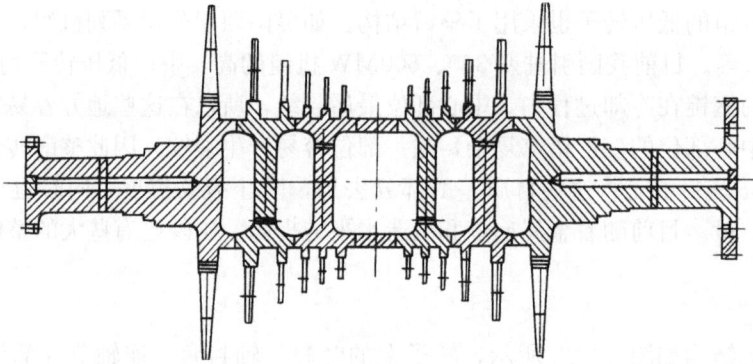

图 6-29　焊接转子

125MW 和 300MW 汽轮机均采用了焊接结构。瑞士制造的 1300MW 双轴反动式汽轮机的高、中、低压转子均为焊接转子。

4. 组合转子

整锻—套装组合转子也是汽轮机常采用的转子结构形式，如图 6-30 所示。它利于整锻转子与套装转子的各自特点，在高温区采用叶轮与主轴整体锻造结构，而在低温区采用套装

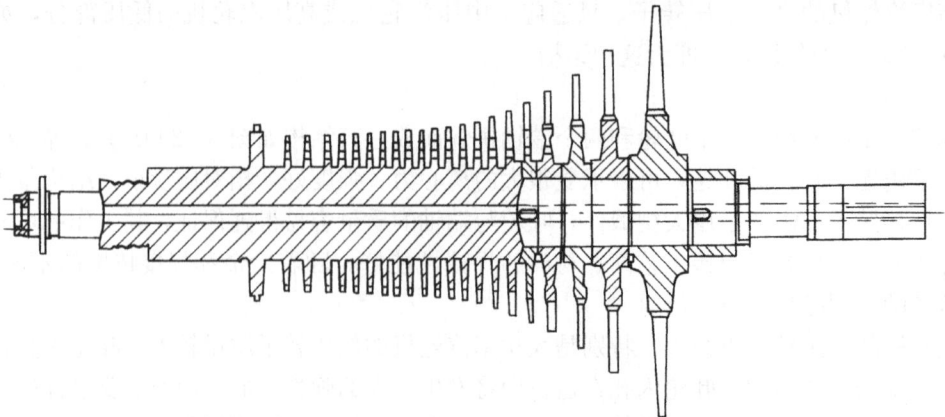

图 6-30　组合转子

结构。这样，即可保证高温区各级叶轮工作的可靠性，又可避免采用过大的锻件；而且套装的叶轮和主轴可以采用不同的材料，有利于材料的合理利用。

组合转子广泛应用于高参数、中等容量的汽轮机上，如国产 200MW 汽轮机的中压转子。

大型汽轮发电机组高中压转子采用整锻结构后，由于高中压转子高温段工作条件恶劣，且随着转子整体直径的增大，离心力和同一变工况速度下的热应力也相应增加，在高温条件下受离心力作用而产生的金属蠕变速度，以及在离心力和热应力共同作用下而产生的金属微观缺陷发展的危险也有所增长，为此需对高温区段的转子进行蒸汽冷却，以减少金属蠕变变形和降低启动工况下的热应力。

一般情况下均采用较低温度的蒸汽来冷却主蒸汽和再热蒸汽进口处的转子部位。

如图 6-31 所示是在主蒸汽进口处的高温区段对转子采用的冷却结构情况。由于调节级的焓降较大，因此主蒸汽经调节级膨胀作功后，压力和温度均有明显降低，让一小部分这种较低温度的蒸汽利用抽吸作用，通过调节级叶轮中的斜孔并继续流过高温区转子表面，从而对高温区的转子产生了冷却作用。冷却蒸汽和主蒸汽流会合后，通过高压各级继

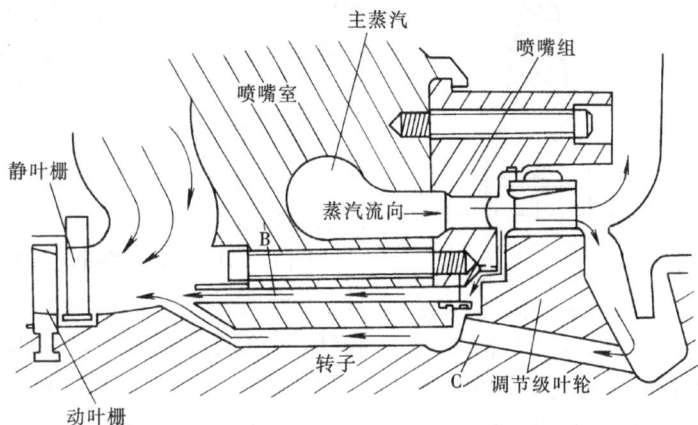

图 6-31　主蒸汽进入调节级的区域内转子冷却结构

续作功。采用这种结构，使得转子在机组正常工作时能得到冷却，而在启动过程中，又可使转子得到迅速加热，以提高启动速度，缩短启动时间。

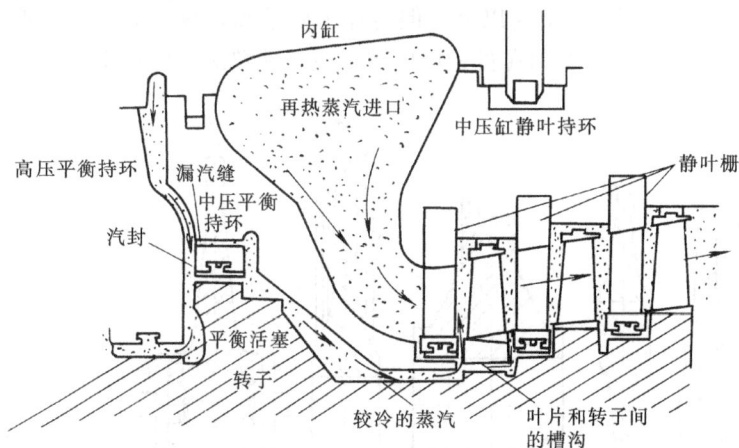

图 6-32　再热蒸汽进口区转子的冷却结构

图 6-32 所示为再热蒸汽进口区内转子的冷却结构，该区域的转子同样也是利用调节级后的蒸汽来冷却的。该区的转子和中压第一级动叶叶根处利用中压平衡活塞的漏汽来冷却。流经高压平衡活塞密封环后的蒸汽和冷却高压内缸后的蒸汽，均在各自的压差下流过中压平衡活塞密封环，在中压平衡活塞密封环和转子之间通过，

其中一部分冷却汽流在中压第一级静叶后与主汽流相汇合，另一部分通过中压第一级动叶根部的通道进入中压第二级，这样中压第二级的转子表面也完全被冷却蒸汽覆盖，从而使中压第二级前的转子不与高温蒸汽接触，转子温度比进口再热蒸汽温度低很多。

二、叶轮

叶轮是用来装置叶片并传递汽流力在叶栅上产生的扭矩的。由于处在高温工质内并以高速旋转，使叶轮受力情况相当复杂：除叶轮自身和叶片等零件的质量引起的巨大离心力外，还有因温度沿叶轮径向分布不均匀所引起的热应力、叶轮两边蒸汽的压差作用力以及叶片—叶轮振动引起的振动应力，对于套装叶轮，其内孔上还受到因装配过盈而产生的接触压力。所以正确地选择叶轮的结构形式是非常重要的。

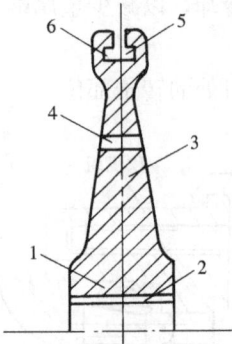

图 6-33　套装式叶轮

1—轮毂；2—键槽；3—轮面；
4—平衡孔；5—叶根槽；6—轮缘

叶轮的结构与转子的结构形式密切相关，图 6-33 为套装式叶轮的纵截面图，由图中可见，叶轮由轮缘、轮面和轮毂三部分组成。轮缘上开有叶根槽以装置叶片，其形状取决于叶根的型式；轮毂是为了减小内孔应力的加厚部分，其内表面上通常开有键槽；轮面把轮缘与轮毂连成一体，高、中压级叶轮的轮面上还通常开有 5～7 个平衡孔。

按照轮面的型线可将叶轮分成等厚度叶轮、锥形叶轮、双曲线形叶轮和等强度叶轮等。轮面的型线主要是根据叶轮的工作条件来选择的。

图 6-34 给出了各种形式叶轮的纵截面图。图（a）和图（b）为等厚度叶轮，这种叶轮加工方便，轴向尺寸小，但强度较低，一般用在圆周速度为 120～130m/s 的场合。图（b）为整锻转子的高压级叶轮，所以没有轮毂。图（c）为等厚度叶轮在内径处有加厚部分，其圆周速度可达 170～200m/s。图（d）和图（e）为锥形叶轮，这种叶轮不但加工方便，而且强度高，可用在圆周速度为 300m/s 的场合，因而获得了最广泛的应用，套装式叶轮几乎全是采用的这种结构形式。图（f）为双曲线形叶轮，与锥形叶轮相比，它的重量轻，但强度不一定高，且加工较复杂，故仅用在某些汽轮机的调节级中。图（g）为等强度叶轮，这种叶轮没有中心孔，强度最高，圆周速度可达 400m/s 以上，但对加工要求高，故一般均采用近似等强度的叶轮型线以便于制造。此种叶轮多用在盘式焊接转子或高速单级汽轮机中。

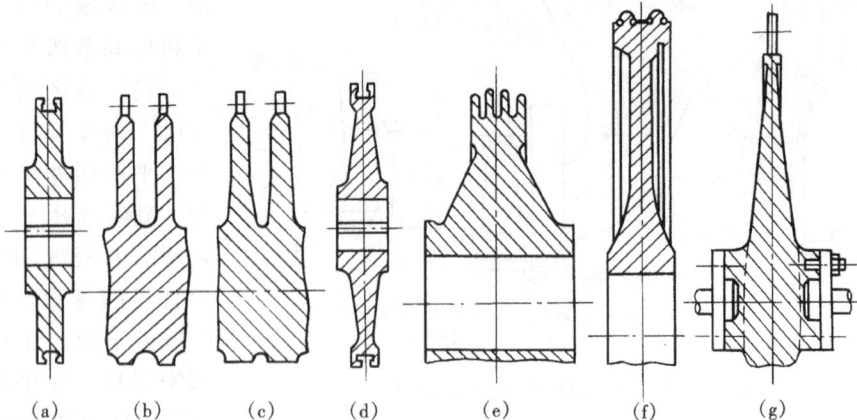

图 6-34　叶轮的结构形式

（a）、（b）、（c）等厚度叶轮；（d）、（e）锥形叶轮；（f）双曲线形叶轮；（g）等强度叶轮

三、动叶片

动叶片就是在汽轮机工作过程中随汽轮机转子一起转动的叶片，也称工作叶片，动叶片安装在叶轮或转鼓上，由多个叶片组成动叶栅，其作用是将蒸汽的热能转换为动能，再将动能转换为汽轮机转子旋转机械能，使转子旋转。叶片是汽轮机重要的零件之一，是汽轮机中数量和种类最多的零件，其工作条件很复杂，除因高速转动和汽流作用而承受较高的静应力和动应力外，还因其分别处在高温过热蒸汽区、两相过渡区和湿蒸汽区内工作而承受高温、腐蚀和冲蚀作用。因此叶片结构的型线、材料、加工、装配质量等直接影响着汽轮机中能量转换的效率和汽轮机工作的安全性。实践表明，汽轮机发生的事故以叶片事故为最多，高达40％，故必须给予高度重视。

为使汽轮机安全经济地运行，在设计、制造叶片时，对动叶的要求有：具有良好的空气动力特性，提高流动效率；要有足够的强度；对于湿汽区工作的叶片，要有良好的抗冲蚀能力；要有完善的振动特性；结构合理，工艺良好。

叶片一般由叶型部分、叶根和叶顶连接件组成，如图 6-35 所示。

1. 叶型部分

叶型部分也称作叶身或工作部分，它是叶片的基本部分，叶型部分的横截面形状称为叶型，叶型决定了汽流通道的变化规律，为了提高能量转换效率，叶型部分应符合气体动力学要求。叶型的结构尺寸主要决定于静强度和动强度的要求和加工工艺的要求。

按叶型沿叶高是否变化，叶片分为叶型沿叶高不变的等截面直叶片和叶型沿叶高变化的变截面扭叶片。扭叶片叶型沿叶高的变化要求满足一定规律。

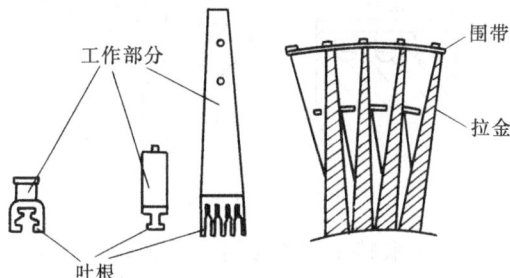

图 6-35　叶片结构

在湿蒸汽区工作的叶片，为了提高抵抗水滴侵蚀的能力，其上部进汽边的背面通常经过强化处理，如表面镀铬、局部高频淬硬、电火花强化、氮化、焊硬质合金等。

2. 叶根

叶根是将叶片固定在叶轮或转鼓上的连接部分，其作用是紧固动叶，使叶片在经受汽流的推力和旋转离心力作用下，不致于从轮缘沟槽里拔出来。因此它的结构应保证在任何运行条件下叶片都能牢靠地固定在叶轮或转鼓上，同时应力求制造简单、装配方便。常用的叶根结构形式有 T 型叶根、叉型叶根和纵树型叶根等。

（1）T 型叶根。T 型叶根结构如图 6-36 所示，这种叶根结构简单，加工装配方便，工作可靠，强度能满足较短叶片的工作需要，为短叶片所普遍采用。它的缺点是叶片的离心力对轮缘两侧截面产生弯

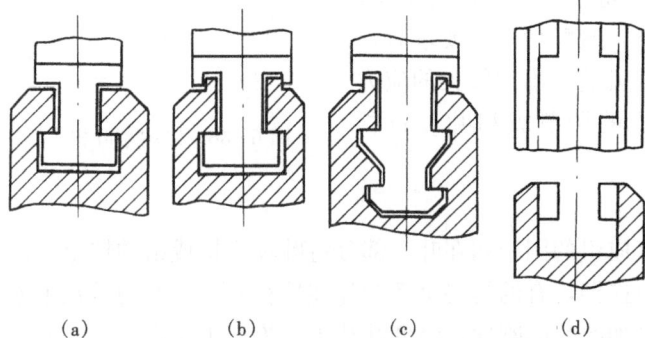

图 6-36　T 型叶根
(a) T 型叶根；(b) 外包 T 型叶根；
(c) 双 T 型叶根；(d) 装入 T 型叶根的切口

距，而叶根承载面积小，使叶轮轮缘弯曲应力较大，轮缘有张开的趋势。为了克服这个缺点，在叶根和轮缘上做成两个凸肩，成为如图 6-36（a）所示的凸肩 T 型叶根（也称外包 T 型叶根）。叶根的凸肩能阻止轮缘张开，减小轮缘两侧截面上的应力。叶轮间距小的整锻转子常采用这种形式的叶根。

在叶片离心力较大的场合下，为了避免过多地增加轮缘及叶根尺寸，就需要用增加叶根承力肩数的方法加大叶根的受力面积，于是就出现了双 T 型叶根［如图 6-36（c）所示］，也称为双倒 T 型叶根。这种叶根结构可用于较长叶片。

T 型叶根属于周向装配式叶根，通常在一圈叶根槽上对称铣出两个切口［如图 6-36（d）所示］，叶根由此切口插入，再沿叶根槽滑动，最后在封口处装上封口叶片，并用铆钉把它铆在叶轮上。因此，这种周向装配式叶根的缺点是当个别叶片损坏需要更换时，不能单独拆换，必须将部分或全部叶片拆下重装。

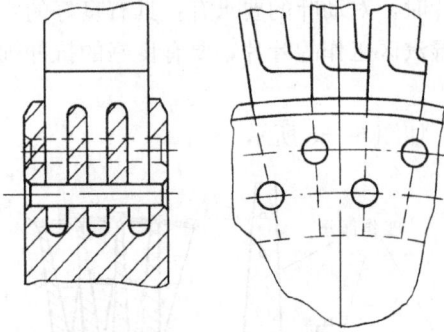

（2）叉型叶根。叉型叶根结构如图 6-37 所示。叶根的叉尾从径向插入轮缘的叉槽中，并用铆钉固定。这种叶根使轮缘不承受偏心弯矩，叉尾数目可根据叶片离心力大小选择，因而强度高、适应性好。同时，叶根和轮缘加工方便，检修时可以单独拆换个别叶片，所以被大功率汽轮机末几级广泛采用。但其装配时比较费工；

图 6-37 叉型叶根

另由于整锻转子和焊接转子的工作空间小，给钻铆钉孔带来了困难，所以这两种转子一般不用叉型叶根。

（3）纵树型叶根。纵树型叶根结构如图 6-38 所示，这种叶根和轮缘的轴向断口设计成尖劈状，以适应根部的载荷分布，使叶根和对应的轮缘承载面都接近于等强度，因此在同样的尺寸下，纵树型叶根承载能力高。叶根两侧齿数可根据叶片离心力的大小选择。

叶根沿轴向装入轮缘相应的纵树槽中，底部打入楔形垫片将叶片向外胀紧在轮缘上，同时，相邻叶根的接缝处有一圆槽，用两根斜劈的半圆销对插入圆槽内将整圈叶根周向胀紧，所以拆装方便。但是这种叶根外形复杂，装配面多，要求有很高的加工精度和良好的材料性能，而且齿端易出现较大的应力集中，所以一般多用于大功率汽轮机的调节级和叶片较长的级。

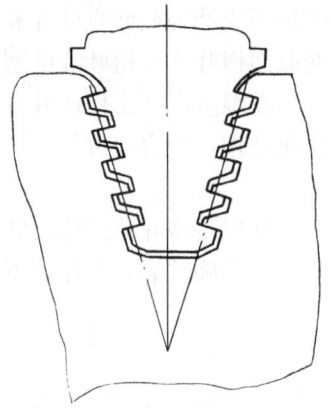

图 6-38 纵树型叶根

3. 叶顶部分

叶顶部分包括在叶顶处将叶片连接成组的围带和在叶型部分将叶片连接成组的拉金。汽轮机同一级的叶片常用围带或拉金成组连接，有的是将全部叶片连接在一起，有的是几个或十几个成组连接。采用围带或拉金可增加叶片的刚性，降低叶片中汽流产生的弯应力，调整叶片频率以提高其振动安全性。围带还构成封闭的汽流通道，防止蒸汽从叶顶逸出，有的围带还做出径向汽封和轴向汽封，以减少级间漏汽。

围带的结构形式很多，图 6 - 39（a）示出的是整体围带。这种围带是与其叶片在同一块毛坯上铣出的，叶片装好后围带也就相互靠紧而形成一圈围带。图 6 - 39（b）示出的是铆接或焊接围带，采用这种结构的叶片，在其顶部要加工出铆钉头。用作围带的钢带要按铆钉头的节距冲好铆钉孔，待备好的钢带放上以后，用铆接或焊接，或者铆接加焊接的方法把钢带固定在叶片上。一般是 4～16 只叶片用一段钢带联成一组。还有一种用在大型机组末级叶片上的弹性拱形围带，如图 6 - 39（c）所示，这种围带可以有效地加强叶片的刚性，控制叶片的 A 型振动和扭转振动，此时叶顶需做出与弹性拱形片相配合的铆接部分。

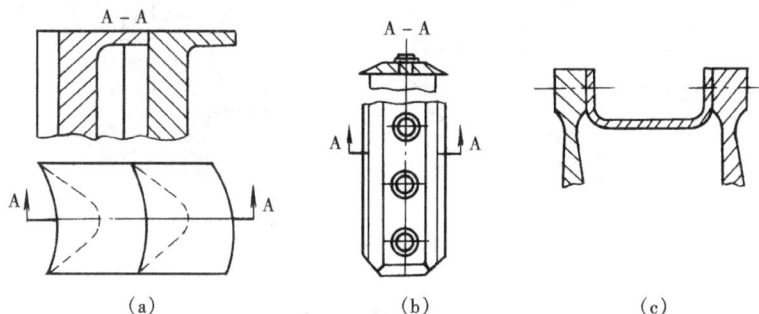

图 6 - 39　围带
(a) 整体围带；(b) 铆接围带；(c) 拱形围带

汽轮机的较长叶片常用拉金将叶片连接成组。拉金为 6～12mm 的实心或空心金属线，穿在叶型部分的拉金孔中。拉金与叶片间可以采用焊接结构，也可以采用松装结构；连接方式有整圈连接、成组连接、网状连接和 Z 形连接等。如图 6 - 40 所示。通常每级叶片上穿有 1～2 圈，最多 3 圈拉金。

焊接拉金的作用是减小叶片的弯应力，改变叶片的刚性，提高其振动安全性。松拉金的作用是增加叶片的离心力，以提高叶片的自振频率；增加叶片的阻尼，以减小叶片的振幅；同时对叶片的扭振也起到了一定的抑制作用。但由于拉金处在汽流通道的中间，从而引起了附加的能量损失；同时拉金孔削弱了叶片的强

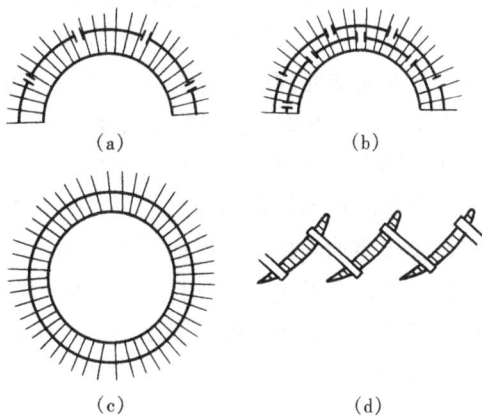

图 6 - 40　拉金的连接方式
(a) 成组连接；(b) 网状连接；
(c) 整圈拉金；(d) Z 形连接

度，所以在满足了强度和振动要求的情况下，有的长叶片也可以设计成自由叶片。

当叶片不用围带连接或为自由叶片时，叶顶通常削薄，这样可以减小叶片质量，同时起到汽封的作用，并防止运行中叶顶与汽缸相碰时损坏叶片。

四、联轴器

联轴器又叫靠背轮或对轮，用来连接汽轮机的各个转子以及发电机的转子，并将汽轮机的扭矩传给发电机。在多缸汽轮机中，如果几个转子合用一个推力轴承，则联轴器还将传递轴向推力。

联轴器一般有三种形式：刚性联轴器、半挠性联轴器和挠性联轴器。

1. 刚性联轴器

刚性联轴器的结构如图 6-41 所示，两个半联轴器直接刚性相连。按联轴器对轮与主轴的连接方法不同，刚性联轴器有装配式和对轮与主轴成整体两种结构。

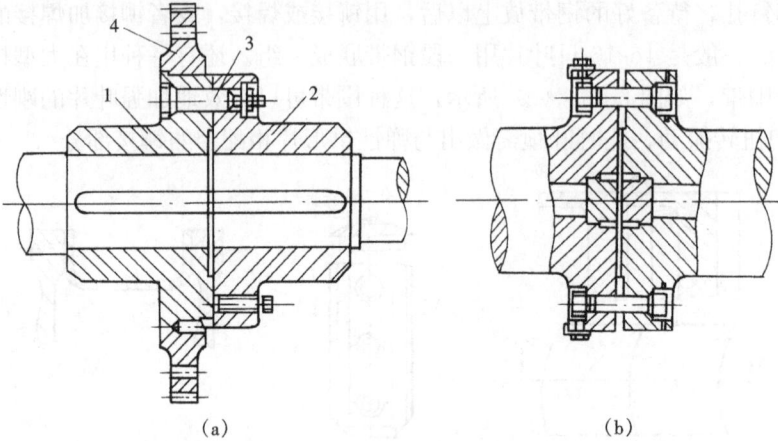

图 6-41　刚性联轴器

（a）套装联轴器；（b）整锻转子（联轴器与主轴成一整体）

1、2—联轴器（对轮）；3—螺栓；4—盘车齿轮

图 6-41（a）为套装的联轴器，联轴器 1 和 2 用热套加双键分别套装在相对的轴端上，对准中心后再一起铰孔，并用配合螺栓 3 紧固，以保证两个转子同心。扭矩就是通过这些螺栓以及对轮端面间的摩擦力由一个转子传给另一个转子的。联轴器法兰的圆周上常套装着盘车齿轮 4，以备盘车装置驱动转子之用。高参数大容量汽轮机常采用整锻或焊接式转子，它的联轴器常与主轴成一整体，这种联轴器的强度和刚度均较套装式的高，也无松动危险。

刚性联轴器结构简单、尺寸小；工作时不需要润滑，无噪声；连接刚性强，传递扭矩大；能传递轴向推力，因而可以只用一个推力轴承；此外，有时在刚性联轴器两侧只用一个支持轴承，可省去一个支持轴承，缩短了转子轴向长度。如国产 200MW 汽轮机的高压转子与中压转子间采用了刚性联轴器后，两根转子只用了三个轴承。由于刚性联轴器具有上述一系列的优点，因此，在大功率汽轮机中得到了普遍的采用，如引进的日本、法国等的大容量机组及国产的 200、300、600MW 机组的高、中、低转子间全部采用了刚性联轴器。此类联轴器的主要缺点是可互相传递相连转子的振动与轴向位移，以致使现场查找振动原因增加了困难；另外对两侧转子校中心的要求较高，制造和安装的少许偏差都会产生附加应力，引起机组较大的振动。

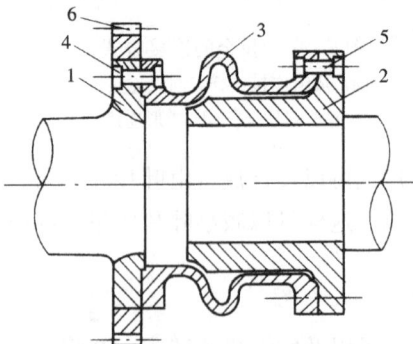

图 6-42　半挠性联轴器

1、2—联轴器；3—波形套筒；

4、5—螺栓；6—齿轮

2. 半挠性联轴器

半挠性联轴器的结构如图 6-42 所示。联轴器 1 与主轴锻成一体，对轮 2 则用热套加双键套装在相对的轴端上，两对轮之间用一波形半挠性套筒 3 连接起来，并配以螺栓 4 和 5 紧固。波形套筒在扭转方向是刚性的，在弯曲方面则是挠性的。

汽轮机运行时，由于两转子轴承热膨胀量的差异等原因，可能会引起联轴器连接处大轴中心的少许变化。波形套筒则可略微补偿两转子不同心的影响，同时还能在一定程度上吸收从一个转子传到另一个转子的振动，且能传递较大的扭矩，并将发电机转子的轴向推力传递到汽轮机的推力轴承上。由于具有以上优点，这种联轴器广泛用来连接汽轮机转子与发电机转子。如国产 125、200、300MW 汽轮机的低压转子与发电机转子之间的连接均采用半挠性联轴器。

3. 挠性联轴器

挠性联轴器通常有两种形式：齿轮式和蛇形弹簧式。齿轮式联轴器多用在小型汽轮机上以连接汽轮机转子与减速箱的主动轴，其基本结构是：两半联轴器都加工出外齿，它们又同时与带内齿的套筒啮合。蛇形弹簧联轴器多用于汽轮机转子与主油泵轴的连接上，其基本结构是在两半联轴器的外圆上对等地铣出若干个齿，再把用钢带绕成的蛇形弹簧沿圆周嵌在齿内。

这类联轴器不传递轴向推力，也可以认为基本上不传递振动，对中要求较低，但易磨损，需要润滑，造价高，现已很少采用。国产 300MW 机组所配用的小汽轮机与给水泵的联接件就是此种联轴器。

五、盘车装置

在汽轮机内不进蒸汽时就能使转子保持转动状态的装置称为盘车装置。盘车装置的作用是在汽轮机启动冲转前或停机后，让转子以一定速度连续转动起来，以保证转子均匀受热或冷却，从而避免转子产生热弯曲。

汽轮机启动时，为了迅速提高真空，常在冲转前向汽轮机轴封供汽，这些蒸汽进入汽缸后大部分滞留在汽缸上部，造成汽缸与转子上下受热不均，如果转子静止不动，便会引起自身上下温差而产生向上弯曲变形。变形后的转子其重心与旋转中心不重合，机组冲转后势必会引起振动，甚至还可能造成动静部分摩擦。因此，在汽轮机冲转前要用盘车装置带动转子做低速转动，以使转子受热均匀，利于机组顺利启动。

对于中间再热机组，为减少启动时的汽水损失，在锅炉点火后，蒸汽经旁路系统排入凝汽器，这样低压缸将产生受热不均匀现象。为此在投入旁路系统前也应投入盘车装置。

汽轮机停机后，汽缸和转子等部件会逐渐冷却，由于上、下缸散热条件不同，以及气体的对流作用，其下部冷却快、上部冷却慢，上缸温度高于下缸，转子因上下存在温差而产生弯曲，弯曲程度随着停机后的时间而增加。对于大型汽轮机，这种热弯曲可以达到很大的数值，并且要经过几十个小时才能逐渐消失。因此，停机后，应投入盘车装置。盘车不但使转子温度均匀，防止变形，还可消除汽缸上下温差。

此外，启动前以盘车装置转动转子，还可以用来检查汽轮机是否具备启动条件。如主轴弯曲度是否满足要求，有无动静部分摩擦等。也可通过盘车消除转子因长时间停置而产生的非永久性弯曲，以及驱动转子做一些现场的简易加工等。

汽轮机的盘车装置在机组启动前即投入运行，机组的冲转是在盘车状态下进行的。为此，对盘车装置的要求是：它既能盘动转子，又能在汽轮机转子冲转，当转速高于盘车转速时自动脱开，并使盘车装置停止转动。

盘车装置的分类有以下几种型式：按其动力来源分，可分为电动盘车和液动盘车；按其结构特点分，可分为具有螺旋轴的电动盘车、具有摆动齿轮的电动盘车以及具有链轮—蜗轮蜗杆的电动盘车；按盘车转速的高低分，可分为低速盘车（转速为 2～4r/min）和高速盘车

（转速为 40～70r/min）。采用高速盘车，可以较好地建立起轴承的油膜，以减少轴颈和轴瓦之间的干性或半干性摩擦，保护轴颈和轴瓦；还可以加速并改善汽缸内部冷热蒸汽的热交换，较有效地减少上下缸之间和转子内部的温差，缩短机组的启停时间，这是高速盘车的优点。但高速盘车除要克服转子的静摩擦力矩外，还要克服静止汽（气）体对转子的阻力，因此就需要配置功率较大的盘车电动机。低速盘车的启动力矩小，盘车装置电动机的功率小些。其缺点是在油膜形成方面差些，在减少上下缸及转子内部温差方面差些。在实践中，高速盘车多用在大型机组上，而低速盘车不仅用在中小型机组上，也用在大型机组上。

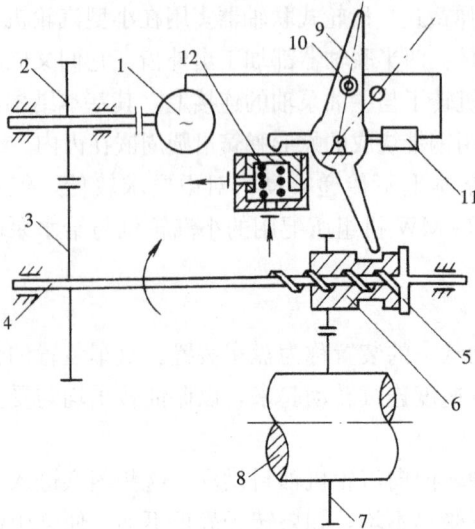

图 6 - 43　具有螺旋轴的盘车装置示意图

1—电动机；2—小齿轮；3—大齿轮；4—螺旋轴；

5—凸肩；6—啮合齿轮；7—盘车齿轮；8—汽轮机主轴；

9—手柄；10—保险销；11—电动机行程开关；12—润滑油滑阀

1. 具有螺旋轴的盘车装置

这种装置的工作原理如图 6 - 43 所示。电动机 1 通过小齿轮 2 和大齿轮 3、啮合齿轮 6 和盘车大齿轮 7 两次减速后带动汽轮机主轴 8 转动。啮合齿轮的内表面铣有螺旋齿与螺旋轴相啮合，并可沿螺旋轴左右滑动。推转手柄可以改变啮合齿轮在螺旋轴上的位置，并同时控制盘车装置的润滑油门和电动机行程开关。

投入盘车时，拔出保险销 10，将手柄 9 向左搬至工作位置时，该装置即开始工作。这时滑阀 12 的油口已打开，润滑油可以进入盘车装置，行程开关 11 已闭合，电动机 1 开始运转。由于受手柄的拨动，啮合齿轮 6 向右移动和凸肩 5 靠拢，并和汽轮机主轴上的盘车齿轮 7 啮合。电动机运转时，小齿轮 2 和大齿轮 3 也随之

转动，并使螺旋轴 4 按图示方向转动。由于螺旋轴上的螺纹旋向如图所示，当螺旋轴按图示方向转动时，将通过啮合齿轮和盘车齿轮带动汽轮机转子旋转。

冲动转子后，当转子转速高于盘车转速时，啮合齿轮由主动变为从动，随着转动而向左移，最后退出啮合位置。此时，在啮合齿轮的推动下手柄向右返回断开位置，并被保险销自动锁住。至此，通向盘车装置的油源和电源全部切断，该装置停止工作。

如果操作停止按钮切断电源，也可使盘车装置停止工作。此时，盘车装置自身的转速会迅速下降，而转子则因其惯性大转速下降缓慢，啮合齿轮同样会被推向左边。随后各部件的动作与上边所谈该装置自动退出的过程完全一样。

多数国产中、小型机组及上海汽轮机厂的 125、300MW 汽轮机采用的是这种装置。

2. 具有链轮—蜗轮蜗杆的盘车装置

具有链轮—蜗轮蜗杆的盘车装置的传动齿轮系统展开图如图 6 - 44 所示。该装置主要由电动机、传动齿轮系统、操纵杆及联锁装置等组成。

传动齿轮系统主要是用来传递电动机的力矩并进行三级减速的，电动机轴带动着主动链轮 2 旋转，通过链条 3 带动蜗杆链轮 4，蜗杆 5，蜗轮 6，蜗杆轴小齿轮（第一级小齿轮）7 以及惰轮 8 来带动减速齿轮 9，减速齿轮则用链与主齿轮轴 10 相连接。主齿轮轴 10 带动着

与传动齿轮相啮合的啮合齿轮 11 转动，最后带动装在汽轮机联轴器上的盘车大齿轮 12 转动，从而带动转子转动。

操纵杆使啮合齿轮 11 与盘车大齿轮 12 相啮合（或退出），将盘车投入运行（或退出）。啮合齿轮 11 可在主齿轮轴 10 上转动，齿轮轴装在两块侧板上，而侧板又以主齿轮轴 10 为支轴转动，这些侧板的内端用适当的连杆机构与操纵杆相连接。因此，将操纵杆移到投入位置时，啮合齿轮 11 即与盘车大齿轮 12 相啮合，则可以传递电动机的扭矩，带动转子旋转。当将操纵杆移到退出位置时，啮合齿轮即和盘车大齿轮退出啮合状态。由于旋转方向以及啮合齿轮相对于侧板转动点位置的原因，所以只要啮合齿轮在盘车大齿轮上施加转动力矩，其转矩总会使它保持啮合状态。两个挡板限制了啮合齿轮向盘车大齿轮上的位移，从而限制了齿轮的啮入深度。

盘车装置可以自动投入运行。当机组停止运行及转动控制开关到盘车装置自动运行的位置，则可开始自动投入程序。此后，控制开关在正常情况下是停留在这个位置上的。

当转子的转速降到大约 600r/min 时，自动顺序电路被接通，润滑油将供给盘车装置，当转子逐渐静止至"零转速"时，压力开关闭合，使空气阀开启，压力空气进入汽缸活塞的上部，活塞下移，带动操纵杆做顺时针转动，使齿轮和转动齿轮顺利啮合，此时活塞继续下移，接近触点，使盘车电动机启动，盘车装置将自动投入。

当操纵杆顺时针转动时，若齿轮和盘车大齿轮顶部相碰而不能顺利啮合，此时活塞将不再运动，而在压缩空气作用下气缸向上运行。当触点接通时，盘车电动机瞬时转动，使齿轮和传动齿轮啮合，在压缩空气作用下，气缸活塞相对气缸向下移动而使触点接通，电动机正常启动，盘车自动投入。

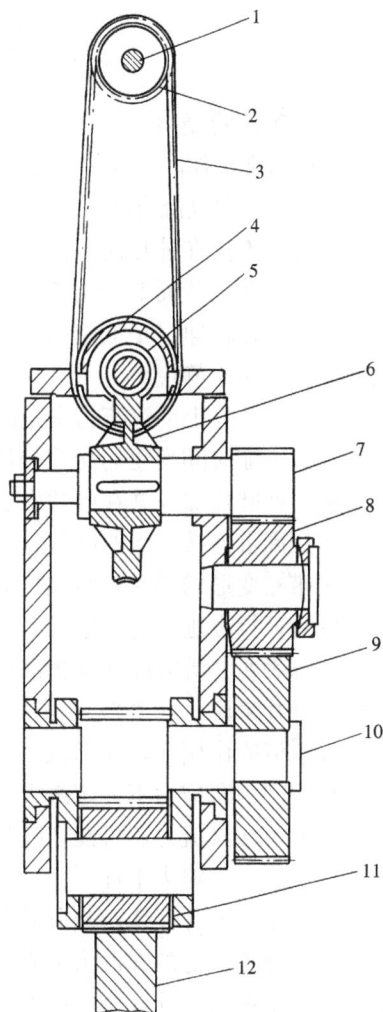

图 6-44　传动齿轮系统展开图

1—电动机；2—主动链轮；3—传动链条；
4—被动链轮；5—蜗杆；6—蜗轮；
7—第一级小齿轮轴；8—惰轮；
9—减速齿轮；10—主齿轮轴；
11—啮合齿轮；12—盘车大齿轮

随着齿轮啮合的顺利进行，转子将以盘车装置的速度，即 2.5r/min 运转，引起"零转速"的增加，压力开关则跳开，空气将被隔离，盘车装置正常工作。

汽轮机通入蒸汽冲动转子后，当转子转速高于盘车转速时，盘车大齿轮所施加的转矩能使啮合齿轮自动脱离啮合，并带动操纵杆向着"退出"位置移动，这时将关闭电动机开关，并提供脱开用的压缩空气，以保证啮合齿轮完全脱开。当操纵杆到达完全脱开的位置时，限位开关将关掉盘车电动机和切断压缩空气。当转速升到大约为 600r/min 之后，连续自动程序将不起作用，盘车装置将停止运行，并关掉盘车装置的润滑油，至此，盘车工作结束。

国产 300MW 汽轮机采用这种盘车装置。

第三节　叶　片　振　动

一、叶片的受力

汽轮机在工作时，叶片主要受到叶片本身质量和围带、拉金所产生的离心力，汽流通过叶栅通道时产生的汽流力以及在汽轮机启动、停机过程中，由于叶片中的温差而引起的热应力。

离心力不仅在叶片横截面上产生了离心拉应力，而且当离心力作用不通过某个截面的形心时，还会在该截面上产生离心弯应力。由于离心力的大小与转速的平方成正比，而汽轮发电机组的工作转速又是恒定的，所以离心力引起的离心拉应力和离心弯应力将不随时间的变化而变化，属于静应力。

作用在叶片上的汽流力则是随时间变化的，可将此力分解成一个不随时间变化的平均值分量和一个随时间变化的交变分量，平均值分量在叶片中引起汽流静弯应力，而变化的交变分量则迫使叶片振动并在叶片中引起交变的振动应力。

当用围带连接成组的叶片受到汽流作用力而发生弯曲变形时，围带也将随之产生弯曲变形，围带在变形的同时，也给叶片一个反弯矩，将部分抵消汽流引起的弯矩，使弯应力减小。同理，拉金也给叶片增加一个反弯矩，以减小蒸汽对叶片的弯矩。

研究表明：等截面叶片根部截面承担的离心力最大，该截面上的离心拉应力也最大；对变截面叶片来说，叶型根部截面受到的离心力最大，但离心拉应力不一定最大。对于直叶片，在汽流的作用下，根部截面产生的弯应力最大；对变截面叶片来说，根部受到的弯矩最大，但根部的弯应力不一定最大。

离心力和汽流力还可能在叶片中引起扭应力。在一般情况下，叶片中的扭应力和热应力数值都较小，可略去不计。

叶片是一个弹性体，当叶片受到一个外力作用时，它会偏离开平衡位置。当外力消除后，由于叶片自身的弹性力和质量的惯性力作用，它就在其平衡位置附近反复振动，这种振动称为自由振动，叶片作自由振动时的频率就是自振频率。当叶片受到一周期性外力（又称激振力）作用时，它会按外力的频率进行振动，这就是强迫振动。在强迫振动中，当激振力的频率与叶片的自振频率相等或成整数倍时，叶片则发生共振。在共振状态下，叶片的振幅最大，动应力急剧增加。

在汽轮机的事故中，叶片事故占有一定的比例，而叶片事故大多数又是由于叶片共振而引起的。一旦叶片发生共振，可在较短时间内产生疲劳裂纹直至因截面积减小承受不了离心力和汽流力的载荷而被拉断。叶片断裂后，其碎片可能将相邻叶片打坏，这些碎片若被高速汽流带走，还可将后面级的叶片打坏。转子因此失去平衡，而发生强烈振动，从而引起更严重的事故。由此可知，叶片振动性能的好坏对汽轮机的安全运行至关重要。因此研究叶片的振动就是对引起叶片共振的激振力、叶片的自振频率以及避免共振的条件等问题加以研究。

二、引起叶片振动的激振力

引起叶片振动的汽流激振力就是由于沿圆周方向的不均匀汽流对旋转着的叶片的脉冲作用而产生的，其特性与叶片的共振有密切的关系。汽流激振力按频率的高低可分为低频激振力和高频激振力。

1. 低频激振力

在汽轮机级的轮周上，有个别地方汽流的方向或大小可能异常，叶片每转到此处，其受力就变化一次，这样形成的激振力为低频激振力。产生低频激振力的主要原因有：个别喷管损坏或制造、安装偏差；隔板中分面处结合不好使汽流异常；级前或级后有加强筋，干扰汽流；级前或级后有抽汽口或排汽口；采用部分进汽等。

若一级中只存在一个激振源，则对于同一级中的任一叶片来说，每转一周就受到一次激振，则激振力的频率为

$$f_d = \frac{1}{T} = \frac{\omega}{2\pi} = \frac{2\pi n}{2\pi} = n$$

式中　n——转子转速，r/s；

　　　T——激振力的周期，s；

　　　ω——激振力的圆频率，rad/s。

同理，若一级中有 i 个均匀分布的激振源，则激振力的频率为

$$f_d = \frac{2\pi n}{2\pi/i} = in$$

对于非对称分布的激振源，只有在特殊情况下才考虑它的激振力频率。

由此可见，能够引起叶片共振的低频激振力的频率 f_d 为转子转速的 i 倍（$i=1$，2，3···）。

2. 高频激振力

由于喷管的出汽边有一定的厚度，使得喷管叶栅出口的汽流速度分布不均匀，通道中间部分高而出汽边尾迹处低。当旋转着的叶片处在通道中部时，汽流作用力较大，而当它进入喷管出汽边后面时，汽流力便突然减小，再转到下一个通道中部时，汽流力又突然增大。所以，叶片每经过一个喷管，所受的汽流力就变动一次，即受到一次激振（见图6-45）。若整圈喷管数目为 Z 的级，全周进汽时，叶片每秒钟所受的激振次数即激振力频率为

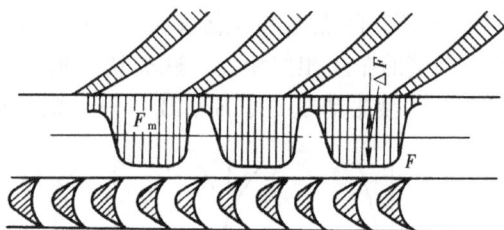

图6-45　喷管尾迹产生的汽流力分布

$$f_g = \frac{2\pi n}{2\pi/Z} = Zn$$

通常一级的喷管数为 40~80，$n=50$r/s，则激振力的频率范围为 2000~4000Hz，故称这类激振力为高频激振力。

对于部分进汽的级，激振力的频率为

$$f_g = \frac{Z}{e}n$$

式中　Z——进汽弧段中的喷管数；

　　　e——级的部分进汽度。

由此可见，高频激振力的频率 f_g 为汽轮机的转速 n 与该级喷管数 Z 的乘积 Zn（或$\frac{1}{e}Zn$）。

三、叶片振动的基本振型

在叶片振动分析中，我们将叶片当作悬臂梁来处理。叶片在周期性变化的蒸汽力激励下产生强迫振动，其基本振动型式有弯曲振动和扭转振动两类。弯曲振动又分为切向振动和轴向振动两种。

（一）自由叶片的振动

1. 弯曲振动

弯曲振动是绕最小、最大主惯性轴的振动。由于一般叶片的最大主惯性轴与轮周方向的夹角较小，所以将叶片绕截面最小主惯性轴（亦即在最大主惯性轴平面内）的振动称为切向振动；而绕截面最大主惯性轴（即在最小主惯性轴平面内）的振动称为轴向振动。由叶片蒸汽弯曲应力计算可知，叶片绕截面最小主惯性轴的抗弯刚度低于最大主惯性轴，因此，切向振动的频率低于轴向振动。

（1）切向振动。由于汽流几乎是沿着切向作用在叶片上的，而且振动又发生在叶片刚性最小的切向方向，所以切向振动是最容易发生且最危险的振动。

按振动时叶顶的状态，叶片切向振动又可分为 A 型振动和 B 型振动。

叶片振动时，叶根固定不动，叶顶摆动的振型称为 A 型振动。叶片振动时，叶根固定不动，叶顶固定或基本不动的振型称为 B 型振动。由于叶片是连续质量分布的弹性体，因此具有无限多个自振频率，当激振力的频率改变时，便可能引起无限多阶共振，出现无限多种振型。通过实验可以观察这些振型，随着激振力频率的升高，自由叶片在作切向振动时，开始出现的是振幅沿着叶高逐渐增大的振型，随后出现了有一个、两个或更多个节点的振型（振动时不动的点称为节点），如图 6-46 所示。从振型曲线上可以看出：节点上振幅为零，节点两侧的振动相位相反。这类切向振动，按节点数目的不同，其振型分别称为 A_0、A_1、A_2、…等型振动或 B_0、B_1、B_2、…等型振动。

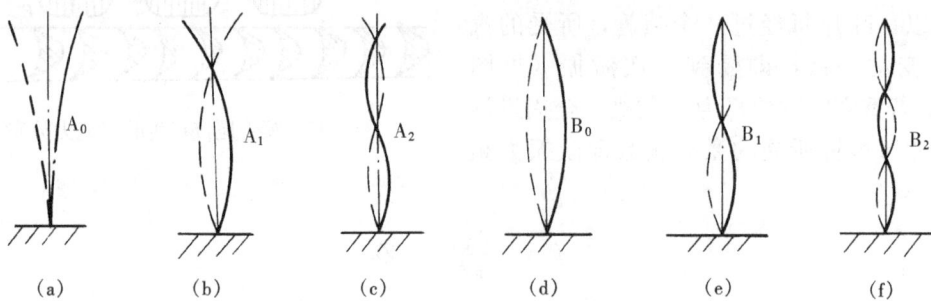

图 6-46　单叶片的切向振动振型

（2）轴向振动。轴向振动通常与叶轮振动同时发生，而形成了叶轮—叶片系统的轴向振动，由于在轴向作用于叶片的载荷较小而叶片的刚度又较大，因此轴向振动应力一般比较小，也不会产生有节点的振动，只有轴向 A_0 型振动。

2. 扭转振动

沿叶片高度方向，围绕着通过叶片横截面形心的轴线往复扭转的振动称扭转振动。

叶片的扭转振动主要发生在大型汽轮机末几级的长叶片中，在扭转振动时，叶型部分可能会出现一条或更多条节线（叶片振动时，叶身上固定不动的线），节线两侧的扭转方向相同（从角位移方向看），如图 6-47 所示。节线数愈多，扭转振动的自振频率愈高。同样按节线定义扭转振动的阶数。

扭叶片在工作时，通常会产生弯曲—扭转的复合振动，随着振动频率的增加，节线数目也要增加。由于这种振动的频率较宽，要使叶片复合振动的自振频率避开高频激振力的频率比较困难。随着测试水平的不断提高，目前越来越多的人致力于研究扭振问题。

（二）叶片组的振动

由围带或拉金连成叶片组后，同样存在弯曲和扭转两种振动型式。

1. 叶片组的弯曲振动

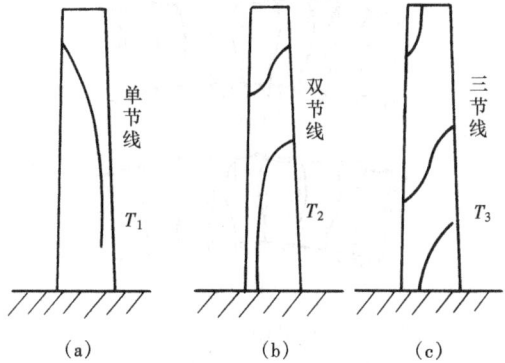

图 6-47　叶片扭转振动振型

叶片组的弯曲振动同样有切向和轴向两种型式，并且同样根据叶顶是否参与振动划分为 A、B 两种振型。

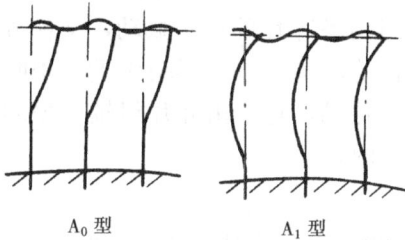

图 6-48　叶片组的切向 A 型振动

（1）切向振动。

1）切向 A 型振动。叶片组也可能发生 A_0、A_1、A_2 等不同频率的 A 型振动，如图 6-48 所示。叶片组作 A 型振动时，组内各叶片的频率及相位均相同，振型曲线与单个叶片相似。但由于围带或拉金的影响，叶片组的振动频率与同阶次单个叶片的振动频率不同。同样，按振动时节点的数目，其振型也可用 A_0、A_1 等表示。

2）切向 B 型振动。装有围带的叶片组可能发生 B 型振动。由于围带不会增强叶片的轴向刚度，当叶片作轴向振动时，叶顶在轴向不会保持不动，因此一般不会产生轴向 B 型振动。通常提到的 B 型振动，总是指切向 B 型振动叶片组的 B 型振动，根据节点的数目，其振型分别用 B_0、B_1、B_2 等表示。

叶片组作 B 型振动时，组内叶片的相位大多数是对称的。图 6-49 所示为叶片组的 B_0 型振动，每个叶片的振幅都是由叶根向上逐渐增大，达到最大值后又逐渐减小，叶片上没有节点。图 6-49（a）中，对称于叶片组中心线的叶片振动相位相反。若组内叶片数为奇数，中间的叶片不振动，这样的振型称为第一类对称的 B_0 型振动，用 B_{01} 表示。图 6-49（b）中，对称于叶片组中心线的叶片振动相位相同，这样的振型称为第二类对称的 B_0 型振动，用 B_{02} 表示。

当激振力的频率逐渐升高时，叶片组将会依次出现 A_0、B_0、A_1、B_1 等振型。由于当振动频率越低时，振幅越大，叶片内的动应力越大，因此通常把 A_0、B_0、A_1 看作是最危险的振型。

（2）轴向振动。图 6-50 所示是用拉金连接的叶片组轴向振动时的两个振型。拉金上有一个节点的为 X 型振型，拉金上有两个节点的为 U 型振型，当然也可能出现拉金上节点更多的振型。最容易激起的是 X 型振型，此时它们的叶片在做没有节点的轴向振动。

叶片组的轴向振动往往与叶轮的轴向振动耦合在一起，必然伴随着叶片的扭转振动。

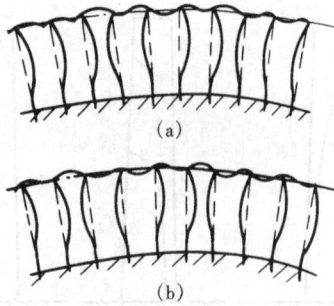

图 6-49 叶片组的切向 B_0 型振动

(a) 第一类对称 B_0 型振动；(b) 第二类对称 B_0 型振动

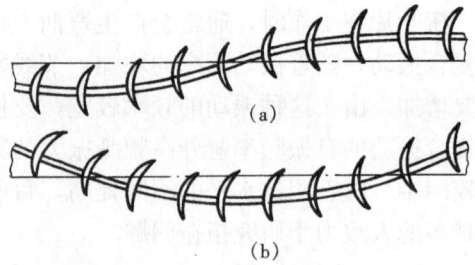

图 6-50 叶片组的轴向振动

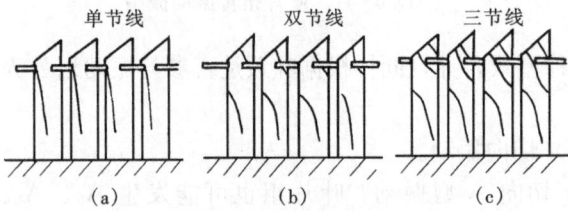

图 6-51 叶片组的扭转振动

2. 叶片组的扭转振动

在叶片扭转振动发生时，围带与叶片保持边界连续，围带必然产生弯曲振动。所以，叶片组的扭转振动有两类，一类是组内各叶片的扭转振动，又称节线扭转振动，如图 6-51 所示；另一类叶片组扭转振动，它是由叶片组轴向振动伴随产生的。

四、叶片的自振频率

叶片的自振频率分静频率和动频率。所谓静频率就是指叶片在静止时的自振频率；动频率是指叶片在旋转时的自振频率。

叶片的静频率和动频率可从理论上进行计算，但由于在计算过程中对一些条件进行了简化，故计算出的理论值与实际值会有偏差。

（一）等截面自由叶片的自振频率

根据弹性体振动理论，经简化模型，得到叶片自由振动的偏微分方程为

$$\frac{\partial^2}{\partial x^2}\left(EI\frac{\partial^2 y}{\partial x^2}\right)+\rho A\frac{\partial^2 y}{\partial t^2}=0 \tag{6-1}$$

通过分析推导，可导出单个等截面叶片的静频率为

$$f_s=\frac{(kl)^2}{2\pi}\sqrt{\frac{EI}{Al^4}}=\frac{(kl)^2}{2\pi}\sqrt{\frac{EI}{ml^3}} \tag{6-2}$$

式中　E——叶片材料的弹性模量，Pa；

　　　I——叶片截面的最小形心主惯性矩，m^4；

　　　ρ——叶片材料密度，kg/m^3；

　　　A——叶片横截面积，m^2；

　　　m——叶片的质量，kg；

　　　l——叶片的高度，m；

　　　kl——叶片频率方程式的根，其值与叶片的振型有关，kl 值有无限个。

由上式可看出，叶片的自振频率与下列因素有关：

（1）叶片的抗弯刚度（EI）。EI 越大，频率越高；

（2）叶片的质量 m。m 越大，频率越低；

（3）叶片的高度 l。l 增加时，叶片的质量增大，刚度减小，频率降低；

（4）叶片频率方程的根（kl）。

对于同一叶片，不同的振型，其自振频率不同，但如果知道了某一振型的频率值，则其他振型的频率值可用各振型的 kl 值换算得出，即 $f_{A0} : f_{A1} : f_{A2} = (k_0 l)^2 : (k_1 l)^2 : (k_2 l)^2 = 1 : 6.27 : 17.55$。

（二）影响叶片自振频率的因素

由前可知，叶片弯曲振动的自振频率取决于抗弯刚度和质量。此外，工程中叶片材料的弹性模量将随温度而变。叶片在旋转中离心力必然对其振动特性产生影响。叶片根部的安装紧力也会随安装、运行条件发生变化，围带和拉金的存在也会改变叶片的振动特性。因此，计算工作时叶片的自振频率还应对上述计算结果加以修正。

1. 工作温度

对于汽轮机，通常叶片材料的弹性模量 E 随温度升高而降低，因此随着工作环境温度的变化，叶片的自振频率也发生变化。温度升高时，叶片的自振频率将降低，反之则升高。如果叶片的自振频率计算选用室温下的弹性模量 E_0，或在室温环境下测得其自振频率，那么工作环境下的自振频率应对此加以修正。由式（6-2）可知，叶片的自振频率与材料弹性模量的平方根成正比。因此，叶片自振频率的温度修正系数为

$$K_t = \sqrt{E_t / E_{20}} \tag{6-3}$$

式中：E_t 和 E_{20} 分别为在工作温度下和 20℃时叶片材料的弹性模量。

2. 叶根的连接刚度

在叶片自振频率计算中，假设叶片根部为刚性固定。但是，叶片是安装于具有弹性的叶根槽中，并且叶根本身也为弹性体，同时叶根与轮缘以及相邻叶根间总会存在一定间隙，这样在离心力及蒸汽力弯矩联合作用下，叶片根部出现松动，导致根部截面处的位移和转角不为零，相当于减小叶根处的约束、增加叶片的长度，使叶片的自振频率下降。所以，应当加以修正。很明显，叶片越长，或叶片的抗弯刚度越小，则叶根安装紧力不足对叶片自振频率所产生的影响就越小。叶片自振频率的叶根牢固修正系数 K 不仅与叶根型式有关，而且还与叶片的柔度 λ 有关。柔度系数 $\lambda = l/i$，l 是叶片高度 i 为叶型截面的惯性半径，即 $i = \sqrt{I/A}$，I 为叶型截面的最小惯性矩，A 为叶型截面的面积。对于变截面叶型，I 和 A 选用平均截面处的数据。图 6-52 给出了 A_0 型振动的叶根牢固修正系数 K 与叶片柔度系数 λ 的

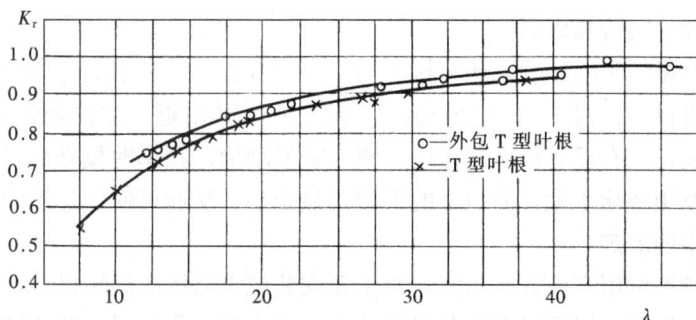

图 6-52　叶根牢固修正系数

关系曲线。由此曲线可知，在叶片的柔度系数增大时，叶片自振频率的叶根牢固修正系数 K 接近于 1，也就是说，当叶片较长、或抗弯刚度较小时，叶根的松动可以忽略不计。反之，如果叶片较短、或抗弯刚度很大，那么，叶根的松动将对叶片的自振频率产生显著影响。

考虑以上两种因素的影响后，等截面自由叶片的自振频率为

$$f = KK_t \frac{(kl)^2}{2\pi} \sqrt{\frac{EI}{ml^3}} \tag{6-4}$$

3. 离心力

叶片工作时，叶型部分要因振动而离开平衡位置，这时叶片质量离心力的作用线将不通过根部截面的形心，从而形成了一个附加的弯矩作用在叶片上，阻止叶片振动时的弯曲，相当于增加了叶片的刚度，使此时叶片的动频率高于它的静频率。叶片动频率 f_d 与静频率的关系为

$$f_d = \sqrt{f_s^2 + Bn^2} \tag{6-5}$$

式中　f_s——经过 K 及 K_t 修正的静频率；

　　　　n——叶片的工作转速；

　　　　B——动频系数。

B 与叶栅的结构和振型等许多因素有关，目前只能根据经验公式进行计算。对 A_0 型振动，常用的公式有

等截面叶片　　　　　　　$B = 0.8\dfrac{D_m}{l} - 0.85$

变截面叶片　　　　　　　$B = 0.69\dfrac{D_m}{l} - 0.3 + \sin^2\beta$

式中：l、D_m 分别为叶片的高度及平均直径，$\beta = \dfrac{2}{3}\beta_r + \dfrac{1}{3}\beta_t$，$\beta_r$、$\beta_t$ 分别为根、顶部叶型安装角的余角。

4. 叶片成组

叶片成组后，围带或拉金对组内单个叶片的自振频率有两方面的影响：一方面，它们的质量分配到每个叶片上，相当于叶片的质量增加了，使频率有所降低；另一方面，它们对叶片的反弯矩则使叶片抗变形的能力增强，相当于叶片的刚度增加，使频率升高。叶片成组后的自振频率到底是升高还是降低，要看这两种相反的影响因素中哪一个起的作用更大。一般情况下，由于刚度增加使频率升高的数值大于质量增加使频率降低的数值，所以叶片组的频率通常比单个叶片的同阶频率高。

拉金对叶片自振频率的影响，还与拉金的安装位置有关，一般拉金装在 $0.6l$ 时，A_0 型的自振频率升高得最多；对于 A_1 型振动，因节点在 $0.8l$ 附近，故拉金装在 $0.8l$ 处其惯性力的影响可以忽视，只有反弯矩在起作用，刚度明显增加，频率明显升高。如果改用空心拉金，叶片受的反弯矩变化不大，而拉金的质量明显减小，从而可使叶片组的自振频率升高。

五、叶片频率的测定

叶片的自振频率可用实验方法测定，对于新安装或大修后的汽轮机，都要对其叶片的自振频率进行测定，以便掌握运行后的各级叶片自振频率的变化情况。叶片频率的测定分为静频率和动频率测定两类。

（一）叶片静频率测定

叶片静频率的测定是指在汽轮机转子静止状态下测定叶片的自振频率值，常用自振法和共振法两种测定方法。

1. 自振法

自振法是一种简便、准确、迅速地测定叶片自振频率的方法，其测频的原理如图 6-53（a）所示。用橡皮小锤轻击叶片，使被测叶片发生自由振动，用拾振器将叶片振动的机械量转换为与叶片振动频率相等的电信号，送至示波器 y 轴，或将电信号放大后输入 y 轴，同时将音频信号发生器输出的信号输至示波器 x 轴，两个输入信号在示波器内合成。x 轴与 y 轴频率之比为整数倍时，在荧光屏上显示不同的图形。当 x 轴频率与 y 轴频率之比为整数倍时，在荧光屏上显示李沙茹图，如图 6-54 所示。由音频信号发生器的频率值及李沙茹图可得知频率比。实测时应调节音频信号发生器的频率，使荧光屏上出现稳定的椭圆或圆，这时音频信号发生器的频率就是被测叶片的自振频率。

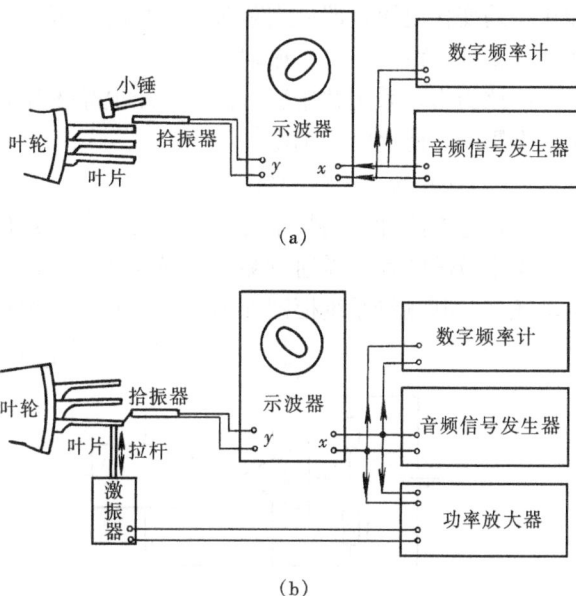

图 6-53　测定叶片自振频率的原理图
（a）自振法；（b）共振法

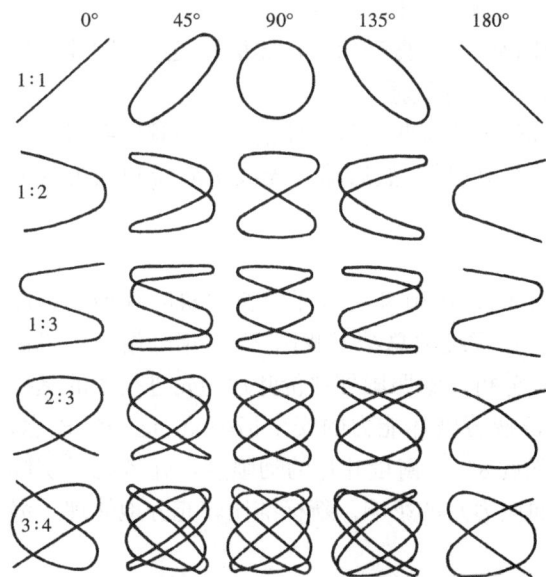

图 6-54　李沙茹图

自振法只能测量 A_0 型振动的频率，常用来测量中长叶片的频率；对短叶片因频率高、振幅小且消失快，难以用自振法测定。

2. 共振法

共振法利用共振原理测得叶片各阶振动的静频率值，其测量原理如图 6-53（b）所示。由音频信号发生器产生的频率信号分别送至示波器、数字频率计及功率放大器，音频信号经功率放大后送至激振器，在激振器内音频信号转换为拉杆的机械振动。因拉杆与被测叶片固定在一起，所以被测叶片随之发生强迫振动。当音频信号发生器输出的电信号频率与叶片某阶自振频率相等时，叶片发生共振，被测叶片振幅达最大值。拾振器将叶片振动的机械量信号转换为电信号，送至示波器 y 轴，根据李沙茹图及数字频率计读数，便可确定叶片的自振频率值。连续调节音频信号发生器输出的频率信号，依次使被测叶片共振，就可确定叶片各阶的自振频率值。

共振法亦可用压电晶体片作为激振器。将其贴在被测叶片根部，音频信号发生器输出的电信号经功率放大，通过压电晶体片使被测叶片发生强迫振动。

叶片的振型可用下述方法确定：将拾振器沿叶片高度作缓慢移动，测出叶片各处的振幅和相位的变化规律，即可判断对应叶片的振型。也可用撒沙子方法确定振型，如果沙子积集在叶片某处，该处便是不振动的节点。

应该指出，采用共振法时拉杆或压电晶体片的质量也参与了振动，对被测叶片的振动频率值有影响，使之略为偏低。

（二）叶片动频率的测定

用理论方法计算动频率时，由于动频率系数有误差，计算结果不够精确，故对新设计的和发生事故的叶片常需通过测试，确定其工作状态下的动频率。普遍采用无线电遥测方法测定动频率，其测量系统框图如图 6-55 所示，系统由发送和接收两部分组成。

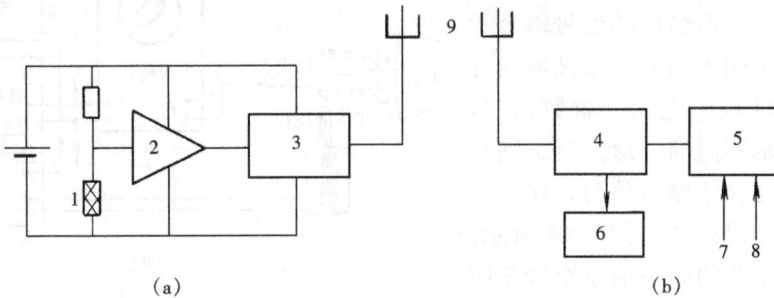

图 6-55　动频率测量系统框图

（a）发送部分；（b）接收部分

1—应变片；2—音频扩大器；3—射频压控振荡器；4—调频接收机；5—录波器；
6—示波器；7—转速信号；8—标准频率信号；9—天线

发送部分通过贴在叶片上的应变片或晶体片感受叶片振动信号，此信号经过音频放大后输至射频压控振荡器进行频率调制，并以调频波向空间发射。

接收部分利用装在发射机附近的在汽缸内部的天线接收信号，此信号经高频电缆引出汽缸，至调频接收机被放大和解调还原为应变片频率信号，然后输入光线录波器和磁带录波仪。对测试数据进行分析，以确定叶片的动频率。

六、叶片动强度的安全准则和叶片调频

1977 年我国着手制定汽轮机叶片振动安全准则，1980 年完成了"汽轮机叶片振动强度安全准则"的制定工作，简称新准则。新准则是在系统地总结了我国 20 多年电站汽轮机制造和运行的实践经验，以及通过大量调查、统计分析，参照国外评价叶片的先进技术的基础上制定的。其主要特点是：①采用表征叶片抵抗疲劳破坏能力的安全倍率 A_b 这一新概念；②采用叶片材料在静动载荷联合作用下的耐振强度 σ_a^* 来衡量叶片的动强度，并考虑了实际叶片工作条件对耐振强度以及静应力（蒸汽弯曲应力）的影响。新标准比较充分地体现了静动应力联合承载的观点。

运行实践证明，叶片最危险的共振有三种：①切向 A_0 型振动的动频率与低频激振力频率 kn 合拍时的共振，称为第一种共振；②切向 B_0 型振动的动频率与高频激振力频率 zn 相等时的共振，称为第二种共振；③切向 A_0 型振动的动频率与高频激振力频率 zn 相等时的共振，称为第三种共振。上述几种振型又称为叶片振动的主振型。

理论与运行实践表明，对有些叶片允许其某个主振型频率与某类激振力频率合拍而处于共振状态下长期运行，不会导致叶片疲劳破坏，这种叶片对这一主振型，称为不调频叶片；对有些叶片要求其某个主振型频率避开某类激振力频率才能安全运行，这种叶片对这一主振型，称为调频叶片。对一具体叶片而言，它具有各种振型，对某一主振型为不调频叶片，对另一主振型可能是调频叶片。

（一）不调频叶片的安全准则

对不调频叶片的安全评价，主要应判明在叶片共振时的动应力是否在许用耐振强度值以内，它对振动频率没有限制，允许共振下运行。这类叶片广泛应用在国产汽轮机高中压级中。

1. 安全倍率 A_b

不调频叶片的动应力幅值 σ_d 应小于许用耐振强度，即

$$\sigma_d \leqslant \frac{\sigma_a^*}{n_s} \tag{6-6}$$

式中：σ_a^* 为耐振强度；n_s 是安全系数。一般认为叶片的激振力幅值正比于作用在该叶片的蒸汽弯曲应力，动应力是激振力引起的，因此叶片的动应力幅值 σ_d 也正比于蒸汽弯曲应力，即

$$\sigma_d = C_d \sigma_{s \cdot b} \tag{6-7}$$

式中　C_d——动应力系数，与叶片结构、阻尼特性、振动类型、共振阶次及激振力水平等因素有关；

$\sigma_{s \cdot b}$——叶片振动方向的蒸汽弯曲应力。

将式（6-7）代入式（6-6）得

$$\frac{\sigma_a^*}{\sigma_{s \cdot b}} \geqslant C_d n_s \tag{6-8}$$

式中：$C_d n_s$ 值至今还不能用理论计算方法确定，但 σ_a^* 和 $\sigma_{s \cdot b}$ 可通过材料试验和理论计算确定。因此用 $\sigma_a^* / \sigma_{s \cdot b}$ 比值作为评价动强度的指标是可行的，但必须考虑各种因素对 σ_a^* 和 $\sigma_{s \cdot b}$ 的影响，即对它们进行修正，影响动应力幅值的因素有介质腐蚀、叶片表面质量和尺寸变化等，影响蒸汽弯曲应力的因素有叶片局部区域存在应力集中、叶栅通道不均匀、叶片成组和流场不均匀等。将修正后的 σ_a^* 和 $\sigma_{s \cdot b}$ 用 (σ_a^*) 和 $(\sigma_{s \cdot b})$ 表示，其比值 $(\sigma_a^*) / (\sigma_{s \cdot b})$ 定义为安全倍率，用 A_b 表示，即

$$A_b = \frac{(\sigma_a^*)}{(\sigma_{s \cdot b})} \tag{6-9}$$

为了得到不同振动阶次下的许用安全倍率 $[A_b]$，对国内已运行的汽轮机叶片进行大量统计计算，得到了在共振状态下能长期安全运行的和已经共振损坏的各种叶片的安全倍率 A_b 值，把它们标在 $k-A_b$ 坐标系中，如图 6-56 所示。横坐标 k 是振动倍率，$k = f_d / n$，f_d 是叶片动频率，n 是转速；纵坐标 A_b 是安全倍率。发现在统计的安全点和事故点之间，有一条较明显的分

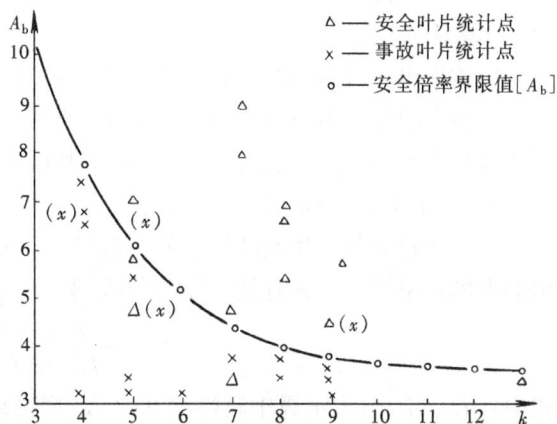

△——安全叶片统计点
×——事故叶片统计点
○——安全倍率界限值 $[A_b]$

图 6-56　A_0 型在共振时 A_b 与 k 的关系曲线

界线。位于该曲线以上的 A_b 值的叶片是安全的，位于该曲线以下的 A_b 值的叶片是危险的，曲线上的 A_b 值是叶片安全和危险的界限值，定义为安全倍率界限值，又称许用安全倍率，并用 $[A_b]$ 表示。由此，可以得到一个判别不调频叶片的新的安全准则，其安全条件为

$$A_b = \frac{(\sigma_a^*)}{(\sigma_{s \cdot b})} \geqslant [A_b] \qquad (6-10)$$

应该指出，统计资料表明在不同 k 值下，叶片安全点和危险点之间存在着一个狭窄的区域。当振动倍率 $k=5$、6、7、13 时，曲线下面也有安全点，所以把曲线上 A_b 值定义为许用安全倍率，这对某些振动倍率的个别叶片是偏于保守的，也是偏于安全的。

2. 不调频叶片的安全准则

经上述修正，不调频叶片的安全准则可改写成

$$A_b = \frac{(\sigma_a^*)}{(\sigma_{s \cdot b})} = \frac{k_1 k_2 k_d \sigma_a^*}{k_3 k_4 k_5 k_\mu \sigma_{s \cdot b}} \geqslant [A_b] \qquad (6-10a)$$

新准则对不同振型所推荐的许用安全倍率值如下：

对 A_0 型振动与 kn 共振的不调频叶片，$[A_b]$ 值见表 6-1。当 $k=2$（有时当 $k=3$）时，不采用不调频叶片，而用调频叶片避开共振，以确保叶片安全运行。

表 6-1　　　　　　　　　　不调频叶片 A_0 型振动的 $[A_b]$ 值

k	2	3	4	5	6	7	8	9	10	11	12
$[A_b]$		10.0	7.8	6.2	5.0	4.4	4.1	4.0	3.9	3.8	3.7

对 B_0 型振动与 zn 共振的不调频叶片，取 $[A_b]=10$。

对 A_0 型振动与 zn 共振的不调频叶片，全周进汽级的 $[A_b]=45$，部分进汽级的 $[A_b]=55$。

（二）调频叶片的安全准则

由于调频叶片不允许在某一主振型共振下长期运行，因此要求叶片该主振型的动频率与激振力频率避开一安全范围，这样，从理论力学的有阻尼受迫振动幅频特性曲线可知，叶片振动的振幅迅速减小，即意味着叶片的动应力大为减小，所以可取较小的许用安全倍率值。也就是说，要想保证调频叶片长期安全运行，不仅要满足频率避开的要求，而且还要求安全倍率大于某一许用值，即 $A_b \geqslant [A_b]$。当然，这一 $[A_b]$ 值比相同条件下的不调频叶片的 $[A_b]$ 值小许多。

应该指出，对不同振型和转速的工作叶片，其频率避开值和许用安全倍率值是不相同的。下面介绍转速为 3000r/min 的电站汽轮机的几种主要振型的调频叶片安全准则。仍然对低频激振力频率用 kn 表示，对高频激振力频率用 zn 表示。

1. A_0 型频率与 kn 的避开要求和安全倍率

一个叶轮上各叶片或叶片组的制造尺寸、安装质量不可能绝对相同，因此各叶片或叶片组的振动频率必然有高有低，频率分散度 Δf 为

$$\Delta f = \frac{f_{max} - f_{min}}{(f_{max} + f_{min})/2} \times 100\% \qquad (6-11)$$

式中：f_{max} 与 f_{min} 表示级中测得的叶片 A_0 型振动的最大与最小静频率。$\Delta f > 8\%$，表示叶片装配质量不合格，应消除缺陷使 $\Delta f \leqslant 8\%$，才算装配合格，然后才能校核振动安全性。

还需说明，调频叶片的频率只能避开振动倍率 $k=2\sim6$ 的低频激振力频率。因动频率系数 $B_b>1$，可见，当 $n=50\text{r/s}$ 时，$f_d>50\text{Hz}$，故 $k\neq1$。$k\geqslant7$ 时，$f_d>350\text{Hz}$，考虑到允许 8% 的频率分散度，Δf 可达 28Hz 以上。因此，即使把叶片设计成 $f_d=375\text{Hz}$，制造、安装好后，如只向上或只向下分散 28Hz，仍可能有个别叶片的 f_d 是 350Hz 或 400Hz 等，无法避开与50r/s的整数倍共振。但运行时不允许任一叶片损坏，因此 $k\geqslant7$ 时，对于低频激振力（频率为 kn）发生振动的叶片，只能制成不调频叶片。

图 6-57 是叶片的频率特性图。图中有倍率线 5 根（$k=2\sim6$），倍率线上每点的频率数均是转速 n 的倍数，两根曲线是最大与最小动频率线。两线上位于纵坐标上（$n=0$）的频率是最大和最小静频率。设工作转速下叶片动频率 f_d 介于 kn 与 $(k-1)n$ 之间，图中所示例子是 $k=3$，$k-1=2$，则动频率与激振力频率之间的避开要求应满足以下两式：

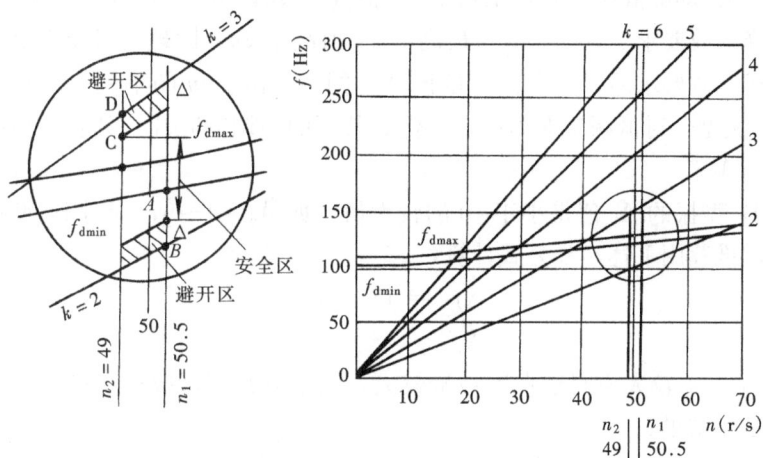

图 6-57 叶片频率分散度与调频安全

$$\left.\begin{array}{l} f_{d1}-(k-1)\,n_1\geqslant7.5\text{Hz}\\ kn_2-f_{d2}\geqslant7.5\text{Hz} \end{array}\right\} \tag{6-12}$$

式中 n_1，n_2——汽轮机转速变化的上下限值，$n_1=50.5\text{r/s}$，$n_2=49.0\text{r/s}$；

f_{d1}——$n_1=50.5\text{r/s}$ 时点 A 的最低动频率，Hz；

f_{d2}——$n_2=49.0\text{r/s}$ 时点 C 的最高动频率，Hz。

上式说明在 n_1 与 n_2 转速下，叶片动频率与激振力频率的频率差，即点 A 与点 B 之间和点 C 与点 D 之间的频率差必须大于等于 7.5Hz，才满足避开要求。由理论力学的有阻尼受迫振动幅频特性曲线可知，当自振频率与激振力频率避开一定距离后，振幅放大倍数迅速减小，即振幅和振动应力都迅速减小，故安全倍率也可减小许多。

同时，该调频叶片的安全倍率还应大于表 6-2 推荐的许用安全倍率值，只有这样才能保证调频叶片的安全。

表 6-2　　　　　　　　　　　调频叶片 A_0 型振动的 $[A_b]$ 值

	k	$2\sim3$	$3\sim4$	$4\sim5$	$5\sim6$
$[A_b]$	自由叶片	4.5	3.7	3.5	3.5
	成组叶片	3.0			

当叶片组 A_0 型振动调开 kn 共振时，因切向 A_0 型振动频率较低，故一般其 B_0 型振动频率低于 zn 共振较远，这时调频叶片 A_0 型满足上述要求后，不必考核 B_0 型振动与 zn 共振时的动强度问题。

2. B_0 型振动频率与 zn 的避开要求和安全倍率

当要求某叶片的动频率避开高频激振力频率时，该叶片的静频率已经很高，动频率与其静频率已很接近。所以新准则中用静频率代替动频率。B_0 型频率避开率的要求如下：

$$\left.\begin{aligned} \Delta f_1 &= \frac{f_1 - zn}{zn} \times 100\% \quad > 15\% \\ \Delta f_2 &= \frac{zn - f_2}{zn} \times 100\% \quad > 12\% \end{aligned}\right\} \tag{6-13}$$

叶片组 B_0 型振动的静频率中，最低的 f_1 值高于 zn，考虑到运行一段时间后，大多数叶片频率要下降，故要求 $\Delta f_1 > 15\%$；最高的 f_2 值高于 zn，同理，只要求 $\Delta f_2 > 12\%$。B_0 型振动满足上述调频要求后，安全倍率按该叶片的 A_0 型与 kn 的不调频叶片确定，因为这种叶片组的 A_0 振型，对低频激振力而言，仍属共振的不调频叶片，其安全倍率不应低于表 6-2 的许用值 $[A_b]$。

若叶片组 B_0 型振的 A_b 值是小于 10 的较大值，如 $A_b = 4 \sim 9$，则对 B_0 型振动的调频叶片频率避开率，推荐用下述经验公式计算：

$$\left.\begin{aligned} \Delta f_1 &= 18 - A_b \\ \Delta f_2 &= 15 - A_b \end{aligned}\right\} \tag{6-14}$$

由上式可知，A_b 较大说明动强度裕量较大，频率避开率可取得小些，这是根据振动理论综合考核的必然结果。

其他振型的安全准则尚需补充。应该指出，个别叶片也会出现安全倍率虽大于其许用值但仍被疲劳损坏的现象。

（三）叶片的调频

当叶片的自振频率不符合安全避开率的要求，而强度又不能满足不调频叶片的要求时，则应对叶片进行调频。通过改变叶片固有的频率或激振力的频率来调开叶片共振的方法，叫作叶片的调频。实际应用时，通常是调整叶片的自振频率，因激振力的情况比较难以估计。一般来说，凡是能影响叶片频率的诸因素，都可作为调频手段。调整叶片的自振频率的措施主要是改变叶片的质量和刚度。

现场常用的方法有以下几种：

（1）在围带和拉金与叶片的连接处加焊，以增加连接的牢固程度，增大围带和拉金的反弯矩，增加叶片的刚度，提高自振频率。

（2）当叶片较厚时，可在叶顶钻径向孔，减小叶片的质量，这对叶片的刚度影响不大，可以提高叶片的自振频率。在不影响级的热力特性情况下，适当改变叶片的高度，也可达到改变叶片自振频率的目的。

（3）重新安装叶片、改善安装质量。叶片经过一段时间运行后，常出现叶根松动，频率下降或频率分散度 $\Delta f > 8\%$ 的现象，这时要考虑研磨叶根间接合面，以增加接触面积及叶根与轮缘的紧力，改善安装质量。

（4）改变成组叶片的叶片数。一般地说，增加组内的叶片数，可增加围带或拉金对叶片的反弯矩，使自振频率增加。但当组内叶片数已较多时，再采用此方法，效果不明显。

（5）改变围带或拉金的尺寸。这种方法对叶片自振频率将产生两个相反的影响，如增加围带厚度或拉金直径，一方面可使叶栅刚度增大，频率升高；另一方面又使叶栅的质量增大，频率降低。因此最终的结果需根据具体条件进行分析计算或者经过试验才能确定。

（6）采用松拉金。在运行中，松拉金由于自身的离心力而紧贴在叶片上，可以有效地抑制叶片的 A_0 型和 B_0 型振动，限制叶片的振幅，减小叶片中的动应力。

（7）增设拉金，增加拉金数目。对于单个叶片，为提高其频率，可增设拉金。若用一根拉金连成组的频率不合格，可再设一根拉金。

（8）加大拉金直径或改用空心拉金。加大拉金直径以及在连接处加焊。增加拉金对叶片的反弯矩，或采用空心拉金使振动体质量减小，提高频率。

（9）改变激励力的频率。改变部分进汽级喷管分布，改变抽汽口及排汽的数量和圆周向分布，从而改变汽流激励力的频率。

（10）减小激励力。减小喷管出口汽流不均匀，如减薄喷管出口边缘的厚度，提高隔板或叶片持环水平中分面的制造、装配质量，适当加大动、静叶片的轴向间隙，尽可能少用喷管部分进汽等。

第四节　汽轮机转子的振动

一、转子的临界转速

一般汽轮发电机组在启动升速过程中，可以观察到这样一个现象：当机组转速升到某一数值时，机组发生强烈振动，越过这一转速时，振动迅速减弱；当转速升到另一更高的转速下时，机组又可能发生较强烈的振动，继续提高转速，振动又迅速减弱。通常把这些机组发生强烈振动时的转速叫作转子的临界转速。

从理论上讲，转子的外形为一轴对称的旋转体。但实际上，由于制造和装配的误差，以及材质的不均匀，所以转子的质心和转子的几何中心总是不能重合，即产生一质量偏差。在旋转状态下，偏心的质量就使转子产生一离心力，离心力在任何一个通过旋转中心线的静止平面上的投影，是一个周期性的简谐外力，这一简谐力就是迫使转子振动的激振力。而转子是一个弹性体，同其他弹性体一样，它有着固定的横向振动自振频率，当激振力频率与转子横向振动的自振频率相等时，则会发生共振现象，与此时激振力频率相对应的转速，就是转子的临界转速。

如果转子在临界转速下运行，危害性非常大，轻则使转子振动加剧，重则产生动、静摩擦碰撞事故，使汽轮机损坏，特别是当转子动平衡没有校好时，振动将更大。因此在设计、制造转子时，为了保证转子正常工作，转子的临界转速要离开工作转速有一定的距离。在运行操作时，运行人员必须十分熟悉本机组的临界转速值，在启动或停机过程中，应当设法使机组快速通过临界转速，不让机组在临界转速下或者在临界转速附近长期停留。

严格地说，转子的临界转速与轴横向共振问题不完全相同，但临界转速现象与轴横向振动的自振频率有着密切的关联，在数值上是相同的，然而共振现象并不能说明临界转速的全部问题，转子存在着旋转轴的特殊问题，即回转轴甩转问题，主轴在转动时，除绕其轴线旋转外，还绕轴的静挠弧线转动，其转动属于转动的复合运行。

　　由于转子平衡技术不断提高，特别是挠性转子平衡技术的普遍采用，使机组启、停通过临界转速时，不再产生过分异常的振动，使机组启动不必采取冲过或快速通过临界转速的办法，因为冲过或快速通过临界转速，对机组都是不利的。但转子在临界转速下也不宜长时间运行。

　　为说明转子的临界转速，下面进一步介绍等直径均布质量转轴的临界转速。

　　设一等直径均布质量的转轴，其跨度为 l，轴的横截面积为 A，截面积的惯性矩为 I，材料密度为 ρ，转轴两端为铰支。

　　为推导转轴的临界转速表达式，可把它看成梁，用求梁的横向自振圆频率的方法来求。除了边界条件（即支承情况）外，在推导等截面自由叶片的自振频率表达式时，对叶片所进行的假设，完全可用于这里所谈的转轴上。转轴弯曲振动的微分方程为

$$\frac{\mathrm{d}^4 y}{\mathrm{d}x^4} - K^4 y = 0 \qquad (6-15)$$

式中　　$K^4 = \dfrac{\rho A}{EI}\omega^2$。

　　根据转轴的边界条件，得到等直径转轴的临界角速度 ω_K 为

$$\omega_K = K^2\sqrt{\frac{EI}{\rho A}} = \frac{(Kl)^2}{l^2}\sqrt{\frac{EI}{\rho A}} = \frac{(n\pi)^2}{l^2}\sqrt{\frac{EI}{\rho A}} \qquad (6-16)$$

临界转速 n_c 为

$$n_c = \frac{60\omega_K}{2\pi} = \frac{30n^2\pi}{l^2}\sqrt{\frac{EI}{\rho A}} \qquad (6-17)$$

　　由式可见，均布质量的转轴有无穷多个临界转速。当 $n=1$ 时为第一阶临界转速，用 n_{c1} 表示；当 $n=2$ 时为第二阶临界转速，用 n_{c2} 表示……。当达到第一阶临界转速时，轴的弹性曲线是一个半波正弦曲线；第二阶临界转速时是一个全波正弦曲线，其中有一个节点……，如图 6-58 所示。转轴的各阶临界转速之比为

$$n_{c1} : n_{c2} : n_{c3} : \cdots = 1^2 : 2^2 : 3^2 : \cdots$$

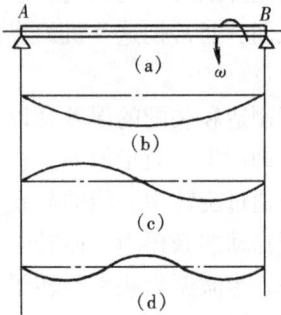

图 6-58　等直径均布质量转轴的振型

　　由此可知，转轴的临界转速与其抗弯刚度 EI 的平方根成正比，与其跨度的平方及单位长度质量 ρA 的平方根成反比。总的概念是刚性大、跨度小、质量轻的转轴，其临界转速较高。

　　对于汽轮机转子来说，转子临界转速的大小与转子的直径、重量、几何形状、两端轴承的跨度、轴承支承的刚度等有关。一般地说，转子直径越大，重量越轻，跨度越小，轴承支承刚度越大，则转子的临界转速越高，反之则越低。

　　一般轴瓦和轴承座是具有一定弹性的物体，所以转子的临界转速接近于弹性支承时的临界转速，改变轴承刚度会影响临界转速。临界转速的理论计算值最终将由实测验证。对已投产运行的汽轮发电机组转子，影响临界转速的因素是转子的温度和轴承支承的刚度。

　　对于特定的结构、质量、刚度的转子，其临界转速便具有一定的值，理论上，临界转速有无穷多个，数值最小的称为一阶临界转速，随着转速升高依次称为二阶、三阶……临界转速。

　　当转子的工作转速 $n_0 < n_{c1}$ 时，这种转子称刚性转子，设计要求 $n_{c1} = （1.25 \sim 1.8）$

n_0；当 $n_0 > n_{c1}$ 时的转子称作挠性转子，要求：$1.4n_{cn} < n_0 \leqslant 0.7n_{c(n+1)}$。现国际标准化组织把转子自然挠曲变形引起的附加不平衡可以不计的称为刚性转子；反之，则称为挠性转子。

为了保证机组的安全运行，机组的工作转速应当避开其邻近的临界转速，并有一定的富裕度（或称安全距离）。对于刚性转子，其第一阶临界转速应当较工作转速 n_0 高出 25% 以上，即 $n_{c1} > 1.25n_0$，但不允许在 $2n_0$ 附近。对于挠性转子，其工作转速 n_0 在两阶临界转速之间，应较其中低的一个临界转速 n_{cn} 高出 40% 左右，比另一较高的临界转速 $n_{c(n+1)}$ 低 30% 左右。近年来，由于采用了高速动平衡，提高了平衡的精度，故要求转子的临界转速与工作转速避开的富裕量可以减少很多，国外有些制造厂只采取 5%n_0 的富裕度。

二、汽轮机轴系的临界转速

汽轮机的主轴通常呈阶梯形，中间较粗、两端轴颈部分较细，上面还有若干个叶轮和其他零件，所以汽轮机转子的结构比较复杂。

在汽轮机中，每一根转子两端都有轴承支承，所以单根转子又称单跨转子。在汽轮发电机组中，汽轮机各单跨转子与发电机转子之间用联轴器连接起来，就构成一个多支点的转子系统，通常简称轴系。

机组的几个转子连接成轴系以后，刚度有所变化，所以轴系的各阶临界转速与相应的各单个转子的临界转速也有些差别。原来临界转速低的会高些，原来高的会低些。例如，发电机转子重、跨度大、直径小，临界转速较低。它同汽轮机转子连在一起后，就会将其临界转速拉低，而本身的临界转速则相应地提高一些。

轴系的临界转速由组成该轴系各跨转子的临界转速汇集而成，但它们之间不是简单的集合。联轴器的连接作用使各转子的刚度增加，使轴系的临界转速比单跨转子相应临界转速有所增高；联轴器的重量有使转子临界转速降低的作用。一般前一种作用是占有主导地位的，故轴系的临界转速通常比单跨转子相应的临界转速要高。

已成形转子及轴系的临界转速要受工作温度及支承刚度等的影响。当工作温度升高时，由于材料弹性模量 E 的降低，而使其临界转速降低。转子由油膜、轴承座、台板和基础等组成的支承系统支承。实践证明，支承系统的刚度越低，转子临界转速降低越多。轴系工作时的临界转速才是实际的临界转速。

由于组成轴系各跨转子的临界转速各不相同，所以轴系临界转速的数目比单跨转子临界转速的数目要多且间隔较密，但彼此之间不再成有一定规律的比例关系。当轴系的转速逐渐升高时，最低的一个临界转速为第一临界转速 n_{c1}，随后的分别称为第二、第三临界转速 n_{c2}、n_{c3} 等。

当转子的工作转速与这些临界转速中的任一个临界转速相等（或在附近）时，轴系都会发生共振而引起机组强烈的振动。所以，工作转速要注意避开轴系的临界转速以及轴系中多跨转子的任一临界转速，才能保证安全而正常地工作。

实际在电厂中使用的，有刚性的也有柔性的，由于基于转子钢锭的铸造、转子毛坯的锻造和热处理以及工作时的离心力等方面的考虑，随着机组容量的增加，转子主轴的直径增加不多，而其长度却有明显增加，故大机组多采用柔性转子。

三、汽轮机转子的振动

转子的振动是制约汽轮发电机组安全、稳定运行的重要因素。产生的机理和表现的形式都较复杂，除转子永久性或临时性质量不平衡产生的不平衡振动外，转子还要受滑动轴承的油膜力和转子周围蒸汽介质蒸汽力的作用，产生更为复杂的振动。

汽轮发电机组产生异常振动是运行中最常见的故障之一。能引起汽轮发电机组振动的原因很多，这些原因不仅与制造、安装、检修和运行管理的水平有关，而且它们之间又互相影响。因此，要找出产生振动的主要原因并非易事，必须经仔细调查研究、适当的试验分析后才能确定。振动本身可分为强迫振动和自激振动。现将能引起机组振动的常见原因简述如下。

（一）引起强迫振动方面的原因

引起机组强迫振动的原因有：

1. 机组内存在机械性干扰力

（1）转子质量不平衡：①当转子因加工偏差等原因引起质量偏心时，转子要产生静力的和动力矩的不平衡。如果动平衡精度不高，或者只进行低速动平衡，则转子转速升高时，不平衡质量离心力将以转速的平方关系增加。当转子转速上升到工作转速时，转子的这一离心力要迫使机组振动。因此，转子和轴系大多都要进行额定转速下的动平衡工作。特别是对于临界转速低于额定转速较多的挠性转子和挠性转子组成的轴系，动平衡工作应该在额定转速下进行。平衡的结果应使通过临界转速和额定转速时的振动达到最小值。②转子上有个别元件（如叶片、围带等）断裂，有个别元件（如螺钉、发电机转子上的线圈）松动，转子被不均匀磨损、无机盐在叶片上的不均匀沉积以及转动部分的变形等。③机组大修时拆卸过或更换过部件，或者车削过轴颈，使转子产生新的质量偏心。

（2）转子的连接和对中有缺陷：转子在连接处不同心；联轴节的结合面与主轴中心线不垂直（或称瓢偏），转子对接后，中心线是连续的，但不是光滑的。这两种连接都使该联轴节不能均匀地传递负荷，引起机组的振动，这种振动还随电负荷的变化而变化。

（3）转子弯曲：①转子的材质不均匀或有缺陷，受热后出现弹性热弯曲或因此而留下的永久变形。②启动过程中，因盘车或暖机不充分以及上、下缸温差大等原因使转子的横截面内温度场不均匀，从而引起转子的弹性热弯曲或因此而留下的永久变形。③动静之间的磨碰使转子产生弹性弯曲或永久变形。

（4）转子受到机械摩擦力：如果机组动静之间的相对膨胀超过限度，使动静之间的间隙消失；如果汽缸膨胀受阻，自身变形过大，或通流间隙内掉入杂物等，这均可能使转子受到摩擦。转子因摩擦而产生局部过热，因局部过热而形成的变形又导致摩擦程度的扩大，如此恶性循环，会使机组的振动迅速加剧。大多数轴弯曲事故就是在这种情况下通过临界转速时产生的，需要特别注意。

2. 转子支承系统的条件改变

当机组基础框架发生不均匀下沉时，当安装着轴承的汽缸变形时，这都会改变轴承的标高，使轴系的受力发生变化，引起机组振动。当轴承供油不足或油温过低使油膜遭到破坏时、当轴瓦或轴承座产生松动时、当因滑销系统卡涩或汽缸受到管道推力过大而轴承座被拱起时，这也会使轴系的受力发生变化，从而引起机组的振动。

3. 电磁力的不平衡

当发电机转子线圈匝间短路或转子与定子间间隙不均匀时，发电机转子和定子间磁场力分布不均，产生不均匀的磁拉力，引起转子和定子的振动。当电网负荷阶跃变化或系统故障后自动合闸时，这些扰动也会导致机组振动。

（二）引起自激振动方面的原因

自激振动是一种共振现象。如果一振动系统通过本身的运动不断向自身馈送能量，自己激励自己，与外界的激振力无关，这样的振动称为自激振动。引起机组自激振动的原因主要是油膜自激（或称油膜振荡）和间隙振荡等。

1. 轴承油膜振荡

随着汽轮机组容量的不断增加，导致轴颈直径的增大和轴系临界转速的下降，这两者都直接影响轴承的正常工作。

轴颈直径增大后，轴颈旋转线速度随之增大，摩擦损耗将相应增加。当线速度达到一定数值后，轴承的润滑油流就从层流变为紊流，引起摩擦功耗显著增加，机组效率降低，并使轴瓦乌金温度和回油温度升高。

轴系临界转速的下降，在相同的间隙下，油膜压力升高，直接影响到轴承工作的稳定性，可能发生油膜振荡。发生油膜振荡时，轴颈载荷和油膜反力失去平衡，转子以其自振频率振动，油膜紊乱，此时甚至会引起机组所有轴承产生很大的低频振动。

转子轴颈在轴瓦中稳定运行时，轴颈中心在平衡位置 O_1 处，轴颈只绕其旋转，如图 6-59 所示。但是，当转子受到某种外力的扰动，例如周围的振动源、进油黏度、油压瞬时变动等，使轴颈偏离了平衡位置，其中心由 O_1 移到 O'，此时油膜反力 F 与轴颈载荷 p，不再共线，而是偏转了一个角度，这样，该两力就产生了一个与转子运动方向相同的合力 F_Q，此合力驱使轴颈中心绕轴瓦内孔中心 O 旋转，产生涡动。当涡动振幅小时，轨迹常近似于一个椭圆，当涡动振幅大时，轨迹就偏离椭圆变成较复杂的形状。这种现象有时会在汽轮机的启动、升速或超速试验中遇到，当转速升高到某一数值后，转子突然发生涡动，某一个或相邻

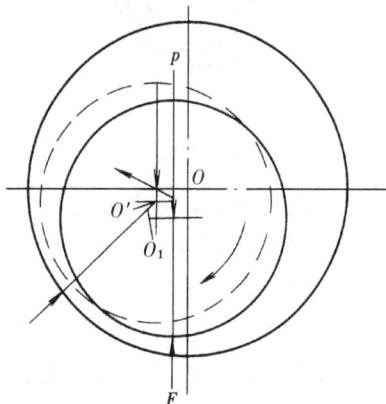

图 6-59　油膜振荡成因

几个轴承的振动突然增大，振动波形中突然出现低频谐波。一旦超过这个转速，转子就失去了稳定性，故称这个转速为失稳转速。失稳转速的大小取决于转子和支承轴承的特性和工作条件，只要这些因素不变，失稳转速就是一个固定数值。因此，每当启动过程中升速至此转速时，就会出现转子的涡动，而在此转速以前转子是稳定的。这种涡动通常具有以下两个特点，可与其他振动区别：轴颈中心的涡动频率等于或略低于转子转速的一半，故称为半速涡动；振动一旦发生，就将在很广的转速范围内继续存在，是不能用提高转速的办法来消除的。当轴颈转速继续增加时，半速涡动的振动频率也增加，当振动频率增加到等于转子的第一阶临界转速的两倍时，涡动被共振放大，振幅增大，转轴产生剧烈振动，这就是油膜振荡。油膜振荡一旦发生后，涡动速度就将始终保持等于第一阶临界转速，而不再随转速的升高而升高。由此可见，只有当转子的工作转速高于转子的第一阶临界转速的两倍时，才有可能发生油膜振荡。最典型的油膜振荡现象常发生在汽轮发电机组的启动升速过程中，因为现代大型汽轮发电机组其第一阶临界转速较低，工作转速远远高于它的两倍。

油膜振荡振幅很大时，会使零件疲劳、松动，甚至会使轴承和轴系损坏，酿成事故。因

此，要尽可能地抑制半速涡动，尤其是要防止大振幅的油膜振荡。

防止和消除油膜振荡的方法：改进转子设计，尽量提高转子的第一阶临界转速，但对于发电厂已投运机组来说，临界转速一般是难以改变的；改进轴承型式、轴瓦与轴颈配合的径向间隙、比压、长径比和润滑油黏度等因素，使失稳转速尽量提高。

常用的一些提高失稳转速的方法：

(1) 增大比压 $\bar{p}$。$\bar{p}=\dfrac{P}{\lambda D}$，$\bar{p}$ 为轴承比压，P 为轴承载荷，λ 为轴承长度，D 为轴承直径。具体做法一是调整对轮中心，改变各轴瓦的负荷分配，增大失稳转速低的轴承的载荷；另一做法是缩短轴瓦长度，减小长径比，可车去轴瓦两端的部分乌金或在下瓦承压部分开一中央沟。

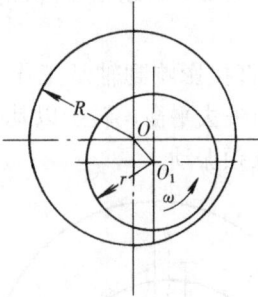

图 6-60　轴承相对偏心率示意图

(2) 增大轴瓦工作弧段的椭圆度。也是增大轴瓦两侧的间隙和减小轴瓦与轴颈的接触角。这样能提高轴承工作稳定性的原因在于增大了轴承的相对偏心率，如图 6-60 所示，轴承相对偏心率 k 为绝对偏心距 OO_1 与它们的半径差 $(R-r)$ 之比，$k=\dfrac{OO_1}{R-r}$。通常认为，在 $k\geqslant 0.8$ 时，轴颈在任何情况下都不会发生油膜振荡。

(3) 在下瓦适当位置开泄油槽，降低油楔压力。这一措施可以减小轴颈浮起的高度，增大相对偏心率。

(4) 提高油温，降低油的黏度。

(5) 减小轴瓦顶部间隙，增大上瓦乌金宽度，这相当于增大了上瓦向下施加的油压力，增大了轴承比压。

(6) 采用稳定性好的轴瓦，如椭圆瓦、多油楔瓦和可倾瓦等。

迄今为止，防止油膜振荡效果最好的轴承是可倾瓦轴承。

2. 间隙振荡

间隙振荡产生的过程简述如下：当转子因某种原因与汽缸不同心时，级内径向间隙小的一侧，其漏汽量较少，蒸汽在叶片上产生的圆周力就较大。相反，在同一叶轮的另一侧，由于径向间隙变大，漏汽量也增大，蒸汽在叶片上产生的圆周力较小。这样在叶轮上出现了一个不平衡的切向力 Q，该切向力 Q 与转子弯曲的方向垂直。当切向力 Q 大于阻尼力时，就有可能使转子产生低频率的涡动；涡动产生后，涡动离心力使切向力 Q 增加，从而又加剧了涡动，这就是间隙振荡，也称为汽隙振荡。

间隙振荡的出现与机组负荷有显著的关系。当机组带到一定负荷时突然发生强烈的振动，当负荷减少时，振动又突然消失，振动频率与转子第一临界转速相近，这就是因间隙振荡而形成的。

机组的异常振动是最常见的事故之一。异常振动一旦出现，一般都比较突然，其发展也很迅猛，后果也惨重；再者，与转动部分有关联的其他故障，一般最终都要从机组的振动上表现出来，因此，汽轮发电机组运行的可靠性，在很大程度上是由机组的振动状态来决定的。

第五节　汽轮机动静平衡试验简介

转动机械在运行中有一项重要的技术指标就是振动，振动要求越小越好。转动机械产生振动的原因很复杂，其中以转动机械的转动部分（转子）质量不平衡而引起的振动最为普遍。尤其是高速运行的转子，即使转子存在数值很小的质量偏心，也会产生较大的不平衡离心力。这个力通过支承部件，以振动的形式表现出来。实际上，转子的不平衡是转动机械的主要激振源，也是多种自激振荡的诱发因素。

长时期的超常振动，会导致机组金属材料的疲劳而损坏，转子上的紧固件发生松动，间隙小的动静部件因振动会造成相互摩擦，产生热变形，甚至引起轴的弯曲。振动过大，哪怕是时间很短也不允许，尤其是高转速大容量的机组，其后果更为严重。

现代技术尚不可能消除转动机械的振动，因此对各类机组规定出振动的允许范围，以此来衡量机组运行状态的优劣。

为改善机组的工作状态，转子在制造、安装、检修和调试中要经常进行平衡试验，降低由不平衡产生的振动。

转子是弹性体，当其惯性主轴偏离旋转轴线时，运转中转子上的不平衡离心力将或多或少地使转子产生挠曲变形。但当转子的工作转速远低于一阶临界转速时，转子的刚性很强，而不平衡力相对较小，因而不平衡力所产生的挠曲变形可以略去不计，这样的转子称为刚性转子。相反地，将不平衡力产生的挠曲变形不可忽略的转子称为挠性转子。

目前，国际标准化组织（ISO）对刚性转子的定义是：当一个转子可以在任意选择的两个平面上平衡加重时，如平衡后的剩余不平衡在最高工作转速范围内均不超过允许的平衡公差，即转子的不平衡大小与转速无关，这样的转子就称为刚性转子。

平衡是通过检测和调整转子的质量分布，即在转子的适当地方加上（或减去）一定大小的（称为校正质量或配重）质量，来减少转子的惯性主轴与旋转轴线的偏离，使机组的振动降到允许范围内。平衡的作用是减少转子的挠曲、降低机组的振动并减少轴承及基础的动反力，保证机组安全、平稳、可靠地运行。

在找转子平衡工作中，若把转子假定为刚体，则可使转子复杂的不平衡状态，简化为一般的力系平衡关系，从而大大简化找平衡的方法。对于工作转速高于第一临界转速，但远离第二临界转速的转子，也可作为刚性转子来处理。

一、转子的不平衡

在工程实际中，由于材料的不均匀和设计、制造及安装的偏差，转子的惯性主轴与旋转轴线多少有些偏离。在转子转动中，偏心质量产生的离心力是个不平衡力系，传递到转子的支承轴承和基础上将产生振动。当转速一定时，离心力的大小正比于质量与偏心距的乘积，在平衡技术中将其称为不平衡量，简称不平衡。

为使转子不平衡形式的讨论简单、明了，这里将一等直径对称转子等分成两部分，如图6-61所示，两部分的质心分别位于垂直于轴线的各自中央平面内。这样，它可能产生如下三种形式的不平衡。

（1）静不平衡。两部分的质心位于通过轴线同一平面的同一侧，而且具有相同的偏心距 e，见图6-61（a）所示。在这种情况下，转子的质心 S 也处在通过轴线的平面内。如果轴

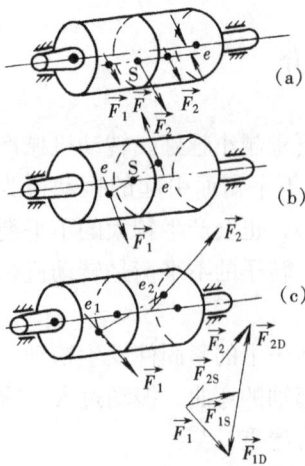

图 6-61 转子三种典型的不平衡

承的摩擦系数很小，那么，转子在不平衡力的作用下，最终将静止在偏心位于正下方的位置上。我们称这种不平衡为单纯的静不平衡。

对于静不平衡的转子，运转中转子上两部分不平衡产生的离心力 $\vec{F}_1$ 和 $\vec{F}_2$ 大小相等、方向相同，它们的合力位于轴对称中间平面内，并作用在质心 S 上，称此力为静不平衡力。静不平衡力使转子产生平行移动，分解到两侧轴承上，将产生大小相等、方向相同的作用力，将此力称为对称作用力。

（2）动不平衡。两部分的质心位于通过轴线的同一平面内，但分置于轴线的对称两侧，见图 6-61（b）。此时，转子的质心仍在轴线上，故转子静止状态下在任何位置均能停留，处于静力平衡状态。但在转子转动中，离心力 $\vec{F}_1$ 和 $\vec{F}_2$ 大小相等、方向相反，组成以 S 为中心的力偶，使转子产生绕质心的摆动（或转动）。这种不平衡仅当转子转动时才表现出来，故称为动不平衡。

动不平衡在两侧轴承上产生大小相等、方向相反的作用力，将此力称为反对称作用力。

（3）混合不平衡。转子上的不平衡通常是随机的，不但两部分的质心可能不在通过轴线的同一平面内，而且偏心距也可能不相等，转子的质心也可能不在轴线上，如图6-61（c）所示。转子转动时，离心力 $\vec{F}_1$ 和 $\vec{F}_2$ 可以合成为一个合力和一个力偶，即构成一个静不平衡力和一个动不平衡力偶。一个特殊的情况是合力位于与力偶垂直的平面内，即相当于在一个平衡良好的转子非质心平面上加一个不平衡，称这种不平衡为准静不平衡或混合不平衡。混合不平衡时，既存在静不平衡，又存在动不平衡。实际上转子的不平衡现象都是以混合不平衡的状态出现的。

为了使不平衡的转子达到平衡的目的，在实际工作中是根据转子的不平衡现象及其结构来确定找平衡的方法。

转子找平衡方法可分为两类，静态找平衡（静平衡）和动态找平衡（动平衡）。对于质量分布较集中的低速转子，仅做静平衡。对于由多单体组合的转子，应分别先对每个单体做静平衡，组装成整体后，再做动平衡。

二、刚性转子的平衡精确度

理论上，一个得到完全平衡的转子，其偏心距应为零。但在实际平衡中，转子不可能达到理想的平衡状态，总会存在一定大小的剩余不平衡，只要这些剩余不平衡在允许的范围内即可。从经济上看，也没有必要平衡到比允许范围更小的水平。为此，必须对各类转子的允许剩余不平衡做些规定。

对于刚性转子，当存在不平衡时其偏心距 $e\neq0$，并且工作转速越高所引起的振动就越大。实际统计发现：对于同类型的转子，允许剩余不平衡反比于旋转速度 ω，即

$$\omega e = 常数 \tag{6-18}$$

因此，可用转子的偏心距与最大运行角速度的乘积 ωe 来表示刚性转子的平衡精确度。ωe 是质心的线速度，有时也称转子质心的振动速度。

国际标准化组织在《刚性回转件平衡精确度——ISO1940》中，将各类刚性转子的平衡

精确度按质心速度的大小分为 11 个等级，每级相差 2.5 倍，从 G0.4 到 G4000。根据转子的类型，先确定出应达到的平衡精度等级，然后再由最大运行转速求出单位质量转子允许的剩余不平衡质量距。

对于 3000r/min 的汽轮机，按标准平衡精度应归属 G2.5 级，由 $we = $ G2.5 求得允许最大质量偏心距为

$$e = \frac{G}{\omega} = \frac{60G}{2\pi n} = 7.958(\mu m)$$

所求出的质量偏心距即是单位质量转子所允许的不平衡，转子的质量越大，则允许的剩余不平衡也越大。

转子经平衡后应通过试验来验证实际达到的平衡精度，以确定各校正平面上剩余不平衡是否符合标准。

验证试验可采用试加质量周移法，即将校正平面等分为 12 点，取一试验质量（约为各校正面剩余不平衡量的 5～10 倍）依次加到该平面的等分点上，在原先同一平衡转速下测取轴承的振动。把测量所得的振动绘成如图 6 - 62 所示的曲线，曲线的幅值即是该平衡面上实际的剩余不平衡量。

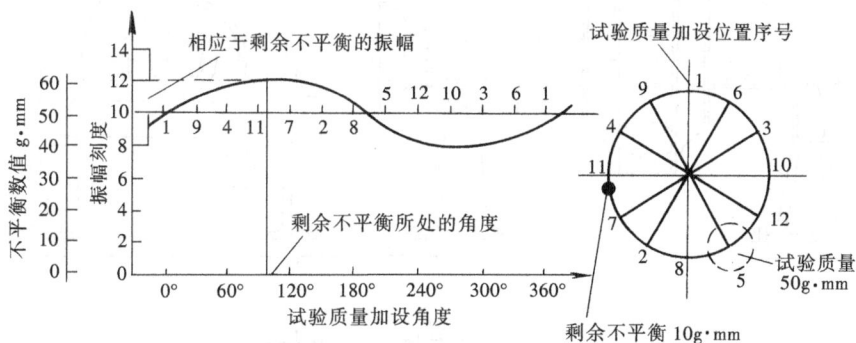

图 6 - 62　确定单平面上剩余不平衡的试验曲线

应用 ISO1940 标准对汽轮发电机组来说一般已能达到预期的效果，但对于高速运转（如大于 3000r/min）的机组，按照这一标准平衡，运行中仍有较大的振动力。为此，有些行业组织提出了适用于行业特点的平衡标准，便如美国石油工业研究所按剩余不平衡量所产生的离心力大小提出了 API612 标准（1979 年），指出：汽轮机转子的平衡标准，应为在最大运行转速下每个轴承所受的不平衡离心力不大于该轴承所受静载荷的 10%。对于轴对称的汽轮机转子，如果工作转速为 3000r/min，那么按此标准，应达到的平衡精度相当于 ISO1940 的 G1.56 级，由此表明：API162 的要求比 ISO1940 来得高。

三、刚性转子找静平衡

（一）转子静不平衡的表现

先将转子放置在静平衡台上，然后用手轻轻地转动转子，让它自由停下来，可能出现下列情况：

（1）当转子的重心在旋转轴心线上时。转子转到任一角度都可以停下来，这时转子处于静平衡状态，这种平衡为随意平衡。

（2）当转子的重心不在旋转轴心线上时。若转子的不平衡力矩大于轴和导轨之间的滚动摩擦力矩，则转子就要转动，使转子重心位于下方，这种静不平衡称为显著不平衡；若转子

的不平衡力矩小于轴和导轨之间的滚动摩擦力矩，则转子虽有转动趋势，但却不能使其重心方位转向下方，这种静不平衡称为不显著不平衡。

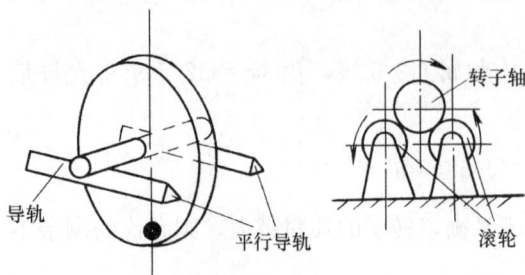

图 6-63　静平衡试验示意图

因在平衡试验中转子不需转动，故称为静平衡。静平衡的精确度取决于转子或滚轮之间的滚动摩擦。静平衡试验示意图如图6-63所示。

（二）找静平衡前的准备工作

（1）静平衡台。转子找静平衡是在静平衡台上进行的，其结构及轨道截面形状，如图6-64所示。静平衡台应有足够的刚性。轨道工作面宽度应保证轴颈和轨道工作面不被压伤。对于 1t 重的转子，其工作面的宽度为 3～6mm，1～6t 的转子，其工作面宽度为 3～30mm（约为 5mm/t）。轨道的长度约为轴颈直径的 6～8 倍，其材料通常为碳素工具钢或钢轨。轨道工作面应经磨床加工，其表面粗糙度不大于0.4。

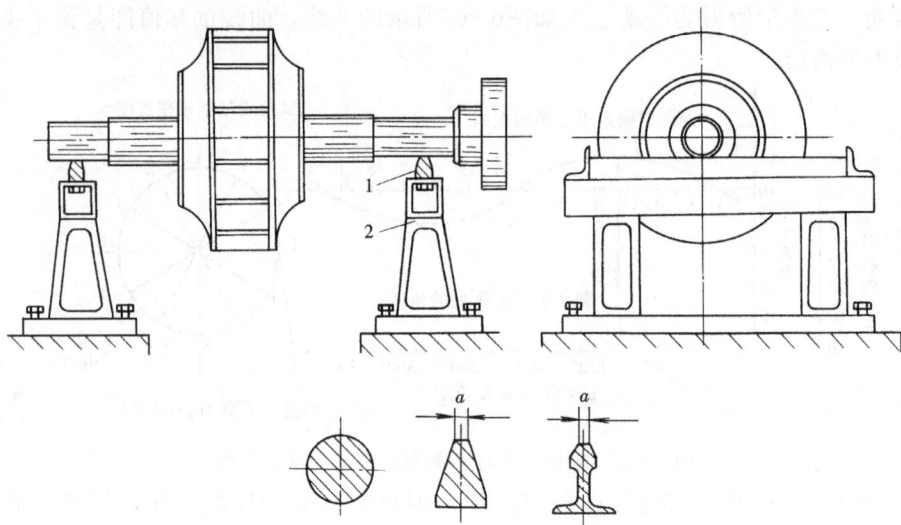

图 6-64　静平衡台及轨道截面形状
1—轨道；2—台架

静平衡台安装后，需对轨道进行校正，轨道水平方向的斜度不得大于 0.1～0.3mm/m，两轨间不平行度允许偏差为 2mm/m。静平衡台的安放位置应设在无机械振动和背风的地方，以免影响转子找平衡。

（2）转子。找平衡的转子应清理干净，转子上的全部零件要组装好，并不得有松动。轴颈的不圆度不得超过 0.02mm，圆锥度不大于 0.05mm，轴颈不许有明显的伤痕。若采用假轴找静平衡时，则假轴与转子的配合不得松动，假轴的加工精度不得低于原轴的精度。转子放在轨道上时，动作要轻，轴的中心线要与轨道垂直。

转子找静平衡，一般是在转子和轴检修完毕后进行。在找完平衡后，转子与轴不应再进行修理。

（3）试加重的配制。在找平衡时，需要在转子上配加临时平衡重，称为试加平衡重，简称试加重。试加重常采用胶泥，较重时可在胶泥上加铅块。若转子上有平衡槽或平衡孔、平衡柱的，则应在这些装置上直接固定试加平衡块。

（三）转子找静平衡的方法

转子找静平衡的方法有：两次加重法找转子显著不平衡、试加重周移法找转子不显著不平衡、秒表法找转子显著不平衡，秒表法找转子不显著不平衡。具体方法查阅有关资料。

转子在找好平衡后，往往还存在着轻微的不平衡，这种轻微的不平衡称为剩余不平衡。

找剩余不平衡的方法与用试加重法找转子不显著不平衡的方法完全一样。通过测试得出转子各等分点中的一对差值最大的数值，用大值减去小值之差除以 2，其得数就是剩余不平衡重量。

剩余不平衡重越小，静平衡质量越高。实践证明，转子的剩余不平衡重，在额定转速下产生的离心力不超过该转子重力的 5% 时，就可保证机组平稳地运行，即静平衡已经合格。

四、刚性转子低速找动平衡

动平衡是指转子在转动状态下进行的平衡。静平衡因受导轨或滚轮的摩擦影响，平衡精确度受到一定限制，在转动状态下有时不平衡离心力仍然较大；对于任意不平衡分布的转子，既有静不平衡，又有动不平衡。只有在转动状态下，选用两个校正平面才能消除刚性转子的不平衡。

对任意分布的不平衡，按刚性力学原理可知，刚性转子的任意不平衡，均可用任选的两个校正平面的校正质量加以平衡。转子达到一定精确度的平衡后，其离心惯性力是一个平衡力系，虽然离心力对转子仍有弯曲力矩，但弯曲力矩引起的挠曲变形可以略去不计。由此可得：刚性转子一旦在某一转速平衡后，只要在刚性转子的定义范围内，在任何转速下总保持平衡状态。

（一）刚性转子找动平衡原理

刚性转子找动平衡的原理，是根据振动的振幅大小与引起振动的力成正比的关系，通过测试，求得转子的不平衡重的相位，然后在不平衡重相位的相反位置加一平衡重，使其产生的离心力与转子不平衡重产生的离心力相平衡，从而达到消除转子振动的目的。

转子找动平衡的方法可分为两类：第一类是在动平衡台上，在低转速时找动平衡；第二类是在机体内，在额定转速时找动平衡。转子找动平衡，若能在额定转速下进行最为理想。但是经过大修的转子，对其平衡情况不明，则应先在低速下找动平衡，使转子基本上达到平衡要求，然后在高速下找动平衡，这样不致引起过大的振动。

在低速平衡台上进行平衡试验时，转子在降速惰走过程中，将遇到两个共振峰，如图 6-65 所示，转速高的共振峰对应于动不平衡，转速低的共振峰对应于静不平衡。在平衡中，根据两端轴承处的振动相位来判别是那一类不平衡，两端振动相位相同时是静不平衡引起的，可由两个平衡面上加相对于质心成对称的校正质量来平衡；相位相反时则是由动不平衡引起的，应加反对称校正质量来平衡。

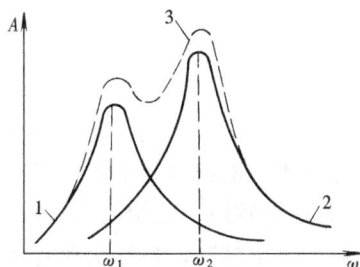

图 6-65　低速平衡台上轴承振幅与转速关系
1—静不平衡引起的振幅；2—动不平衡引起的振幅；
3—合成后的振幅

　　（二）低速平衡台

　　刚性转子平衡是以转子不发生显著挠曲变形为前提，因此，平衡转速应低于一阶临界转速的 $0.4 \sim 0.5$ 倍。对于汽轮发电机组的转子来说，一阶临界转速一般为 $900 \sim 2000 \mathrm{r/min}$。这样在作刚性转子平衡时，平衡转速必须低于 $400 \sim 1000 \mathrm{r/min}$。若在转子自身支承轴承上作低速动平衡，由于轴承座的支承刚度较大，在这样低的平衡转速下，转子的不平衡力不能激起明显的轴承座振动。故必须借助于低速平衡台对不平衡作共振放大。在共振转速附近振动的幅值明显地增大，可以增强平衡中不平衡量的检测灵敏度。这就是刚性转子平衡利用软支撑低速平衡台的原因。为此，就要求动平衡台具有相当的灵敏性及在预期转速下发生共振。

　　发电厂使用的低速平衡台有摆动式和弹性体式两种，如图 6-66 所示。摆动式低速平衡台主要由轴瓦及瓦座、弧形承力座、承力板等组成，转子的两端搁置在平衡台两侧的轴瓦上。弧形承力座绕其回转中心"O"摆动，摆动惯性是转子和轴瓦对回转中心"O"的质量矩，摆动中转子的重力产生相对于"O"的恢复力矩。所以，弧形承力座的半径 R 越大，承力板到轴中心的距离 H 越小，则系统的惯性质量越大，自振频率就越小。因此，对不同大小的转子，要求采用不同大小的 R 和 H。通常，这种平衡台的共振转速设计在 $150 \mathrm{r/min}$ 附近。

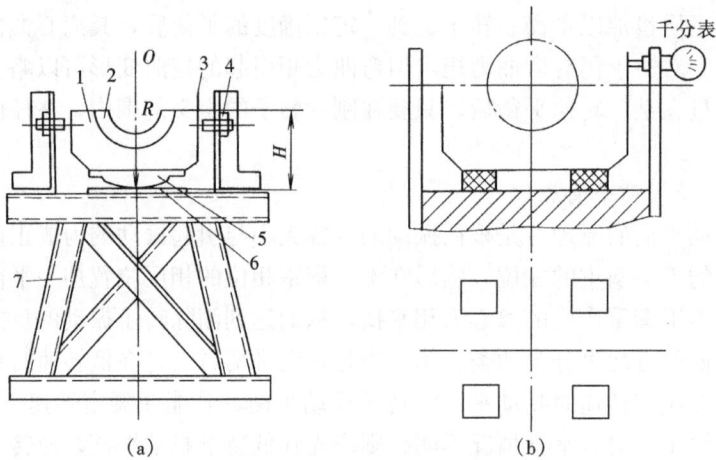

图 6-66　低速平衡台示意图

（a）摆动式平衡台；（b）弹性体式平衡台

1—轴瓦座；2—轴瓦；3—千分表挡板；

4—紧固螺栓；5—弧形承力座；6—承力板；7—台架

　　弹性体式平衡台是在轴瓦座下放置橡胶块作弹性支承，一般每端轴承下均匀地、对称地放置 $4 \sim 8$ 块橡胶块。系统的自振频率取决于转子的质量和橡胶块的弹性，对弹性系数一定的橡胶块，垫块越厚，弹性系数就越小，系统的自振频率也就越低。对不同大小的转子，应调整橡胶垫块的厚度，使其共振转速调整到 $200 \sim 320 \mathrm{r/min}$ 之间。

　　在组装平衡台时，应找正两端支承轴瓦的中心。转子放置在平衡台上后，要求转子与轴瓦保持良好接触，并且两端轴颈水平扬度的大小相等、方向相反。两动平衡台的横向和纵向要求在同一水平面上。转子由电动机经皮带或可移动式离合器带动，电动机与转子之间的离合器要求操作方便，离合清楚。轴瓦用中等黏度的透平油作润滑。润滑油必须清洁、充足，并保持油温在 30～40℃。轴瓦的振动用普通百分表或大量程非接触式电涡流传感器检测。

平衡试验中启动升速时应将支承轴瓦两侧的制动螺栓上紧，以免在升速过程中轴瓦产生过大振动和移动；待转速升至第二共振转速以上一定转速时，脱开离合器或传动皮带，松开轴瓦两侧的制动螺栓，记录转子降速惰走过程中越过两个共振转速时两端轴瓦摆动的幅值。平衡试验中，如出现两端轴瓦的摆动幅度过大，可以只松开一端轴瓦的制动螺栓，避免过大摆动产生危险。

弹性体式平衡台结构简单，在发电厂现场容易实施，虽然灵敏度稍逊于摆动式，但一般能满足平衡要求，故在发电厂中用得较多。

（三）刚性转子低速找动平衡的方法

用动平衡台找转子动平衡，通常采用一端轴承固定，另一端轴承松开的情况下进行。这种方法按试加重的次数分为试加重周移法，二次加重平衡法（两点法），三次加重平衡法（三点法）。周移法操作繁杂，花费时间长，但平衡准确度较高；两点法和三点法操作简便，但准确度较差。

在动平衡台做动平衡时，其振幅降至 0.05mm 以内时，即认为合格。对于较重较长的转子，其合格值允许有所增加。

比较准确的评定，应以转子剩余不平衡重在工作转速下所产生的离心力大小来衡量。根据经验，当剩余不平衡重所产生的离心力相当于转子重力的 5% 时（在工作转速下引起轴承振动的振幅约为 0.01mm），即认定合格。

五、刚性转子高速找动平衡

高速平衡是指在工作转速或某一选定的平衡转速下进行的平衡，对于发电厂现场，就是转子在自身支承轴承上的平衡。测振幅平衡法虽然也可以用于高速平衡，但由于平衡中缺少振动的相位信息，至少要三次试加、四次启动，才能唯一地确定原始不平衡的大小及相位，不仅延长了平衡试验的时间，而且增加了平衡试验的费用。因此，在平衡中必须充分利用振动的另一重要信息——相位，有效地减少平衡的启动次数。这是与低速找动平衡的方法明显的区别。

在振动工程领域内，振动的相位可以看作是振动信号上某点（例如高点、正向过零点等）与同频率基准信号或转子上某个参考点之间的时间关系或位置关系，这个关系在振动相位测量中用它们与基准信号超前或滞后的角度来表示。根据上述定义，振动相位有基频振动相位、倍频振动相位等。由于转子的不平衡振动与转子的旋转频率相同，故这里讨论的振动相位均指基频振动相位。

目前，振动测量传感器只能测到振动信号的波形，还无法直接测到振动响应滞后于激振力的相位。但是，如果在轴上任意点处设一个固定标记，只要这个标记一经确定，转子上原始不平衡与白线之间的相对相位（即相位角）就固定下来。平衡时，只要能测定试加平衡质量前后振动相对于固定标记的相对相位角，并由振幅和相对相位的变化，即可求出转子上原始不平衡质量的大小及位置。这种利用相对相位变化来平衡的方法称为相对相位法。根据相对相位的测量原理和振动理论，通过估算振动响应与激励力的机械滞后角，由相对相位可以估算出原始不平衡的大致位置，克服平衡中试加质量的盲目性。

振动相位测量有多种方法，在发电厂现场振动平衡试验中常用的是闪光法和脉冲法，其中闪光测相法较为经典，在基于计算机或微处理器的测振仪器中则使用脉冲法。

六、挠性转子的平衡

随着汽轮发电机组容量的增大，转子轴向长度及其重量也随着增加，而转子径向尺寸因受到材料强度限制增加不大。这样就迫使采用工作转速大于第一临界转速和第二临界转速的挠性转子。

对于挠性转子，如果采用不计变形影响的刚性转子平衡方法来进行平衡，将不能得到预期的效果。

挠性转子的振动特点与刚性转子不同，这是由于挠性转子在不平衡质量作用下将产生变形，且其变形程度随着转速而变化。

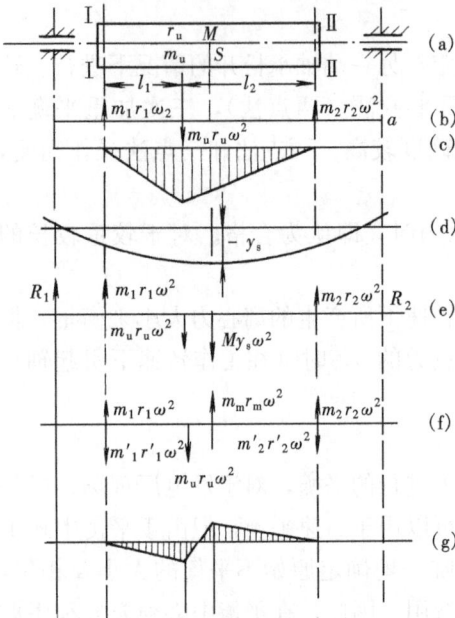

图 6-67　挠性转子平衡特点的图示

假定转子上有一不平衡质量 m_u 位于 r_u 处，并设不包括不平衡质量 m_u 的转子质心 S 位于转动轴线上，m_u 所处位置距离转子质心 S 不远，如图 6-67（a）所示。

首先将这一转子在低速下进行平衡（在低速平衡台上进行）。这时，由于平衡转速低，转子的变形可以不计，只需在转子两端面 Ⅰ—Ⅰ 和 Ⅱ—Ⅱ 上 m_u 的对侧加上两个平衡质量，如果满足 $m_1r_1+m_2r_2=m_ur_u$，$m_1r_1l_1=m_2r_2l_2$，就可以达到平衡，两侧轴承上将不产生动反力，这就是前面所介绍的刚性转子动平衡的情况，见图 6-67（b）。

转子经过低速平衡后，在低速平衡转速下两侧轴承上不再存在动反力，但平衡质量离心力与不平衡质量离心力将使得转子沿轴向长度产生弯矩，见图 6-67（c）。此弯矩在低速时使转子产生的变形较小，可以忽略不计。但是在工作转速时，由于 ω 高，弯矩也大，此弯矩将使转子产生很大的变形，见图 6-67（d），使转子质心点产生较大的挠度 y_s。由于质心挠度 y_s 产生的附加离心力 $My_s\omega^2$ 将促使二轴承产生动反力 R_1、R_2，6-67（e）；当然在工作转速下，如果在 Ⅰ—Ⅰ 和 Ⅱ—Ⅱ 平面内再适当加上一些平衡质量，此时还是可以获得平衡的。但是转速一变，平衡又要被破坏，轴承上又将产生动反力。

由此可见，在某一转速下已经平衡好的转子在另一转速下平衡又将被破坏的原因是：在某一转速下的平衡只是达到了轴承动反力的消除，但在转子上仍存在弯矩，此弯矩要产生变形，当转速改变时，此弯矩随之改变，挠度也改变，这样原先已平衡好的状态又被破坏。因此对挠性转子的平衡要求应该是：在工作转速下，平衡质量应该能消除轴承的动反力，并使沿着转子轴向长度的弯矩值为最小。

为此，如果在质心 S 所在的转子横切面上 r_m 处加上平衡质量 m_m 使其产生的作用能消除 y_s 挠度以及在两端面 Ⅰ—Ⅰ 和 Ⅱ—Ⅱ 上 r_1'、r_2' 处加上平衡质量 m_1'、m_2'，使其作用抵消由于 $m_mr_m\omega^2$ 而产生的轴承动反力，见图 6-67（f），这样得出的平衡质量及其平衡面布置将使动反力为零，同时使沿转子轴向弯矩值为最小，见图 6-67（g）。当然如果能找到转子的原始不平衡质量位置及其数值，在这不平衡质量的对侧加上 $m_u r_u$ 质量矩，则此时在 Ⅰ—Ⅰ 和 Ⅱ—Ⅱ 平面内不加平衡质量就可以获得完全的平衡，轴承动反力为零并且沿轴向长度弯矩值亦为零。但是由于转子的轴向不平衡质量的分布比较难找到，所以一般只能达到在使轴承动反力为零的同时弯矩值最小。

七、轴系平衡

轴系平衡是指汽轮发电机组各转子连接成一个轴系后的平衡，目前国内各制造厂常是仅进行单个转子的低速或高速动平衡，轴系平衡需要电厂进行。

各个单转子在制造厂都经过了仔细平衡，但在电厂轴系运行条件下还会由于转子外伸端状态的变化、支承条件的不同、临界转速和振型的改变、靠背轮的对中不正效应、热状态（带负荷）的不同等导致平衡状态改变。

轴系平衡的要求在于消除由不同外伸端条件和支承条件引起的振型变化而造成的不平衡。应用轴系平衡方法还可以部分地解决由于靠背轮加工安装误差及带负荷引起的热不平衡所引起的振动。

为了有效地选择轴系动平衡方法，需要正确地寻找不平衡振源所在转子，为此需要知道轴系转子的不平衡振动响应特性。由计算和试验得出的轴系振动不平衡响应特性为：一个转子的质量不平衡主要是影响该转子本身的振动，其次是影响相邻两个转子的振动，再远则其影响是很弱的（临界转速下有些增加）。这一结论有助于寻找合适的轴系动平衡方法。

一个转子轴系的不平衡振动可以是两个相邻支承振动较大（包括相隔数个轴承后又有两个相邻轴承振动较大等）或者是各个轴承振动同时都较大。对于前者，根据不平衡振动的响应特性可知：振源就在两个相邻轴承所在的一跨转子，此时可以应用所有单转子平衡法，如振型分离法，谐分量法，联合使用振型法、谐分量法，影响系数法，最小二乘影响系数法，以及振型圆法等进行平衡。而对于后者即对于数个相邻转子都存在明显不平衡的情形，此时平衡的方法有两种。一种仍是分别地应用单转子的平衡方法来对各个转子平衡，即不考虑相邻转子间的影响，这时一次平衡后一般可望降低 $70\% \sim 80\%$ 的不平衡振动。为了进一步改善振动可以进行第二次的各单转子的平衡，因为此时各相邻转子的振动已下降很多，所以相互间的影响已经减弱。另一种是使用最小二乘影响系数法对多转子的多测点系统进行平衡。经验表明：由于施加质量对较远测点的影响系数不易测准，误差较大，所以在应用最小二乘影响系数平衡法时转子跨数不宜太多，一般以 $1 \sim 2$ 个转子为宜，不超过三个，这要视影响系数的大小而定。

综上所述，轴系动平衡法实质上是根据不平衡振动响应特性，将之化为轴系中各个单转子的平衡或者分段地应用最小二乘影响系数法进行平衡。

第七章　汽轮机凝汽设备及系统

第一节　汽轮机凝汽设备及系统概述

凝汽式汽轮机是现代火力发电厂和核电站中广泛采用的典型汽轮机,凝汽设备则是凝汽式机组的一个重要组成部分。凝汽设备工作性能的好坏直接影响着整个机组的热经济性和安全性。因此,掌握凝汽设备的工作原理及特性是十分必要的。

一、凝汽设备的组成及任务

凝汽设备通常由表面式凝汽器、抽气设备、凝结水泵、循环水泵以及这些部件之间的连接管道组成,如图 7-1 所示。

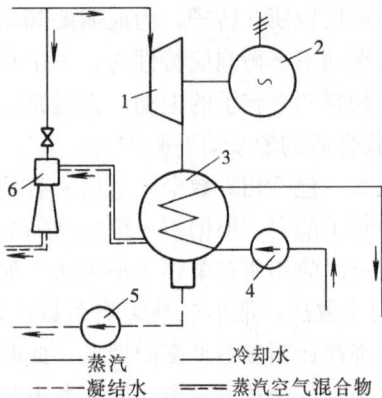

图 7-1　凝汽设备的原则性系统
1—汽轮机;2—发电机;3—凝汽器;
4—循环水泵;5—凝结水泵;6—抽气器

排汽离开汽轮机后进入凝汽器 3,凝汽器内流入由循环水泵 4 提供的冷却工质,将汽轮机乏汽凝结为水。由于蒸汽凝结为水时,体积骤然缩小(例如在 0.0049MPa 的压力下,干蒸汽的比容为饱和水比容的 28000 多倍),从而在原来被蒸汽充满的凝汽器封闭空间中形成高度真空。为保持所形成的真空,抽气器 6 则不断地将漏入凝汽器内的空气抽出,以防不凝结气体在凝汽器内积聚,使凝汽器内压力升高。集中于凝汽器底部的凝结水,则通过凝结水泵 6 送往除氧器方向作为锅炉的给水。

所以,凝汽设备的任务是:

(1) 在汽轮机排汽口建立并维持高度真空;

(2) 将汽轮机的排汽凝结成洁净的凝结水作为锅炉的给水循环使用。

凝汽器大都采用水作为冷却工质。在特别缺水的地区或移动式电站,则可采用空气作为冷却工质。

表面式凝汽器在火电站和核电站中得到广泛应用,图 7-2 为表面式凝汽器的结构示意图,冷却水由进水管 4 进入凝汽器;先进入下部冷却水管内,通过回流水室 5 进入上部冷却水管内,再由出水管 6 排出。同一股冷却水在凝汽器内转向前后两次流经冷却水管,这称为双流程凝汽器,同一股冷却水不在凝汽器内转向的,称为单流程凝汽器。冷却水管 2 安装在管板 3 上,蒸汽进入凝汽器后,在冷却水管外汽测空间冷凝,凝结水汇集在下部热井 7 中,由凝结水泵抽走。

凝汽器的传热面分为主凝结区 10 和空气冷却区 8 两部分,这两部分之间用挡板 9 隔开,空气冷却区的面积约占凝汽器面积的 5%～10%,设置空气冷却区,可使蒸汽进一步凝结,使被抽出的蒸汽—空气混合物中的蒸汽量大为减少,减少了工质的浪费;同时,汽—气混合物进一步被冷却使其容积流量减小,减轻了抽气器的负担。

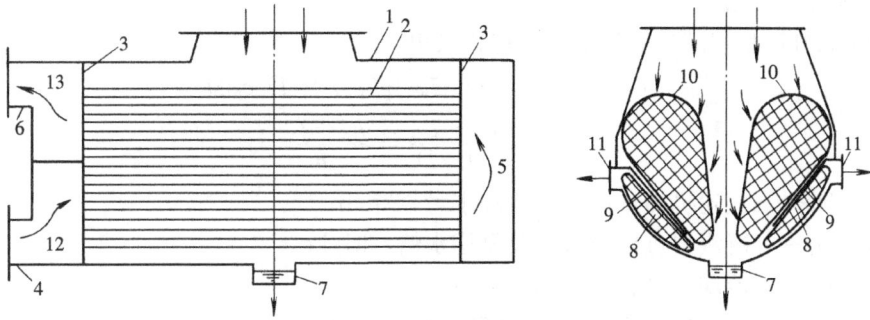

图 7-2　表面式凝汽器结构

1—外壳；2—冷却水管；3—管板；4—冷却水进水管；5—冷却水回水室；6—冷却水出水管；
7—热井；8—空气冷却区；9—空气冷却区挡板；10—主凝结区；11—空气抽出口；
12—冷却水进水室；13—冷却水出水室

二、凝汽器内压力的确定

在凝汽器内，蒸汽是在汽侧压力相应的饱和温度下凝结。在理想情况下，凝汽器内只有蒸汽而没有其他气体，凝汽器汽侧各处的压力是相同的，蒸汽则在汽侧压力相对应的饱和温度下进行等压凝结。若冷却水量和冷却面积均为无限大，蒸汽与冷却水之间的传热端差等于零，则凝汽器内的压力就等于冷却水温度相对应的饱和蒸汽压力。然而由于冷却水量和冷却面积不可能为无限大，且传热必然存在一定温差，所以蒸汽凝结温度要高于冷却水的温度，因此实际凝汽压力总是高于这一理想压力。由前面的分析可知，在主凝结区内，凝汽器总压力 p_c 基本等于蒸汽分压力 p_s，即 $p_c \approx p_s$。p_s 可由相对应的饱和温度 t_s 来确定，而 t_s 则需根据蒸汽与冷却水的传热温度曲线确定。

凝汽器中蒸汽和冷却水的传热近似于对流换热情况，其温度沿冷却表面的分布如图 7-3 所示。由图可见，蒸汽温度在大部分冷却面内并不改变，只是到了空气冷却区，由于蒸汽已大量凝结，空气相对含量增加，使蒸汽分压力 p_s 显著低于凝汽器压力 p_c，此时 p_s 所对应的饱和温度 t_s 才会明显下降。而在冷却水吸热

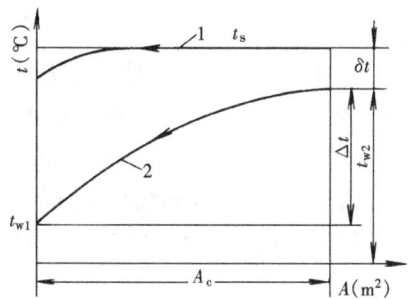

图 7-3　凝汽器中蒸汽和冷却水温度
沿冷却表面的分布

1—饱和蒸汽放热过程；2—冷却水的温升过程

过程中，温度变化曲线在进水端较陡。这是由于进水端传热温差较大、换热面负荷较大所致。显然，蒸汽凝结的温度 t_s 应由下式确定：

$$t_s = t_{w1} + (t_{w2} - t_{w1}) + \delta t = t_{w1} + \Delta t + \delta t \tag{7-1}$$

式中　t_{w1}、t_{w2}——冷却水进、出口温度，℃；

Δt——冷却水温升，℃，$\Delta t = t_{w2} - t_{w1}$；

δt——传热端差或称端差，℃，$\delta t = t_s - t_{w2}$。

由式（7-1）可知，汽轮机运行时，只要知道当时的 t_{w1}、Δt 和 δt 的数值，就可求得饱和蒸汽温度 t_s，进而可从蒸汽图表上查得 p_s 即 p_c 值。冷却水进口温度 t_{w1} 取决于供水方式、季节和地区的不同，而与凝汽器的运行情况无关。下面讨论 Δt 及 δt 如何确定。

1. 冷却水温升 Δt

冷却水温升可根据凝汽器热平衡方程式求出：

$$D_c(h_c - \bar{\tau}_c) = D_w(\bar{\tau}_{w2} - \bar{\tau}_{w1}) = D_w c_p \Delta t$$

故

$$\Delta t = \frac{h_c - \bar{\tau}_c}{c_p D_w / D_c} = \frac{h_c - \bar{\tau}_c}{c_p m} \tag{7-2}$$

式中　D_c、D_w——汽轮机的排汽量及冷却水量，kg/h；

　　　h_c、$\bar{\tau}_c$——凝汽器进口蒸汽焓及凝结水焓，kJ/kg；

　　　$\bar{\tau}_{w1}$、$\bar{\tau}_{w2}$——冷却水进、出口的焓，kJ/kg；

　　　c_p——水的定压比热，对循环冷却水，可取 $c_p = 4.1868$。

比值 $m = D_w / D_c$，称为凝汽器的冷却倍率或循环倍率。增大 m，则 Δt 减小，由式 (7-1) 知，t_s 也相应减小，凝汽器就可以达到较低的压力，但由于冷却水量的增大，循环水泵的耗功也增大，冷却水管的直径也加大，同时由于排汽比容增大，末级叶片尺寸也相应加大，电站投资增大。因此 m 值的确定应通过技术经济比较，现代凝汽器的 m 值约在 50～120 的范围内，一般情况下，凝汽器开式供水或采用单流程时，m 可选用较大值。$(h_c - \bar{\tau}_c)$ 是每千克蒸汽的凝结放热量，在通常的凝汽压力范围内 $(h_c - \bar{\tau}_c)$ 变化很小，对大型汽轮机，约为 2180kJ/kg，于是式 (7-2) 可改写为

$$\Delta t = \frac{520}{m} = 520 \frac{D_c}{D_w} \tag{7-3}$$

式 (7-3) 表明，当冷却水量 D_w 一定时，冷却水温升 Δt 取决于排汽量 D_c，并与 D_c 成正比。

汽轮机在运行时，排汽量 D_c 是由机组所带负荷决定的，不可随意调节。运行人员可通过改变冷却水量 D_w 来控制冷却水温升 Δt。增加 D_w，一方面可降低汽轮机排汽压力，使汽轮机所发功率增加；另一方面却增加了循环水泵耗功。所以只有在由于增加 D_w 使汽轮机的得益大于循环水泵因此而多消耗的功率时，增加 D_w 才是合理的。对每台凝汽器，应通过试验来确定它的最有利真空。所谓最有利真空，是指提高真空所获得的净收益为最大时的真空。

2. 传热端差 δt

传热端差 δt 与冷却面积 A_c、传热量 Q 及总体传热系数 K 有关，传热越强，端差就越小。由凝汽器的传热方程可知蒸汽在凝结时，传给冷却水的热量 Q 为

$$Q = D_c(h_c - \bar{\tau}_c) = A_c K \Delta t_m = D_w c_p \Delta t \tag{7-4}$$

若以对数平均温差作为蒸汽与冷却水的平均传热温差 Δt_m，并假定蒸汽温度 t_s 沿冷却面积不变，则

$$\Delta t_m = \frac{\Delta t}{\ln \dfrac{\Delta t + \delta t}{\delta t}} \tag{7-5}$$

将式 (7-5) 代入式 (7-4) 得

$$A_c = \frac{D_w c_p}{k} \ln \frac{\Delta t + \delta t}{\delta t}$$

故

$$\delta t = \frac{\Delta t}{e^{\frac{k A_c}{D_w c_p}} - 1} \tag{7-6}$$

式中　　A_c——冷却水管外表总面积，m^2；

　　　　k——凝汽器的总传热系数，$kJ/（m^2 \cdot h \cdot K）$；

　　D_w——冷却水量，kg/h。

总传热系数 K 受许多因素的影响，如冷却水进口温度、冷却水流速、管径、流程数、管子材料，冷却表面洁净程度、空气含量、蒸汽速度及管子排列方式等。设计时多采用经验公式估算 K 值。由于试验条件不同，整理出来的经验公式也不相同，需要时可参考有关资料。

减小端差 δt 可使 t_s 降低，真空提高。但传热端差 δt 由于受传热面积等因素的制约，其值不宜太小，设计时 δt 常取 $3\sim10℃$。多流程凝汽器可取偏小值，单流程可取偏大值。

三、凝汽器的变工况

随着季节、机组负荷以及循环水泵工作情况的改变，t_{w1}、D_c、D_w 等都会发生变化。因此，运行中凝汽器的压力 p_c 也会发生变化。凝汽器不在设计条件下工作时的工况称为凝汽器的变工况。凝汽器压力 p_c 随 t_{w1}、D_c 和 D_w 变化而变化的规律，称为凝汽器的变工况特性。

从前面的讨论已知，p_c 可由排汽温度 t_s 求得，因此只要求得 t_{w1}、D_c 和 D_w 变化时相应的 Δt 和 δt 值，就可求得不同工况下的凝汽器压力。

1. 循环水温升 Δt

由式（7-3）得

$$\Delta t = \frac{520}{D_w}D_c = \alpha D_c \tag{7-7}$$

即当冷却水量 D_w 不变时，冷却水温升 Δt 与凝汽器负荷 D_c 成正比，其关系为一直线；而冷却水量 D_w 越大，α 越小，直线的斜率越小。

2. 传热端差 δt

将式（7-7）代入式（7-6）可得

$$\delta t = \frac{\alpha D_c}{e^{\frac{kA_c}{D_w c_p}} - 1} \tag{7-8}$$

由式（7-8）可知，当冷却水量 D_w 和传热系数 k 都不变时，δt 与 D_c 也成正比关系，如图 7-4 中的虚线所示。试验证明，D_c 在设计工况附近变化时，传热系数 K 几乎保持不变。而当 D_c 小于设计值较多时，由于汽轮机内负压区域的扩大，漏入凝汽器的空气量增大使传热系数 K 减小。K 值的减小将使式（7-8）的分母减小，因此，当 D_c 下降到一定程度后，δt 将不再随 D_c 的减小而下降，而是几乎维持不变，变化关系如图 7-4 中的实线所示。由图可见，t_{w1} 越低，保持 δt 不变的水平段越长。这是由于 t_{w1} 越低，真空越高，漏入的空气量较多，对传热系数 K 的影响就越显著。

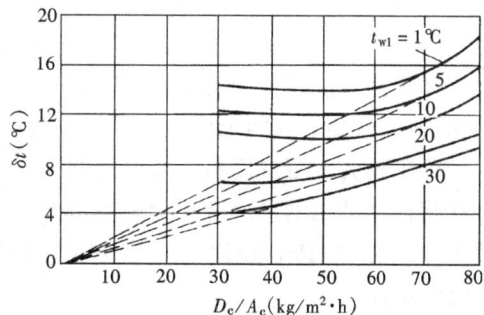

图 7-4　传热端差 δt 与热负荷率 D_c/A_c 及 t_{w1} 的关系

3. 凝汽器的特性曲线

根据上面得到的关系，对不同的 D_w、D_c、t_{w1} 和 K 值，可求出对应的 Δt 和 δt，进而可

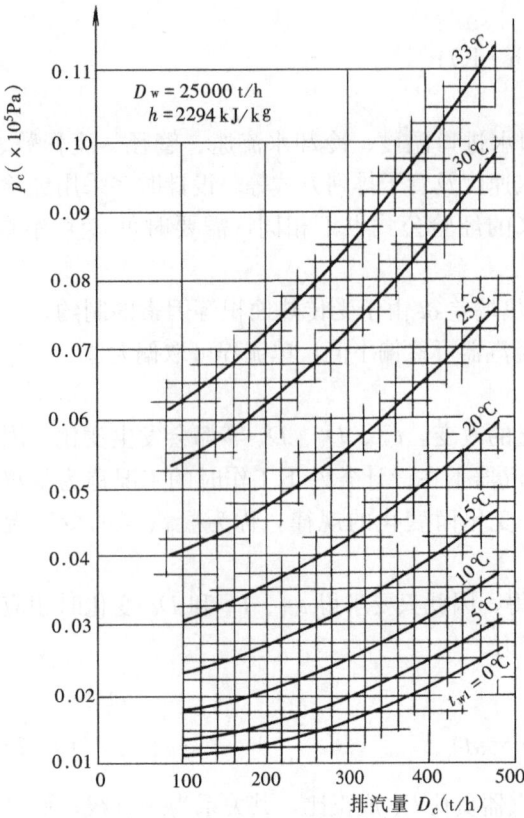

图 7 - 5　N—11220—1 型凝汽器特性曲线

确定凝汽器压力 p_c。为了便于使用，通常将 p_c 与 D_w、D_c 及 t_{w1} 的关系绘制成曲线，如图 7 - 5 所示，该曲线称凝汽器特性曲线。

由图 7 - 5 可见，在一定冷却水和冷却水进口温度下，凝汽器压力随汽轮机负荷的减小而降低，即凝汽器真空随负荷的降低而升高。当冷却水量和汽轮机负荷不变时，凝汽器真空将随冷却水进口温度的降低而升高。因此，在其他条件相同的情况下，冬天凝汽器真空较夏天为高。

四、凝汽器的运行

凝汽器的运行好坏对汽轮机组运行的安全性和经济性是十分重要的。凝汽器压力升高 1kPa，会使汽轮机的汽耗量增加 1.5% ～ 2.5%。凝结水的含氧量也和过冷度有关，当过冷度增大，则含氧量升高，将影响蒸汽的品质；同时，凝结水的过冷度增加 1℃，机组煤耗量将增加 0.13%。循环水泵的耗电量是比较大的，一般占机组总发电量的 1.2% ～ 2%，因此，凝汽器的经济运行是很有意义的。对凝汽器运行的要求主要是保证达到最有利的真空、减小凝结水的过冷度和保证凝结水品质合格。

对凝汽器运行、真空下降的原因等在前面已有基本叙述，下面就一些具体问题再作一些说明。

1. 凝汽器的汽阻和水阻

(1) 汽阻。如前所述，如图 7 - 2 所示，抽气设备不断地将凝汽器内不凝结的空气和其他气体由空气抽出口 11 抽出，无疑在空气抽出口处的压力 p_c'' 最低，而凝汽器蒸汽入口处的压力 p_c 最高，这两个压力之差就是蒸汽空气混合物的流动阻力，称为凝汽器的汽阻。

汽阻越大，凝汽器蒸汽入口处的压力越高，汽轮机运行经济性降低。同时，由于汽阻的存在将使凝结水的过冷度和含氧量增大，因此应力求减小凝汽器的汽阻值。凝汽器的汽阻一般不应超过 660Pa，现代凝汽器冷却水管的排列很好，汽阻可以小到 260～400Pa，甚至只有 130Pa 左右。

(2) 水阻。冷却水在凝汽器内的循环通道中所受到的阻力称为水阻。凝汽器中的水阻主要包括冷却水在冷却水管内的流动阻力、冷却水进入和离开冷却水管时产生的局部阻力、以及冷却水在水室中和进出水室时的阻力三部分组成。

水阻的大小对循环水泵的选择、管道布置均有影响，水阻越大，循环水泵的耗功也越大，一般应通过技术经济比较来合理确定，大多数双流程凝汽器的水阻在 50kPa 以下，单流程凝汽器的水阻一般不超过 40kPa。

2. 凝结水过冷

除了凝汽器的真空下降外，凝汽器的另一个严重的工作不正常现象是凝结水的过冷。理想情况下，凝结水的温度应该是凝汽器压力下的饱和温度，当凝结水的温度低于凝汽器压力下的饱和温度时，即为凝结水过冷，所低的度数称为过冷度。

由于凝结水过冷，表明蒸汽冷凝过程中，传给冷却水的热量增大，冷却水带走了额外的热量，降低了汽轮机组的热经济性；此外，凝结水的含氧量也与凝结水的过冷度有关，往往是因凝结水过冷而产生的结果。

凝汽器运行中产生凝结水过冷可能是凝汽器设计中的问题，也可能是运行不当而产生。产生过冷度的主要原因有：

（1）从传热的角度分析，凝结水过冷是必然会产生的。因为在蒸汽凝结的过程中，在冷却水管的外表面形成水膜，水膜外表面的温度是所处压力下的饱和温度，而水膜内表面处的温度可视为水管内冷却水的温度，而水膜增厚产生的水滴温度是水膜内外表面温度的平均温度，显然它总是要低于所处压力下的饱和温度。

（2）设计中冷却水管的排列不当，例如管束上排冷却水管产生的凝结水下滴时再与下排冷却水管接触，凝结水再次被冷却，将使过冷增大。

（3）凝汽器内应设有蒸汽通道，使刚进入凝汽器的蒸汽可直接到达凝汽器的底部，以加热凝结水，这种凝汽器称为回热式凝汽器。当回热效果好时，凝结水的过冷度可小于1℃。当回热通道布置不当或管束布置过密，将产生凝结水的过冷。

（4）凝汽器的汽阻过大，使得凝汽器内管束中、下部形成的凝结水温度较低，而产生过冷。

（5）当凝汽器漏入空气增多，或抽气设备工作不正常，凝汽器内积存有空气。此时空气分压提高，蒸汽分压降低，而凝结水是在对应蒸汽分压的饱和温度下冷凝，所以凝结水温度必然低于凝汽器压力下的饱和温度，而产生过冷。

（6）运行中凝汽器热井中水位调节不当，凝结水水位过高，淹没了凝汽器下部的冷却水管，使凝结水再次被冷却，过冷度必然增大。

3. 空气的影响

尽管凝汽器在装配过程中，都要作泵水试验，以保证凝汽器的严密性，但在运行中，由于种种原因，空气和循环水总是或多或少地漏进以凝汽器为主的真空系统内。这种漏泄要影响机组的经济性和安全性，漏泄严重时要被迫停机。

当空气漏入凝汽器后，凝汽器内的真空降低，换热效果降低，凝结水中的含氧量增加，设备的腐蚀速度加快，蒸汽分压相对降低，其凝结水温度低于凝汽器内总压力 p_c 所对应的饱和温度，过冷度增加。

为了监视凝汽设备在运行中的严密性，要定期作真空严密性试验。其试验方法是：先记录下试验前的真空值，使机组保持80％额定负荷，当关闭出气门后的3～5min内，真空下降速度小于2～3mmHg/min 为合格。但总的真空下降不得超过规定值。

4. 凝结水水质的监视

凝结水水质不良主要是由于冷却水漏出管外而引起，因此应经常对凝结水水质进行监视。冷却水泄漏的原因是冷却水管被腐蚀，或是冷却水管与管板的接口不严密。若发现水质不合格时，则应查找出冷却水管的泄漏位置，再将这些水管堵塞。

5. 真空除氧

凝结水含氧量大是导致铜管及凝结水系统管道阀门腐蚀、降低设备寿命的重要原因，故超高压以上机组的凝汽器一般都设有真空除氧装置，其形式多为淋水盘式，结构如图 7-6 所示。凝结水进入热井前，首先沿集水板流入带有许多小孔的淋水盘，水自小孔流下形成水帘。由于凝结水的表面积增大，所以溶于水中的气体就易于逸出，而当水下落到角铁上溅成细小的水滴时表面积再次增大，故起到了进一步除氧的作用。为了使逸出的不凝结气体能够及时排走，在真空除氧装置上方有管子将其引到空气冷却区，最后由抽气器抽出。

一般真空除氧装置在 60% 以上负荷时除氧效果较好，但在低负荷尤其是机组启动时，少量蒸汽在凝汽器入口段就已凝结，不能到达热井回热凝结水，使水有较大的过冷度，故真空除氧效果恶化；另外，低负荷时汽轮机内负压区域的扩大使漏入空气量增大，因此使凝结水的含氧量增大。为了改善低负荷时的真空除氧效果，设计先进的机组在凝汽器中增设了鼓泡除氧装置，如图 7-7 所示。热井中的凝结水被蒸汽鼓泡搅动而混合并加热至饱和温度，使非凝结气体从水中逸出。这种装置可以在机组启动、低负荷和其他正常工况下投运。

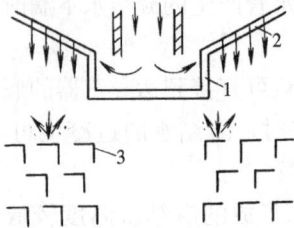

图 7-6　淋水盘式真空除氧装置
1—长水槽；2—淋水盘；3—溅水角铁

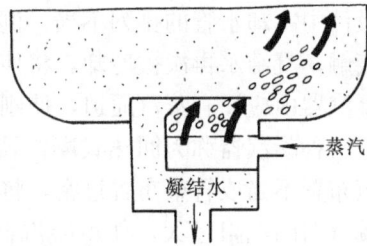

图 7-7　凝汽器中的鼓泡除氧装置

6. 凝汽器的胶球清洗装置

凝汽器冷却水管常常会受到污染，包括汽侧污染和水侧污染。汽侧污染主要是亚硫酸盐和石碳酸盐附着在冷却水管外表面所致，一般可用 80～90℃ 的热水冲洗掉。较为严重的是水侧污染，不论是开式供水还是闭式供水，冷却水所带入的泥沙、污秽的物质和加热过程中分解出的盐分等均会不同程度地沉积在冷却水管的内表面上。其中的有机物质附着在管子内表面形成微生物附面层。由于附着物的传热性能很差，将导致凝汽器真空降低，影响汽轮机的出力和运行经济性；此外，它还会加速冷却水管的腐蚀，甚至造成穿孔，使冷却水漏入凝结水中，恶化凝结水水质，影响机组安全运行，因此在火电厂中广泛采用凝汽器胶球自动清洗装置。

图 7-8 为胶球自动清洗装置示意图。可以看出，胶球泵 7 输出的压力水将加球室 8 内的胶球带出，经注球管 3 注入凝汽器的冷却水进水管，胶球和冷却水一道进入冷却水管。胶球是一种质地柔软的，且富有弹性的海绵橡胶球，其直径比冷却水管内径大 1～2mm，在水管中，胶球形状被压缩成卵形，与水管内壁形成整圈的接触面，在胶球行进过程中，通过胶球对水管内壁的挤压和摩擦将壁面的污垢随胶球一起带出管外，当胶球离开水管时，在自身弹力的作用下，突然恢复原状，使胶球表面带出的污垢脱落，并随冷却水排出，胶球被安装在凝汽器冷却水出口管上的胶球网 6 回收，经胶球泵 7 加压后，重新进入加球室 8 循环使用。

胶球清洗装置的使用效果与冷却水的净化程度有很大关系，既要求安装在循环水泵进水

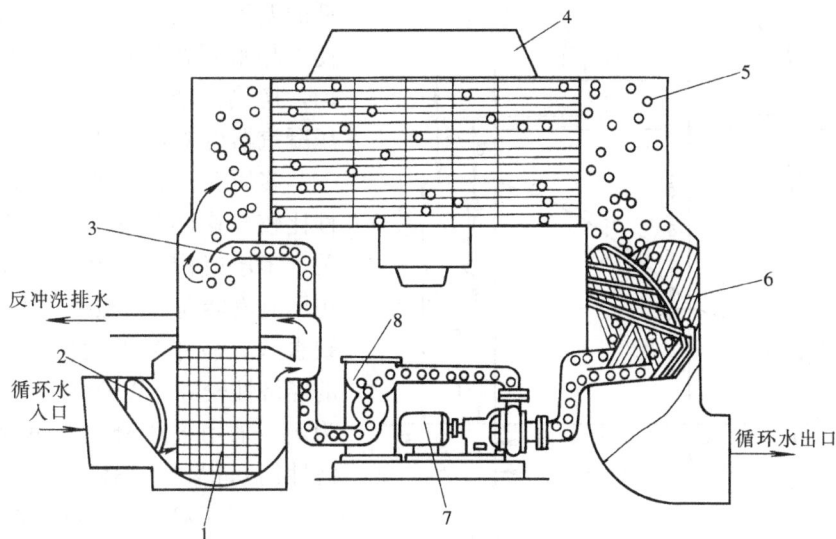

图 7 - 8 胶球自动清洗装置

1—二次滤网；2—反冲洗蝶阀；3—注球管；4—凝汽器；
5—胶球；6—收球网；7—胶球泵；8—加球室

管上的一次滤网保持良好工作状态，又要求安装在冷却水进水管上的二次滤网 1 有良好的净化效果。

五、多压凝汽器

随着单机容量的增加，汽轮机排汽口也相应增加，为了提高凝汽器的效率，对应着各排汽口，将凝汽器汽侧分隔为几个互不相通的汽室，冷却水管依次穿过各汽室，由于各汽室中冷却水进水温度不同，各汽室的汽侧压力也不同，这种凝汽器就称为多压凝汽器。图 7 - 9 (a) 表示单压凝汽器，四个排汽口的凝汽器压力都相同，以 p_c 表示；图 7 - 9 (b) 表示该机组改为双压凝汽器，仅将上边的单压凝汽器汽侧用中间隔板分为两个汽室，冷却水流程不作任何变化，由于两个汽室中冷却水温度不同，显然有 $p_{c1} < p_{c2}$。同理，也可以制造成三压或四压的多压凝汽器。

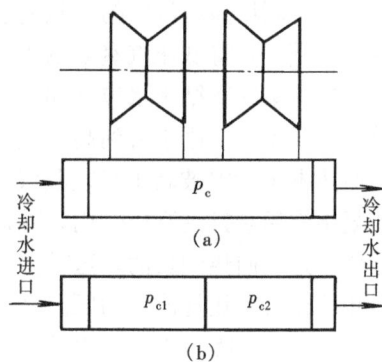

图 7 - 9 多压凝汽器示意图
(a) 单压凝汽器；(b) 双压凝汽器

1. 多压凝汽器的工作原理

图 7 - 10 所示为单压凝汽器（虚线所示）和双压凝汽器（实线所示）的传热工况。如果把热负荷为 Q，冷却面积为 F_c 的单压凝汽器改装为冷却面积各为 $F_c/2$ 的双压凝汽器，并保持冷却水量不变，则凝汽器中冷却水及蒸汽的温度分布将相应改变。在冷却水总吸热量相同的情况下，单压和双压凝汽器的冷却水最终出口温度是相同的。在凝汽器内的传热过程中，由于冷却水进口端的蒸汽和冷却水的平均传热温差较大，单位面积的传热负荷较大，所以冷却水的温升曲线在进口端较陡，在出口端较平缓。图 7 - 10 中的虚线和实线分别表示了冷却水通过单压和双压凝汽器时的温升情况。由图可见，对应同一冷却表面，双压凝汽器冷却水的温度比单压的低。如汽侧腔室分为无穷多个时，冷却水温升曲线就接近直线，蒸汽可在更

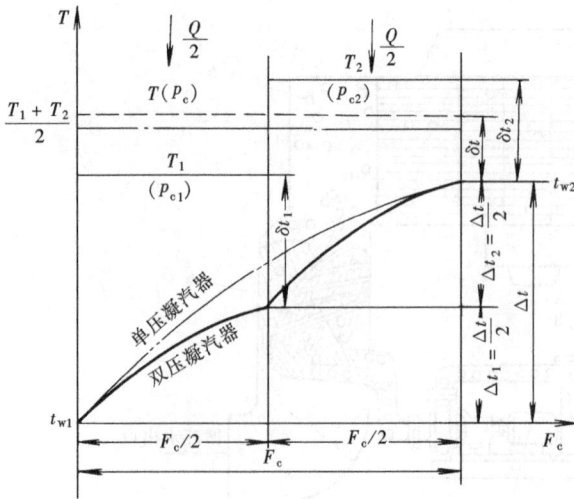

图 7-10　双压凝汽器中蒸汽和冷却水
温度沿冷却表面的分布情况

低的温度下凝结。另外，多压凝汽器使冷却水管在长度方向热负荷更趋均匀，换热面能被充分利用。因此，多压凝汽器可望获得更低的平均压力。

多压凝汽器与单压凝汽器的经济性比较与影响传热工况的多个因素有关，多压凝汽器的经济性并不一定比单压凝汽器高。一般冷却水温 t_{w1} 较高、缺水（m 较小）的地区，多压凝汽器的经济性较好。以 $600\sim1000MW$ 机组为例，采用多压凝汽器可提高电厂经济性约 $0.2\%\sim0.3\%$。

2. 多压凝汽器的结构特点

（1）凝结水的过冷问题。由于多压凝汽器各汽室的压力不同，所以不同汽室的凝结水温度也不同，高压汽室中的蒸汽温度高于各低压汽室的平均温度。若高压汽室中的凝结水自流入低压侧，则最后的凝结水温度将低于单压凝汽器的凝结水温度，产生过冷。解决该问题的办法是将低压汽室的凝结水送入高压汽室，利用高压汽室的蒸汽将它加热。具体方法有两种：其一是将低压汽室凝结水收集箱水位设计成高于高压汽室的凝结水水位（如图 7-11），使低压侧凝结水依靠重力作用溢流到高压汽室，并在高压汽室内的回热淋水盘中被高压汽室蒸汽加热；其二是将低压侧凝结水用泵打到高压侧内，并通过特制的喷头将其雾化，达到回热的目的，这是多压凝汽器与单压凝汽器相比使机组热耗改善的原因之一。

（2）汽室隔板上冷却水管管孔处的密封问题。因为多压凝汽器两个汽室之间存在着压力差，蒸汽在这个压差作用下，将从冷却水管管孔处的间隙中由高压

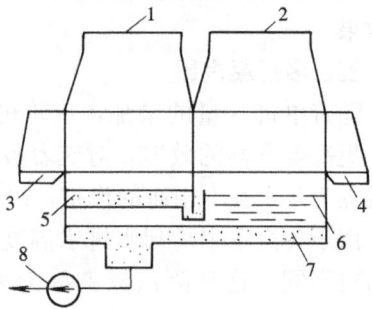

图 7-11　多压凝汽器凝结水的收集方式
1、2—排汽进口；3—冷却水进口；4—冷却水
出口；5—低压汽室凝结水收集水箱；6—回热
淋水盘；7—凝结水贮存箱；8—凝结水泵

侧漏向低压侧，结果使凝汽器中的压力发生变化，降低多压凝汽器的效果。该问题的解决要求是密封效果要好，并且工艺性能也好，以便于冷却水管的装配和更换。解决的办法中有代表性的方法如图 7-12 所示。图中（a）是将尼龙制的密封衬套插入在隔板与冷却水管之间，每个密封衬套的顶端部分的内径要比冷却水管的外径稍小，由于是利用其弹性来密封，因此这种方法可以完全防止蒸汽"短路"。图中（b）是将隔板与冷却水管之间的间隙做成尽可能地小，虽然不能使蒸汽"短路"完全没有，但是可被限制到对多压凝汽器的性能不受到破坏影响的程度。图中（c）是将间隔不大的两块隔板，通过上下盖板构成密封汽室。在下端设有 U 形密封的排水管，隔板与冷却水管之间的间隙与图中（b）的要求相同，只要适当选取这个密封汽室内的冷却面积，使得从冷却水管与隔板间隙漏入的蒸汽冷凝，以获得比左右两边任一个蒸汽室都要高的真空度，这就起到了对高、低压侧进行密封的作用。

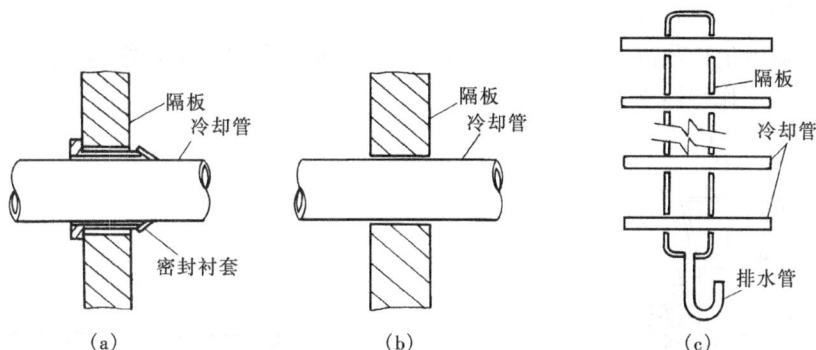

图 7-12　隔开部分的密封方法

六、抽气设备

抽气器的任务是抽除凝汽器内不凝结的气体，以维持凝汽器的正常真空。所以抽气器的工作正常与否对凝汽器压力的影响很大。抽气设备的型式很多，应用较多的有射汽抽气器、射水抽气器和水环式真空泵等。

1. 射汽抽气器

图 7-13 为射汽抽气器的工作原理示意图。它主要由三部分组成：工作喷管 A、混合室 B 和扩压管 C。工作蒸汽进入缩放喷管 A，膨胀加速至 1000m/s 以上，从而在喷管出口即混合室 B 中形成高度真空。混合室的入口与凝汽器抽气口相连，蒸汽—空气混合物不断地被吸入混合室混合后，

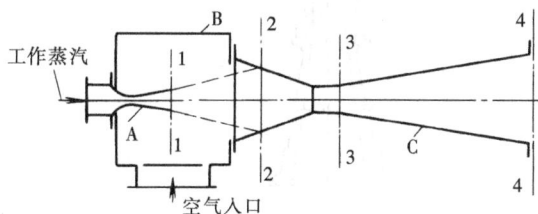

图 7-13　射汽式抽气器工作原理
A—工作喷管；B—混合室；C—扩压管

由高速汽流夹带着一起进入扩压管 C，在扩压管中混合汽流的动能转换为压力能，速度降低，压力升高，最后在压缩至略高于大气压力的情况下排出。

单级射汽抽气器一般用于启动抽气器，其设计的抽吸能力较大，但工作蒸汽的热量和工质都不能回收，很不经济。正常运行时维持真空的主抽气器一般是多级的，图 7-14 为两级抽气器热力系统简图。由图可见，抽气器中间冷却器的冷却水为主凝结水。这种设计可使凝结水回收工作蒸汽热量和工质，降低汽气混合物的温度从而减轻下级抽气器的负担，提高抽气器的效率。

2. 射水抽气器

图 7-15 为射水抽气器结构示意图。由射水泵来的工作水，经喷管 3 将压力能转变为速度能，以一定速度喷出，使混合室 2 中形成高度真空，将凝汽器中的蒸汽、空气混合物吸入，混合后进入扩压管 1，经扩压后在略高于大气压力的情况排出。当水泵发生故障时，逆止门 4 自动关闭，以防止水和空

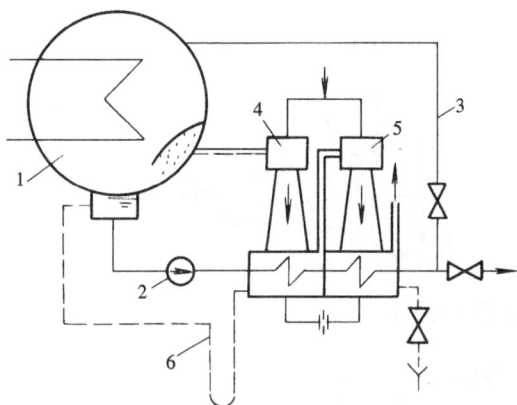

图 7-14　两级抽气器热力系统
1—凝汽器；2—凝结水泵；3—凝结水再循环管；
4—第一级抽气器；5—第二级抽气器；6—水封管

气倒流入凝汽器。

　　射水抽气器不消耗蒸汽，运行费用较低，且具有系统简单、结构紧凑、运行可靠、维护方便等优点，但工作特性易受水温的影响。

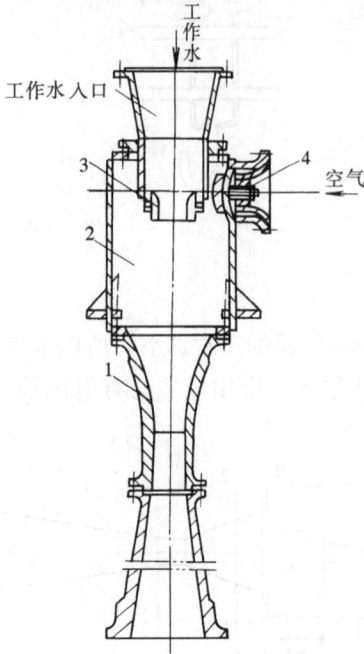

图 7-15　射水抽气器结构
1—扩压管；2—混合室；3—喷嘴；4—逆止门

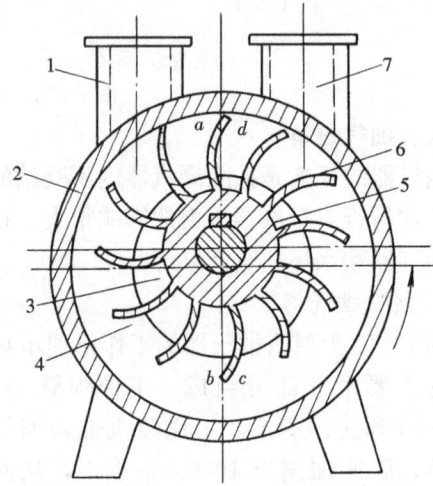

图 7-16　水环式真空泵结构原理
1—出气管；2—泵壳；3—空腔；4—水环；5—叶轮；
6—叶片；7—吸气管

3. 水环式真空泵

　　水环式真空泵属于机械式抽气器，具有性能稳定效率高等优点，广泛用于大型汽轮机的凝汽设备上，但它的结构复杂，维护费用较高。图 7-16 为水环式真空泵的结构原理图，图 7-17 为其系统简图。

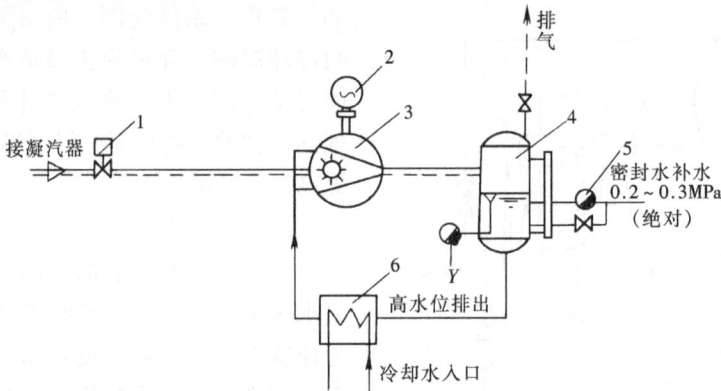

图 7-17　水环式真空泵系统
1—进气密封隔离阀；2—电动机；3—水环真空泵；4—气—水分离箱；
5—水位调节阀；6—工作水冷却器

水环式真空泵的叶轮偏心装置在圆形泵壳内,叶轮上装有后弯式叶片,转向如图中箭头所示。叶轮旋转时,工作水在离心力的作用下甩向周围,形成近似与泵壳同心的旋转水环。水环4、叶片与叶轮两端的盖板构成若干个空腔3。各空腔的容积呈周期性变化,类似于往复式活塞。在前半转,即由图中 a 处转到 b 处时,在水活塞的作用下,空腔增大,压力降低。端盖在靠近 b 点的处留有开口,空气由此开口被吸入。在后半转,当空腔由 c 转到 d 处时,空腔减小,压力升高,然后从靠近 d 点处的开口将空气排出。随气体一起排出的有一小部分水,经气水分离器分离后,气体被排空,水经冷却器后又被送回泵内,所以水的损失很少。为了保证恒定的水环,通过补水或溢流,应使气水分离器内的水位保持在一定范围内。

第二节 发电厂空冷系统

我国富煤地区,往往由于水资源相对贫乏而使电力工业的发展受到限制,因此丰富的煤炭资源不能很好地开发和利用,这在宏观经济上无疑是极大的损失。发电厂空冷系统就是为解决在“富煤缺水”地区或干旱地区建设火电厂而发展起来的。

一、发电厂空冷系统简介

目前,用于发电厂的空冷系统主要有三种,即直接空冷系统、带表面式凝汽器的间接空冷系统和带混合式凝汽器的间接空冷系统。

（一）直接空冷系统

直接空冷是指汽轮机的排汽直接用空气来冷凝,空气与蒸汽间进行表面式换热。所需空气,通常由机械通风方式供应。直接空冷的凝汽设备称为空冷凝汽器。直接空冷系统的流程如图 7-18 所示。汽轮机排汽通过粗大的排汽管道送到室外的空冷凝汽器内,轴流冷却风机使空气流过散热器（即空冷凝汽器）外表面,将排汽冷凝成水,凝结水再经凝结水泵送回汽轮机的回热系统。

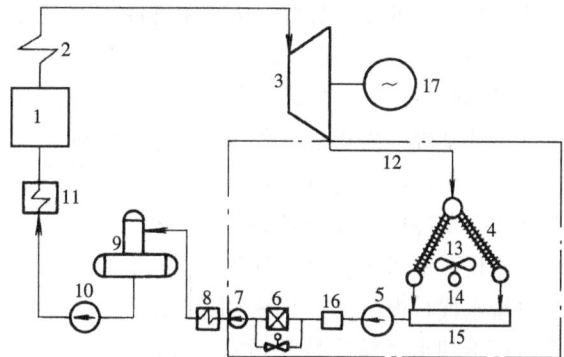

图 7-18 直接空冷机组原则性汽水系统

1—锅炉;2—过热器;3—汽轮机;4—空冷凝汽器;5—凝结水泵;6—凝结水精处理装置;7—凝结水升压泵;8—低压加热器;9—除氧器;10—给水泵;11—高压加热器;12—汽轮机排汽管道;13—轴流冷却风机;14—立式电动机;15—凝结水箱;16—除铁器;17—发电机

直接空冷系统的优点是设备少,系统简单,基建投资较少,占地少,空气量的调节灵活。该系统一般与高背压（大于 19.6kPa）汽轮机配套。这种系统的缺点是运行时粗大的排汽管道密封困难,维持排汽管内的真空困难,启动时为建立真空需要的时间较长。

（二）混合式间接空冷系统

又称海勒式间接空冷系统,如图 7-19 所示。主要由喷射式（混合式）凝汽器和装有福哥型散热器的空冷塔构成。由外表面经过防腐处理的圆形铝管、套以铝翅片的管束所组成的散热器,称为缺口冷却三角,在缺口处装上百叶窗就成为一个冷却三角。系统中的冷却水是高纯度的中性水（pH＝6.8～7.2）。中性冷却水进入凝汽器直接与汽轮机排汽混合并将其冷

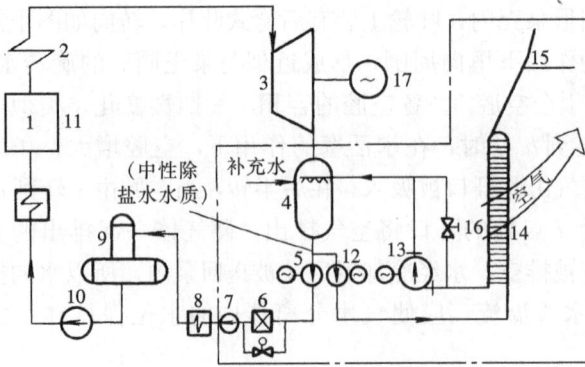

图 7-19　海勒式空冷机组原则性汽水系统

1—锅炉；2—过热器；3—汽轮机；4—喷射式凝汽器；5—凝结水泵；

6—凝结水精处理装置；7—凝结水升压泵；8—低压加热器；9—除氧器；

10—给水泵；11—高压加热器；12—冷却水循环泵；13—调压水轮机；

14—全铝制散热器；15—空冷塔；16—旁路节流阀；17—发电机

凝。受热后的冷却水绝大部分由冷却水循环泵送至空冷塔散热器，经与空气对流换热冷却后通过调压水轮机将冷却水再送至喷射式凝汽器进入下一个循环。受热的循环冷却水的极少部分经凝结水精处理装置处理后汽轮机送回热系统。该系统采用自然通风方式冷却。

海勒式间接空冷系统的优点是以微正压的低压水运行，较易掌握。可与中背压（9.8kPa 左右）汽轮机配套。配用海勒系统的汽轮机，其年平均背压低于直接空冷机组，稍低于哈蒙式间接空冷机组，故机组煤耗率较低。缺点是设备多、系统复杂、冷却水循环泵的泵坑较深、自动控制系统复杂、全铝制散热器的防冻性能差。

（三）带表面式凝汽器的间接空冷系统

又称哈蒙式间接空冷系统，如图 7-20 所示。这种空冷系统是在海勒式间接空冷系统的运行实践基础上发展起来的新系统。由表面式凝汽器与空冷塔构成。该系统与常规的湿冷系统基本相仿，不同之处是用空冷塔代替湿冷塔，用不锈钢管凝汽器代替铜管凝汽器，用碱性除盐水代替循环水，用密闭式循环冷却水系统代替开敞式循环冷却水系统。系统采用自然通风方式冷却。

哈蒙式间接空冷系统类似于湿冷系统，其优点是节约厂用电、设备少、冷却水系统与汽水系统分开，两者水质可按各自要求控制；冷却水量可根据季节调整，在高寒地区，在冷却水系统中可充以防冻液防冻。缺点是空冷塔占地大、基建投资多；系统中需进行两次换热，且都属表面式换热，使全厂效率有所降低。

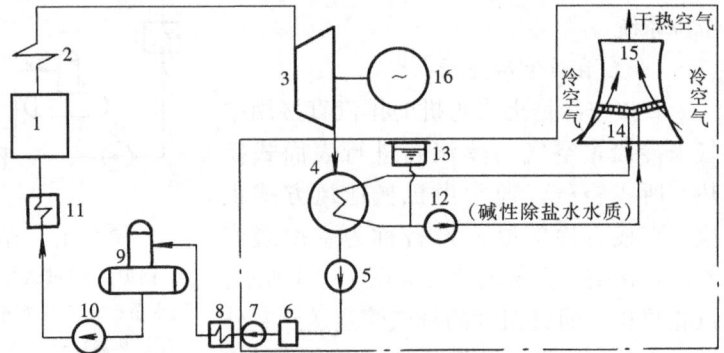

图 7-20　哈蒙式空冷机组原则性汽水系统

1—锅炉；2—过热器；3—汽轮机；4—表面式凝汽器；5—凝结水泵；

6—凝结水精处理装置；7—凝结水升压泵；8—低压加热器；9—除氧器；

10—给水泵；11—高压加热器；12—循环水泵；13—膨胀水箱；

14—全钢制散热器；15—空冷塔；16—发电机

二、空冷系统的设计背压及主要设计参数

（一）设计气温

空冷系统的热力计算采用的大气温度参数为大气干球温度。

在我国北方地区，冬季最低气温可达 $-30 \sim -20$℃，夏季最高气温可达 $35 \sim 40$℃。即使在一日之内，干球温度变幅也较大，温差可达 15℃ 左右。因此设计气温的选择要考虑气温变化时对机组运行的影响。既要考虑在夏季炎热时期机组能够尽量多发电，也要考虑冬季严寒期散热器的防冻、安全运行问题。另外，还要考虑建设投资、年运行费用、机组年发电量等各种因素。

空冷系统设计计算采用的气温单元为小时气温。即将典型年 8760h 的气温由高到低列出，制成典型年的小时气温统计表，绘制出典型年的小时气温历时频率曲线。设计气温的确定，目前我国尚无规范及标准可以遵循。现使用的方法有三种，得出的结果大致相同。目前采用较多的方法是按典型年小时气温统计表中 +5℃ 开始至最高气温值进行加权平均，取其平均值作为设计气温。

（二）初始温差

简称 ITD，其值为进入空冷散热器（或空冷凝汽器）的热介质温度与大气干球温度之差。对于间接空冷系统，即

$$ITD = t_{w1} - t_{a1} \quad （℃） \tag{7-9}$$

式中　t_{w1}——进入散热器的冷却水温度，℃；

　　　t_{a1}——环境大气干球温度，℃。

循环水热水温度 t_{w1} 取决于汽轮机的排汽温度（在凝汽器端差一定时）：

$$t_{w1} = t_c - \delta t \quad （℃） \tag{7-10}$$

式中　t_c——汽轮机排汽温度，℃；

　　　δt——凝汽器端差，℃。

对于直接空冷系统，即

$$ITD = t_c - t_{a1} \quad （℃） \tag{7-11}$$

式中　t_c——直接空冷凝汽器装置进口蒸汽温度，即汽轮机排汽温度，℃。

由以上公式可知，当环境空气温度一定时，ITD 的大小，取决于凝汽器的排汽温度。ITD 高，空冷散热器（或空冷凝汽器）可以利用的传热温差大，所需散热元件即可减少，即空冷系统投资可减少，但汽轮机热效率降低，机组煤耗增加。反之，增加空冷散热元件、增大空冷系统投资，但汽轮机热效率提高，机组煤耗降低，机组运行费用减少。

在火电厂空冷系统的设计中，ITD 的选择是根据电厂在电网中的性质、当地气象条件以及其他因素（如当地煤价、水价等）进行综合比较而确定。由于空冷系统投资较湿冷系统大得多，因此降低系统初投资是设计人员首要考虑的问题之一。因此目前都趋向于采用较高背压的机组。在工程设计中，最值 ITD 值需进行优化确定。

（三）汽轮机设计背压

汽轮机的设计背压与大气干球温度、设计 ITD 值密切相关。当设计气温确定之后，根据优选的 ITD 值，即可确定汽轮机的设计背压。对空冷汽轮机而言，由于其背压随大气干球温度变化，变化范围较大，汽轮机不可能在某一背压下长时间运行，因此要求汽轮机的背压能有一个比较大的范围，而且既要保证在设计的最高满发背压下安全可靠地运行，又要在设计的背压运行范围内取得较好的经济效益。

三、空冷汽轮机的变工况运行特点和结构要求

（一）汽轮机变工况运行特点

间接空冷系统的汽轮背压变化范围 5～30kPa；直接空冷系统的汽轮机背压较高，变化

范围更大，多在 $10\sim50$ kPa 之间。随着高背压及背压变化大的出现，对空冷汽轮机的安全运行影响很大。空冷汽轮机的主要技术特点是：末级叶片容积流量变化大；末级叶片有盐分沉积；低压缸排汽温度变化大。

1. 末级叶片容积流量变化大

可分为两种情况：

(1) 气温低、背压低、负荷大时，汽轮机容积流量偏大。其后果是：①余速损失大；②由于蒸汽速度加大，作用力增加，叶片弯曲应力增加；③当背压过低，容积流量过大时，因马赫数增大，有可能在末级叶片流通截面造成汽流阻塞，即使背压再降低，也不能增加机组功率。此时只有采取降低空冷设备冷却性能的措施（如减少运行风机台数、运行功率或关闭百叶窗）来提高汽轮机背压、增加进汽量，也就是用降低机组的经济性来维持汽轮机功率。因此，空冷汽轮机不宜在排汽压力较设计背压过低的工况下运行。

(2) 当气温高、背压高、负荷较小时，汽轮机末级叶片容积流量过小。叶片根部、顶部均会出现脱流现象，使得该处的蒸汽倒流，速度三角形发生了很大的变化，如图 7-21 所示。

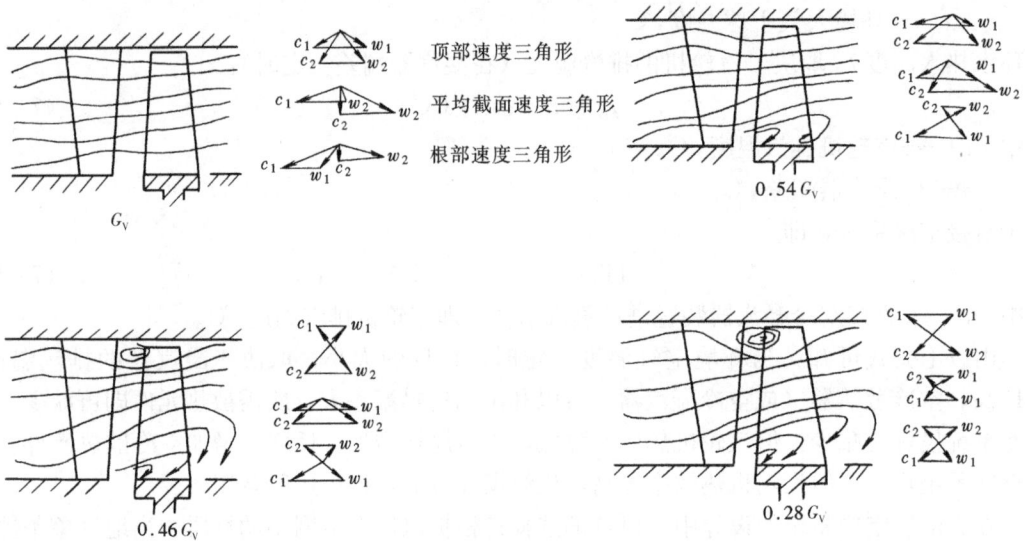

图 7-21 容积流量变化时的流线和速度三角形

由于叶片的根部、顶部脱流易形成漩涡区，不仅对叶片有冲蚀作用，而且还形成了稳定的扰动源，激发叶片产生振动，严重时会引起叶片组的颤振。

叶片颤振是一种自激振动，其激振力是由叶片本身的振动形成，与汽轮机转速无关。当发生自激振动时，振动的能量是不断从外部输入振动系统中功的积累，并且此能量逐渐增大，故振幅逐渐增大。但它与共振不同，共振是强迫振动的结果。当汽流流过振动叶片时，如果叶片受任何外部的作用发生轻微的振动，则由于叶片和汽流的相互作用，在叶片表面将产生一个波动的压力分布，这样就会产生一个力和运行之间的相位移，它导致在叶片上做功。如果在叶片一个振动周期内汽流对叶片做的功为负值，或者虽然功为正值，但小于叶片振动机械阻尼所消耗的功，叶片获得的总能量仍为负值，此时叶片振幅会逐渐减少直至消除，不会发生颤振；如果汽流流过叶片做的功为正值，而且大于机械阻尼所消耗的功，则能逐渐积累，叶片振幅逐渐增大，此时会发生叶片颤振。

汽轮机低负荷运行时，叶片顶部出现较大负冲角，并出现脱流，因而容易产生颤振。叶片发生颤振后，导致叶片内部动应力显著增大，从而易引起叶片裂纹。国外在 300MW 机组上曾经作过振动试验，当末级叶片容积流量过小和汽轮机偏离正常转速时，增加的振动应力相当于正常负荷值的 3～8 倍。另外，带水的湿蒸汽在末级叶片根部可能会产生倒流，对叶片根部造成冲刷，导致叶片安全性下降。以上情况对机组安全运行造成很大威胁。末级叶片容积流量过小还使末级叶片处产生鼓风作用而做负功。

如图 7 - 22 所示为东方汽轮机厂为大同第二发电厂 200MW 空冷机组制定的安全运行工况限制曲线，图中横坐标表示调节级后压力 p_2 及相当的进汽量 D；纵坐标表示背压。由背压及进汽量可得出相对容积流量 $\overline{G_V}$。所谓相对容积流量，是指在某种工况下流经末级叶片的容积流量与设计工况下，额定负荷下的容积流量的比值。当 $\overline{G_V} \geqslant 0.3$ 为安全区；$\overline{G_V} = 0.25 \sim 0.3$ 为过渡区，应报警；$\overline{G_V} = 0.2 \sim 0.25$ 为限时运行区，每年累计运行时间不得超过 10h，每次运行不得超过 10min；$\overline{G_V} \leqslant 0.2$，属危险区，应停止运行。

实际运行中，可根据图 7 - 21 来进行汽轮机的负荷与运行工况的调整：①如运行工况点在安全区内，运行中负荷可以增加或减少；②如运行工况点在过渡区内，一般机组能安全运行，但要调整运行工况点向安全区

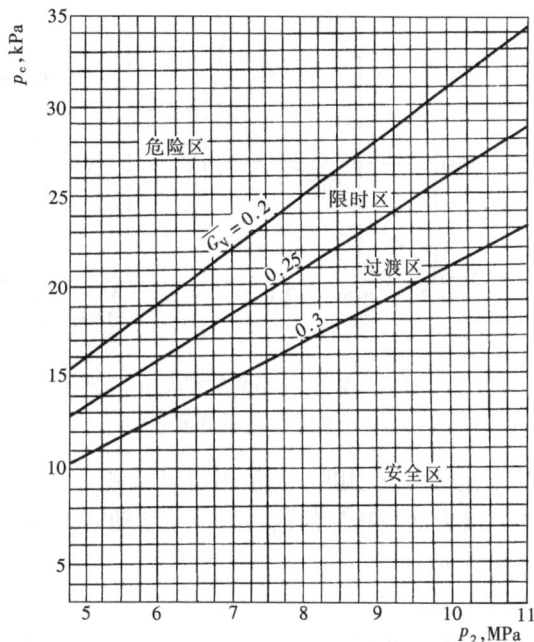

图 7 - 22　空冷 200MW 机组工况限制曲线

方向发展；③如运行工况点在限时区内，应采取措施调整，在 10min 内采取各种措施无效时，应进行故障停机；④如运行工况在危险区内，应迅速降低负荷并降低主蒸汽压力。采取措施后，若仍在危险区内，则应迅速故障停机。

2. 在威尔逊（Wilson）区运行的末级叶片有盐分沉积

威尔逊区就是蒸汽湿度为 2%～4% 的区域。此时，蒸汽中的盐分将沉积于叶片上，造成对叶片的腐蚀。通常，空冷汽轮机末级叶片湿度的变化范围为 2%～8%，即汽轮机运行时，末级叶片要通过威尔逊区，盐分将在末级叶片上沉积，产生腐蚀凹坑，从而降低了叶片材料在高频和低频下的许用交变应力幅值。

3. 低压缸排汽温度变化大

由图 7 - 23 可见，空冷汽轮机背压在不同工况下的变化很大，换句话说，排汽温度的变化也很大，致使低压缸各部分热膨胀发生差异。例如，当汽轮机轴承座落在低压缸外壳时，轴承标高的变化将影响各轴承的负荷分配和轴系的稳定性；叶片根部紧固力的变化将影响叶片的振动频率；低压隔板、汽封套将发生相对位移，以上变化对汽轮机的可靠性和安全性会带来不利影响。

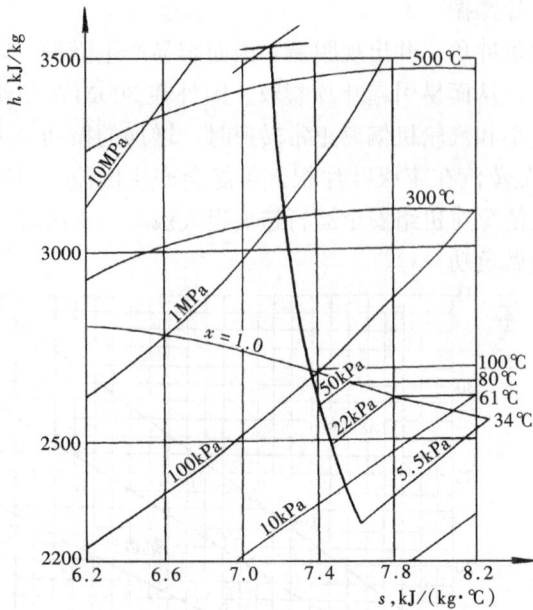

图 7-23 某空冷汽轮机在 $h-s$ 图上
不同背压下的膨胀过程

（二）空冷汽轮机的结构特点

针对空冷汽轮机的变工况运行特点，相应提出一些与湿冷汽轮机不同的结构要求。

1. 末级叶片

为了保证机组的安全，要从强度、刚度及控制振动方面设计末级叶片。具体措施是：

（1）通常采用较湿冷机组短的末级叶片。

（2）采用松拉金。可以增加叶片振动的机械阻尼和刚度，对防止颤振有重要作用，即在汽轮机转子高速转动时，由于离心力作用，拉金紧紧地压在拉金孔外侧，阻止蒸汽或其他干扰力引起叶片颤振。

（3）叶片型线的设计应满足背压变化大的特点。常规湿冷机组在设计工况下汽轮机末级叶片根部反动度较小，在部分负荷下出现负反动度，甚至出现根部倒流。对于空冷机组，将汽轮机末级静叶片的安装角增大2°，增大动静叶片的轴向间距，使动叶末根部反动度提高到23.9%，推迟了小容积流量下倒流的出现。

2. 低压缸喷水装置

低压缸出口一般均设有喷水装置，空冷汽轮机更为重要。当末级叶片蒸汽容积流量过小，不能及时将摩擦鼓风产生的热量带走时，或背压过高，蒸汽仍处于过热区时，排汽温度均能升高。为了保护末级叶片，保证排汽缸温度限制在允许值内，低压缸在温度升高到某一数值时，喷水冷却系统应投入。有的空冷汽轮机在低压缸进口也设置喷水装置。

3. 轴承的支承方式

空冷汽轮机的背压变化范围大，甚至在一昼夜间也有很大变化，导致排汽温度变化大，使坐落在低压缸上的轴承标高发生变化，引起轴承载荷的重新分配，进而影响到轴承——转子系统的稳定性，增加机组振动，严重时会激发颤振。所以在空冷汽轮机设计中，最好将低压缸轴承设计成落地式。

某厂国产200MW空冷汽轮机是由湿冷汽轮机改成的，当时考虑如改用落地轴承，机组长度必须增加，改造的设计制造变动较大，因而仅将与发电机组相连的刚性联轴器改为半挠性联轴器，以减小对轴系的干扰，实践证明是可行的。若新设计更高功率等级的大型或高背压空冷机组，则应考虑采取落地轴承方式为好。

第八章　汽轮机运行

汽轮机运行所涉及的内容是非常广泛的。就运行工况看，包括汽轮机的启动、停机、空负荷以及带负荷等工况。此外，汽轮机的经济调度、正常维护，汽轮机事故处理等也属于运行方面的内容。

汽轮机在运行中，各种不同类型的汽轮机有不同的特点，即使同一类型的汽轮机每台汽轮机也有不同的性能和特点，因此，必须根据具体条件，针对性地制订每台汽轮机各自的运行规程，但运行规程应遵循一般的原则和规律。

汽轮机运行人员的职责，就是保证汽轮机装置在所有可能工况下安全经济地运行。为此，掌握运行的一般原则和规律，懂得运行的一般原理，将有助于掌握运行规程并改进运行规程，达到安全经济运行的目的。

第一节　汽轮机主要零部件的热应力、热膨胀及热变形

汽轮机从静止状态到工作状态的启动过程和从工作状态到静止状态的停机过程中，各零部件的工作参数都将发生剧烈变化，因此可以认为启动和停机过程是汽轮机运行中最复杂的运行工况。而这些剧烈变化的工作参数中，对机组安全运行起决定因素的则是温度的变化。在机组的启动停止过程中，由于温度的剧烈变化，以及汽轮机各零部件的结构和工作条件不同，必将在各零部件中形成温度梯度，各零部件中以及它们相互之间必然形成较大的温差。除导致各零部件产生较大的热应力外，同时还会引起不协调的热膨胀和热变形。当综合应力达到相当高的水平，甚至超出屈服极限，就会使这些高温部件遭受一定损伤，这种损伤的累积最终导致部件损坏。

随着机组容量的增大和蒸汽参数的提高，这种由于温度变化导致部件的破坏，首先会在汽缸上发现，这就是汽缸裂纹。这是一个热疲劳损坏问题，这里面既有运行方式问题，也有结构设计方面的问题。50年代，设计制造部门对改进汽缸的结构设计做了大量工作，同时对机组启动、停机、加减负荷速度和时间也提出了限制性措施，从而使汽缸的热疲劳损坏和安全性的问题逐步得到了解决，汽缸裂纹逐年减少，目前已不再成为突出的问题了。很自然的，在汽缸问题之后，转子热疲劳损坏的矛盾就突出了，事实上随着机组容量增大，转子直径增大，可视作空心圆筒的转子厚度也不断增大，直致超过汽缸，这样在发生汽缸裂纹不多几年后转子裂纹也就开始出现了，如日产375MW汽轮机，运行约45000h起停70次后，转子上就发现了裂纹。转子裂纹的出现，使人们逐渐认识到转子的温度变化及由之引起的热应力以及疲劳损耗问题是大功率汽轮机运行的关键性问题。因为，汽缸热应力和内压力引起的综合应力虽然因形状复杂而计算困难，但发现和解决它相对来讲是比较容易的，另外近年来的运行实践表明，对汽缸而言，只要把热应力控制在转子的允许值以下，就可保证更长的或者起码是与转子同等程度的寿命。

启动时，转子表面先被加热而膨胀，但此时轴孔内腔部位则处于冷状态，它限制表面

的膨胀，从而使转子表面层内产生热压应力，而轴孔内腔部位则承受热拉压力。停机时，转子表面先受冷，而轴孔腔室部位却仍保持较高温度，从而使表面层承受拉应力而轴孔部位承受压应力。显然，汽轮机每启停一次，转子内外表层就承受一次压缩和一次拉伸，这种压缩和拉伸反复作用，就会引起金属材料的疲劳损伤，就有可能出现裂纹。目前把转子金属材料承受一次加热和冷却称作一次温度循环（或热循环），由此而引起的疲劳则称作低周疲劳，并且用转子的寿命损耗来计量。这就是说，汽轮机每启停一次，转子的寿命就要被损耗掉一部分，这种交变热应力成千上万次的作用，转子表面就会因材料达到疲劳而出现裂纹。

目前，一般的大容量汽轮机都是以高压转子及中压转子的热应力水平来控制汽轮机的启动，以使汽轮机的寿命损耗率在允许范围之内，从而实现寿命管理，保证机组在服役期的安全。运行人员的首要任务是保证汽轮机的安全运行，在保证机组安全运行的前提下不断提高设备运行的经济性也是运行人员的重要任务。

一、汽轮机部件内的热应力

由于温度的变化而引起物体的变形称为热变形。热变形受到某种约束时会产生物体的内力，这种内力对应的应力称为温度应力或热应力。

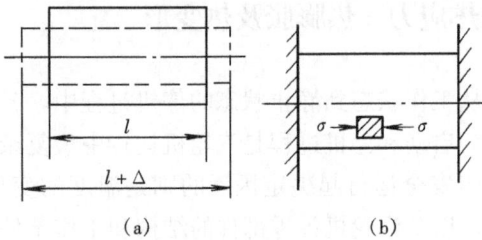

图 8-1　均匀受热物体的热变形、热应力
（a）自由变形；（b）外界约束、产生热应力

温度变化时，若物体内部各点温度分布均匀，且变形不受任何约束，则物体仅产生热变形而没有热应力。当此变形受到某种约束时，则在物体内部产生热应力，见图 8-1。

当物体的温度变化不均匀时，即使没有外界的约束条件，也将产生热应力。由此可知，引起热应力的根本原因是温度变化时，零部件内温度分布不均匀或零部件变形受到约束，见图 8-2。

对同一种材料，在弹性模量和线膨胀系数相同的情况下，温度变化量大的区域承受压缩热应力。温度变化量小的区域承受拉伸热应力。

汽轮机在启、停或变负荷运行时，接触汽轮机汽缸、转子各段的蒸汽温度变化引起汽缸、法兰、转子温度变化，因此汽缸、法兰、转子等零部件内部存在着温度差，由于金属纤维之间的约束，这些零部件内产生热变形和热应力，其形式表现为不均匀受热物体的热变形、热应力。热应力的大小和方向与零部件内的温度场情况与运行方式有关。

冷态启动和升负荷阶段，汽轮机转子是受蒸汽的加热过程。蒸汽直接接触转子外表面，热量以对流的方式进行交换，转子外表面的温度很快上升并与蒸汽温度同步升高；热量从转子外表面传向中心孔以热传导的方式进行。热传导的速度要比热交换的速度慢得多。因此，转子中心孔的

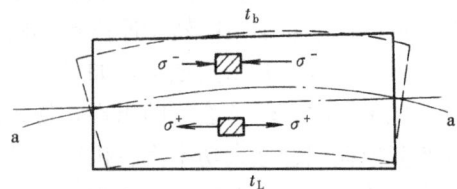

图 8-2　不均匀受热物体的热变形、热应力
a—a 为体积平均温度面；$t_b > t_L$

温度显现出滞后转子表面温度的现象。转子中心孔与转子外表面的温差（全温差）主要与蒸

汽温度变化率以及转子本身的热容量有关。全温差与蒸汽温度变化率基本成正比关系；对于相同的蒸汽温度变化率，转子热容量大，全温差也大，出现最大全温差的时间推迟。转子热应力的数值正比于转子外表面（或中心孔）金属温度与转子体积平均温度之差（称为有效温差）。转子体积平均温度介于外表面和中心孔温度之间。启动初期，转子由中心孔至外表面的径向温度分布呈抛物线形状，体积平均温度线接近于转子中心孔温度线，此时，转子外表面热应力大于中心孔热应力。研究表明：启动阶段转子外表面受压，热应力为负值；中心孔受拉，热应力为正值。

启动经过一定时间之后，转子径向温度分布基本呈线性，转子外表面热应力与中心孔热应力基本相等。

汽轮机停机和降负荷过程，转子的热应力基本与启动和升负荷过程相反。

对汽轮机转子而言，热应力的最大值通常出现在高压转子的调节级和中压转子的第一压力级附近。这是因为进入汽轮机的蒸汽首先接触这些部件，蒸汽温度与汽轮机转子金属温度不匹配的热交换首先在这些部件进行。因此，汽轮机启、停过程或正常运行中，应密切注意调节级处蒸汽温度及调节级部件的缸体金属温度和中压第一压力级处的缸体金属温度是日常运行人员监视汽轮机转子热应力情况的焦点和基本手段，也是汽轮机转子热应力理论计算的重要参数。

沿着法兰宽度方向有温差存在，因此会引起热应力。启动时，法兰外侧的温度低于内侧温度，因而受热后内侧膨胀大，外侧膨胀小，外侧就会阻止内侧自由热膨胀，其结果是内侧产生压缩热压力，而外侧受拉伸热应力。停机时，情况则相反，法兰外侧温度大于内侧温度，这时，内侧为拉伸热应力，外侧为压缩热应力。如果机组不断启停，法兰内外侧就要承受交变的热应力。

汽轮机在冷态启动过程中，由于汽缸内壁温度高于外壁，汽缸内壁表面热应力为压缩应力，外壁表面热应力为拉伸应力。内外壁表面的热压和热拉应力均大于沿壁厚其他各处的热应力。

在停机过程中，由于汽缸内壁表面温度低于外壁表面温度，所以内壁表面热应力为拉应力，外壁表面热应力为压应力。

二、汽轮机的热膨胀

汽轮机在启、停和工况变动时，设备零部件将存在明显的温差。因此，零部件除产生热应力和热弯曲外，还要引起热膨胀，从而改变了在常温下安装的零部件的位置。由于零部件的几何尺寸及材质的不同，其热膨胀也不尽相同，转动部分的零部件膨胀要比静止部分大，故动静部分的间隙发生变化，因而可能危害汽轮机的安全。

对转子和汽缸的绝对热膨胀值大小的要求，必须保证汽缸在纵向能自由热胀冷缩，而横向能均匀膨胀，使用法兰螺栓加热装置的中间再热机组，更需监视好汽轮机的横向膨胀，一般情况下调节级汽室外左右两侧法兰的金属温差控制良好的话，就能保证汽缸横向膨胀均匀。否则，汽缸将会产生中心偏移。为保证汽缸左右均匀膨胀，规定主蒸汽和再热蒸汽两侧汽温差一般不应超过 28℃。

随着机组容量和参数的提高，其转子和汽缸的轴向长度也随之增加，因此，转子和汽缸的绝对膨胀值也会达到相当大的数值，轴向膨胀成为主要的，所以在运行中必须加强对汽缸和转子绝对膨胀的监控，以防止造成卡涩和动静部分的磨损事故。

对高参数大容量中间再热汽轮机，法兰壁厚远大于汽缸壁厚，因此，汽缸的绝对膨胀值会受到法兰膨胀的影响，所以在启动过程中，为了使汽缸得到充分膨胀，应该正确地运用法兰加热装置，把汽缸和法兰的温差控制在允许的范围内。

1. 转子和汽缸的相对膨胀

在启停和工况变动时，由于蒸汽流经转子和汽缸相应截面的温度不同，蒸汽对转子表面的放热系数比对汽轮机汽缸室的放热系数高，以及质面比转子大于汽缸等原因，使转子和汽缸之间明显存在温差。

转子和汽缸的质面比，就是转子或汽缸质量与被加热面积之比，通常以 m/A 表示。转子质量轻、表面积大，即质面比小，而汽缸质量大、表面积小，故质面比大。因此，在启动或停机过程中，转子温度的升高（或降低）速率比汽缸快，也就是说在启动加热过程中转子的热膨胀值大于汽缸，在冷却时转子的收缩值也大于汽缸。转子与汽缸沿轴向膨胀之差，称为转子与汽缸的相对膨胀差，简称胀差。一般规定，当转子的轴向膨胀值大于汽缸的轴向膨胀值时，胀差为正值，称正胀差；反之，当转子的轴向膨胀小于汽缸的时，胀差为负值，称负胀差。

汽轮机在热状态下，汽缸和转子之间由于存在着胀差，将使通流部分动静部件的轴向间隙会发生变化。当胀差为正值时，表明动叶出口与下级静叶入口间隙减小；当胀差为负值时，表明静叶出口与动叶入口之间的间隙减小。无论是正值或负值，当超过允许值时，都将发生动静部件的轴向磨损。因此，汽轮机在运行中，尤其是在启动、停机过程中必须将胀差变化控制在允许范围内。监视胀差是机组启停过程中的一项重要任务。研究表明，胀差的大小主要取决于蒸汽的温度变化率，因此在运行中通常用控制蒸汽温度变化率的方法来控制胀差的变化。

汽轮机在额定参数启动时，由于汽源的蒸汽参数是恒定的。为了控制转子和汽缸的温差不致过大，通常进行低速及低负荷暖机，其目的是减少进汽量，使汽缸的温度跟上并接近于蒸汽的温度时，再继续增加进汽量使之升速和加负荷。

有些汽轮机还通过控制法兰内外壁温差来控制胀差变化。因为一般可以认为法兰内壁或汽缸内壁的温度接近于转子温度，因此，控制法兰内外壁的温差，也就是控制转子与汽缸的温差。

在汽轮机启停和负荷变化过程中，为了避免出现过大的胀差，应当合理控制蒸汽的温升速度和负荷变化速度，管理使用汽缸和法兰螺栓加热装置，以及利用轴封供汽控制胀差。此外，还应考虑影响胀差的其他因素。

(1) 轴封供汽温度和供汽时间的影响。在汽轮机冲转前向轴封供汽时，由于冷态启动时轴封供汽温度（约 140～180℃）高于转子温度，转子局部受热而伸长，可能出现轴封摩擦现象。在热态启动时，为防止轴封供汽后胀差出现负值，轴封供汽应选用高温汽源，一般供汽温度为 180～190℃，并且一定要先向轴封供汽，后抽真空。应尽量缩短冲转前轴封供汽时间。

(2) 真空的影响。在升速和暖机过程中，真空变化会使胀差值改变。当真空降低时，欲保持机组转速不变，必须增加进汽量，使高压转子受热加大，其胀差值随之增大。当真空提高时，过程与上相反。但真空高低对中、低压通流部分胀差的影响与高压通流部分相反，这是由于中、低压转子叶片比较长，其摩擦鼓风产生的热量比高压转子大。当真空降低时，中低压转子摩擦鼓风热量被增加的蒸汽量带走，所以中、低压部分的胀差会减少，当真空高时，流量减少，中、低压转子摩擦鼓风热量相对真空低时被蒸汽带走的少，同时，中、低压缸蒸汽流量来自中间再热器，通过中间再热器的蒸汽流量减小时，再热蒸汽的效应相应提高，引起中、低压转子增长，胀差增大，因此，在升速暖机过程中，不能采用提高真空的办法来减小中、低压通流部分的胀差。

（3）摩擦鼓风热量的影响。汽轮机转子的摩擦鼓风损失，不仅与动叶片长度成正比，而且与圆周速度三次方成正比，所以低压转子的摩擦鼓风损失远比高、中压转子大，若这部分损失变成热量，来加热通流部分，会对胀差产生影响，特别是在小流量的工况下，这种影响尤为显著。随着流量的增加，转速的升高，这种影响逐渐减小，当转速升高到某个值时，蒸汽流量已能将摩擦鼓风损失产生的热量全部带走，这时，对胀差的影响就随着消失。

（4）转速的影响。转子旋转时，离心力与转速的平方成正比。在离心的作用下，转子会发生径向伸长，根据虎克定律知，弹性材料的径向应变与轴向应变有一定比例关系（即泊桑系数）。当转子径向伸长时，则转子的轴向必然会缩短，胀差值也随之减小。当转速降低时，过程与上相反，胀差就会增加。对大容量机组来说，转速高、转子长，离心力对胀差的影响就应加以考虑。另外转速变化，即进汽量变化，汽缸内各级蒸汽比体积相应变化，随转速增加，高压转子胀差逐渐增大，而中低压转子胀差先随转速升高而增加，中速之后又随转速增加而减小。

（5）进汽参数的影响。当进汽参数突然发生变化时，对转子受热状态首先发生影响，对汽缸的影响要滞后一段时间，这样也会引起胀差的变化。

（6）隔板挠度的影响。隔板在压差作用下产生的挠度会使动静部分的间隙减小。因此，对任何一级的胀差的计算和研究都必须考虑隔板挠度的影响。但在启动时，由于蒸汽流量很小，隔板压差不大，在计算胀差时，常常忽略隔板挠度的影响。

2. 汽缸的膨胀不畅

汽轮机汽缸膨胀（或收缩）不畅是一个综合性问题，它与设计、制造、安装、运行诸因素有关。它不仅应包括轴向膨胀，还应包括横向膨胀。

汽缸膨胀的好坏直接影响到机组的启、停以及增减负荷的速度。一旦汽缸膨胀受阻，轻则引起振动、机件故障，严重会造成机组的损坏。国产机组大部分发生过汽缸膨胀不畅问题，其中以 125、200、300MW 以及部分 600MW 机组汽缸膨胀不畅较为突出。

（1）汽缸膨胀不畅的表现形式。汽缸膨胀不畅包括轴向膨胀不畅和横向膨胀不畅，是运行机组常见的现象。汽缸轴向膨胀不畅，表现在启动中因高、中压胀差较大，严重影响运行速度，拖长启动时间，威胁到机组的安全运行。大修中可能会在动叶围带处发现严重磨损；汽缸轴向膨胀不畅（汽缸跑偏或汽缸横向窜动），表现在前箱两侧轴向膨胀差和汽缸左右（横向）膨胀差的增大，可以断定汽缸膨胀发生偏斜，揭缸后可能会进一步发现汽缸上的轴封会留下明显的单侧摩擦痕迹或在立销处有挤压痕迹等。当然，轴向膨胀不畅和横向膨胀不畅大多是同时发生的。

根据现场发生的汽缸膨胀不良的各种现象，归纳为以下三种形式：轴承座和台板之间的接触状态变化；汽轮机各轴承座之间的相互位置发生了变动；改变了动静部件之间的径向间隙或轴向间隙。应当注意，以上几种形式不是孤立的，它们的出现往往交织在一起。

（2）汽缸的膨胀不畅发生的原因。汽缸的膨胀不畅多发生在高、中压缸，尤其是高、中缸分缸机组，更容易出现这种现象。对于低压缸，它直接坐落在台板上，本身质量大，而且其工质温度不高，膨胀量较小，因而，低压缸一般不会发生汽缸的膨胀不畅现象。高、中压缸是由猫爪来支撑的，相对于低压缸，它们的质量较小，它们的轴向膨胀和横向膨胀受到的制约因素比较多，造成汽缸膨胀不畅的主要原因有：滑销系统卡涩、轴承箱与基础台板接触面润滑不好，锈蚀严重；推拉装置变形及中压缸排汽口刚度不足；汽缸连接管道应力过大及支吊架刚度不足变形等。

滑销系统有缺陷或受到损坏。对于汽轮发电机组，滑销系统对于其膨胀起着一个正确引导和保证的作用。纵销、立销间隙过大，纵销、立销磨损，立销刚度不足，销座固定不牢造成的跑偏比较严重。如果纵销受到损坏，往往在启停过程中会造成轴承座发生横向移动，从而带动汽缸移动，造成汽缸跑偏。如果立销受到损坏，往往在启停过程中会造成汽缸横向移动，造成汽缸跑偏。同样，如果猫爪横销卡涩，也造成汽缸横向膨胀或收缩受阻，从而造成汽缸跑偏。

如果汽缸台板、轴承座与基础台板之间表面因缺乏润滑剂时，相互间的摩擦力大约比有润滑状态的摩擦阻力大一倍左右，当润滑剂固化或台板锈蚀时，其摩擦力大大增加，但一旦汽缸膨胀力克服台板生锈或固化咬住产生的摩擦力时，汽缸便进入无润滑膨胀状态，这对汽缸膨胀还不致造成很大的影响，但当汽缸与轴承座中心不正之后，汽缸和轴承座在机组膨胀时容易发生偏移或扭转，这就会使滑销系统产生变形、卡阻，导致汽缸膨胀所遭遇的阻力大大超过上述分析的摩擦阻力。

汽缸、轴承座及转子相互间的错位一旦发生，容易引起汽缸膨胀不畅，导致轴承、转子故障，轴封磨损漏汽，透平油进水和机组振动等问题，严重的会损坏或完全破坏汽轮机。因此应防止汽缸、轴承座和转子间错位。

管系有较大的侧向作用力。由于缸体与许多管道相连（如进、排汽管，抽汽管、疏水管等），这些管道在制造、运输和安装的过程中不可避免地存在着误差，另外在运行过程中，由于残余应力的释放，管道的蠕变以及支吊架的失效等原因，都会使得这些管道对于汽缸有一定的作用力。若作用力偏差太大，形成较大的侧向作用力，在达到一定程度的时候，就会造成汽缸横向膨胀或收缩受阻，造成汽缸跑偏，严重时会造成立销脱落和立销座开焊，汽缸严重跑偏，造成转轴碰磨引起弯轴事故。

在运行中，应密切注意左右两侧膨胀不均，特别对左右内侧主蒸汽管和两侧再热汽管之间没有连通管的机组尤为重要。汽轮机进口两侧的汽温差，随锅炉左右汽温偏差增加而增大，故要限制左右两侧的汽温差，并控制启停、增减负荷速度。这些问题，如欠注意，容易造成汽缸跑偏和膨胀不畅。

三、汽轮机的热变形

汽轮机启动、停机和负荷变化时，由于各金属部件处于不稳定传热过程中，在汽缸和转子的各横截面上出现温差，此时汽缸和转子的金属内部除产生热应力外，还会产生热变形，如果汽缸和转子的挠曲值过大，可能造成通流部分动静部件的径向间隙完全消失而磨损。这样不仅使汽封的径向间隙扩大，增大漏汽量，而且使汽轮机运行的经济性降低，同时由于动静部件的摩擦往往引起机组振动以及产生大轴弯曲等事故。

1. 汽缸的热变形

汽轮机在启动、停机过程中，上下汽缸往往出现温差，即上缸温度高于下缸温度。上汽缸温度高、热膨胀大，而下汽缸温度低、热膨胀小，这就引起汽缸向上拱起，如图 8-3 所示。上下汽缸温差产生的主要原因如下：

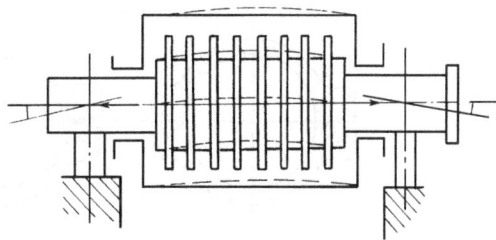

图 8-3 汽缸的热翘曲示意图

（1）上下汽缸具有不同的散热面积，下缸布置有回热抽汽管道和疏水管道，散热面积大，因而在同样保温条件下，上缸温度比下缸温度高。

（2）在汽缸内，温度较高的蒸汽上升，而经汽缸金属壁冷却后的凝结水流至下缸，在下缸形成较厚的水膜，使下缸受热条件恶化。

（3）停机后汽缸内形成空气对流，温度较高的空气聚集在上缸，下缸内的空气温度较低，使上下汽缸的冷却条件产生差异，从而增大了上下汽缸的温差。

（4）一般情况下，下汽缸的保温不如上缸，运行时，由于振动，下缸保温材料容易脱落，而且下缸是置于温度较低的运行平台以下并造成空气对流，使上下汽缸冷却条件不同，增大了温差。

（5）当汽轮机在空负荷或低负荷运行时，由于部分进汽仅上部调节阀开启，也促使上下汽缸温差增大。

上下汽缸温差最大值往往出现在调节级附近区域内，因此上缸最大的拱起是在调节级附近。由于汽缸产生向上拱起变形，使汽轮机下部动静部件的径向间隙减小，同时隔板和叶轮也将偏离正常情况下所在的垂直平面，而使轴向间隙变化。

欲使上、下缸温差限定在规定范围内，必须严格控制温升速度，把上、下汽缸温差控制在 35～50℃ 范围内。启动时应尽可能同时投入高压加热装置，开足下汽缸的疏水门；安装或大修时，下缸应采用优质保温材料，或增厚下缸的保温层；此外，尚需设法改进保温结构，以改善保温层与下汽缸的紧密贴合，避免保温层的脱落；还应在下缸装设挡风板，以减少零米冷风对下缸的冷却。

2. 法兰的热翘曲

由于机械强度的需要，高参数汽轮机法兰壁厚度比汽缸壁厚度大得多，在机组启动过程中，法兰处于单向加热状态，因此在法兰内外壁会出现较大的温差，这除了引起热应力外，还会沿法兰的水平和垂直方向产生热变形。

启动时，法兰内壁高于外壁温度，使法兰内壁热膨胀值大于外壁，从而使法兰水平方向发生热翘曲现象，如图8-4所示。法兰的这种热变形，往往会引起汽缸横截面发生变形。使得汽缸中部截面由圆变为立椭圆，且出现内张口，见图 8-5（a），而前后两端横截面则变为横椭圆，且出现外张口，见图 8-5（b）。前者引起汽缸左、右径向间隙减小，后者引起汽缸上、下径向间隙减小。椭圆形的汽缸变形对静叶片直接装在汽缸壁上的反动式汽轮机影响较大，

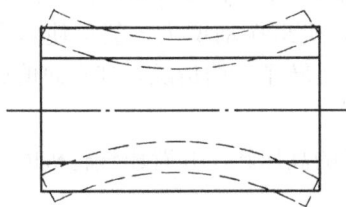

图 8-4 法兰的热弯曲示意图

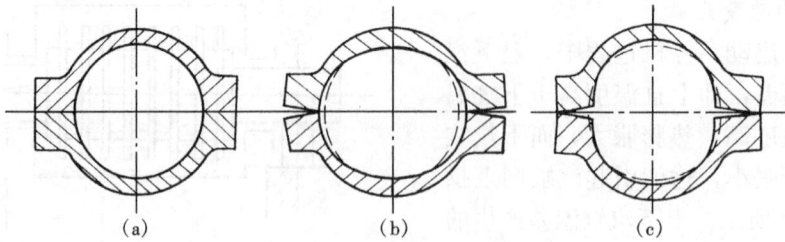

图 8-5 汽缸变形示意图

(a) 变形前；(b) 汽缸前后两端的变形；(c) 汽缸中间段的变形

而对冲动式汽轮机的影响较小，因为隔板仍旧可以和轴大致同心。

如果法兰热翘曲过大，有可能引起动静部分摩擦。同时垂直膨胀还会使法兰结合面局部地方发生塑性变形，当法兰螺栓负荷卸去后，上下结合面便出现内外张口，造成法兰结合面漏汽。在法兰内壁温度高于外壁温度时，内壁金属的垂直膨胀增加了法兰接合面的热压应力，如果此热压应力超过材料的屈服极限，金属就会产生塑性变形，同时还会导致螺栓被拉断或螺帽结合面被压坏。运行规程规定：法兰内外壁温度的极限不应大于 100℃（在没有法兰螺栓加热装置时）。

为减少汽缸热翘曲的倾向可以采用下缸加厚保温层或是加装在下缸底部的电热装置，对装有法兰加热装置的机组，在启动中要严格监视法兰内外壁、上下缸内壁温差，以便控制法兰加热。

3. 转子的热弯曲

如前所述，上下汽缸由于冷却速度不同而产生温差，这时如果在汽缸内的转子是处于静止状态，那么在转子的径向也会出现温差，产生热变形。当上下汽缸温度趋于平稳，温差消失后，转子的径向温差和变形也随着消失，恢复到原来的状态。由于转子这种弯曲是暂时的，故称为弹性弯曲。但是，当转子径向温差过大，其热应力超过材料的屈服极限时，将造成转子的永久变形，这种弯曲称为塑性弯曲。

汽轮机设有盘车装置，其作用就是上、下汽缸存在温差的情况下盘动转子，使转子均匀地受到冷却或加热，以减少转子的热弯曲。

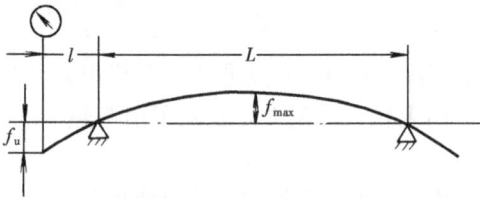

图 8-6 用千分表测定的转子热翘曲示意图

当转子在弹性弯曲较大的时候，也正是汽缸拱起较大的时候，这时汽轮机动静部件之间的径向间隙有可能消失，此时转子如果转动，其弯曲部位与隔板汽封将发生摩擦，此摩擦使转子弯曲部位温度升高，从而进一步加大转子的弯曲，使动静部件摩擦加剧，机组振动增大，甚至使转子发生永久弯曲事故。因此汽轮机在启动前盘车过程中，必须测量转子弯曲情况，其弯曲值必须在允许范围内，方可启动。

转子弯曲的最大部位，通常在调节级前后；多缸汽轮机的高压转子和背压汽轮机的转子约在中部；单缸汽轮机转子则稍偏于转子的前端。

在转子热弯曲挠度较大的情况下启动汽轮机，其偏心值产生不平衡离心力将使汽轮发电机组产生剧烈振动。因此，对高参数大容量中间再热机组的转子，其热挠度一般不允许超过0.03～0.04mm。

目前还没有较好的测试转子热弯曲的仪器，一般现场都是通过测量转子的晃度来间接地得出转子的热弯曲值。通常把千分表装在转子的轴颈或轴向位移发送器圆盘上测取转子的晃度，根据所测得的晃度值与转子的最大弯曲值之间的一定比例关系，如图 8-6 所示，来计算转子的最大弯曲值，即

$$f_{max} = 0.25 \frac{L}{l} f_u$$

式中　f_u——用千分表测得转子的晃度值，mm；

l——两轴承间转子的长度，mm；

L——千分表与轴承的距离，mm。

由上式可以看出，转子的最大热弯曲值与转子的晃度值，有一固定的比例关系。因此在实践中，根据其比例关系只要限定转子的晃度不超过允许值，也就间接地限制转子最大热弯曲在允许范围内。一般规定汽轮机转子的晃度不允许超过 0.05mm。

第二节　汽 轮 机 的 启 动

将汽轮机转子从静止状态加速至额定转速，并将负荷逐步地加到额定值的过程称为汽轮机的启动。汽轮机的启动过程是蒸汽向金属传递热量的复杂换热过程。在此过程中，汽轮机各金属部件将受到蒸汽的加热，如冷态启动时，金属部件从室温和大气压的状态要转变到与汽轮机额定蒸汽压力和温度所对应的热力状态。汽轮机的合理启动方式就是汽轮机合理的加热方式。合理的加热方式就是在汽轮机各部件金属温度差，转子与汽缸的相对膨胀差在允许范围内，不发生异常振动，不引起摩擦和过大热应力的条件下，以尽可能短的时间完成汽轮机启动的方式。

一、汽轮机启动方式的分类

汽轮机启动方式很多，归纳起来大致有四种分类方法。

1. 按新汽参数分类

根据启动时采用的蒸汽参数不同分为两类。

(1) 额定参数启动。额定参数启动时，从冲转至汽轮机带额定负荷，汽轮机电动主闸门前蒸汽参数始终保持额定值。额定参数启动汽轮机，使用的新蒸汽压力和温度都相当高，蒸汽与汽轮机汽缸和转子等金属部件的温差很大，而大机组启动中又不允许有过大的温升率，为了设备的安全，只能将蒸汽的进汽量控制得很小，但即使如此，新蒸汽管道、阀门和机体的金属部件仍产生很大热应力和热变形，使转子与汽缸的胀差增大。因此，采用额定参数启动的汽轮机，必须延长升速和暖机的时间。另外额定参数下启动汽轮机时，锅炉需要将蒸汽参数提高到额定值才能冲转，在提高参数的过程中，将消耗大量的燃料，降低了电厂的经济效益，由于存在上述缺点，现代大型汽轮机几乎不采用额定参数启动方式。

(2) 滑参数启动。在启动过程中，电动主闸门前的蒸汽参数随机组转速或负荷的变化而滑升。对喷管调节的汽轮机，定速后调节阀保持全开位置。由于这种方式经济性好，零部件加热均匀、蒸汽与金属部件之间的温差较小等优点，在近代大机组启动中，得到广泛应用。

滑参数启动有真空法和压力法两种方式。

1) 压力法启动：指冲转前汽轮机具有一定的蒸汽压力，冲转和升速是由汽轮机调节汽门控制进汽来实现的。从冲转、升速到带初负荷过程中锅炉维持一定的压力，汽温按一定规律升高，到初负荷后，锅炉汽温、汽压一同升高。按滑参数增大负荷。滑参数压力法启动参数根据机组容量不同一般为 1.8~4.5MPa、250~350℃，在此参数下汽轮机能够完成定速及超速实验、并网接带初负荷。这种方式在冲转升速过程中，汽轮机侧留有一定的调整余地，便于采取控制手段，在冲转前能有效地排除过热器和再热器中积水以及管道疏水，有利于安全启动。此外。对使用汽缸加热装置的机组，可提供便利的汽源。因此，目前大多数高参数大容量的汽轮发电机组均采用滑参数压力法启动。

2) 真空法启动：锅炉点火前从锅炉（如汽包）到汽轮机调节级喷管前所有的阀门（包括电动主闸门，自动蒸汽门，调速汽门）全部开启。当投入抽气器时，整台汽轮机和锅炉汽包都处于真空状态，锅炉点火时，产生一定蒸汽就冲动转子，此时主汽门前仍处于真空状态，故称真空法。随后汽轮机升速和带负荷，全部由锅炉来控制。真空法启动时存在一些明显的缺点，如疏水困难，蒸汽过热度低，依靠锅炉热负荷控制汽机转速不大容易，另外也易引起水击，安全性较差等，特别是对于中间再热式机组，由于高压缸排汽温度也相应较低，再加上再热器一般布置在烟气低温段，使再热器出口汽温很难提高，可能导致中、低压缸内蒸汽湿度很大。真空法滑参数启动时，真空系统庞大，启动过程中抽真空也比较困难，由于这些缺点，目前真空法参数启动应用较少。

2. 按冲转时进汽方式分类

(1) 高中压缸启动。高中压缸启动时，蒸汽同时进入高压缸和中压缸冲动转子，这种启动方式可使合缸机组分缸处均匀加热，减少热应力，并能缩短启动时间。但因高压缸排汽温度低，造成再热蒸汽温度低，中压缸升温慢，有可能出现中压缸转子温度尚未超过 FATT 时，机组已定速，限制了启动速度。我国中间再热机组通常采用滑参数压力法、高中压缸同时进汽的启动方式。

(2) 中压缸启动。中压缸启动冲动转子时，高压缸不进汽，而是中压缸进汽，待转速升到 2000~2500r/min 或机组带 10%~15% 负荷（根据机组核算工况而定）后，切换成高中压缸同时进汽，这种方式对控制胀差有利，可以不考虑高压缸的胀差问题，达到安全启动的目的。但冲转参数选择要合理，以保证高压缸开始进汽时高压缸没有大的热冲击。为防止高压缸鼓风摩擦发热，高压缸内必须抽真空或通汽冷却，用控制高压缸内真空度或高压缸冷却汽量的方法控制高压缸温升率。这种启动方式可克服中压缸温升大大滞后于高压缸温升的问题，提高启动速度。

3. 按控制进汽流量的阀门分类

(1) 用调速汽门启动。启动时电动主闸门和自动主汽门全部开启，进入汽轮机的蒸汽流量由调速汽门来控制。

(2) 用自动主汽门和电动主闸门的旁路门启动。启动前，调速汽门全开，进入汽轮机的蒸汽流量由自动主汽门和电动主闸门的旁路门来控制。

4. 按启动前汽轮机金属温度（汽轮机汽缸或转子表面温度）水平分类

(1) 冷态启动：金属温度低于 150~180℃ 以下称为冷态启动；

(2) 温态启动：金属温度在 180~350℃ 之间称为温态启动；

（3）热态启动：金属温度在 350℃ 以上，称为热态启动。有时热态又分为、热态（350～450℃）和极热态（450℃）以上。

有的国家按停机时间的长短分类：

（1）停机一周或一周以上，称为冷态启动。

（2）停机两昼夜（48h），称为温态启动。

（3）停机 8h 称为热态启动。

（4）停机 2h 称为极热态启动。

实际上汽轮机启动时冷态与温态区分是以高中压转子材料的低温脆性转变温度为标准的。大于 FATT 为温态，小于 FATT 为冷态。对新服役的高中压转子 FATT 一般在 100～120℃。

根据各国的汽轮机结构和运行经验，所采用的启动方式各不相同。例如，日本较多地采用中参数启动，西德和苏联多用滑参数高、中压缸同时进汽启动，而法国较多地采用中参数中压缸启动。

二、冷态滑参数启动

滑参数启动是相对额定参数而言。额定参数启动时进汽压力温度都很高，在蒸汽管道和汽轮机零部件中可能引起较大的热应力和热变形。为了安全起见，额定参数启动时，只能把进汽量控制的很小，即使如此，阀门和调节级处的汽缸和转子仍然会产生较大的热应力和热变形，严重时会使零部件受到损伤，甚至引起动静部分摩擦。为了避免发生事故，额定参数启动必须延长启动时间。

中间再热机组均采用机炉单元制配置方式，启动时锅炉与汽轮机协同启动，机、炉的启动操作密切地联系在一起。采用滑参数启动，可以充分衔接机炉的启动过程，缩短启动时间，另一方面可以减小汽轮机进汽与金属的温差，减小热冲击，因此，多数大型中间再热机组启动都采用滑参数启动。

（一）滑参数启动的优缺点

滑参数启动与额定参数启动相比有以下的优缺点：

（1）额定参数启动时，锅炉点火升压至蒸汽参数到额定值，一般需要 2～5h，达到额定参数后方可进行暖管，然后汽轮机冲转，并要分阶段暖机，以减小热冲击。而采用滑参数启动时，锅炉点火后，就可以用低参数蒸汽预热汽轮机和锅炉间的管道，锅炉压力、温度升至一定值后，汽轮机就可冲转、升速和接带负荷。随着锅炉参数的升高，机组负荷不断增加，直至带到额定负荷。这样大大缩短了机组启动时间，提高了机组的机动性。

（2）滑参数启动用较低参数的蒸汽加热管道和汽轮机金属，加热温差小，金属内温度梯度也小，使热应力减小；另外由于低参数蒸汽在启动时，容积流量大，流速高，放热系数也就大，即滑参数启动可在较小的热冲击下得到较大的金属加热速度，从而改善了机组加热的条件。

（3）滑参数启动时，容积流量大，可较方便地控制和调节汽轮机的转速与负荷，且不致造成金属温差超限。

（4）随着蒸汽参数的提高和机组容量的增大，额定参数启动时，工质和热量的损失相当可观。而滑参数启动时，锅炉基本不对空排汽，几乎所有的蒸汽及其热能都用于暖管和暖机，大大减少了工质的损失，提高了电厂运行的经济性。

（5）滑参数启动升速和接带负荷时，可做到调节汽门全开全周进汽，使汽轮机加热均匀，缓和了高温区金属部件的温差和热应力。

（6）滑参数启动时，通过汽轮机的蒸汽流量大，可有效地冷却低压段，使排汽温度不致升高，有利于排汽缸的正常工作。

（7）滑参数启动可事先做好系统的准备工作，使启动操作大为简化，各项限额指标也容易控制，从而减小了启动中发生事故的可能性，为大机组的自动化和程序启动创造了条件。

总之，滑参数启动时，蒸汽参数的变化与金属温升是相适应的，反映了机组启动时金属加热的固有规律，能较好地满足安全和经济两方面的要求。

（二）启动条件的确定

1. 冷态启动冲转参数的选择

虽然采用滑参数进行冷态启动时，汽轮机零部件中所产生的热应力比额定参数启动要小，但启动中不稳定传热过程还是相当复杂的。

启动参数的选择，主要是考虑部件的热应力。热应力是制约汽轮机启动速度的关键因素，只有把热应力控制在合理的范围内，才能减少部件的疲劳损伤。热应力的大小主要取决于蒸汽与金属部件之间的温度和放热系数，故选择适宜的启动蒸汽参数对汽轮机的合理启动具有决定性的意义。

蒸汽进入汽缸与汽缸内壁和转子表面接触，将热量首先传给接触部位，汽缸外壁和转子中心只有经过一段时间的传热过程才能随着内壁和转子表面的温升而升温。因此，在整个启动的不稳态过程中，汽缸内外壁之间和转子的半径方向上出现了温差，其结果使金属产生热应力和热变形。以汽缸受热为例，冷态启动时，一定压力的过热蒸汽，接触冷的汽缸内壁，主要以凝结放热的形式传给金属，蒸汽在金属壁上凝结成水，放出汽化潜热。这时由于凝结放热系数很高［可达 $2093kJ/(cm^2 \cdot h \cdot ℃)$］，所以加热开始的瞬间，汽缸内壁（主要是调节级前的蒸汽室）很快升到进入汽轮机内的蒸汽压力下的饱和温度。这时的传热温差大致可看作是该蒸汽的饱和温度之差。启动时所选择的蒸汽压力越高，这一温差越大。这将使金属升温速度过快而产生过大的热冲击。在蒸汽开始凝结后，金属壁面上形成一层水膜，水膜会使放热系数减小，使金属壁继续加热得以缓和。

蒸汽的凝结放热阶段结束后，随着暖机的进行，蒸汽以对流的方式向金属放热，蒸汽对流放热系数比凝结放热系数低得多，在一般的蒸汽流速范围内，流速相同时，高压蒸汽和湿蒸汽的放热系数较大［高压蒸汽为 $6280\sim8374kJ/(cm^2 \cdot K \cdot ℃)$］，低压微过热蒸汽的放热系数较小［约为 $628\sim837kJ/(cm^2 \cdot h \cdot ℃)$］。放热系数大，则表示单位时间内传给金属单位面积的热量大，因而使接触表面的温升速度大，引起汽缸内外壁的温差就大，反之则传给金属表面的热量就小，引起汽缸内外壁之间的温差就小。因此，冷态启动时，采用低压微过热蒸汽冲动汽轮机将更有利于汽轮机部件的加热。

还应指出，在选择冲转参数时，除考虑调节级后蒸汽温度与金属的合理匹配外，还应当考虑主蒸汽对主汽门、调速汽门和导汽管的加热及各部件的散热损失；调速汽门对主蒸汽的节流影响及蒸汽流经调节级喷管膨胀做功。这些因素将引起主蒸汽温度的明显下降。从焓熵图上可以看出，参数高时，等焓节流引起的温降大，反之则小，这也是采用低参数的好处。

从许多实际运行可以看到，在启动初始阶段，机组金属平均温升率一般不超过规定范围，由此可以看出，冷态启动冲转时的主蒸汽温度选择在 320℃ 左右是比较可行的。

启动汽压的选择主要取决于启动汽温。一般蒸汽温度的选择要保证有 50℃ 以上的过热度。因此，由确定的主蒸汽温度就可决定对应的汽压。

另外，进行汽轮机启动操作时，希望蒸汽压力能满足通过临界转速，到达全速的要求，满足这一要求，在汽轮机启动过程中，就不必要求锅炉进行调整，也不需要调整旁路系统，就可简化操作。

综合上述原则，300MW 机组冲转参数大致如下：主蒸汽压力为 4.2MPa 左右，主蒸汽温度为 320℃ 左右，再热蒸汽温度为 250℃ 左右，另外，蒸汽温度的选择应保证蒸汽至少有 50℃ 的过热度。

目前有些再热机组对冷态启动时中压缸前的再热蒸汽温度没有要求，主要考虑再热器蒸汽压力较低，一般是负压，好像容易保证过热度。事实上由于 Ⅰ、Ⅱ 级旁路减压门开度不一致，如 Ⅱ 级旁路开得小，或为了避免再热系统有漏空气现象，而影响真空，往往使再热蒸汽建立正压。在相同的温度下，压力提高后，过热度减小了，甚至带水。启动过程中，中压缸一旦进水，轴向推力就增大，导致机组振动等异常情况而被迫停机。

2. 凝汽器的真空

凝汽式汽轮机启动时，都要求建立必要的真空。因为凝汽器的真空对启动过程有很大影响。启动中维持一定的真空，可使汽缸内气体密度减小，转子转动时与气体摩擦鼓风损失也减小，另一方面汽缸内保持一定的真空，可增大进汽做功的能力，减少汽耗量，并使低压缸排汽温度降低。此外，冲动转子的瞬间大量的蒸汽进入汽轮机内（蒸汽量比低速暖机时还多），真空将有不同程度的降低。如果启动时真空太低，冲转时可能使凝汽器内产生正压，甚至可能引起排大气安全门动作或排汽室温度过高，使凝汽器铜管急剧膨胀，造成胀口松弛，导致凝汽器漏水。

启动时，真空也不需要太高，在其他冲转条件都具备时，若真空过高，则为等待形成真空而延长暖机时间。一般要求冲转前的真空应大于 70kPa。

3. 大轴晃动

对大轴晃动度，不仅要监视其绝对值，而且还要注意其相对值，即以大修后冷态测得的值为基数，以便进行比较。对于每类机组，由于晃动表的安装部位不同，所规定的极限值也不同。当机组其大轴弯曲大于规定值时，就禁止汽轮机启动。

冷态启动前，汽缸和转子温度比较低，即使停机后转子产生了轻微的热弯曲，这时也基本趋于平直。

4. 油压

为保证调节系统工作可靠和轴承润滑，润滑油压应达到 0.096～0124MPa，抗燃油压应达到 12.4～14.6MPa。

5. 冷油器出口油温

冷油器出口油温度就是轴承进油温度，应保持在 40～45℃ 以保证有一定的黏度，使轴承中能形成良好的油膜。

6. 冲转条件的确认

上汽厂规定高中压内缸上下温差不超过 50℃，外缸上下温差不超过 80℃，以上规定没有说明是内壁还是外壁，一般以内壁为准。东汽厂 300MW 机组则规定高中压外缸外壁上下温差小于 50℃，高压内缸外壁上下温差小于 35℃。日本三菱机组规定高中压缸上下温差小于 42℃，高中压缸法兰螺栓温差 $-30 \sim 40℃$。尽管是冷态启动，冲转前金属温度不一定是室温，对汽缸上下温差也要检查。

引进型 300MW 汽轮机冷态启动的要求：主蒸汽压力达到 4.2MPa；主蒸汽温度达到 320℃；且过热度大于 55.5℃；再热蒸汽温度大于 260℃；主、再热蒸汽入汽轮机时两侧偏差小于 13.9℃；汽缸上下温差小于 41.6℃；凝汽器真空大于 88kPa；转子偏心度小于 0.076mm；润滑油温度在 $29 \sim 35℃$；润滑油压力在 $0.09 \sim 0.12MPa$；EH 油温度 21℃以上；EH 油压在 12MPa 以上；主机盘车已连续运行 8h 以上。

引进型 300MW 机组采用 ATC 方式自动控制时，计算机在冲转前会进行冲转条件的自动检测确认，项目除上述冲转前要求外，还包括胀差值为 $1.76 \sim 18.22mm$；主蒸汽室内外壁温差小于 65.56℃；轴向位移正常值为 $0.381 \sim 2.159mm$；轴瓦温度小于 107.2℃；推力瓦温度小于 98.9℃；发电机氢冷器出口温度小于 50℃；励磁机进风温度小于 52℃；温度场及应力计算达 2h 以上无不合格；高中压缸疏水全部在开足状态；冷态启动时主蒸汽温度不超过 426.7℃；低压缸排汽温度小于 79.4℃；高压轴封汽温度应大于 121.1℃且与汽缸端壁温差应小于 111.1℃；低压轴封汽温度在 $121.1 \sim 176.7℃$。

其他方面还应注意，轴向位移、胀差、低油压、发电机内冷水压力、电超速、轴振动、高排压力和温度等停机保护都已投用，主要仪表、计算机、各电动门、气动门和调整门工作正常。

(三) 启动过程

1. 汽轮机启动前的准备工作

启动前的准备工作是关系到启动工作能否安全、顺利进行的先决条件。准备工作的目的，为汽轮发电机组启动准备条件。准备工作的疏忽，往往会造成启动时间拖长，使机组不能准时并列，甚至造成设备的损坏，所以对启动前的准备工作，必须予以足够的重视。

启动前，要进行以下工作：

(1) 机组启动前的一般检查。接到机组启动命令，通知各专责做好启动前的检查工作；全部设备周围及场地应清洁无杂物，道路畅通，照明良好；设备及管道保温良好，保护罩壳齐全；各电动阀门调试合格并送电；热工所有表计应投入；各种控制、保护信号的电源、气源已送上，数字电调 DEH、计算监视 DAS、AEN（驱动给水泵汽轮机模拟调节系统）、危急遮断 ETS、TSI（汽轮机状态监测系统，它是一种连续监测汽轮发电机转子和汽缸的工作状态的多路监测仪表系统）系统试验检查正常，系统已投入运行，烤机不少于 2h。

(2) 汽水系统的检查。检查各系统（如主蒸汽及再热蒸汽系统、凝结水系统、给水系统、抽汽系统、辅助蒸汽系统、轴封系统、加热器疏水及放空气系统等）的阀门状态，使各阀门处于运行规程要求的开或关的位置。

(3) 准备充足、合格的除盐水、氢气，补水箱水位正常，水质化验合格。

(4) 各油室或油箱油位正常，油质合格。

(5) 辅助设备及系统的启动。①联系启动循环水泵、凝汽器通循环水、凝结水除盐装置的准备和投运；②启动工业水泵，投入联锁开关；③联系启动热控空压机，投入厂用压缩空气系统；④启动润滑油系统、低油压保护投入，启动润滑油泵，进行油循环。当油系统充满油，润滑油压已经稳定，对油系统管道、法兰、油箱油位、主机各轴承回油等情况进行详细检查；⑤投入密封油系统；⑥发电机充氢（发电机冷却方式是水氢氢）；⑦启动顶轴油泵，投入汽轮机盘车装置；⑧启动 EH 油泵，投入联锁开关；⑨启动旁路油站运行；⑩启动化学补充水泵向凝汽器补水至正常位置；⑪启动开式循环水泵，投联锁；⑫启动闭式循环水泵，投联锁；⑬联系启动锅炉或邻机送汽至辅助蒸汽母管暖管，暖管结束后投入辅汽系统运行；⑭启动凝结水泵，投联锁开关；凝结水再循环，水质合格后，向除氧器上水，冲洗凝结水系统及除氧器。在冲洗合格后，将除氧器水位补至正常水位（2.5～3.0m），然后投"自动"；⑮根据锅炉需要启动电动给水泵或用凝升泵向锅炉上水；⑯在锅炉点火前做调节保安系统静止试验；⑰投轴封系统，用辅助汽源向轴封送汽；转子静止时绝对向轴封送汽，否则可能引起转轴弯曲；⑱启动真空泵，抽真空，真空大于－30kPa，联系锅炉点火；⑲锅炉起压后（0.1MPa），启动除氧器循环泵，投入除氧器蒸汽加热，投入高低压旁路系统运行：手动方式开低压旁路 50％额定容量，高压旁路 20％～30％配合锅炉或升温升压，注意水幕保护及高、低压旁路减温水投入；⑳启动发电机水冷系统；㉑选择主汽轮机的运行控制方式，主汽轮机可以三种方式启动和运行，即汽轮机自动程序控制（ATC）、运行人员自动操作（OPERAUTO）和手动操作（TURBIVE MANUAL）；㉒DEH 系统控制器及 ETS 盘面检查。

2. 汽缸预暖

为了避免启动时产生热冲击，减少转子的寿命损耗，要求进入汽轮机的蒸汽温度要与汽缸、转子金属温度相匹配，即温差要合理。汽轮机冷态启动时，进汽量小，调节级处于真空状态，汽缸和转子金属温度很低，甚至低于该真空下的饱和温度，此时蒸汽接触金属就要发生凝结放热，引起热冲击。为此，有些大容量汽轮机采用盘车预热的方式，即在盘车状态下通入蒸汽或热空气，预暖汽轮机转子、汽缸金属部件，使金属温度尽量升高到其 FATT 以上。采用这种方法有下列好处：

（1）盘车状态下，控制汽量加热，可以控制金属温升率，减小热冲击。另外，高压缸金属温度加热到一定水平后再冲转，减小了蒸汽与金属壁的温差，使得启动热应力减小。

（2）盘车状态下将转子加热到脆性转变温度以上，有利于避免转子脆性断裂现象的发生。

（3）经过盘车预热后，转子和汽缸的温度都比较高，故根据情况可缩短或取消中速暖机。

（4）盘车预热可以在锅炉点火以前，用辅助汽源蒸汽进行预热，缩短了启动时间。

3. 冲转、升速和暖机

锅炉参数达到要求，汽轮机各项指标符合冲转条件，准备冲动汽轮机。

转子冲动后，应关闭调节汽门（转子不能静止），在无汽流的情况下，用听针或其他专用设备检查汽缸内部有无动静摩擦。确认无异常情况后，重新开启调节汽门，维持 400～600r/min 转速下，对汽轮机进行全面检查。

低速检查结束后，以每分钟 100～150r/min 的升速率，将汽轮机转速升高到中速（1100～1200r/min），并在此转速下停留进行中速暖机。中速暖机时，要注意避开临界转速，防止落入共振区，引起强烈振动。

中速暖机结束后，继续提升转速，通过临界转速时，要迅速而平稳地通过，切忌在临界转速下停留以免造成强烈振动；但也不能升速过快，以致转速失控，造成设备损坏。

升速过程中，由于转子温度的升高和轴瓦的摩擦发热，润滑油温会逐渐升高，当油温达到 45℃时，应开启冷油器水门，投入冷油器维持油温在 40～45℃。但在投入冷油器时，要注意油温的变化，切不可造成油温大幅度波动，影响转子转动的稳定性。

当转速接近 2800r/min 时，应注意检查调节系统动作是否正常。定速后确认主油泵工作正常时，可停止启动油泵运行，停止交流润滑油泵运行。在 3000r/min 时，根据汽轮机各状态参数，决定是否立即并网。

中速暖机和额定转速下暖机的目的主要有两个，即防止材料脆性破坏和过大的热应力。从冲转到额定转速主要是提高转子的温度，防止低温脆性破坏。这时由于蒸汽对转子的放热系数较小，热应力还不是主要问题，在提高转子温度的过程中，若暖机转速控制的太低，则放热系数小；温度上升过慢，延长启动时间；若暖机转速控制得太高，则会因离心力过大而带来脆性破坏的危险。因此，在确定暖机转速时，要两者兼顾，同时还应考虑避开转子的临界转速。

对于配有电液调节系统的机组，上述过程可以通过程序控制自动完成。

4. 并网、接带负荷

汽轮机额定转速暖机后，经全面检查，确认设备运转正常，并按规定进行各项试验正常，可将汽轮发电机组并入电网，接带初负荷（一般为额定负荷的 5%～10% 左右），进行初负荷暖机。

低负荷暖机结束，逐渐开大调节汽门增加负荷，到调节汽门全开后，机组进入滑压段运行，锅炉开始加强燃烧，按冷态启动曲线（如图 8 - 7 所示）升温升压，增加负荷至额定负荷。

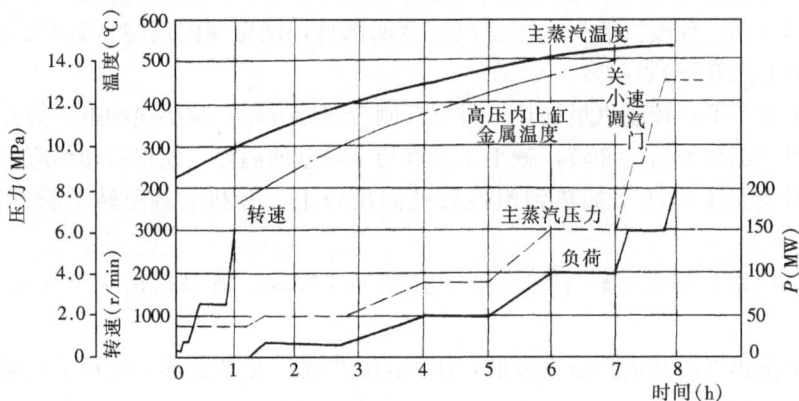

图 8 - 7　冷态滑参数启动曲线

上述启动过程中，一般在半负荷及以前状态都是暖机，即使在半负荷以后，负荷的变化对整个机组的影响仍很大。在加负荷过程中，需要注意的问题很多，且随机组设备系统特性不同而不同。一般地说，加负荷时注意以下问题。

负荷变化直接影响汽缸转子金属的温度，加负荷的速率应加以限制。国产 300MW 汽轮机考虑到汽缸和转子的实际情况，规定加负荷速率为每 15min20～30MW，并要对机组金属温升、温差及胀差等严加监视。引进型 300MW 汽轮机加负荷速率一般为 2～3MW/min，由于该型汽轮机汽缸及法兰采用薄型结构，取消了汽加热装置，且反动式机组具有较大的平衡鼓需预热，汽缸外部及法兰的加热完全靠通流部分的热量向外传递，所以，整个启动过程的暖机时间反而较国产机组长，但只要严格按照规定的参数和时间进行启动暖机，该型机组在缸胀、胀差、金属温度等方面一般不会出现不正常情况。引进型 300MW 机组冷态启动蒸汽参数的控制见表 8 - 1。引进型 300MW 汽轮机启动暖机过程中应加强对发电机氢密封油系统监视，以免引起密封瓦碰擦，进而发生剧烈振动。一般，密封油的温度维持近高限，空氢侧密封油压差维持低限值较好。另外，加负荷过程中还应经常检查和监视调节系统工作正常、稳定，调门控制油压或指令、油动机开度与当时负荷相对应，调节保安系统各部分油压均正常。

表 8 - 1　　　　　　引进型 300MW 机组启动中负荷与蒸汽参数的匹配

负荷（MW）	15	30	60	105	150	240
主蒸汽压力（MPa）	4.12	4.9	6.7	9.31	11.96	16.56
主蒸汽温度（℃）	320	330	380	450	538	538
再热蒸汽温度（℃）		280	325	400	490	538

随着负荷的增加，机组轴向推力也增大，增负荷时要加强对推力轴瓦温度和轴向位移变化的检查。有时负荷的变化还能影响机组振动，所以负荷增加时，还应加强对机组振动和声音的检查，尤其是推力轴瓦温度的检查。因满负荷时轴向推力最大，若有异常，必须跟踪监视到满负荷。

负荷增加时，凝汽器水位、除氧器水位、轴封汽压力、油温、氢温、内冷水温、加热器水位都容易变化，这些参数大部分有自动控制，但仍要加强监视检查。

随着负荷的增加，应注意真空的变化，及时调节循环水流量。

汽轮机如果是第一次启动，或是大修后启动，或经过任何影响危急遮断器动作整定值的检修工作后首次启动，达到额定转速以后，都要进行空负荷试验。空负荷试验，包括汽轮机保护装置试验、阀门松动试验、真空严密性试验和汽轮机超速试验（或先进行充油试验）。

ABB 的超临界 600MW 汽轮机规定，汽轮机高压温度探针，也就是转子温度达到 450℃ 以上，方可进行超速试验。有的机组规定带 7%～10% 负荷运行 3～4h 再解列进行试验，也是为了加热转子。做超速试验时应注意：

（1）必须有一名运行人员站在手动跳闸按钮前，做好在非常情况下立即手动停机的准备。

（2）机组带上 7%～10% 负荷稳定运行 3～4h 以上。

（3）严密监视机组转速及振动，超过极限值应立即手动停机。

（4）严禁在额定参数下或接近额定蒸汽参数做超速试验。

（5）在做超速试验的暖机期间，应保持稳定的负荷，稳定的主再热蒸汽温度，稳定的主蒸汽压力，稳定的背压。

（四）启动中的控制指标

为了保证汽轮机启动的顺利进行，防止由于加热不均使金属部件产生过大的热应力、热变形以及由此引起的动静部分摩擦，根据制造厂的规定，各运行厂都应在运行规程中明确规定各项控制指标。

1. 蒸汽参数的控制

在冷态滑参数启动的过程中，对主蒸汽温度、压力，再热蒸汽温度都有明确的要求，因为滑参数启动，汽轮机的调速汽门处于全开状态，机组增加负荷控制主要取决于锅炉的燃烧与调整。为使机组并网后能稳定的增加负荷，要求主蒸汽、再热蒸汽温度和主蒸汽压力按转子寿命损耗率启动曲线控制升温升压。

汽轮机在冷态滑参数启动加初始负荷阶段，汽轮机高压调速汽门全开，新蒸汽可直接进入汽轮机。以后增加负荷，主要靠加强锅炉燃烧，增大锅炉蒸汽蒸发量。随着蒸发量增加，主蒸汽压力也相应提高。在低负荷阶段，要求主蒸汽压力变化率不要增加过大，这样可以确保稳定的增加负荷，也可能防止通流部分蒸汽流量增加过快，造成高压外汽缸及其法兰加热跟不上转子的加热，引起正胀差超过运行允许值，机组在低负荷下经过充分暖机以后升负荷时，主蒸汽压力变化率可适当加大。

2. 汽缸部件温升的控制

为了合理地组织启动操作和提高启动的可靠性，重要的是对汽轮机温度状态的监控。

启动汽轮机时汽缸内壁受到蒸汽的加热，内外壁会出现温差。高压缸调节汽室的汽缸厚度和法兰高度与宽度都比较大，又处于启停中蒸汽温度变化幅度大的区域。因此其内外壁温差也较大。为控制热应力，在启动过程中，对调节级汽室的汽缸和法兰金属壁温差的监视必须予以重视。

3. 上下汽缸温差

通常情况下，汽轮机出厂后都要给定汽缸上下缸温差的允许范围。对双层缸结构，内缸上下缸温差的要求与外缸的温差要求可能不一样，但通常的温差允许范围为35～50℃。

上下汽缸温差是监视和控制汽缸翘曲变形的指标，高压汽轮机的高压转子一般是整锻的，一旦发生摩擦，就会引起大轴弯曲，发生振动，如不及时处理，可能引起永久变形，汽缸上下温差过大，常是造成大轴弯曲的初始原因，故在汽轮机启停和正常运行中，必须十分重视汽缸上下温差，并且应根据上下缸温差产生的原因采取相应的措施，如严格控制温升速度、高低压加热器与汽轮机同时启动及改进汽缸保温等。

三、热态滑参数启动

启动前汽轮机高压转子温度若高于350℃时，或停机时间大约在8h，都可称为热态启动。一般日起夜停机组的启动，都属于热态启动。这时在升速过程中就不必暖机，只要检查和操作能跟上，应尽快地达到对应于该温度水平的冷态启动工况。

汽轮机在停机后，由于各金属部件的冷却速度不同，所以金属部件之间存在着一定的温差，从而造成动静间隙的变化，给启动带来一定困难，汽轮机组的一些大事故，如大轴弯曲、动静摩擦等，往往是在热态启动中操作不当而引起的。掌握热态启动的一般规律，再严格按照规程进行操作和检查，就可使汽轮机在任何状态下都能顺利而迅速地启动。

1. 热态启动的原则

热态启动必须遵守下列规定：

(1) 大轴晃动度不得超出规定值。大轴晃动度是监视转子弯曲的一项重要指标。转子在没有残余热挠曲状态是汽轮机热态启动的关键条件。热态启动时，汽轮机会很快升到额定转速，不能期待在升速过程中矫正转子的残余热挠曲，因此，热态启动前必须检查确认转子没有热挠曲，即大轴晃度不超限。

(2) 上下汽缸温差不得超出允许范围。

(3) 进入汽轮机的主蒸汽和再热蒸汽温度，应分别比高、中压汽缸金属最高温度高50℃以上，并具有50℃以上的过热度。

(4) 在升速过程中机组发生异常振动时，特别是中速以下，汽轮机振动超过规定值时，应立即打闸停机，投入连续盘车。

（5）润滑油温不低于 35～40℃。

（6）胀差应在允许范围内。

2. 热态启动的有关问题

热态启动前盘车装置连续运行，先向轴端汽封供汽，然后抽真空，再通知锅炉点火。这是与冷态启动操作方面的主要区别之一。因为这时高压转子前后汽封和中压转子前汽封的金属温度都较高，如果抽真空不投汽封供汽，将会有大量冷空气通过汽封段吸入汽缸，结果使汽封段转子收缩，引起前几级进汽侧轴向间隙缩小，使负胀差超过允许值。当汽缸温度在350℃以上时，即使先投轴端供汽，但供汽温度较低时，也会导致高、中压转子出现负胀差，这就要求使用高温汽源给轴封供汽。

冷油器出口油温不得低于 38℃，如果油温过低而升速又较快，可能因油膜不稳而引起振动，有些机组曾发生过这类事故。

热态启动真空应高一些，因为主蒸汽和再热蒸汽管道疏水通过扩容器排至凝汽器，真空高可使疏水迅速排出，有利于提高蒸汽温度。特别是炉内余压较高时，凝汽器真空应维持较高，这样旁路投入后，不致使凝汽器真空下降过多，但真空也不能太高，以防主汽门、调速汽门严密性较差时，可能因漏汽使汽缸冷却。

中速以下发现汽轮机振动超过规定值（如 0.04mm）时，应毫不迟疑地打闸停机。投入盘车，检查大轴晃动度和上下缸温差。如果中速以下振动超过规定值（如 0.04mm），并伴有前轴承箱横向晃动，则振动是由转子弯曲引起的，任何盲目升速、降速都会导致严重事故。

热态启动中，法兰和汽缸夹层加热装置应根据汽缸温度水平和胀差情况灵活掌握。热态启动一般不会出现正胀差，却非常容易出现负胀差。此时可以增加主蒸汽温度或加快升速、升负荷，加大蒸汽温度和进汽量，使进入汽轮机的蒸汽温度高于转子温度，这样转子由冷却转为加热状态，负胀差就会消失。

热态启动的关键监视参数仍是汽机转子的热应力，特别是容易出现负应力。可以采用增加主蒸汽温度或加快升速、升负荷，加大蒸汽温度和进汽量来消除负应力。

3. 热态启动主要程序

汽轮机热态启动的主要步骤与冷态启动及温态启动基本上是相同的。但热态启动与冷态启动最大的区别在于汽轮机所处的温度水平不同，启动关键在于不能让处于热态的汽轮机转子及汽缸发生冷却。

热态启动时，使用高温辅助蒸汽供轴端汽封，供汽温度控制在 160～170℃。抽真空安排在冲转前 1h，防止投真空过早有空气漏入汽缸，使其冷却。冲转前半个小时投入高低旁路，给水泵应为迅速加负荷做好启动准备。启动前盘车应连续运行，大轴弯曲度不大于规定值；机组所有疏水阀均应开启。冲转时主蒸汽过热度大于 50℃，或进入汽轮机的高压主汽门和高压调节汽阀后的蒸汽温度要比汽轮机进口处转子的温度至少高 20℃，并保证有 20℃以上的过热度；进入中压主汽门和中压调节汽阀后的蒸汽温度要比汽轮机中压缸进口处转子的温度至少高 20℃，并保证有 20℃以上的过热度，以此来保证蒸汽对高、中压转子是进行加热，而不是冷却。

对机组全面检查正常后，以 200～250r/min 的升速率升至额定转速，定速后机组正常应立即并网，带一定的初负荷暖机。若 15min 左右不能并网，应立即停止汽机运行。

热态启动参数的选择，应该与金属温度在对应的冷态滑参数启动曲线上的相应点来确定。先根据金属温度在曲线上找出对应工况点的参数或初始负荷。当蒸汽参数达到要求时，就可进行冲转。但在初始负荷之前的升速和加负荷应该越快越好，一般 10min 就可升至额定转速，迅速并网，且以每分钟 5%～10%额定负荷加到初始负荷点。这样做可避免金属冷却。达到起始负荷以后，可按冷态滑参数启动曲线进行新蒸汽参数的滑升，以后的过程与冷态滑参数启动相同。

汽轮机高压缸第一级后金属温度小于 200℃时应在 2600r/min 补充暖机至 200℃以上。然后按冷态启动运行。

机组冲动后主蒸汽温度不得下降，并分别以较高的速率平稳地增加负荷，一直保持汽缸温度无明显下降。

温态启动中，当高压内缸外壁温高于外缸内壁温 50℃以上时，可投入汽缸夹层加热，但夹层汽压不得高于第一级后压力。

增负荷的过程中，可以先用同步器开大调速汽门至 90%，然后利用提高主蒸汽压力的方法增加负荷。

四、中压缸启动

随着机组的容量增大，汽轮机采用了多种启动方式来满足机组快速启动的要求，以满足电网的调峰任务。实践证明，电厂负荷低时，停运一台汽轮机往往比几台汽轮机都在低负荷下运行优越。为了尽量能简化机炉操作、降低热冲击、能够快速启动带负荷，现在相当数量的机组采用中压缸启动。

(一)中压缸启动的意义

中压缸启动是汽轮机启动时，关闭高压调汽阀，开启中压调汽阀，利用高、低压旁路系统，先从中压缸进汽启动后切换为高、中压缸联合运行的启动方式，旨在加快中压缸暖机，缩短启动时间。

(1)中压缸启动可以充分加热汽缸，加速膨胀。中压缸启动冲转前，高压缸倒暖，利用盘车时间，高压缸缸温可以升到一定温度水平，中压缸冲转后，相同条件下，蒸汽量增大，利于汽缸加热，利于中压缸暖机。高压缸在冲转、暖机至升初负荷暖机时，用高压缸内鼓风作用，对高压缸进行加热。但必须调整隔离真空阀，不得使高压转子过热损坏。从冲转至切换负荷，总体时间可比原联合启动方式大大地缩短。

(2)中压缸启动在热态启动时，可以缩短锅炉点火至冲转时间，利于机组调峰运行。热态启动时，要求参数高，主汽参数想满足要求，时间较长，而采用中压缸启动方式，主汽加热后，经高旁进入再热器继续加热，中压缸冲转条件可以提前满足，减短锅炉点火升温时间。

(3)中压缸启动可以解决热态启动参数高，造成机组转速摆动，不易并网的问题。利用中压缸启动，启动参数相对降低，冲转蒸汽量增加 2～3 倍，可以使调速系统工作在一个较稳定区域。解决调节系统大幅度摆动，造成轴向位移较大的变化，即轴向推力的较大变化，并利于并网操作，缩短时间，尽快达到机组温度水平对应状态。减小机组热态启动冷却作用，延长寿命。

(4)启动初期，低压缸流量增加，减少末级鼓风摩擦，提高了末级叶片的安全性。

（二）中压缸启动系统

中压缸启动方式下，汽轮机主要需解决高压缸摩擦鼓风作用。调速系统上考虑了中压启动阀，热力系统上考虑了高压缸抽真空门和高排逆止门加旁路门作为高压缸倒暖门。

为实现汽轮机的中压缸启动，其热力管道布置与常规电厂不同，图 8-8 画出了中压缸启动汽轮机的系统配置图。图中各主要装置的作用如下：

（1）高、低压旁路系统的作用。大型汽轮机的热惯性远远大于锅炉。锅炉的冷却速度较快，这是因为用于热交换的面积很大，在重新启动前还必须放水排污。汽轮机短时停运后接着再启动，转子和汽缸仍然处于热态，这时汽轮机在启动期间必须供给温度较高的蒸汽，目的是不致使汽轮机冷却。

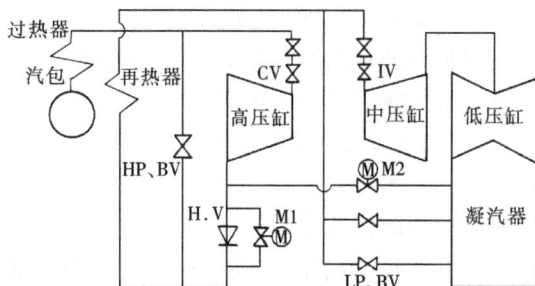

图 8-8 中压缸启动机组的旁路系统图
M1—暖缸阀；M2—高压缸抽真空阀；CV—高压调节汽门；
IV—中压调节汽门；HP、BV—高压旁路阀；LP、BV—低压旁路阀；H、V—高压缸排汽逆止门

采用高低压旁路系统后既满足了汽轮机对汽温的要求，又保护了再热器，同时使锅炉的燃烧调整变得相当灵活。

（2）高压缸抽真空阀的作用。高压缸抽真空阀在汽轮机负荷达到一定水平之前、完全切断高压缸进汽流量之前，用于对高压缸抽真空，以防止高压缸末级因鼓风而发热损坏。在冲转及低负荷运行期间切断高压缸进汽以增加中、低压缸的进汽量，有利于中压缸的加热和低压缸末级叶片的冷却，同时也有利于提高再热汽压力，因为再热汽压力过低将无法保证锅炉的蒸发量，从而无法达到所需要的汽温参数。

（3）暖缸阀的作用（又称高排逆止门的旁路阀）及高压缸的预热。暖缸阀就是在冷态启动时用于加热高压缸的进汽隔离阀。在汽轮机冲转启动的第一阶段，中压缸内的蒸汽压力很低，因此热量的传递也很慢。在这一阶段，中压转子和汽缸的温度上升较慢，因此尽管蒸汽和金属之间有温差，它们都不会产生过高的应力。汽轮机高压缸的情况则不同，由于再热器压力已调整到一定的数值，所以蒸汽一进入汽缸，汽缸内的压力就升高了。为此，高压缸在进汽前必须先经过预热。

在启动的最初阶段，当锅炉出口蒸汽达到一定温度时，就可以进行汽轮机的预热。为了使蒸汽能进入高压缸，就需打开暖缸阀。此时，高压缸内的压力将和再热器的压力同时上升，高压缸金属温度将上升到相应于再热汽压力下的饱和温度。这样的预热方式在汽轮机冲转过程中可以继续一段时间（直到升速至 1000r/min）。当高压缸内的金属温度达到要求时，暖缸阀自动关闭，并同时打开高压缸抽真空阀，使高压缸处于真空状态。高压缸预热过程决不会干扰或延长启动过程，因为锅炉冷态启动时的升温升压所需时间就足以使高压缸得到充分的预热。运行实践证明，当机组汽温、汽压具备冲转条件时，高压缸的预热正好或早已结束。由于高压缸暖缸过程的电动阀控制是自动的，且当机组冲转时高压缸暖缸已经结束。这就产生了用中压缸启动机组的又一优点，即无论是冷态还是热态启动，对运行人员的操作程序和步骤总是相同的。

中压缸启动阀开有两个油口,串联接在高压调汽门三次脉动油压管路上。中压缸启动时,打开中压缸启动阀油口,泄掉高压调汽门三次脉动油压,高压调汽门保持关闭位置。负荷切换时,关闭中压启动阀油口,建立高压调汽门三次脉动油压,打开高压调汽门,保持高中压联合运行。

高压缸抽真空系统,有两路从高压缸抽出,一路是从高排逆止门前管道上引出,另一路是从一段抽汽逆止门前管道上引出,两路汇合后一并进入凝汽器喉部。

高压缸倒暖门装在高排逆止门旁路上,用于在高压缸闷缸时,倒暖高压缸。

(三)中压缸启动运行

1. 启动操作

机组启动前检查及其他工作同冷态启动。操作中压缸启动阀,关闭高压调汽门,锅炉点火后,打开倒暖门或挂高排逆止门投入高压缸倒暖,达到冲转参数后,可冲动转子,到中速暖机结束后,关闭高排逆止门或倒门,高压缸开始隔离,然后用抽真空门调整高压缸金属温升率,机组并网同冷态,升负荷至5%～7%左右时,进行切换,关闭抽真空门,打开高压调汽门,挂起高排逆止门,机组进入联合启动状态,切换时,高压缸金属温度应达到320～340℃,切换时,注意主汽温度匹配,然后操作同机组正常启动。

2. 中压缸启动运行中的几个问题

(1)冲转蒸汽参数:

	300MW 机组	600MW 机组
主蒸汽压力:	2.94～3.43MPa	5.0～8.73MPa
热汽温度:	330～350℃	380～400℃
再热汽压力:	0.686～0.784MPa	1.54MPa
再热汽温度:	300～330℃	≤380℃

(2)高压缸的隔离温度。冷态启动时,锅炉点火后即可投高压缸倒暖,即蒸汽依次经过主蒸汽管道,高压旁路和高排逆止门进入高压缸,一般情况下高压缸倒暖温度与再热汽压力下的饱和温度一致,高压缸温度可加热到170～190℃左右,即当高压缸加热到170～190℃左右时隔离高压缸。高压缸隔离期间,由摩擦鼓风热量继续加热高压缸,通过调整抽真空门的开度来控制高压缸的温升率。到5%～7%负荷左右切换前,高压缸温度可加热到300℃左右,相当于机组带20%～30%负荷的缸温水平,在此基础上,应保证主蒸汽参数与高压缸缸温的合理匹配,以避免切换后因主蒸汽参数低而使负荷带不上,造成高压缸缸温的大幅度下降,产生较大的热应力。需要指出的是,在高压缸隔离期间,禁止使高压缸缸温升到380℃,否则应立即打闸停机。

(3)切换负荷。切换负荷是指,当中、低压缸带负荷至该值时切换为高、中压缸进汽的负荷。一般来说,切换负荷越高,越能体现中压缸启动的优越性,但切换负荷的增加又受到旁路容量、轴向推力等诸因素的限制。

(4)切换时的中压缸温度。为了避免机组在切换前后中压缸温度出现大幅度的波动,切换前中压缸缸温应控制在合理的范围内。如果切换前中压缸缸温过高,一方面因切换后允许接带负荷或高压缸缸温水平限制不能及时升到对应缸温下的负荷点,或再热汽温度降低,将引起中压缸温的不必要冷却,另一方面会因切换前中压缸温升量较大,增加机组冷态启动的寿命消耗。

因此，在切换前使中压缸温度控制在 360℃左右，高压缸温度控制在 360℃左右，选择合适的切换参数，这样，在切换后，既可使机组负荷增加，又不会引起中压缸温度的降低。

第三节 汽轮机的停运

一、停机的分类

从汽轮机带负荷运行经卸负荷到解列发电机，切断汽轮机进汽到转子静止的过程称为停机。

汽轮机停机一般分两类情况，一类是事故停机，即当电网发生故障或单元机组的运行设备发生严重缺陷和损坏，使机组必须迅速从电网中解列，甩掉所带全部负荷，然后再根据事故情况决定是维持空转，准备重新接待负荷，还是停机。事故停机又分为：故障停机和紧急停机。另一类为正常停机，即根据电网生产计划安排，有准备地停机。正常停机又分两种形式，第一种为检修停机，机组停机的时间长，在停机过程中要求冷却机、炉至冷态；第二种停机为热备用停机，根据系统负荷的需要以及设备或系统出现一些小缺陷，需要短时间停机处理，待缺陷处理后立即恢复运行，这种情况停机后要求机、炉金属温度保持较高水平以使重新启动时，能按极热态或热态方式进行，以缩短启动时间。

根据停机目的不同可分为两种停机方式：滑参数停机和额定参数停机。额定参数的停机采用关小调节汽阀的方法，逐渐减小负荷而停机，这时主汽门前的蒸汽参数保持不变。采用这样方法停机，进入汽缸内蒸汽温度的降低靠调速汽门节流来实现，因此不能使汽轮机零部件的温度降到较低水平。为了缩短检修时间，便于检修，目前普遍采用滑参数停机。所谓滑参数停机，就是在停机过程中，调速汽门逐渐开大，随着新蒸汽参数逐渐降低，负荷渐渐减小，直至停机。由于调速汽门全开，以低参数大流量的蒸汽经过通流部分，不但使零部件受到均匀冷却，而且金属温度可降到较低水平。

在正常停机过程中，随着主机的减荷停机，给水泵、除氧器、加热器等各种附属设备和机械也随着逐个停止运行。附属设备和附属机械的停用，首先要确认机组确实可以不需要该设备运行，其次要结合整个机组的操作情况，根据操作量合理安排，围绕主机的减荷停机进行。这些设备的停用是整个停机操作的一部分，应严格按照规定的顺序进行。

二、正常停机前的准备

停机前的准备工作是机组能否顺利停下的关键。停机前，运行人员首先要对汽轮机机组设备系统做一次全面的检查，分析有没有影响正常停机操作的设备缺陷。其次，要根据设备特点和具体运行情况，预想停机过程中可能出现的问题，制定具体措施，做好人员分工，准备好停机记录及操作用具，并做好下列具体准备工作。

（1）油泵的试转。对停机中需要使用的油泵，必须进行试转，确保其可靠。国产 300MW 机组停机过程中不一定要使用电动调速油泵，所以电动调速油泵一般不进行试验；交流润滑油泵是停机过程中必须使用的，停机前必须进行试转。有些 300MW 机组同一台润滑油泵两端分别用交直流电动机带动，有些电厂已将两只油泵分开，停机前最好对直流润滑油泵也进行试验，油泵试验后仍将其处于联动备用状态。如果停机过程中没有油泵供润滑油，则不允许将汽轮机停止运行。

（2）启停辅助蒸汽的准备。在停机过程中，除氧器汽源、轴封汽源都将切换成辅助汽源，应预先准备好，备用蒸汽管应预先暖好，做到需要时即可切换汽源。

（3）空负荷试验盘车电动机正常。盘车电动机可以空转试验的机组应空转试验盘车电动机，对于这一点，有些电厂不太重视，一旦转子停下盘车电动机不能启动时将会手忙脚乱。

（4）对机组启停用电动给水泵的热备用状态进行全面检查，并检查其油泵运行应正常。

（5）氢冷发电机空气侧密封油正常运行时使用主机透平油的机组，停机前还要空负荷试验发电机空侧交直流密封油泵，正常后切换成空侧密封油泵运行，直流密封油泵置联动备用状态。

（6）检查汽轮机高低压旁路系统投用"自动"备用。有关减温水源正常，减温水隔绝门在开足位置。

三、滑参数停机的操作步骤

减负荷停机前机组处于满负荷运行时，机组负荷由 APC（发电厂自动控制系统）或手动，以每分钟 1% 额定负荷的减负荷率，将负荷减到 50% 额定负荷，此时保持一段较短时间，在这一过程中进行辅助油泵及事故油泵的低油压联动试验。

50%～30%（额定负荷）减负荷中，仍采用每分钟 1% 额定负荷的减负荷率。这一过程中要停一台循环水泵和一台汽动给水泵、一台凝结水泵。

在 30%～20%（额定负荷）减负荷率同上，停高压加热器，同时厂用电源切换。

在 20%～5%（额定负荷）减负荷，如果以前减负荷为自动，这时应手动逐渐将负荷由 20% 减至 15% 额定负荷。同时停低压加热器；确认除氧器汽源辅助汽源正常；手动启动除氧器再循环泵；低压缸排汽减温喷水阀自动开启；确认电动给水泵已带上负荷，最后一台汽动给水泵停运。负荷减至 12% 额定负荷时，低压加热器和除氧器的抽汽逆止门自动关闭。负荷下降到 10% 额定负荷时，手动停止低加疏水泵。由 20%～5% 减负荷过程中所需时间约 10min。

当负荷减至 5% 额定负荷时，启动辅助油泵和盘车油泵，断开发电机出口开关，汽轮发电机组解列，切断励磁使发电机电压至零。

1. 具体停炉过程

（1）根据负荷需要，逐渐停运磨煤机，在负荷下降时，应使上排燃烧器最后停用，以保持较高的汽温，再热蒸汽汽温下降速度应控制在 1.5～2℃/min，调节级汽室蒸汽与该处金属温度不匹配控制在 20～50℃ 为宜，这是为了避免汽轮机末级湿度太大。

（2）在负荷下降过程中，根据锅炉燃烧情况，及时投用油枪，以保证锅炉燃烧稳定，在停第二台磨煤机前应预先投入相邻的油枪，以免在给煤量时，相应的喷管可能突然熄灭。

（3）燃烧稳定且只有一组喷燃器在运行时，可停用一台风机，停用后要及时关闭其进口档板，但对应的暖风器必须延长一段后再停止，在最后一台磨煤机停用后，停止另一台风机和密封风机（这里风机指吸、送风机）。

（4）给煤机停运后，按下磨煤机停止按钮，进行 3min 的残余煤粉吹扫，然后磨煤机自动停止。停给煤机时应先关热风门，在给煤率减少至 25% 额定给煤量时即可关闭热风门。当磨煤机出口温度约 50℃ 左右时，先关给煤机前的煤闸板，待磨煤机内估计已抽空再停磨煤机。吹扫结束后可关闭一台冷风门和相应的冷风档板，为了使喷燃器喷管冷却要保留周界风。随着炉温下降可关小周界风档板，也可间断通风。

（5）随着锅炉燃烧率的不断减小，进风量也应当减少，但最低风量不小于总风量的30%，为保持炉内火焰稳定，在减少燃烧率时应减小风箱和炉膛之间的压差，直至允许的最小值。在全部磨煤机停运后，燃油油枪才允许停用，让炉膛完全熄火。

（6）炉膛完全熄火后，应对油系统用蒸汽吹扫，对锅炉用 20%～30% 额定空气流量吹扫 5min 以上，吹扫时保持炉膛负压在 0.098kPa，锅炉熄火后空气预热器至少运行 4h，其烟温降到 200℃ 以下方能停用，以防因受热不均引起变形。

（7）冷水系统也应采取一系列的停用措施，停炉后检查所有减温水阀关闭；停用炉水蒸汽取样系统；按温度变化情况开启过热器和再热器疏水联箱，开主蒸汽管道和再热蒸汽管疏水阀或空气阀；汽包水位的最高值，停电动给水泵开启省煤器再循环门等。

2. 具体停汽轮机过程

（1）减负荷停机时，用关小汽轮机调节汽阀的办法进行单元机组大幅度减负荷和解列之前带低负荷运行，会导致高压缸变冷，这是低温蒸汽在通流部分长时间作用的结果。

停机时向轴端汽封送汽是引起汽轮机冷却的另一个原因，汽缸压力降低后，较冷的汽封蒸汽钻入通流部分，使高压缸和中压缸进汽的高温部件受到冷却。它与汽封蒸汽温度、真空和单元机组解列后送汽的持续时间有关。

停机操作步骤对随后启动（极热态、冷态及热态启动）的影响应予以重视。高压缸进汽部分的冷却，使有蒸汽流经的转子和汽缸表面引起拉伸应力，它们和汽轮机启动暖机过程中产生的应力符号相反，这就增大了启、停循环中汽轮机部件应力的幅度，降低了部件使用寿命。

（2）为确保汽轮机在停机过程中安全减负荷，要注意调整汽轮机轴封供汽，以减小胀差和保持真空，减负荷速度应满足汽轮机金属温度下降速度不超过 1～1.5℃/min 的要求；为使汽缸、转子的热应力和热变形保持在规定范围内，每减去一定负荷后，要停留一段时间，使汽缸和转子的温度均匀下降，尽量使各部分的金属温差减少。

（3）减负荷时要注意维护锅炉的汽温、汽压和水位，在减负荷的各个阶段应进行必要的系统切换和有关附属设备启停操作。如停止向除氧器、高压加热器和低压加热器供汽，泵切换调整凝汽器水位等等。根据锅炉燃烧调整的要求投入旁路系统。

随着负荷的下降，相应地调整发电机冷却水量、密封油压及氢气压力等。

（4）解列发电机前，带厂用电的机组应将厂用电切换到备用电源供电，发电机有功负荷下降过程中，应注意调节无功（调节励磁变阻器来调节无功），维持发电机端电压不变。减负荷后发电机静子和转子电流相应减小，线圈和铁芯温度降低，相应减少冷却水量，氢冷发电机轴端密封油压和氢压。有功负荷降到零时应迅速将发电机从电网中解列，并将励磁电流减至零，断开励磁开关的同时，控制转速，以防超速。打闸停机前应启动润滑油泵和密封油泵，同时将主汽阀关小，以减轻打闸时对自动主汽阀的冲击，然后打闸断汽检查主汽阀、调节汽阀及抽汽逆止门是否已关严。

3. 惰走曲线

汽轮机停止进汽以后，转子将依靠惯性继续滑转，称为惰走。

机组从打闸停机到转子停止转动的时间称为惰走时间，而转速随时间的变化曲线称为惰走曲线。机组额定参数下的正常停机都有一定的惰走时间和惰走曲线。

新机组投入正常运行一段时间后，确认各部件工作正常即可在停机时，测绘出汽轮机转子转速下降与时间的关系曲线，后者称为该机组的标准惰走曲线，如图 8-9 所示。绘制该

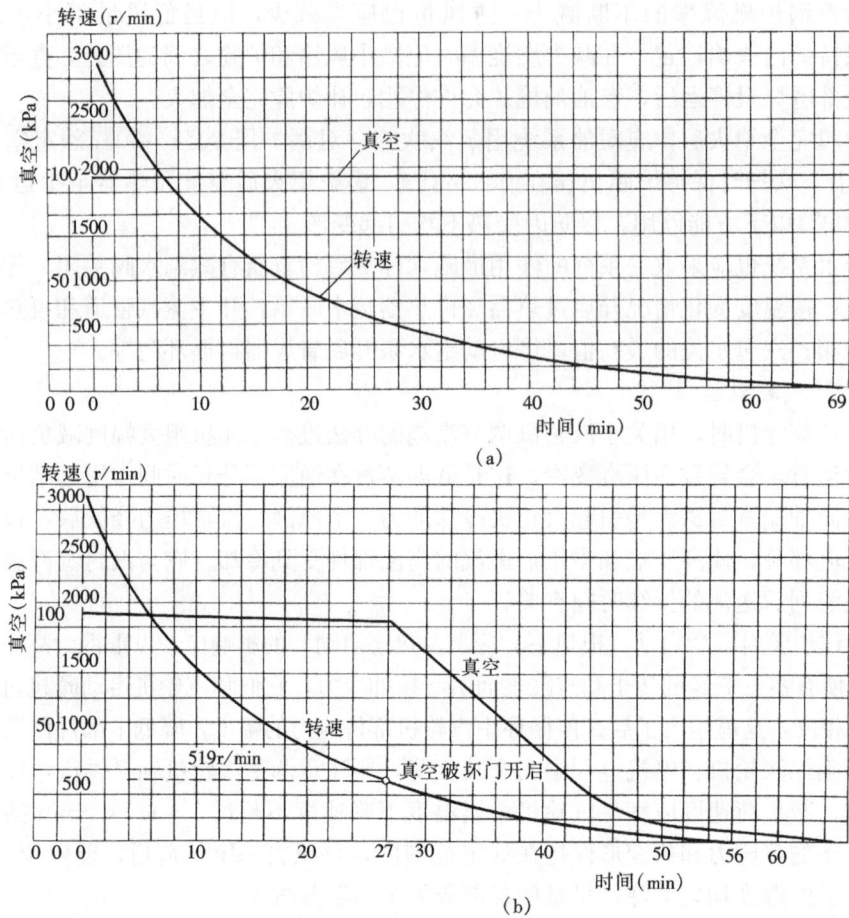

图 8-9 汽轮机的惰走曲线

(a) 不破坏真空；(b) 519r/min 破坏真空

曲线是在汽轮机停机过程中，控制凝汽器以一定速度降低真空的情况下进行，或者在凝汽器真空为一定的情况下进行。从图可看出惰走曲线可分三段，第一段较陡，即汽轮机打闸后转速从 3000r/min 降至 1500r/min 的阶段，只需很短时间，因为转速从额定转速开始下降，转速相对较高，鼓风摩擦损失的能量很大，所以转速降低的较快。从 1500r/min 至 500r/min 也属第一段内，但相对开始阶段的转速降低要慢一点；第二段较平坦，即在 500r/min 以下，转子的能量损失主要消耗在调速器、主油泵及轴承等的摩擦阻力上，与高速下鼓风摩擦相比，机械损失要少得多，故这时转子转速的降低极为缓慢，这段转子惰走时间较长；之后阶段曲线更陡，该段是操作。若超速试验中出现异常应立即打闸停机。

每次停机都应记录转子的惰走时间，根据惰走时间的长短，可以判断机组是否正常。如果惰走时间过长，则要检查是否有外界蒸汽漏入汽轮机，比如蒸汽或再热蒸汽管道阀门或抽汽逆止门不严，致使有压力蒸汽漏入汽缸；如果惰走时间过短，则可能是机组的动静部分发生摩擦或轴承磨损。

正常停机惰走过程中，不应破坏真空，应采用调整抽气器而降低真空，当转子静止时，真空也到零。停止轴封供汽，不要过早，也不要太晚，过早冷空气自轴端进入汽缸，轴封段急剧冷却造成转子变形，甚至动静部分摩擦，过迟会使上、下汽缸温差加大，引起汽缸变形和转子的热弯曲。停止轴封供汽的原则是以不产生上述诸情况为准，同时要控制轴封供汽量，不宜过大，避免汽缸压力过高，引起排汽室大气安全门动作。

在惰走过程中，氢冷发电机密封油压，单水冷发电机定子水压将升高，应及时调整。

转子静止后，应立即投入盘车，当汽缸金属温度降至250℃以下可定期盘车，直到调节级金属温度至150℃以下盘车停止。

四、停机过程中应注意的几个问题

1. 温降速度的控制

滑参数停机中，蒸汽温度下降速度一定要严格控制，一般主蒸汽温度的下降速度应控制在1～1.5℃/min，再热蒸汽温度下降速度控制在2℃/min。温降速度控制得如何，是滑参数停机成败的关键，往往因为蒸汽降温速度太快，使胀差出现不允许的负值或造成汽轮机进冷蒸汽，以至滑到中途被迫停机。温降过快，次数越多，越可能使汽缸和转子产生裂纹。

降温过程中，必须保证主蒸汽及再热蒸汽温度有50℃的过热度。但是主蒸汽压力低于3.0MPa以后，过热度不易保证，要特别注意防止发生水冲击。要防止低温部分过热，因为从高温部分传来的热量会使汽轮机低压部分温度升高，可能导致事故。

2. 锅炉降压冷却及保养

锅炉灭火后，即进入降压和冷却阶段，在该阶段中必须防止汽包等部件因受冷而收缩不均匀，产生过大的热应力，根据锅炉冷却的特点使其缓慢冷却。一般在6～8h内，停止送风机运行，应关闭锅炉各种门、孔和档板，防止冷空气大量进入炉膛。以后有必要可打开挡板及炉膛各门、孔，进行自然通风冷却，同时进行一次进水和放水。促使内部水流动，使各部件冷却均匀，吹扫结束后，保持引风机继续运行，只要调节通风量，控制冷却速度，亦能使汽包上、下温差及饱和温度变化率控制在允许范围内。

锅炉停运以后还要根据停炉的时间长短采取相应的保养措施，防止金属部件的腐蚀或冻裂，防腐保养一般采用充氮，氮气压力应维持在0.0343～0.068MPa，在此氮气压力下进行放水。冬季则采用氮置换出锅炉中的水，将汽水系统中的水全部放尽，关闭所有阀门，维护一定的氮气压力。

3. 汽轮机超速试验

若停机前需进行汽轮机超速试验，则应在锅炉灭火前先将发电机解列，维持汽轮机空转，随后进行超速试验，此时，一般应使旁路系统投入运行，保持锅炉燃烧稳定且具有一定的蒸汽流量，严禁锅炉灭火后用余热产生的蒸汽做超速试验，因锅炉灭火后无法控制蒸汽温度，以防汽中带水。汽轮机在停机过程中其部件所承受的热应力，已接近极限边缘，加上超速离心应力的叠加，如果此时汽中带水，再产生水击，就可能产生大的恶性事故。所以做超速试验时要谨慎。

五、汽轮机停机后的快速冷却

大功率汽轮机由于普遍采用了优质保温材料，保温性能得到了极大改善，提高了机组运行的效率和安全性，但是停机后的冷却时间却大大加长，直接影响到检修工期和机组投运率；随机组容量的增大，金属的热容量增加，这一矛盾更加突出。机组停运后，进行自然冷却，汽缸温度到150℃一般需要4～5天，长的达6～7天。显然，为了缩短检修工期，提高机组可用系数，应设法缩短停机后自然冷却的冷却时间。

　　强制冷却是快速冷却的最有效途径。对快速冷却的要求，应做到尽可能缩短冷却时间，控制合理的冷却速度，保证合理的寿命损耗，针对不同的机组型式，使用合理的冷却介质和系统。

　　大型汽轮机的快冷技术发展迅速，国外有些制造厂把快冷装置随同汽轮机供货，国内从1980年开始进行了大量快冷试验，取得了不少经验。

　　停机后快速冷却的方法很多，主要有以下几种：

　　1. 蒸汽顺流冷却

　　锅炉滑参数停炉后，利用锅炉余热，同时向锅炉底部联箱供加热蒸汽以维持锅炉汽压，保持汽轮机以500r/min左右的转速继续空转，以便冷却汽轮机金属，到蒸汽不能加速金属冷却时打闸停机。这种快冷方法不需要对机组的系统进行大的改动，但要注意选择好滑参数终止点及冷却时机组转速，汽轮机进汽温度应始终与缸温匹配，对转速和振动应加强监视。

　　2. 蒸汽逆流冷却

　　利用外来汽源（如邻机抽汽或启停辅助用汽等）对汽轮机进行冷却，这种方法在苏联的300MW机组和国产200MW机组上用得较多。经过调温后的外来蒸汽分三路：一路由高压缸排汽逆止门前进入高压缸，经高压调速汽门和主汽门后由防腐门经夹层到高压缸外缸疏水门、经汽封由第一室排出；第二路经汽缸、法兰螺栓调温联箱冷却法兰；第三路由高压缸排汽逆止门后进入中压缸，排向凝汽器。上述系统中，高压缸为逆流冷却，中压缸为顺流冷却。使用这种冷却方式时，要注意高中压缸进汽与缸温的匹配，汽量易受外来汽源影响，快冷后机内湿度较大，会加剧腐蚀。

　　3. 抽真空冷却

　　抽真空冷却汽轮机的方法有顺流和逆流两种。顺流时，空气借助凝汽器真空经汽轮机进汽管进入汽缸后，由高压缸排汽逆止门前疏水管进入凝汽器，另一路进入法兰调温联箱后经法兰排到凝汽器，这种方法在空气吸入口要防止产生过大的热冲击，冷却速度也较慢，但方法简单，不需改系统就能实现。逆流冷却时，空气由凝汽器汽侧人孔门进入后，由高中压缸夹层联箱及法兰调温联箱进汽管抽出。用空气冷却汽轮机时，冷却速度可由真空调节。因凝汽器有真空，故需送温度与汽缸温度匹配的轴封汽，这种方法冷却速度较慢。

　　4. 压缩空气快冷

　　这种方法在国外用得较多，国内也已正式使用，冷却方式也有顺流和逆流两种。顺流时，压缩空气由高中压缸进汽管导入，经高中压缸排汽管或抽汽管排出，另有一路经法兰螺栓调温联箱、法兰后排出。冷却时，压缩空气自高温区引入，引起热冲击的可能比逆流冷却大，尤其是主蒸汽管正对疏水管口处及疏水管根部更加敏感。但因顺流冷却时全周进汽，高温段有金属温度测点可供监视，仍被一些电厂应用。逆流冷却时，从高压缸排汽逆止门前导入压缩空气（另有一路压缩空气供法兰螺栓冷却），由高压缸外缸疏水、防腐门、第一轴封腔室排出；中压缸则仍用顺流冷却，空气经再热器进入中压缸，然后经凝汽器或抽汽管疏水排出。不论顺流还是逆流冷却，送入汽轮机的空气要经过加热，最好预热到比缸温低100～150℃左右，并根据需要进行调控，以防空气进口产生过大的热冲击，并保证合理的冷却速度。送入的空气应是经过过滤的干燥而洁净的空气。据国外文献介绍，300MW汽轮机的冷却空气流量最佳值为20m³/min左右、冷却时间为30～40h、冷却速为10～12℃/h时各项控制指标不易超限。因为是正压冷却，不需送轴封，操作简单，调控手段多，效果也较好。宝山钢铁总厂自备电站 350MW 三菱机停机后冷却 38h，达到盘车停用的汽缸温度，取得了比自然冷却减少 5 天冷却时间的效果。压缩空气快冷，尤其是压缩空气逆流快冷是较好的快冷方式，但现场改装工作量较大，最好由制造厂提供。

压缩空气冷却系统如图 8-10 所示。

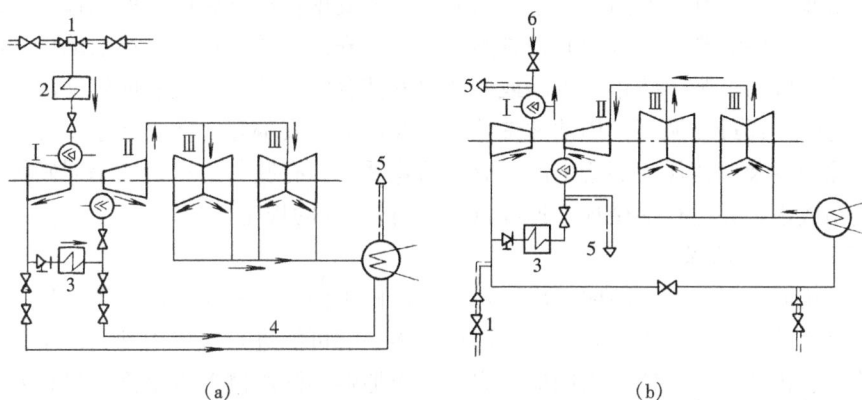

图 8-10　压缩空气冷却示意图

(a) 顺流过程；(b) 逆流过程

Ⅰ—高压缸；Ⅱ—中压缸；Ⅲ—低压缸

1—冷却剂进口；2—过热器；3—再热器；

4—旁路；5—冷却剂出口；6—来自锅炉的新蒸汽

5. 鼓风逆流冷却

这是 ABB 公司配套提供的系统。采用压头为 10～20kPa 的鼓风机，在停机约 4h 后向高中压缸排汽管道送风（不预热），经高中压缸进汽端汽缸上加平衡块用的手孔及高中压调速汽门导管上的疏水管排气，冷却速度可达 12℃/h。这种系统风量很大（一台 350MW 机的冷却风量 90m³/min），有法兰加热装置的机组，冷却速度会受法兰牵掣，没有法兰加热装置的机组冷却效果较好。据 ABB 公司称，24h 可将 500℃的汽缸冷却到 200℃，冷却到 150℃只需 30h。

6. 压缩空压导入汽缸快冷

这是 AA（阿尔斯通）公司提供的系统。高中压上、下汽缸上各有一只空气喷管导入洁净并预热过的空气，由高中压缸排汽管及轴封排出。对双层汽缸而夹层冷却难以保证的机组，这种冷却方式十分有效。因加装喷管工作量大，国内尚无应用。

汽轮机快速冷却，不但能明显缩短检修期，还可在强迫停机时汽机快冷后配合停机进行设备缺陷排除工作，使设备可靠运行，其收益难以用数字计算。我国 300MW 机组，尤其是国产 300MW 机组，通流部分腐蚀十分严重，一种好的快冷方法还具有很好的防腐作用，能减缓汽轮机的腐蚀。

六、汽轮机停机后的保养

由于我国经济飞速发展，长期以来，电力一直处于供不应求的紧张局面，除检修外，汽轮机长期停用的情况比较少。随着电力工业的迅猛发展，电网装机容量越来越大，由于种种原因个别机组可能会较长时间的停用，有些老机组也可能遇有较大的技术改造项目而停用。

即使是时间不长的停机,如果停机后保养不当,往往造成设备的严重腐蚀。我国 300MW 机组的设备腐蚀情况十分严重。以下介绍一些常见的设备保养方法。

1. 油系统停机后的保养

机组运行时调速系统和润滑系统的油中难免含有少量的水分,停机后油中的水分将凝聚在油箱底部、油路内和调速保安系统部套上,油系统中的水分必须设法去除。国产 300MW 机组因油中有水,一般都有专门的放水阀门放掉。但凝聚在油管路内或调速保安系统部套上的水分,如果不及时去除掉,将引起油管路或调速保安部套的锈蚀,机组启动后,必然对安全运行带来严重威胁。为了防止油管路或调速保安部套的锈蚀,停机后应定期启动调速油泵油循环一段时间。通过油循环,用油冲洗油管道及调速保安部套、活动调速系统、投用盘车装置,以去除油管及调速保安部套上的水分,防止锈蚀。有些制造厂说明书明确提出每星期进行一次油箱放水,并进行油循环,连续盘车运行 0.5h 的规定。

2. 一般汽水系统的保养

汽轮机停机后,如果在一周内不启动,又无检修工作时,就应对汽水系统进行如下保养工作:放尽凝汽器热井中存水并开启放水门;隔绝一切可能进入汽机内部的汽水;所有抽汽管道、主蒸汽、再热汽及本体疏水门应开启;低压加热器汽水侧存水全部放尽;其他停用设备内部及系统中积水放尽;汽机本体与公共母管连接的汽水系统隔绝门泄漏时,应扩大隔绝范围加装带有尾巴的堵板。

3. 汽轮机停机超过半年的保养

一般地说,汽轮机停用期超过半年,就应采取拆开保养法进行保养。在金属表面涂以合适的防锈油脂或喷上银粉等妥善保管,并定期检查保养效果。对凝汽器、冷油器、加热器等设备的钢铁部分最好刷防腐漆,必要时也要进行充氮保养。

4. 冬季的防冻工作

汽轮机在冬季停机应注意执行防冻措施,特别是室外的汽水系统及设备,更应注意。即使是室内设备,在机组停用后也会达到 0℃ 以下的温度。发生冻结时,设备、阀门、管道内的水在冻结过程中体积强行膨胀,极易胀裂或胀破设备、阀门或管道。

防冻措施应遵循以下几个原则:首先在可能发生冻结的地方挂温度表,对温度表的指示值应定期记录。交接班时使值班人员随时了解哪些地方可能发生冻害,以便预先做好防冻措施,并随时检查效果。其次,设法使可能发生冻害的地方温度保持在 0℃ 以上,如关闭门窗,加保温材料,甚至加伴热蒸汽及加装暖气以提高环境温度等。第三是放掉存汽存水,消除冻坏设备的根源。第四,无法避免温度降到零度以下时,对于无法放水放汽的设备系统,应设法让汽水流动,从而使汽水保持在 0℃ 以上。这包括定期启动设备,或打开部分阀门使设备系统内的汽水流动。300MW 机组室内室外的设备系统很大,应根据具体情况制定防冻措施,并应严格执行。

5. 汽轮机的热风干燥

有些制造厂规定,停用期超过两周但不超过半年时,应对汽轮机进行热风干燥保护,将汽轮机内(包括抽汽门前后及凝汽器汽侧)存水放光,汽缸温度降到 50℃ 以下,从抽汽口鼓入经过干燥的热风。

根据有关资料介绍,20 号碳钢在空气中的腐蚀速度以相对湿度 60% 为分界点,湿度大于 60% 时腐蚀速度直线上升;湿度小于 60% 时速度明显放慢;当湿度降至 35% 时,腐蚀率接近于零。某厂一台 350MW 机组停用时,用一套风量为 4000m³/h、除水量 6kg/h 的 2 台除湿机、温升为 20℃ 的两组加热器设备,对汽轮机进行热风干燥,湿度降到 30%,防腐效果良好。

第四节　汽轮机的正常运行维护

运行中对汽轮机设备进行正确的维护、监视和调整,是实现安全、经济运行的必要条件。为此,机组正常运行时要经常监视主要参数的变化情况,并能分析其产生变化的原因。对于危害设备安全经济运行的参数变化,根据原因采取相应措施调整,并控制在允许的范围内。

汽轮机运行中的主要监视项目,除汽温、汽压及真空外,还有监视段压力、轴向位移、热膨胀、转子(轴承)振动以及油系统等。

在正常运行过程中,为保证机组经济性,运行人员必须保持:规定的主蒸汽参数和再热蒸汽参数、凝汽器的最佳真空、给定的给水温度、凝结水最小过冷度、汽水损失最小、机组间负荷的最佳分配等。

一、汽轮机运行中的监视

1. 负荷与主蒸汽流量的监视

机组负荷变化的原因有两种:一种是根据负荷曲线或调度要求由值班员或调度员主动操作;另一种是由于电网频率变化或调速系统故障等原因引起。

负荷变化与主蒸汽流量变化的不对应一般由主蒸汽参数变化、真空变化、抽汽量变化等引起。遇到对外供给抽汽量增大较多时,应注意该段抽汽与上一段抽汽的压差是否过大,避免因隔板应力超限及隔板挠度增大而造成动静部件相碰的故障。

当机组负荷变化时,对给水箱水位和凝汽器水位应及时检查和调整。

随着负荷的变化,各段抽汽压力也相应地变化,由此影响到除氧器、加热器、轴封供汽压力的变化,所以对这些设备也要及时调整。轴封压力不能维持时,应切换汽源,必要时对轴封加热器的负压要及时调整。负压过小,可能使油中进水;负压过大,会影响真空。增减负荷时,还需调整循环水泵运行台数,注意给水泵再循环门的开关或调速泵转速的变化、高压加热器疏水的切换、低压加热器疏水泵的启停等。

2. 主蒸汽参数的变化

一般主蒸汽压力的变化是锅炉出力与汽机负荷不相适应的结果,而主蒸汽温度的变化,则是锅炉燃烧调整、减温水调整、直流炉燃水比不当、汽包炉给水温度因高压加热器运行不正常发生变化等所致。主蒸汽参数发生变化时,将引起汽轮机功率和效率的变化,并且使汽轮机通流部分的某些部件的应力和机组的轴向推力发生变化。汽轮机运行人员虽然不能控制汽压、汽温,但应充分认识到保持主蒸汽初参数合格的重要性,当汽压、汽温的变化幅度超过制造厂允许的范围时,应要求锅炉恢复正常的蒸汽参数。

3. 再热蒸汽参数的监视

再热蒸汽压力是随着蒸汽流量的变化而变化的。再热蒸汽压力的不正常升高,一般由中压调速汽门脱落或调节系统发生故障而使中压调速汽门或自动主汽门误关引起的,应迅速处理,设法使其恢复正常。

再热蒸汽的温度主要取决于锅炉的特性和工况。再热蒸汽温度变化对中压缸和低压缸的影响，类似于主蒸汽温度的变化，在此不再赘述。

4. 真空的监视

真空是影响汽轮机经济性的主要参数之一，运行中应保持真空在最有利值。真空降低，即排汽压力升高时，汽轮机总的比焓降将减少，在进汽量不变时，机组的功率将下降。如果真空下降时继续维持满负荷运行，蒸汽量必然增大，可能引起汽轮机前几级过负荷。真空严重恶化时，排汽室温度升高，还会引起机组中心变化，从而产生较大的振动。所以，运行中发现真空降低时，要千方百计找到原因并按规程规定进行处理。

末级长叶片对允许的最低真空也有严格规定。

5. 胀差的监视

正常运行中，由于汽缸和转子的温度已趋于稳定，一般情况胀差变化很小，但决不能因此而放松对它的监视。当机组运行中蒸汽温度或工况大幅度快速变动时，胀差变化有时也是较大的。如：机组参与电网调峰时、负荷变化速率较大。主蒸汽、再热蒸汽温度短时内有较大的变化，汽缸夹层内由于导汽管泄漏有冷却蒸汽流动，汽缸下部抽汽管道疏水不畅等都将引起胀差的变化。特别是在高压加热器发生满水，使汽缸进水时，胀差指示很快就会超限，应引起注意。

6. 对其他表计的监视

正常运行中，运行人员在监视时，还要注意润滑油温、油压、轴承金属温度、各泵电流等。如发生异常，只要及时发现，就应得到正确处理。

二、汽轮机运行中的监督

1. 汽轮机通流部分结垢的监督

定期监督汽轮机通流部分可能堆积的盐垢，是汽轮机安全和经济运行的必要条件。喷管和叶栅通道结有盐垢，将导致通道截面积变窄，而使结垢级各级叶轮和隔板压差增大，比焓降增加；应力增大，使隔板挠度增大，同时引起汽轮机推力轴承负荷增大。汽轮机的配汽机构也可能结垢，使汽门和调速汽门卡涩，在甩负荷时将导致汽轮机严重超速的事故。

在凝汽式汽轮机中，通流部分的结垢监视是根据调节级压力和各段抽汽压力（最后一、二级除外）与流量是否成正比而判断的，一般采用定期对照分析调节级压力相对增长率的方法。

当新蒸汽维持额定参数和各段抽汽均投入运行时，在相同的蒸汽流量下，调节级压力的相对增长率 ΔP 按下式计算：

$$\Delta P = (P-P') / P' \times 100\%$$

式中　　P'——叶片干净时的调节级压力，MPa；

　　　　P——叶片运行时的调节级压力，MPa。

一般规定，冲动式机组调节级压力的相对增长率不应超过 10%，反动式机组不应超过 5%。近代大型冲动式汽轮机常带有一定的反动度，因此该增长率控制应较纯冲动式机组更严格，制造厂都有规定。此公式也可用于其他监视段的监视，这样有助于推断结垢的段落及结垢速度。

有时压力的升高也可能是其他的原因造成的。如：某一级叶片或围带脱落并堵到下级喷管上，一、二段抽汽压力同时升高，说明是中压调门或高压缸排汽逆止门关小或加热器停运等情况。这就需要根据具体情况做全面分析，特别是要看压力升高的情况是在短时内发生的，还是长期的渐变过程。

汽轮机通流部分结垢的原因，主要是蒸汽品质不良引的，而蒸汽品质的好坏又受到给水品质的影响。所以，要防止汽轮机结垢，首先要做好对给水和蒸汽品质的化学监督，并对汽、水品质不佳的原因及时分析，采取措施。

2. 轴向位移的监视

汽轮机转子的轴向位移是用来监视推力轴承工作状况的。近来，一些机组还装设了推力瓦油膜压力表，运行人员利用这些表计监视汽轮机推力瓦的工作状况和转子轴向位移的变化。

汽轮机轴向位移停机保护值一般为推力瓦块乌金的厚度减 0.1～0.2mm，其意义是当推力瓦乌金磨损熔化而瓦胎金属尚未触及推力盘时即跳闸停机，这样推力盘和机组内部都不致损坏，机组修复也比较容易。

在推力瓦工作失常的初期，较难根据推力瓦回油温度来判断。因为油量很大，反应不灵敏，推力瓦乌金温度表能较灵敏地反映瓦块温度的变化。但是运行机组推力瓦块乌金温度测点位置及与乌金表面的距离，均使测得的温度不能完全代表乌金最高温度。因此，各制造厂根据自己的经验制定了限额。油膜压力测点能够立即对瓦块负荷变化作出反应，但对油膜压力的安全界限数值，目前还不能提出一个共同的标准。

当轴向位移增加时，运行人员应对照运行工况，检查推力瓦温度和推力瓦油回温度是否升高及差胀和缸胀情况。如证明轴向位移表指示正确，应分析原因，并申请做变负荷试验，做好记录，汇报上级，并应针对具体情况，采取相应措施加以处理。

3. 汽轮机的振动及其监督

不同机组、同一台机组的不同轴承，各有其振动特点和变化规律，因此运行人员应经常注意机组振动情况及变化规律，以便在发生异常时能够正确判断和处理。

带负荷运行时，一般定期在机组各支持轴承处测量汽轮机的振动。振动应从三个方面测量，即从垂直、横向和轴向测量。垂直和横向测量的振动值视转子振动特性而定，也与轴承垂直和横向的刚性有关。每次测量轴承振动时，应尽量维持机组的负荷、参数、真空相同，以便比较，并应做好专用的记录备查，对有问题的重点轴承要加强监测。运行条件改变、机组负荷变化时，也应该对机组的振动情况进行监视和检查，分析振动不正常的原因。

正常带负荷时各轴承的振动在较小范围内变化。当振动增加较大时（虽然在规定范围内），应向上级汇报，同时认真检查新蒸汽参数、润滑油温度和压力、真空和排汽温度、轴向位移和汽缸膨胀的情况等，如发现不正常的因素，应立即采取措施予以消除，或根据机组具体情况改变负荷或其他运行参数，以观察振动的变化。

大容量汽轮机越来越注重提高其支撑质量和刚性，转子轴颈和轴承之间的油膜对振动的阻尼不可忽视，使轴承振动往往不能反映汽轮机转子的真正振动情况。因此，现代 300MW 汽轮机大部分都配有直接测量轴颈振动的装置。现场经验证明，轴振不但比轴承振动能更灵敏地反映汽轮机振动情况，而且还可利用轴振和轴承振动值与相位的差，进一步分析机组振动的原因。

表 8-2 给出某厂 350MW 汽轮机正常运行的主要控制指标。

表 8 - 2   某厂 350MW 汽轮机正常运行的主要控制指标

序号	项　目	单位	限额		
			正常值	报警值	脱扣值
1	轴振动	mm	0.075	0.125	0.20
2	轴向位移	mm	±0.9	±0.9	±1.0
3	推力轴承磨损保护油压	10^2kPa	<2.1	2.1	5.6
4	高压胀差	mm	−2.8～+10.7	−2.8, 10.7	−3.3, +11.7
5	低压胀差	mm	−1.0～+17.2	−1.0, +17.2	−2.0, 18.7
6	轴承润滑油压力（12m 运行层）	10^2kPa	1.2～1.8	0.75	0.5±0.05
7	同轴主油泵出口压力（12m 运行层）	10^2kPa	21±2	—	—
8	同轴主油泵入口压力（12m 运行层）	10^2kPa	>0.7	—	—
9	高压油压力	10^2kPa	19±1	18	—
10	安全油压力	10^2kPa	8～10	2.1	—
11	脱扣油压力	10^2kPa	>17	—	3
12	轴承润滑油温度	℃	42	50	—
13	1～7 号支撑轴承乌金温度	℃	<91	107	113
14	1～7 号支撑轴承回油温度	℃	<71	77	82
15	推力轴承乌金温度	℃	<85	99	107
16	主油箱液面真空	kPa	−1.0～1.5	—	—
17	轴封汽压力	10^2kPa	0.2～0.4	0.1	—
18	低压轴封汽温度/过热度	℃	120～180/214	300	—
19	凝汽器真空	kPa	<−90.7	−84.7	−66.7±6.7
20	低压缸排汽温度	℃	<70	80	120
21	高压缸排汽温度	℃	<380	380	450
22	主蒸汽温度	℃	538±8	546	566
23	再热蒸汽温度	℃	538±8	546	566
24	主蒸汽压力	10^2kPa	166.6±5		
25	调节级出口蒸汽温度变化率	℃/h	165		
26	主蒸汽温度左、右偏差	℃	<14		
27	主蒸汽与再热蒸汽温度偏差	℃	<28		
28	高、中压外缸上、下缸温差	℃	<30	42	56
29	高、中压外缸法兰与螺栓温差	℃	−30～+40	140	—
30	主汽阀、调节汽阀、蒸汽室内外金属温差	℃	<83		
31	负荷突变	%	<25		

序号	项　目	单位	限　　额		
			正常值	报警值	脱扣值
32	调节级出口蒸汽压力（350MW 时）	10^2 kPa	133		
33	转子温差	℃	$-40\sim+40$		
34	频率变化	Hz	$48.5\sim50.5$		
35	发电机内氢气纯度	%	>96	90	
36	发电机密封油温度	℃	41 ± 2	46	
37	发电机内氢气压力	10^2 kPa	$3.8\sim4.3$	3.8，4.35	
38	发电机冷氢温度	℃	40 ± 5	45	
39	励磁机冷风温度	℃	40 ± 5	50	
40	轴承冷却水温度	℃	30	35	

三、汽轮机组运行的优化管理

1. 运行优化管理工作的主要内容

汽轮机组运行中各种参数的变化，如汽压、汽温、真空都将影响到机组运行的经济性与安全性，如何使各种参数及辅机运行方式最接近理想的状态，即是优化管理的目标。机组运行的优化管理是对机组运行性能的在线技术分析，及时发现问题，及时进行改进和调整，所以，这是一种动态管理模式。

机组运行优化管理工作的内容主要有以下几方面：

（1）根据机组的设计参数及数据、机组目前设备的性能状况，分析节能潜力。

（2）从机组设备和运行方式两方面进行改进和试验调整，确定机组可能达到的最佳运行方式和各性能指标。

（3）根据机组的实际情况，建立机组性能计算及耗差分析模型，研制机组在线数据采集、检测及性能计算系统。

（4）实施机组性能在线监测，为运行操作人员提供在线优化运行的调整依据。

（5）建立以供电煤耗为考核指标的节能管理体系，并利用计算机在线系统进行动态运行考核。

（6）建立以在线检测系统为基础的机组运行优化管理考核机制，明确运行、专职及有关部门领导等人员对机组运行优化管理的职责要求。

2. 运行优化管理的思路

在以上工作的基础上，利用计算机实时网络系统建立优化在线监测系统，它包括实时数据采集、热力系统主要流程有关画面参数的显示、性能计算及提供耗差分析图表、提供以可控耗差为基础考核的月度班统计值、提供历史数据的查询、统计报表的打印、为运行人员提供简单扼要的操作量等。正常运行中，该系统可根据不同的工况及外界条件的变化（如环境温度、燃料品质等），计算出当时工况下的真空系统、回热系统、汽水系统等的实际性能值，并与优化试验结果及机组设计数据确定的机组性能值（即当时工况下应达到的最佳性能值）进行比较，得出各性能值的耗差，运行人员即可从该系统的耗差分析、显示中找出影响当前机组运行经济性的主要问题，从而通过调整运行方式或运行参数使机组运行工况最大限度的接近最优的状态。例如，在一定的负荷和循环水进水温度条件下，对于已有的凝汽器来说，增加循环水流量可以使凝汽器压力降低，使汽轮机做功增加。但增加循环水量必然增加了循环水泵的耗功，只有在增加循环水量使汽轮机增加的做功大于循环水泵由此而增加的耗功时才是合理的。在优化管理系统的耗差分析中，运行人员的调整目标就是使凝汽器压力耗差与循环水泵电耗耗差之和达到最小值，此时机组的真空即为最佳真空。

又如对于主蒸汽压力来说，在不影响安全的情况下，压力越高的机组效率越高，但这只适用于额定工况下的情况。在调峰减荷至部分负荷工况时，如果仍维持较高的主蒸汽压力，则将使调门节流损失增加，调节级效率降低，使给水泵由于维持较高的给水压力而耗功增加，使高压缸排汽温度降低。再热蒸汽温度和降低，因而降低了机组效率。所以，调峰运行的机组一般应采用滑压运行的方式。在运行中，最佳的主蒸汽压力应使主蒸汽压力降低产生的耗差、高压缸效率（调门节流损失）的耗差与小汽机用汽量的耗差三者之和达到最小值。

对于回热系统和汽水系统，不论什么工况，总之各加热器只要控制好水位，保持加热器上、下端差在设计值之内即能达到最佳状态。主蒸汽、再热蒸汽温度应保持设计值，过高将影响到汽轮机金属部件的寿命，偏低则不论什么工况都将使机组效率降低。

四、汽轮机寿命管理

汽轮机寿命管理，是实现机组科学管理的一项重要工作。汽轮机使用寿命控制的主要内容，就是在汽轮机启停及变负荷运行时，最大限度地提高启停速度及响应负荷变化的能力，防止裂纹萌生或降低裂纹的扩展速率，延长汽轮机使用寿命，推迟机组的老化，在安全的基础上，实现长期的经济运行。

关于汽轮机寿命问题国外早有研究。对寿命监测、损耗以及合理的分配进行了一系列分析、试验。为汽轮机管理和运行提供了合理的指导。现在国外制造厂及运行单位一般对制造和使用的机组都作寿命分析和评价，从而得到合理的安全地运行。

我国研究国产汽轮机寿命已有多年，已积累了相当多的数据和经验。

汽轮机寿命取决于其最危险部件的寿命。一般来讲，汽轮机转子作为汽轮机的一个关键部件，其材料性能、几何形状和运行工况都对汽轮机的正常运行影响很大，汽轮机转子的工作环境较恶劣，热应力变化大，运行温度高，不仅引起低周疲劳损伤，而且还要引起高温蠕变损伤；另外，转子旋转速度高，应力集中部位多，一旦出现裂纹既不能用改变运行方式来阻止裂纹的继续扩展又不易修复，还容易造成转子转动的不平衡，因此转子是整个机组中最危险的部件，它的寿命决定了整台汽轮机的寿命。

汽轮机寿命指的就是转子寿命，一般分为无裂纹寿命和剩余寿命两种。所谓无裂纹寿命是指转子从第一次投运开始直到产生第一条工程裂纹（约 0.5mm 长，0.15mm 深）为止所经历的运行时间，无裂纹寿命又称致裂寿命。根据断裂力学分析，当出现了第一条裂纹时并不意味着转子寿命的终结，还有一定的剩余寿命，而且这一部分寿命在总寿命中占有相当大的比例，只有当裂纹扩展超过临界裂纹时才会出现裂纹失稳扩展造成转子断裂。所以剩余寿命是指从产生第一条工程裂纹开始直到裂纹扩展到临界裂纹为止所经历的安全工作时间。无裂纹寿命和剩余寿命之和就是转子的总寿命。

汽轮机寿命管理的任务就是正确评价汽轮机部件的寿命（包括无裂纹寿命和剩余寿命），合理分配机组服役期内各种工况下的寿命损耗率，延长汽轮机的使用寿命。做好机组寿命管理工作，有助于合理使用材料，充分利用设备潜力，避免灾难性事故的发生。

汽轮机寿命管理包含两层内容：第一是国家宏观指定的服役年限内，如何合理分配、有效使用汽轮机寿命，制定汽轮机寿命分配表，指导运行，以取得最大的经济效益；第二是进行汽轮机寿命的离线或在线监测，对汽轮机寿命和实际损耗做到心中有数，保证汽轮机的安全运行。

1. 汽轮机寿命分配

目前通常认为汽轮机的服役年限为 30 年。在这 30 年里的时间内，如何合理分配汽轮机寿命，充分利用汽轮机的寿命，以取得最大的经济效益是汽轮机寿命分配的出发点。

汽轮机寿命分配与机组接带负荷的性质有密切的关系。对于带基本负荷的机组，汽轮机寿命的损耗主要为高温蠕变和正常检修而需要的启、停的低周疲劳对汽轮机寿命的损耗。若年平均运行以 7000h 计算，30 年内共计蠕变寿命损耗约占总寿命的 25%。此外，考虑不定因素（如负荷、蒸汽参数波动，事故带厂用电运行等）的损耗后，剩余小于 75% 的寿命可分配给汽轮机启、停时使用。接带基本负荷的机组，终生启、停次数少，因此，每次启、停的寿命损耗率可以分配得较大，可选用较高的升温率启动和快速冷却法停机，以缩短机组启、停过程的时间，提高机组运行时间，多发电。

对调峰机组，除检修、维护需要的正常启、停机以外，还应根据电网的要求安排一定次数的热态启动和一定范围内的负荷变动。负荷变化量（率）和热态启、停次数（速度）应视电网的要求而定。如果一味追求汽轮机寿命而减少负荷变化量（率）或减少热态启、停次数（速度）则失去了调峰机组的意义。表 8 - 3 为日本某公司推荐的 350MW 汽轮机寿命分配表。

表 8 - 3　　　　　　　　　　　日本三菱公司 350MW 机组的寿命分配

运行方式	温度变化量（℃）	温度变化时间（min）	极限循环次数	每次寿命损耗（%）	30 年内使用次数	30 年寿命消耗（%）	控制应力极限（MPa）
冷态启动	500	300	10000	0.010	100	1.0	460
温态启动	300	200	10000	0.010	1000	10.0	460
热态启动	200	100	11000	0.0091	3000	27.3	440
极热态启动	180	30	3500	0.029	10	0.3	690
正常停机	100	60	50000	0.02	4000	8.0	290
强迫冷却停机	170	180	40000	0.0025	100	0.3	310
正常负荷变化	80	30	40000	0.0025	12000	30.0	310
带厂用电	180	20	3000	0.033	10	0.3	720
总计						77.2	

（1）带厂用电和极热态启动应力水平最高，每次寿命损耗都在 0.03% 左右。因此，大容量机组从高负荷突变成低负荷运行，或者在高负荷下突然停机再立即启动接带较低负荷时，易形成很大的温差，故尽可能避免这种方式运行，或者尽量缩短这种方式的运行时间，如表 8 - 3 所示，在 30 年内运行期间仅允许出现 10 次。

(2) 在正常负荷变化工况下，尽管应力水平不高，疲劳寿命损伤也较小，但由于次数多，所以 30 年内寿命损耗达 30%，计划 30 年内发生 12000 次变化，每年平均 400 次。这个数据应很好掌握，对于各种机组应加以控制，否则将可能缩短使用寿命。

(3) 热态和温态启动共损耗寿命 47.3%，两者的应力水平相近，每次的寿命损耗率在 0.01% 左右，计划安排在 30 年内分别启动 3000 次和 1000 次，即每年 100 次和 30 次，按目前我国的实际情况，三菱机组的调峰性能较强。

2. 汽轮机寿命监测

汽轮机寿命分配虽然为运行人员预先给定了运行方案及寿命损耗率，但是，在实际工作过程中，由于不可预测的因素存在，可能导致实际寿命损耗率与预测值有较大偏差，因此，有必要对汽轮机寿命进行监测。

汽轮机寿命监测就是定期或不定期（每次启、停中或启停后）地对汽轮机寿命的实际损耗情况进行核算，以确保机组的安全运行。

监测的方法有两种：离线监测与在线监测。

离线监测：一方面定期地对汽轮机转子的蠕变损耗进行统计计算；另一方面在每次启、停机之后或负荷大幅度（或快速）变动之后，根据调节级出口的蒸汽温度变化曲线，查取各个阶段的温度变化量和温度变化率（或经历时间），计算其热应力以及寿命的损耗率或直接在转子寿命曲线上查取极限疲劳循环周次，从而计算出寿命的损耗率。

在线监测：则是将调节级出口蒸汽压力、温度、汽轮机转速等相关参数转化为数字信号输入微机，微机按预先给定的数学模型以时间为第二变量进行追踪计算，求出监督部位的热应力及相应的寿命损耗率，随时将计算结果输送到终端或进行显示和打印，实时指导运行人员进行参数的调整，为汽轮机的寿命管理描绘了一个美好的前景。

3. 汽轮机寿命诊断方法

图 8-11 为汽轮机寿命诊断方法的概要，该方法是在对实际机组部件进行调查并作广泛的时效老化研究的基础上，以在寿命诊断实践中能取得成效为目的而建立的，它具有无损检验与理论计算并用，而且能充分考虑到材料的时效老化的特点，下面简要介绍寿命诊断方法。

(1) 根据部件材料使用条件下的温度、应力分布用有限元进行寿命诊断分析，在该材料特性中的循环应力、应变关系需要考虑时效老化的影响。用软化检查结果进行修正。

(2) 在计算寿命损耗时，要考虑过去运行历史的积累损伤，时效老化的影响，在其材料主要特性中的蠕变断裂特性、低周疲劳特性用软化检查结果进行修正。

(3) 剩余寿命的计算应结合将来运行计划，以循环周次满足由蠕变损伤和疲劳损伤综合作用下开始产生裂纹为计算依据。

(4) 将来的材料劣化情况可以依靠以往测量数据的趋势来预测。

(5) 对于现在已经有裂纹或缺陷的部位或判断不久将会发生裂纹的部位，要进行裂纹扩展计算。在此也要考虑时效老化的影响，用脆化检查的结果对材料特性中的裂纹扩展特性和断裂韧性进行修正。

以上评价的结果，如果与过去大修记录相对照无矛盾或遗漏的话，那么就可以决定机组的某一部件或部位是需要补修还是更换或是限制运行等措施。

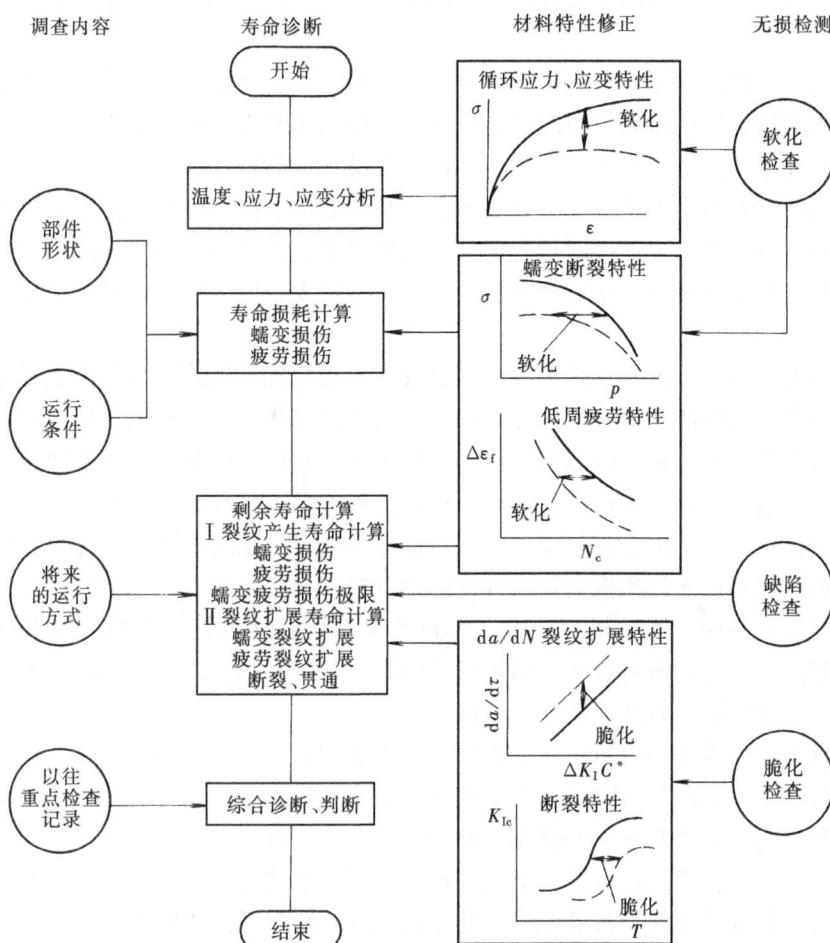

图 8-11 汽轮机寿命诊断方法框图

第五节 汽轮机典型事故及其预防

一、汽轮机进水或冷蒸汽

1. 水冲击的原因

汽轮机运行中，由于水或冷蒸汽（低温饱和蒸汽）进入汽轮机，致使发生水冲击事故，造成机组停运或设备损坏。除设备存在缺陷及系统不周外，还有运行人员的误操作都有可能造成汽轮机进水或冷蒸汽。

进入汽轮机的水或冷蒸汽，可能来自以下几方面：

（1）来自锅炉及主蒸汽系统。由于运行人员的误操作或自动装置失灵设备误动作，锅炉汽包水位或蒸汽温度失去控制，造成水或冷蒸汽从锅炉经主蒸汽管道而进入汽轮机。例如，某台中间再热机组的滑参数启动的低负荷阶段，发现高压缸胀差增加较多，采用喷水降温来减低正胀差，由于操作不当，使主蒸汽温度瞬时降温 120℃，致使电动主闸门冒白汽，汽轮机发生水击而被迫停机。

在锅炉运行不稳定的情况下或旁路设备的减温水门不严，也有发生带水或冷蒸汽进入汽轮机的危险。

在滑参数启、停过程中，由于机组升负荷速率过快，引起锅炉汽水共腾，大量水经主蒸汽管道进入汽轮机。停机时，汽温降低速度过快，而汽压又没有相应降下来，使蒸汽的过热度很小，可能在饱和温度状态下，在管道中产生凝结水，其积水就可能突然进入汽轮机。

由于启动时暖管时间不足，主蒸汽管道或过热器的疏水排放不当，使汽轮机进水。主汽阀的疏水管道，只够排放主汽阀附近主蒸汽管段的疏水。设计中忽视了排除锅炉到汽轮机的整个主蒸汽管道的全部疏水，因而疏水管径小或疏水量少，使得疏水不易完全排除，有可能进入汽轮机。

（2）来自再热蒸汽系统。再热蒸汽冷段设置减温水装置，以调节再热蒸汽温度。若遇汽阀不严或误操作，水可能从再热蒸汽冷段反流至高压缸或积存在冷段内，启动时就会造成汽轮机进水或管道振动。再热蒸汽热段在启动时由于疏水管径小或疏水排放不净也会造成汽轮机进水。在热态启动时避免冲转产生振动而被迫打闸，必须延长暖管时间。

（3）来自抽汽系统。由于加热器管子漏泄或加热器疏水系统故障引起加热器满水，使水或冷蒸汽由抽汽管道进入汽轮机而造成叶片断裂事故。

（4）来自汽封系统。汽轮机启动时，汽封系统必须充分暖管。否则，疏水被带入汽封内。尤其在热态启动时，汽封段的金属温度还较高，一旦有水进入汽封内，该水不对称的冷却转子，就可能导致轴热弯曲，造成严重损害。

停机过程中，切换备用汽封汽源，汽封也有进水的可能。

正常运行时，汽封汽源自除氧器汽平衡管。若除氧器水位控制发生故障或误操作，造成满水，会引起汽封进水和真空急剧恶化事故，甚至被迫停机。

（5）来自凝汽器。正常运行中，凝汽器水位升高易于被运行人员发现，能及时调整。由于某种原因造成掉叶片损伤凝汽器铜管，使水位急剧升高，可停机防止水进入汽轮机内。而停机后往往运行人员不注意对凝汽器水位监视，可能造成汽缸进水。

（6）来自疏水系统。由于设计不周，把不同压力的疏水接到一个联箱上，压力大的疏水就可能从低压疏水管返到汽缸。

汽轮机进水或冷蒸汽的原因是多方面的，除上述外，还应具体情况具体分析。

2. 水冲击现象

由于发生水冲击的原因不同，在发生水冲击事故时可能有不同的现象。主要现象有：

（1）新汽温度急剧下降。

（2）从新汽管道法兰、轴封信号管，阀门或汽缸结合面等处冒白汽或溅水滴。

（3）汽缸内发生金属噪声或水冲击声，机组振动加剧。

（4）串轴增大，推力瓦片乌金温度和润滑油温度急剧增高。

（5）机组负荷下降。

3. 汽轮机进水或进冷蒸汽的危害性

（1）叶片损伤。汽轮机通流部分进水，将会使动叶片，尤其是较长叶片受到水冲击而损伤或断裂。

（2）动静部分碰磨。水或冷蒸汽由主蒸汽管或再热蒸汽管道进入汽轮机时，会发生机组强烈振动，并可能引起汽缸变形或相对胀差的急剧变化而导致轴向碰磨。水或冷蒸汽由抽汽管道或高压缸排汽管道倒流入汽轮机时，则引起下汽缸收缩，发生汽缸拱背变形，导致动静部分碰磨，甚至产生大轴弯曲。

（3）热应力引起的金属裂纹。在高的热应力下，或者在频繁交变的低热应力下，都将引起金属裂纹。在进水或进冷蒸汽时，可能出现肉眼未发现的永久性损伤，多次重复这种损伤就可能出现金属裂纹。特别是高温部件，剧冷引起的损伤尤为严重。由于受到汽封供汽系统来的水或冷蒸汽的反复急剧冷却，就会使汽封套或汽封套处转子表面产生裂纹。

（4）永久性变形。金属部件受到严重的急剧冷却时，可能产生永久变形。出现阀门或汽缸的结合面漏汽。隔板若有一侧受到水冷却，将产生皿状变形。

（5）推力轴承损伤。由锅炉带出的水进入汽轮机，由于水的密度比蒸汽大得多，在喷管内不能获得恰当的加速和喷射角，就会打至叶片背弧上，且水在流动中速度慢，不能很好的通过叶片，使叶片中压降增加，并使轴向推力增加，推力轴承工作瓦片因超载损坏，在实际中其值最大可达通常值的十倍。对于中间再热机组，若主蒸汽温度急剧下降，严重时，使汽轮机发生水击，高压缸进水，使得负轴向推力增大，非工作瓦片的承载能力小于工作瓦片，若不及时停机，会引起转子的向前串动而烧损，产生轴向动静碰磨。

当机组发生水冲击事故时，应立即破坏真空紧急停机。尤其是汽轮机处于低转速下进水危害更大，应果断处理。如果停机过程中未发现任何不正常现象时，可在增加暖管时间的前提下，重新启动。若停机或再次启动中有异常情况时，则不准继续启动，这时应揭缸检查。

二、叶片损坏

汽轮机叶片断落、裂纹、围带飞脱、拉金开焊或断裂、叶片水蚀等事故，在汽轮机事故中占的比例较大，给机组安全、经济运行带来一定影响。

1. 叶片的损坏的原因

叶片损坏的原因是多方面的。它与设计、制造、安装工艺、运行维护等因素有关。对电网低频率运行，不适当的超出力，水击等，也是加剧叶片损坏的重要因素。

2. 运行中叶片及围带断落飞脱的一般象征

（1）单个叶片或围带飞脱时，可能在汽轮机通流部分发生碰击或尖锐的声响，并伴随突然振动，有时会很快消失。

（2）当调节级叶片和围带飞脱时，如果堵在下一级导叶上，则将引起调节级汽室压力升高，同时轴承温度也略有升高。

（3）当低压末级叶片或拉金飞脱时，若飞入凝汽器内，在凝汽器内将有较强的撞击声，可能打坏凝汽器铜管，引起循环水漏入凝结水中，使凝结水水质恶化，硬度突增，热水井水位剧增，过冷度增大。

（4）由于叶片不对称脱落较多时，使转子不平衡，因而引起机组振动明显增大。

汽轮机运行中如果出现叶片断落事故时，必须采取果断的紧急停机措施，防止事故进一步扩大。

为了避免加剧叶片断落损坏事故的发生，应尽量防止机组在低频率下运行。

3. 防止叶片损伤的措施

（1）电网应保持正常频率运行，避免低频率运行，以免叶片处于共振范围内工作。

（2）汽轮机的初终蒸汽参数及抽汽压力超过规定范围时，应相应减负荷。

（3）不要长时间在仅有一个调节汽阀全开的负荷下运行。

(4) 当汽轮机内部发出撞击声，而且机组振动突然增大时，应立即停机检查，以免事故扩大。

(5) 在机组大修时，应全面检查通流部分的损伤情况，叶片存在的缺陷要及时处理。进行叶片测频，若振动特性不合格时，要进行调频处理。

三、通流部分动静磨损

1. 造成动静部分磨损的原因

在汽轮机启动、停机和变工况时，产生动静磨损的主要原因是：汽缸与转子不均匀加热和冷却；启动与运行方式不合理；保温质量不良及法兰加热装置使用不当等。

(1) 产生轴向磨损的主要原因。产生轴向磨损的主要原因是胀差超限和推力瓦磨损、烧毁。

1) 运行操作不当，引起转子与汽缸膨胀差超过极限值，使轴向间隙消失；

2) 滑销系统异常，导致胀差超过极限值；

3) 运行中，汽轮机发生水冲击、蒸汽品质不良等，促使转子轴向推力猛增，推力轴承过负荷或油系统故障，轴承润滑油中断，烧毁推力瓦。

(2) 产生径向磨损的主要原因。产生径向磨损的主要原因是汽缸热变形和转子热弯曲。

1) 运行中，汽缸上下温差超限，汽缸热变形，使通流部分径向动静间隙消失；

2) 大轴永久弯曲的结果；

3) 汽轮机支持轴承轴瓦烧损；

4) 机组振动大和汽封套变形。

2. 通流部分发生动静磨损的现象

(1) 机组在启动、停机和变工况运行时，汽缸上下温差或胀差超过正负极限，并伴随有振动和监视段压力上升；

(2) 停机过程中转子惰走时间明显缩短，甚至盘车装置启动不了；

(3) 动静磨损严重时，汽轮机内部有清晰的金属摩擦声，同时机组产生强烈振动。

3. 防止通流部分动静磨损的措施

(1) 运行中，严格控制汽缸上下温差和胀差超限。

(2) 合理调整通流部分间隙。

(3) 拟定合理的启动方式：如合理选取启动冲转蒸汽参数；合理选取轴封汽源；合理安排暖机步骤；合理选取温升率（或升负荷率）等。

(4) 避免汽轮机在空负荷或低负荷下长期运转，防止汽轮机低真空运行。通常 5%FCB（FAST CUT BACK 快速减负荷）运行时间小于 5～10min。真空低于 $-66.7\text{kPa} \pm 6.7 \text{ kPa}$ 时，必须紧急故障停机。

四、汽轮机超速

1. 汽轮机超速的原因

汽轮机发生超速的原因，主要是调节保安油系统故障或设备故障，使系统工作不正常，不能起到控制转速的作用。

在下列情况下，汽轮机的转速上升很快，这时若调速系统工作不正常，失去控制转速的作用，就会发生超速：

(1) 汽轮发电机运行中，由于电力系统线路故障，使发电机油断路器跳闸，汽轮机负荷突然甩到零。

(2) 单个机组带负荷运行下，负荷骤然下降。

(3) 正常停机过程中，解列的时候或解列后空负荷运行时。

(4) 汽轮机启动过程中，闯过临界速度后应定速时或定速后空负荷运行时。

(5) 危急保安器做超速试验时。

(6) 运行操作不当，如运行中同步器加得太多，远远超过高限位置，开启升速主汽门开得太快，或停机过程中带负荷解列等。

调速系统工作不正常造成超速的原因较多，比如：

(1) 调速器同步器的下限太高，当汽轮机甩负荷时，调速汽门不能关小。

(2) 速度变动率过大，当负荷骤然由满负荷降至零时，转速上升，速度太大以致超速。

(3) 调速成系统迟缓率过大，在甩负荷时，调速汽门不能迅速关闭，立即切断进汽。

(4) 汽轮机油油质不良，如油中有杂质或带水而油净化系统又不按规定投入运行时，将使调速和保安部套锈独和卡涩。

(5) 危急保安器卡涩或行程不足，或动作转速偏高、附加保护装置（如电超速保护）定值不当或拒动。

(6) 因蒸汽品质不良，自动主汽阀和调节汽阀阀杆结垢，而一旦需要阀门关闭时，却因卡涩而拒动，从而引起超速。

(7) 抽汽逆止阀、高压缸排汽逆止阀卡涩或关闭不到位等。

2. 汽轮机超速的现象与危害

汽轮机转速表和频率表指示超过高限值并继续上升，压力油和润滑油也成比例升高，机组振动加剧，运转声音不正常，机组突然甩负荷到零。

汽轮机是高速旋转机械，转动时各转动件会产生很大的离心力。这个离心力直接和材料承受的应力有关，而离心力与转速的平方成正比。当转速增加10%时，应力将增加21%；转速增加20%，应力将增加44%。在设计时，转动件的强度裕量是有限的，与叶轮等紧力配合的旋转件，其松动转速通常是按高于额定转速的20%考虑的。尤其是随着机组参数的提高和单机功率的增大，机组转子飞升时间常数越来越小，甩负荷后飞升加速度更大。因此，运行中若转速超过这个极限，就会发生严重损坏设备事故。严重时，甚至会造成飞车事故。所以，一般制造厂规定汽轮机的转速不允许超过额定转速的110%~112%，最大不允许超过额定转速的115%。

3. 汽轮机超速的保护措施

为了保证机组的安全，必须严格监视汽轮机的转速并设置超速保护装置。对大功率机组，为了在发生超速时能可靠地实现紧急停机。一般都装设三套超速保护装置，即危急保安器（也叫危急遮断器）、超速保护装置、附加超速保护装置和电气式超速保护装置。另外，有的机组还装设汽轮机危急遮断器电指示装置，用以指示危急遮断器是否动作。

当汽轮机转速超过允许极限时，超速保护装置动作，立即关闭主汽门、调速汽门和抽汽逆止门，实行紧急停机，同时还发出声光报警信号。这时，还应注意监视转速表和周波表的指示，如果其指示值超过允许极限值并继续上升时，说明主汽门和调速汽门关闭不严，应尽快关闭电动主汽门，切实切断进汽，以保护机组的安全。

首先要求汽轮机调节系统有良好的静态和动态特性。速度变动率应不大于 5%，迟缓率应小于 0.2%。其次，在运行中重在预防，为此，应采取如下技术措施。

(1) 对调节、保安系统的一般要求。各超速保安装置均应完好并正常投入；主汽阀、再热主汽阀、调节汽阀、抽汽逆止阀应能迅速关闭严密、无卡涩；机组在任何一种工况下运行时，调节系统都能保持机组稳定，并能在甩部分或甩全负荷后良好的工作。

(2) 加强油质监督。定期进行油质化验分析，油净化装置要正常投入运行，防止油中带水和杂物，以免造成调节部套锈蚀和卡涩。

(3) 加强汽水品质监督。运行中加强汽水品质监督，防止蒸汽带盐，以致汽阀阀杆结垢，造成卡涩。

(4) 定期进行调节保安系统的试验。

1) 调节保安系统定期试验是检查该系统是否处于良好状态、在异常情况下是否能迅速准确动作、防止机组严重超速的主要手段之一。按运行规程规定进行试验。

2) 保护装置试验。汽轮机大修后，危急保安器或调节系统在解体或调整后连续运行 2000h 后，甩负荷试验前，以及停机一个月后再启动时，应进行两次提升转速试验，两次动作转速差不应超过 0.6%。对于大机组，冷态启动一般带负荷 25%～30% 连续运行 3～4h 后进行超速试验。此外，机组正常运行中还应定期进行危急保安器的充油试验。发现充油试验不合格时，不能安排进行超速试验。

危急保安器应校正在 $1.11\sim1.12n_0$ 或制造厂规定的转速范围内。若其动作转速偏高偏低，均应进行调整。

3) 阀门严密性试验和关闭试验。为避免汽轮机在甩去全负荷或紧急停机时出现过分的超速，以及在低速时能有效地控制其转速，应定期作阀门严密性试验。阀门严密性试验是为检查主汽阀和调节汽阀关闭严密程度的试验，同时检查抽汽逆止阀的严密性。

机组大修前后应进行汽阀严密性试验，并每年检查一次，试验方法及标准应按制造厂的规定执行，我国是以《电力工业技术管理法规》作为标准。一般在额定汽压及空载运行时进行，一般在单独关闭某一种汽阀（主汽阀或调节汽阀）而另一种汽阀全开时，最大漏汽量引起的转速应不超过额定转速的 1/3。我国规定以转速作为衡量汽阀严密性的标准，允许转速小于等于 1000r/min。

五、汽轮机油系统着火

1. 油系统着火原因

油系统着火，一般都是由于系统不严密部件处漏出的油，接触到高温部件（汽缸、蒸汽管道等未保温好的热体）而引起的。若处理不及时，往往酿成火灾。

2. 油系统着火的现象

汽轮机轴承或油箱、油系统管道等处有明亮的火光或浓烟。

汽轮机油系统着火，往往来势凶猛不易控制，如果不能及时切断油源、热源，火势将迅速蔓延、扩大，以至烧毁设备、厂房，危及人身安全。

3. 油系统着火的处理

在汽轮机运行中，如发现油系统着火，运行人员应迅速发出事故信号，通知消防人员，并主动设法灭火。灭火时应采用湿布或干燥性灭火剂等，不允许用水或沙。

为迅速灭火，必须设法切断油源和故障设备的电源。如火不能立即扑灭，且威胁到机组安全时，应破坏真空紧急停机，并打开事故放油门，将油放到事故存油坑内。另外，还应防止火蔓延到邻近机组。

4. 防止油系统着火的措施

（1）防止油系统漏油。从设计、安装方面考虑，汽轮机油系统管道应尽可能在蒸汽管下方，管道的连接少用法兰、螺栓，尽可能使用焊接。管道的布置应充分考虑管道受热或冷却后的伸缩量。应尽可能采用高压油管在内，润滑回油管在外的套装结构，此种结构在引进型300MW机组上均已采用。

从运行维护方面来讲，运行人员应认真进行巡回检查，注意监视油压、轴承回油、轴承挡油环处情况是否正常，当调节系统大幅度摆动时，或机组油管发生振动时，应及时检查油系统管道是否漏油，发现漏油及时处理。

（2）隔绝热源。汽轮机油的燃点最低的只有200℃，300MW机组采用抗燃油，油动机等用油燃点为300~560℃。因此，调节系统的液压部件如油动机、滑阀及油管道等应远离高温热体；对油系统附近的主蒸汽管道或其他高温汽水管道，在保温层外应加装铁皮或铝皮。现大容量汽轮机的保温一般比较完整，如某电厂进口350MW机组，基本做到保温层表面铝皮温度不大于50℃，有效地防止了汽轮机油系统火灾。

另外，厂区内应禁止游动吸烟；在油系统周围不进行明火作业；氢冷发电机空侧回油到主油箱应封闭，以防止油箱内氢气积聚爆炸；汽轮机运行中，应防止大轴弯曲，避免轴封处动静摩擦。

（3）消防设施齐全。汽轮机房内应配置足够的消防器材，并放置在明显的位置，其附近不得堆放杂物，要保持厂房内通道畅通。

在油箱等管道密集的上方，最好能装设感烟报警探测装置和消防喷管，以便在发生油系统着火时，能自动报警和向火源处喷洒灭火剂。另外，还要求运行人员定期进行防火、灭火的反事故演习。

参 考 文 献

1. 剪天聪主编. 汽轮机原理. 北京：水利电力出版社，1986.
2. 康松、杨建明、胥建群编著. 汽轮机原理. 北京：中国电力出版社，2000.
3. 沈士一、庄贺庆、康松、庞立云合编. 汽轮机原理. 北京：水利电力出版社，1992.
4. 曹祖庆、江宁、陈行赓编著. 大型汽轮机组典型事故及预防. 北京：中国电力出版社，1999.
5. 赵义学主编. 电厂汽轮机设备及系统. 北京：中国电力出版社，1998.
6. 望亭发电厂编著. 汽轮机. 北京：中国电力出版社，2002.
7. 吴季兰主编. 汽轮机设备及系统. 北京：中国电力出版社，1998.
8. 韩中合、田松峰、马晓芳编著. 火电厂汽轮机设备及运行. 北京：中国电力出版社，2002.
9. 杨善让编. 汽轮机凝汽设备及运行管理. 北京：水利电力出版社，1993.
10. 席洪藻主编. 汽轮机设备及运行. 北京：水利电力出版社，1988.
11. 赵鸿遽主编. 热力设备检修工艺学. 北京：水利电力出版社，1994.
12. 周礼泉. 大功率汽轮机检修. 北京：中国电力出版社，1997.
13. 保定电力技工学校主编. 汽轮机设备及运行. 北京：电力工业出版社，1982.
14. 中国华东电力集团公司科学技术委员会编著. 汽轮机分册. 北京：中国电力出版社，2000.
15. 顾晃主编. 汽轮发电机组的振动与平衡. 北京：中国电力出版社，1998.
16. 朱新华、江运汉、张延峰合编. 电厂汽轮机. 北京：水利电力出版社，1993.
17. 裘烈钧主编. 大型汽轮机运行. 北京：水利电力出版社，1994.
18. 郑体宽主编. 热力发电厂. 北京：水利电力出版社，1995.
19. 程明一、阎洪环、石奇光合编. 热力发电厂. 北京：中国电力出版社，1998.
20. 丁有宁、周宏利、徐涛、刘振田编. 汽轮机强度计算. 北京：水利电力出版社，1985.
21. 王金田、王焱编著. 新编汽轮机检修工艺. 北京：机械工业出版社，1995.
22. 冯慧要主编. 汽轮机课程设计参考资料. 北京：水利电力出版社，1992.
23. 康松主编. 汽轮机习题集. 北京：水利电力出版社，1988.
24. 张保衡著. 大容量火电机组寿命管理与调峰运行. 北京：水利电力出版社，1988.